TECHNIK, WIRTSCHAFT und POLITIK 46

Schriftenreihe des Fraunhofer-Instituts
für Systemtechnik und Innovationsforschung ISI

Viola Peter

Institutionen im Innovationsprozess

Eine Analyse anhand der biotechnologischen Innovationssysteme in Deutschland und Japan

Mit 54 Abbildungen und 44 Tabellen

Springer-Verlag
Berlin Heidelberg GmbH

Dr. Viola Peter
Europäische Kommission
DG Forschung
Rue de la Loi/Wetstraat 200
B-1050 Brüssel
Belgien
viola.peter@cec.eu.int

ISSN 1431-9659
ISBN 978-3-7908-1462-0

Die Deutsche Bibliothek – CIP-Einheitsaufnahme
Peter, Viola: Institutionen im Innovationsprozess: eine Analyse anhand der biotechnologischen Innovationssysteme in Deutschland und Japan / Viola Peter. – Heidelberg: Physica-Verl., 2002
(Technik, Wirtschaft und Politik; Bd. 46)
ISBN 978-3-7908-1462-0 ISBN 978-3-642-57466-5 (eBook)
DOI 978-3-642-57466-5

Ursprunglich erschienen bei Physica-Verlag Heidelberg 2002

Umschlaggestaltung: Erich Kirchner, Heidelberg

SPIN 10861903 88/2202-5 4 3 2 1 0 – Gedruckt auf säurefreiem Papier

Vorwort

Die Biotechnologie wird als eine Schlüsseltechnologie des 21. Jahrhundert bezeichnet. Nicht nur aufgrund spektakulärer wissenschaftlicher Erkenntnisse hat sie in den letzten Jahren ein breiteres Interesse in der Bevölkerung, den Medien, in Industrie und Politik gefunden. Anwendungspotenziale versprechen jedoch nicht nur Segen, sondern eröffnen durchaus begründete Ängste. Dementsprechend werden Entwicklungen dieser Technologie von vielen Gruppen aufmerksam verfolgt.

Diese Arbeit entstand während meiner Zeit als Doktorandin am Fraunhofer Institut für Systemtechnik und Innovationsforschung, Karlsruhe. Insbesondere ein Projekt zur Evaluierung der klinischen Forschung in Deutschland, in dem mir in unzähligen Interviews mit Medizinern und Naturwissenschaftlern die Relevanz und wissenschaftliche Dynamik biotechnologischer Methoden immer wieder aufgezeigt wurde, hat mein Interesse an der Biotechnologie und ihren Entwicklungspfaden, geweckt.

Unterstützung für diese Arbeit fand ich in der ein oder anderen Form nicht nur in vielen Gesprächen mit Kolleginnen und Kollegen meiner Abteilung "Technikbewertung und Innovationsstrategien", sondern auch in der Fachabteilung "Innovationen in der Biotechnologie". Mein Dank gilt meiner Abteilung, die mir genügend Freiräume bot, diese Arbeit unabhängig von Projekten durchzuführen. Besonderen Dank möchte ich meinem internen Betreuer Dr. Ulrich Schmoch und meiner Kollegin Angela Hullmann aussprechen, die mir insbesondere im Bereich der Indikatoren wertvolle Hilfe geleistet haben. Auch die Diskussionen mit den Doktoranden und Freunden im ISI haben zur Motivation beigetragen. Ein Großteil des japanischen Datenmaterials wurde während eines Forschungsaufenthalts am NISTEP, Tokyo zusammengetragen. Bei den Kolleginnen und Kollegen dort möchte ich mich ebenfalls für die Anregungen und Hilfestellungen bedanken.

Die Arbeit wurde als Dissertation an der Universität Trier angenommen, auch hier gilt mein Dank meinem Doktorvater Prof. Dr. Hardes und meinem Zweitgutachter Prof. Dr. Windolf.

Karlsruhe, Oktober 2001

Inhaltsverzeichnis

Abbildungsverzeichnis

Tabellenverzeichnis

1 Einführung

Wirtschaftswachstum ist eine Größe, die insbesondere seit J. SCHUMPETER unmittelbar mit Innovationen in Verbindung gebracht und als dynamischer Prozess begriffen wird. Unbestritten ist, dass die Innovationsfähigkeit einer Volkswirtschaft entscheidend für Wachstum und Beschäftigung ist. Das anhaltende industrielle Wachstum, das seit dem späten 19. Jahrhundert zu beobachten ist, liegt nach D.C. NORTH' Ansicht an Institutionen, "the ultimate sources of economic growth" (NORTH 1993). Sie sind von den Investitionen in Wissen und den Fähigkeiten abhängig, in die eine Gesellschaft investiert (NORTH 1993, S. 70). Von vielen Ökonomen wird mittlerweile ein positiver Zusammenhang zwischen Wissenszunahme, technischem Wandel, langfristigem Produktivitätswachstum und dem Bruttoinlandsprodukt anerkannt. Ebenso ist unbestritten, dass höhere Investitionen in Forschung und Entwicklung (F&E), eine technische Infrastruktur und gut ausgebildete Arbeitnehmer zu den wichtigsten Faktoren gehören, die nachhaltig Produktivität und Wachstum eines Landes sichern. Anders ausgedrückt, neben den Investitionen in Menschen sind Investitionen in den Kapitalstock (inklusive Infrastrukturinvestitionen) und in den technischen Fortschritt, darunter neue Technologien und neue Organisationsformen industrieller Prozesse, für die Wachstumsraten von Volkswirtschaften entscheidend (BORRUS und STOWSKY 1997, S. 2). Doch insbesondere in der Finanzierung und Ausführung von F&E unterscheiden sich die Volkswirtschaften deutlich und zeigen unterschiedliche Wege auf, wie die Wachstumsziele erreicht werden sollen. North merkte jedoch an, dass Institutionen in den ökonomischen Modellen der herrschenden Theorien gewöhnlich nur als exogene Variable behandelt werden (NORTH 1993, S. 65). In dieser Arbeit steht daher nicht nur der Innovationsprozess im Mittelpunkt, der in industrialisierten Staaten immer häufiger mit ihrer 'Wettbewerbsfähigkeit' in Verbindung gebracht wird, sondern vor allem die Rolle von Institutionen in diesem Prozess.

Der Innovationsprozess bildet in seiner Komplexität einen besonderen Problembereich, der in der ökonomischen Theorie noch nicht ausreichend behandelt wird. Auf der Mikroebene dominieren Erklärungen über innerbetriebliche Innovationsprozesse, die von der Idee eines neuen Produkts oder Prozesses bis zu dessen Vermarktung bzw. Umsetzung handeln; sie werden in der betriebswirtschaftlichen, organisationstheoretischen wie auch industriesoziologischen Forschung untersucht. Der Innovationsprozess in Form des makroökonomischen, technischen Wandels erfährt in den Sozialwissenschaften insbesondere hinsichtlich qualitativer Aspekte eine Aufmerksamkeit (z. B. innerhalb der Technikfolgenabschätzung), die in dieser Dichte keine Parallelen in der Ökonomie findet. Das mag nicht zuletzt mit Schwierigkeiten der etablierten neoklassischen Theorie verbunden sein, die Dynamik des technischen Wandels bzw. des Innovationsprozesses modelltheoretisch zu begründen bzw. zu integrieren.

Alternativ versuchen neo-schumpeterianische Ansätze - i. d. R. weniger formalistisch - den technischen Wandel und begleitende strukturelle Entwicklungen aus einem historischen Kontext zu erläutern und ihn mit Hilfe von statistischem Datenmaterial zu untermauern. In diesen Ansätzen spielt der Komplex 'Wissen', d.h. Wissenschaft, Forschung, Lernen etc., eine eminente Rolle; letztendlich wird der Innovationsprozess als ein Produktionsprozess begriffen, für den interaktives Lernen entscheidend ist. Folgt man der Logik, dass interaktive Lernprozesse von Beziehungen zwischen Individuen, Gruppen und Organisationen abhängen, gelangt man auf direktem Wege zu der Frage, welchen Einfluss Institutionen auf die Lernprozesse im Innovationsprozess haben, die diese Beziehungen wiederum regulieren bzw. ihnen inhärent sind. Überraschenderweise gibt die Innovationsforschung dazu keine Antwort. Dennoch beherrscht der Begriff 'Institution' einen weiten Teil der neo-schumpeterianischen Innovationsforschung zur Erklärung von Innovationsprozessen.

Wissen und interaktives Lernen nehmen nicht nur im gesamten Innovationsprozess zentrale Rollen ein, darüber hinaus wird angenommen, dass das wirtschaftliche Wachstum von Volkswirtschaften stark von komparativen Wissensvorteilen abhängt und somit der Faktor Wissen zum entscheidenden Inputfaktor wird. Dies gilt in hohem Maße für entwickelte Volkswirtschaften, deren relative Wettbewerbsfähigkeit bezüglich anderer Produktionsfaktoren abnimmt bzw. abgenommen hat. Dementsprechend wird den 'wissensbasierten Technologien' ein entscheidender und wachsender Anteil am Wachstumsprozess prognostiziert (GRUPP und SCHMOCH 1992, S. 65ff). Es ist zum Teil erklärtes Ziel von Volkswirtschaften, in diesen Technologien eine internationale Führung einzunehmen. Während Technologieführerschaft in so genannten strategischen Sektoren und Industrien auf dem Weltmarkt zum Teil durch marktliche Faktoren erklärt werden kann, wird i. d. R. durch nationale Industriepolitik versucht, Technologieführerschaft anzustreben bzw. gegenüber Führenden aufzuholen. Dieses Vorgehen lässt sich für viele wissensbasierte Technologien und Spitzentechnologien feststellen, für die ein Land die Führerschaft übernommen hat und die von anderen Staaten attackiert wird. Nicht immer ist dieser Versuch auch von Erfolg gekrönt, was die ungebrochene Weltmarktführerschaft bestimmter Volkswirtschaften in bestimmten Sektoren und Industrien bestätigt. In einigen Fällen jedoch sind einschneidende Veränderungen festzustellen – man halte sich z. B. das Aufholen Japans seit den 1960er Jahren und anderer südostasiatischer Staaten vor Augen (WADE 1990). Diese Veränderungen spiegeln sich auch auf der Unternehmensebene wider: Unternehmen stehen einem revolutionären technischen Wandel, an dem sie nicht beteiligt waren, oftmals hilflos gegenüber und sind letztendlich die Verlierer (CHRISTENSEN 1997). In diesem Zusammenhang erscheint ein präzises Verständnis des Innovationsprozesses als notwendige Voraussetzung und erster Schritt für ein erfolgreiches Aufholen – auf Mikro- wie auch auf der Makroebene. Dies sollte ermöglichen, die rein Technologie spezifischen, stilisierten Faktoren und Entwicklungen zu ermitteln, die Länder unabhängig bestehen. Der zweite

Schritt betrifft die Analyse der Verbindungen zwischen technologischen Faktoren und Anforderungen auf der einen Seite, und einem vorhandenen spezifischen Innovationssystem auf der anderen Seite. Es ist durchaus vorstellbar, dass einzelne technologiespezifische Anforderungen von unterschiedlichen Institutionen in Innovationssystemen erfüllt werden können, andere dagegen nicht. Sind erforderliche Institutionen nicht vorhanden, bedeutet das für ein Innovationssystem die Notwendigkeit der Anpassung, bzw. Schaffung neuer Institutionen.

In dieser Arbeit wird anhand einer detaillierten Analyse der Entwicklung der modernen Biotechnologie als einer wissensbasierten und als strategisch erachteten Technologie versucht, die Rolle von Institutionen im Innovationsprozess zu bestimmen und in ihrer Wirkung zu charakterisieren. Besondere Berücksichtigung finden dabei die frühen Phasen des Innovationsprozesses von der Generierung neuen Wissens, der Umsetzung in technologisches Wissen und dessen Diffusion. Die Technologie spezifischen Anforderungen werden dann mit den vorhandenen Innovationssystemen zweier aufholender Staaten, Deutschland und Japan, in Verbindung gebracht und die Veränderungen in einem längeren Zeitraum dokumentiert und analysiert.

Mikroökonomische Entscheidungen hängen jedoch nicht ausschließlich von makroökonomischen, nationalen Rahmenbedingungen ab, sondern werden zunehmend in einem internationalen Kontext gesehen. Daher steht die folgende Frage im Zentrum des Interesses: Nimmt das Steuerungspotenzial politischer Elemente in Nationalen Innovationssystemen, das durch Finanzierung und Ausrichtung der Forschung begründet wird, in dem Maße ab, in denen es Unternehmen gelingt, auf international produziertes Wissen zurück zu greifen? Auf welche Weise und in welchem Ausmaß dies geschieht, wird anhand einer empirischen Untersuchung der Wissensakquisition gezeigt.

Die Rolle von Institutionen im Innovationsprozess gehört zu den nur marginal und wenig systematisch untersuchten Fragestellungen in der Innovationsforschung, obwohl ihnen eine wichtige Funktion zuerkannt wird (EDQUIST 1997, S. 52; EDQUIST *et al.* 1998, S. 23f). Diese Funktion fällt ihnen allerdings eher aus der Analogiebildung anheim: Institutionen sind in den Sozialwissenschaften ein anerkanntes Faktum und erklären das Funktionieren von Gesellschaften. In diesem Zusammenhang fällt die breite Anwendung des Institutionenbegriffs auf: Institutionen i.S.v. Einrichtungen wie Universitäten - geradezu klassische Produktionsstätten von Wissen - finden ebenso Berücksichtigung wie institutionalisiertes, i.S.v. routinemäßiges Handeln, z. B. auf Unternehmensebene. Insbesondere der systemische Ansatz der Nationalen Innovationssysteme (NIS) betont den 'institutionellen Rahmen' als eine erklärende Variable für die wirtschaftliche Entwicklung von Volkswirtschaften. Institutionen haben demzufolge einen kulturellen und damit auch i. d. R. geographisch bestimm- und abgrenzbaren Einflussbereich. Weit verbreitet ist auch die 'institutionelle Grundstruktur' eines Wirtschaftsraums, die eine sozioökonomische Verfasstheit integriert und von dieser ausgehend, z. B. wirtschaftliches Handeln zu erklären versucht.

Die Funktionen, Wirkungen und Verbindungen von Institutionen und Wissen als zentralen Aspekten des Innovationsprozesses sind in der Innovationsforschung noch wenig erforscht. Dies hängt zum einen mit dem veränderten Verständnis von Wissen als reinem Inputfaktor zusammen, welches in einer 'Black Box' zu Output in Form von Produkten verwandelt wird (ROSENBERG 1982 S. vii). Das Interesse gilt seit Anfang der 1980er Jahre dieser 'Black Box'; ihr Öffnen vermittelte den Wissenschaftlern den Eindruck von Wissen als einer Art von 'Durchlauffaktor' – dessen Verständnis in allen erdenklichen Phasen des Innovationsprozesses zu einer deutlichen Komplexität beigetragen hat. Als weiterer komplizierender Faktor gelten technologische Entwicklungen im Informations- und Kommunikationsbereich: anwendungsorientiertes Wissen, das vormals weitestgehend nur lokal zur Verfügung stand, und das stärker grundlagenorientierte Wissen von 'Scientific Communities' werden aufgrund der Informations- und Kommunikationstechnologien (IuK-Technologien) zunehmend global[1]. Viele Unternehmen sind daher in ihren Lernprozessen immer weniger auf national vorhandene Forschungsinfrastrukturen angewiesen – sie können dank Internet, Videokonferenzen etc. Wissen abrufen, das deutlich außerhalb ihrer unternehmerischen Grenzen liegt. Diese Dichotomie wird von einer Reihe neo-schumpeterianischer Wissenschaftler mit dem Ziel untersucht, die Konsequenzen dieser Tendenzen für den Innovationsprozess zu identifizieren. Bestimmen 'nationale' Institutionen oder 'globalisierende' Wissensprozesse den Innovationsprozess und damit das wirtschaftliche Wachstum kapitalistischer Volkswirtschaften? Welcher Einfluss bleibt dem Staat, oder bestimmen Marktkräfte technischen Wandel und Wirtschaftswachstum? Ein erstes Ziel dieser Arbeit ist es, theoretische Ansätze von Innovationsprozessen darzustellen, die in der Nachfolge Schumpeters Institutionen und Wissen zentral zur Erklärung von wirtschaftlichem Wandel behandeln und diese kritisch zu würdigen. Dabei soll eine Präzisierung des Begriffs 'Innovationsprozess' durchgeführt werden, der eine Fokussierung relevanter Institutionen erlaubt.

Wie bereits erwähnt, wird der Institutionenbegriff in der Innovationsforschung sehr heterogen eingesetzt. Unklar ist ebenfalls die Auswahl von Institutionen: bisherige Arbeiten zeugen eher von einer intuitiven, als methodologisch hergeleiteten Aus-

[1] Der Begriff global bzw. Globalisierung impliziert zwar eine weltweite Internationalisierung, die auf keinem Markt bisher wirklich erreicht ist. Darüber hinaus wird der Begriff häufig simplifizierend gebraucht, ohne auf die Persistenz von Nationalstaaten hinzuweisen und der entscheidenden Rolle von politischen Entscheidungsträgern gerecht zu werden, die wiederum Struktur und Dynamik der weltweiten Wirtschaft gestalten (CASTELLS 1996, S. 9). Den ökonomischen Rahmen betrachtend, spricht Castells von einer "tief asymmetrischen Globalisierung" (CASTELLS 1996, S. 108). Im Bewusstsein dieser Asymmetrien wird der Begriff in dieser Arbeit verwendet.

wahl. Daher gilt das zweite Ziel der Arbeit der Klärung des Institutionenbegriffs und der methodischen Auswahl und Charakterisierung von Institutionen im Innovationsprozess.

Da *der* Innovationsprozess aufgrund von dynamischen Entwicklungen *per se* differenziert ist, folgt in der Innovationsforschung häufig eine Fokussierung auf spezifische Technologieverläufe, die in eine Klassifizierung oder Typisierung des technischen Wandels münden. Wissen und wissensbasierte Technologien lassen dabei einen besonderen Stellenwert erwarten. Dieser Zusammenhang wird im weiteren Verlauf anhand der Biotechnologie untersucht. Diese Technologie eignet sich exemplarisch, da sich ihre bisherigen Entwicklungen sich gut nachvollziehen lassen und sie in einigen Bereichen zwischen Grundlagenforschung und industrieller Anwendung steht. Die Charakterisierung und Darstellung erlaubt einerseits das biotechnologisch relevante institutionelle System zu beleuchten, andererseits finden die globalisierenden Wissenstrends ebenfalls Berücksichtigung. Zudem liegt mit den Erfahrungen in den U.S.A. ein sehr erfolgreiches Modell vor, das insgesamt als Referenzmodell herangezogen werden kann.

Wie bereits festgestellt wurde, wird das wissenschaftlich-technologische Aufholen in als strategisch erachteten Technologien von einigen Ländern angestrebt – diese Strategie wird anhand von zwei (bio-)technologisch aufholenden Staaten, Deutschland und Japan, untersucht. Grundsätzlich steht dabei die Frage im Vordergrund, ob und in wieweit ein vorhandenes NIS in der Lage ist, ein schnelles wissenschaftlich-technologisches Aufholen zu erreichen. Zu diesem Zweck erfolgt die Darstellung des biotechnologisch relevanten Innovationssystems der beiden Länder. Gleichzeitig bildet dies die Ausgangslage zur Überprüfung bestimmter institutioneller Einflussgrößen, insbesondere der Fähigkeit der einzelnen Innovationssysteme, Wissen zu generieren, diffundieren und in Produkte umzusetzen. Die dafür notwendige Kombination zwischen makro- und mikroökonomisch-institutionellen Komplexen soll es ermöglichen, die Rolle von Institutionen in unterschiedlichen Prozessstadien genauer zu analysieren und so zu differenzierten Einschätzungen zu gelangen. Gerade der letzte Abschnitt soll es ermöglichen, nicht nur das Vorhandensein oder Nichtvorhandensein notwendiger institutioneller Faktoren zu klären, sondern auch eine Beurteilung der Strukturen hinsichtlich ihrer Funktionsfähigkeit vorzunehmen. Die mikroökonomischen Anpassungsstrategien werden anhand einer dynamischen Netzwerkanalyse untersucht, die qualitative und quantitative Veränderungen von formalen Forschungskooperationen in einem Verlauf von knapp 20 Jahren misst und analysiert.

2 Begriffliche und modelltheoretische Erklärungen

In diesem Kapitel werden zunächst theoretisch-abstrakte Überlegungen zu Institutionen, ihre Charakterisierung und Wirkungsanalyse im Innovationsprozess ausgeführt. Der Innovationsprozess steht im zweiten Abschnitt im Mittelpunkt. Im Abschluss erfolgt eine Zusammenführung von Institutionen und Innovationen in einer Ausführung zu Netzwerken.

2.1 Institutionen im Innovationssystem

Obwohl bestimmte Institutionen wie Eigentums- und Verfügungsrechte in den Wirtschaftswissenschaften eine zentrale Rolle spielen (NORTH 1992, KNIGHT 1997), ist nur wenig über die Rolle von Institutionen im Lern- und Innovationsprozess bekannt (EDQUIST 1997, S. 51). Dies mag nicht zuletzt an dem recht diffusen Verständnis des Institutionenbegriffs in den Wirtschaftswissenschaften liegen, der, angefangen mit der Frage: 'Was wird als Institution bezeichnet?' bis hin zu: 'Wie wirken Institutionen?' über keine einheitliche Definition verfügt. In der Ökonomie werden Institutionen eher stiefmütterlich behandelt. In der mikroökonomischen, neoklassischen Theorie bleibt die Entstehung von Institutionen bis auf die Verhandlungstheorie relativ unberücksichtigt. Deutlicher wird das Verhältnis zwischen bestehenden gesellschaftlichen Institutionen und individuellem Handeln in den Mittelpunkt gestellt. Zur Untersuchung dieser Beziehungen lässt sich die Theorie der rationalen Wahlhandlungen und die Theorie des normbestimmten Handelns heranziehen (KNIGHT 1997, S. 15). Die Kombination der beiden theoretischen Ansätze erklärt aber nur einen kleinen Ausschnitt institutionellen Wirkens. In diese Lücke stoßen evolutorische Ansätze, die Institutionen zur Erklärung ökonomischer Prozesse, insbesondere im Innovationsprozess integrieren.

Hinsichtlich der Untersuchung der wichtigsten Institutionen moderner sozioökonomischer Systeme hat sich in den Sozialwissenschaften über viele Jahre hinweg eine Arbeitsteilung herausgebildet. Politikwissenschaftler beschäftigen sich vor allem mit Machtaspekten und zählen den Staat als Schlüsselinstitution, der die Autorität besitzt, individuelles Verhalten zu koordinieren und zu erzwingen. Der Markt gilt dagegen als grundsätzlicher Koordinationsmechanismus für wirtschaftliche Aktivitäten. Bei Marktversagen kann wiederum der Staat regulierend eingreifen (BOYER und HOLLINGSWORTH 1997a, S. 49). Während sich Politik- und Wirtschaftswissenschaftler somit hauptsächlich mit den zwei Institutionen Markt und Staat beschäftigen, fragen viele Soziologen nach der grundsätzlichen Natur, der Rolle und dem Aufkommen sozialer Normen, die als Ausgangsbasis für jedes lebensfähige politische und ökonomische System gelten. Da sich bestimmte sozioökonomische und politische Institutionen scheinbar problemlos integrieren lassen, erscheint es sinnvoll, Institutionen zunächst einmal inhaltlich zu analysieren, und zu klären, welche Institutionen im Innovationsprozess von Bedeutung sind.

2.1.1 Charakterisierung von Institutionen

Staat, Markt, Ehe, Familie, Universitäten etc. sind Begriffe, die in verschiedenen Kontexten mit dem Begriff der gesellschaftlichen Institution verbunden werden. Gewohnheitsmäßiges Handeln, Routinen und Dauer werden mit dem Adjektiv institutionell bzw. institutionalisiert belegt. Als eine Systemform werden i.d.R. Organisationen von Institutionen abgegrenzt: Einheiten, wie z. B. Unternehmen, die zur Erbringung eines oder mehrerer bestimmter Ziele konstruiert werden sind demzufolge Organisationen (CASTELLS 1996, S. 152), wenn auch Verfahrensweisen in ihnen selbst stark institutionalisiert, also von Routinen geprägt sein können.

Definition

Eine grundlegende, sehr einfache aber präzise Definition von Institutionen legten die amerikanischen Institutionalisten, insbesondere VEBLEN vor, indem er sie als "*habits of thought common to the generality of men*" bezeichnete (VEBLEN 1909/1990, S. 239). Auch in der modernen sozialwissenschaftlichen Forschung wird diese Grundaussage beibehalten: Institutionen bestehen aus Strukturen und Aktionen, die menschlichem Verhalten Stabilität und Sinn geben (SCOTT 1995, S. 33).

Charakteristika

Wie Institutionen ihre funktionelle Eigenschaft ausüben, hängt von grundlegenden *instrumentellen* Eigenschaften ab, die sich in regulative, normative und kognitive Strukturen unterscheiden und in verschiedene Inhalte strukturieren lassen (siehe Tabelle 2-1).[2] Die strukturelle Unterscheidung allein erklärt aber die Funktion und Wirkungsweise von Institutionen nicht. Für eine handlungsbezogene Unterscheidung ist daher die Betrachtung und der verschiedener Ausdrucksformen Kultur, Struktur und Routinen notwendig.

---

2 Neben einer *instrumentellen* Funktion besteht eine *zeremonielle* Funktion von Institutionen, die unabhängig von Zweck-Mittel-Überlegungen existiert (FOSTER 1981). In letzterer werden insbesondere machtdominierte Beziehungen wie Status, Hierarchien und Prestige, die nicht auf funktionalen Überlegungen beruhen, integriert. Diese können laut Foster die instrumentelle Funktion und somit das Sinnhafte von Institutionen überlagern bzw. ausschalten. Um die Position bestimmter 'mächtiger' Interessengruppen nicht zu gefährden, verhindern diese z. B. die Diffusion neuer Technologien oder neuer Wissenschaft.

Die folgenden Ausführungen stützen sich primär auf ein Analyseraster von R. SCOTT (1995), der versucht, die Grundelemente von Institutionen herauszuarbeiten. Dementsprechend wird zunächst keine Unterscheidung zwischen einzelnen Institutionen unternommen, sondern die konstitutiven Elemente und grundlegenden Gemeinsamkeiten festgestellt. Die von Scott vorgenommene Trennung in normative, regulative und kognitive Elemente stellt in gewisser Weise ein Tribut an die unterschiedlichen Sozialwissenschaften dar.

Für das funktionelle Wirken von Institutionen sind bestimmte strukturelle Inhalte nötig, die unterschiedliche Ausprägungen haben. Notwendig sind Inhalte wie die Einverständnis- und Legitimitätsbasis, ohne die eine Institution keine Wirkung entfalten könnte.

Tabelle 2-1 Analysestränge der Inhalte von Institutionen

	Regulativ	**Normativ**	**Kognitiv**
Einverständnisbasis	Zweckmäßig	Soziale Verpflichtung	Als gegeben betrachtet
Mechanismen	Zwang	Norm	Imitation
Logik	Instrumentalität	Angemessenheit	Orthodoxie, Zeremonie
Indikatoren	Regeln, Gesetze, Sanktionen	Zertifizierung, Akkreditierung	Verbreitung, Isomorphie
Legitimitätsbasis	Rechtlich sanktioniert	Moralisch beherrscht	Kulturell unterstützt, konzeptionell richtig

Quelle: in Anlehnung an SCOTT 1995, S. 34

Unbestritten ist die *regulative* Funktion von Institutionen, die auch in der Ökonomie einen deutlichen Stellenwert erfährt. Als zum Teil messbare Indikatoren begrenzen und regeln Institutionen individuelles Verhalten durch Regulierungen, Überwachung und Sanktionen. Macht, Angst und Zwänge sind dabei die zentralen Mechanismen, wobei Machtasymmetrien auch in der Standardökonomie, insbesondere der Spieltheorie, zur Erklärung von Institutionen angeführt werden.[3] Ausgeführt wird die regulative Funktion durch Gesetze und Konventionen, die durch eine legitime Autorität erlassen werden. Eine z. B. durch Wahl begründete akzeptierte Institution ist legitimiert, Regularien zu etablieren und gegebenenfalls abweichendes Verhalten zu sanktionieren. Für die Beständigkeit von Institutionen sind deren Sanktionsmöglichkeiten ein entscheidendes Kriterium. Unterschieden wird zwischen *coercive sanctions*, harten Sanktionen, die auf physischer und ökonomischer Macht fußen, und *persuasive sanctions*, die in den Bereich der weichen, normativen Sanktionen

[3] Das 'Problem des allgemeinen Seeschadens' das zu institutionellen Regelungen unter Machtasymmetrien geführt hat, wird von Knight als ein Beispiel für die spontane Entstehung von Institutionen ausführlicher dargestellt (KNIGHT 1997, S. 168).

fallen (COMMONS 1967). In den Sozialwissenschaften ist die Legitimität und Autorität des Staates unbestritten, der bzw. exekutive und legislative Akteure die Rolle der harten Sanktionierung übernimmt. "*Because ultimately a third party must always involve the state as a source of coercion, a theory of institutions also inevitably involves an analysis of the political structure of a society and the degree to which that political structure provides a framework of effective enforcement*" (NORTH 1990, S. 64).

Die regulative Perspektive erklärt nicht nur den Staat und seine ausführenden Organe als wichtige Institution, auch das Rationalitätenaxiom wird institutionell begründet. Es wird unterstellt, dass Individuen 'natürliche' Interessen haben und diese rational verfolgen. Die Einverständnisbasis und die Logik der Zielerreichung sind instrumentell motiviert, denn sie folgen einem utilitaristischen Kosten-Nutzen-Kalkül: Konformität mit Normen und Institutionen beeinflussen diese Zielerreichung nicht negativ, während nicht-konformes Verhalten bestraft wird (SCOTT 1995, S. 37).

Normative Ansätze verweisen allerdings darauf, dass Verhalten keineswegs nur von rationalen Zweck-Mittel-Überlegungen geleitet ist. Vielmehr ist die Sozialisierung durch Primärinstitutionen wie Familie, Kirche und Eigentum von frühester Kindheit an auf eine emotionale Anerkennung des bestehenden Systems von Sitten und Status ausgerichtet (AYRES 1944). Damit wird ein soziales Rollenverständnis als grundlegend für die Ausprägungen von Institutionen erklärt. Die Legitimität von Institutionen durch Macht, wird im normativen Verständnis durch Vertrauen ergänzt (GRANOVETTER 1985). Weiterhin werden Institutionen auf normative Regeln zurückgeführt. Diese beeinflussen soziales Verhalten via *Werte* und *Normen*, die sich in Rechten und Pflichten, Privilegien, Verantwortung, Mandaten und anderem zeigen. Werte drücken vor allem Wunschvorstellungen aus und projizieren somit eine zukünftige Entwicklung. Wertvorstellungen werden mit bestehenden Strukturen oder Verhalten verglichen und bewertet, wodurch fast gleichzeitig Standards konstruiert werden. Normen dagegen spezifizieren, wie Dinge getan werden sollen. Zusammen werden Normen und Werte zu Systemen verbunden, die bewertete Ziele und die 'richtigen' Wege der Zielerreichung definieren. Damit erklären Normen und Werte institutionalisiertes Handeln, da sie die Grundlagen der (Spiel)Regeln sind, wie Ziele, z. B. die Lösung einer Konfliktsituation, zu erreichen sind.

Als dritte Perspektive, die auf der individuellen Ebene argumentiert, werden Institutionen auf *kognitive* Elemente zurückgeführt. Unter diesen Elementen sind *konstitutive Regeln* zentral. Sie beinhalten die Schaffung eines sinngebenden Rahmens in Form von Kategorien und Typologien. Dieser Rahmen entsteht in Interaktionen zwischen (individuellen und kollektiven) Akteuren; er wird kontinuierlich genutzt und durch Interaktionen modifiziert (BERGER und LUCKMANN 1966/1996, S. 33ff). In einem bestimmten Zeitkontinuum ist der Rahmen allgemeingültig, objektiv und subjektiv real. Subjektive Erlebnisse (Prozesse) werden ständig dieser allgemeingültigen Sinnhaftigkeit untergeordnet. Die Prozesse werden u. a. auf Ereignisse, Ideen und Akteure bezogen. Eine Allgemeingültigkeit lässt sich z. B. anhand eines Spiels feststellen. Überall gelten die gleichen grundlegenden Regeln, die Spielinhalte (Größe des Spielfeldes, Aufteilung), Spielregeln und Spielgestaltung festlegen. Auch politische und ökonomische Modelle, wie Kapitalismus oder Sozialismus bieten diesen allgemein gültigen Rahmen, wobei das Anwendungsgebiet durchaus räumlich beschränkt sein kann.

Im Gegensatz zur regulativen Theorie geht die kognitive Theorie jedoch davon aus, dass neben den konstitutiven Regeln individuelle Akteure entscheidend sind: konstitutive Regeln *bringen* auch Akteure und Rollen *hervor*, beim Fußballspiel z. B. die des Torhüters, Liberos oder Schiedsrichters, im Kapitalismus die des Unternehmers, Finanziers und Konsumenten. Akteure werden selbst als soziale Konstrukte betrachtet, deren bestimmte Existenz vom sinngebenden Rahmen und von individuellen Neigungen abhängen: die Rolle des Unternehmers wird durch den Wettbewerb definiert; ausfüllen kann sie die Person, die bestimmte Qualifikationen und Interessen mitbringt. Diese Individualisierung von Akteuren macht es notwendig, individuelle Handlungen nicht als exogen vorgegeben zu betrachten. Stattdessen werden Handlungen im institutionellen Kontext betrachtet. Die Theorie gibt darüber hinaus Raum für eine weitere Unterscheidung zwischen Zeit und Ort: von Akteuren konstruierte Charakteristika verändern sich im Zeitverlauf und sind von Ort zu Ort verschieden: in einigen Gesellschaften kann altruistisches Handeln als 'natürlich' erachtet werden, in anderen ein kollektives Bewußtsein und in wieder anderen mögen materielle Ziele in bestimmten Zeiträumen dominieren und die individuellen und kollektiven Akteure beeinflussen.

Individuen versuchen ebenso wie formale Organisationen, die sozial legitimierten und kulturell dominierenden Strukturen auf ihre Umwelt zu übertragen. Durch Imitation kommt es zu Isomorphismen. Die Imitation bestimmter Modelle gilt als ein Mittel, um mit Unsicherheit umzugehen. Die zugrundeliegende Logik ist häufig reine Orthodoxie: der Mensch versucht sich konventionell zu verhalten und sich der Masse anzupassen. Neben dem Erfolg von Modellen ist Verbreitung für die Imitation ein weiterer Indikator: die Anzahl von Individuen oder Organisationen, die bestimmte Modelle exerzieren, kann darüber entscheiden, ob dieses Modell weiter imitiert wird. Insbesondere für Organisationen ist der Druck sehr groß, bei ähnlicher Zielsetzung bestimmte Modelle zu übernehmen (SCOTT 1995, S. 44f; POWELL und DIMAGGIO 1991). Das Paradoxon, dass Unsicherheit zu Imitation und letztendlich auch über Kulturkreise hinaus zur Verbreitung von Modellen führt, ist in der Entwicklung von Technologien, Produktions- und Organisationsformen weit verbreitet; man denke nur an die Durchsetzung bestimmter technologischer Entwicklungen wie VHS als Videostandard oder an die sukzessive Diffusion japanischer Managementmethoden, auch wenn diese in anderen Kulturkreisen Friktionen aufwerfen und an ihrer Rationalität deutliche Zweifel angemessen erscheinen.

Von der Institution zur Institutionalisierung

Nachdem die strukturellen Inhalte von Institutionen thematisiert wurden, fehlt noch die Betrachtung der Elemente, die eine Wirkung von Institutionen hervorrufen (siehe Tabelle 2-2). Gleichzeitig bietet die Hinwendung zu den Medien die Möglichkeit, das *Produkt* Institution von dem *Prozess* Institutionalisierung zu unterscheiden und dessen Basis einzuführen.

Eines der entscheidenden vermittelnden Elemente ist dabei Kultur, die sich immer über das Individuum ausdrückt. Kultur bedeutet in diesem Zusammenhang ein bestehendes System von dauernden und übertragbaren Konzepten, die, vergangene Erfahrungen integrierend, als Matrix von Auffassungen, Wertschätzungen und Handlungen funktionieren und somit dem Individuum erlauben, seine Handlungen in allen Situationen zu strukturieren. Diese Konzepte sind z. B. ein Rechtssystem oder ein nicht kodifiziertes Wertesystem. Kultur ist weniger an Ländergrenzen als an Kulturkreise gebunden. Die kulturell spezifischen Regeln sind im gewohnheitsmäßigem Handeln internalisiert (BOURDIEU 1977).

Tabelle 2-2 Analysestränge vermittelnder Elemente von Institutionen

Medium	Regulativ	Normativ	Kognitiv
Kultur	Konventionen, Regeln, Gesetze	Werte, Erwartungen	Kategorien, Klassifikationen
Soziale Strukturen	Regierungssysteme, Machtsysteme	Regime, Legitime Systeme	Strukturelle Isomorphie
Routinen	Protokolle, Standardprozeduren	Konformität, Erfüllung von Verpflichtungen	Skripte, Durchführung von Programmen

Quelle: in Anlehnung an SCOTT 1995, S. 52

Am Beispiel des technischen Wandels läßt sich der Einfluss von Kultur leicht aufzeigen: Eine Innovation, die in einem Kulturkreis A hervorgebracht wurde, spiegelt kulturspezifische Elemente wider, wie z. B. die just-in-time Produktionspraxis, die in einem japanischen Kontext angelegt ist. Wenn diese Innovation in einen Kulturkreis B eingeführt wird, dann *unterliegt* sie anderen kulturellen Einschränkungen, sozialen Anschauungen und Strukturen und *verändert* andere Institutionen und Praktiken (VEBLEN 1914/1990, S. 135). Diese Veränderungen passieren aber nicht zeitgleich, sondern mit einem kulturellen 'lag' (VEBLEN 1914/1990; OGBURN 1922/1969).

Als zweites Medium fungieren *soziale Strukturen* oder 'Regime' im Sinne eines Systems mit einer gewissen Autorität (JEPPERSON 1991, S. 150). Soziale Strukturen beruhen vor allem auf Erwartungsmustern, die mit Netzwerken sozialer Positionen verbunden sind, wie sie mit politischen und wirtschaftlichen Systemen verbunden werden bzw. in diesen bestehen. Diese Rollensysteme begrenzen und forcieren Verhalten; gleichzeitig reproduzieren und transformieren sie sich durch spezielles Verhalten. Hier kommt eine Wechselwirkung zwischen Struktur und Aktion zum Ausdruck, die zu Entwicklungen führt. Zwischen einer relativ statischen Struktur, z. B. in Form bestimmter institutioneller Lösungswege, und dynamischer Aktion besteht eine reziproke Beziehung: einerseits basieren Strukturen auf durchgeführten Handlungen, andererseits bilden sie gleichzeitig den Kontext bzw. das Medium für anhaltende Aktionen und werden verändert. Auf diese Struktur-Aktions-Dichotomie, die in der Innovationsforschung auf technologisches Fortschreiten bezogen auf großes Interesse stößt, wird noch eingegangen.

Als drittes Element werden *Routinen* genannt. Sie stützen sich auf Verhaltensmuster und reflektieren das implizite Wissen der Akteure - tief verwurzelte Gewohnheiten und Verfahren - die auf dem nicht artikulierten Wissen und auf Überzeugungen basieren (SCOTT 1995, S. 52ff). Vielfach bestimmen Routinen das Verhalten von Individuen, da dies die Art und Weise ist, 'wie es gemacht wird' und es sich so bisher als sinnvoll erwiesen hat. Als Entscheidungshilfe für Routinen fungieren auch Skripte, d. h. Anleitungen, die die Bedeutung herausstellen und dementsprechend eine sinnvolle Auswahl und Handlung ermöglichen (SCOTT 1995, S. 44). Die Funktion von Routinen und ihre Wirkung auf den Innovationsprozess wurde vor allem auf der Unternehmensebene genauer untersucht (NELSON und WINTER 1982).

Integration der Perspektiven

Die drei unterschiedlichen Analyseperspektiven regulativ, normativ und kognitiv weisen in einer getrennten Gegenüberstellung durchaus Unterschiede aus. Gegenüber der normativen Theorie, die die Stärke des Rollenverständnisses - was wird von mir in dieser Rolle erwartet? bzw. was ist angemessen? (MARCH und OLSON 1989) – zur Erklärung von Institutionen in den Vordergrund stellt, wird in der kognitiven Theorie die individuelle soziale Identität als ausschlaggebend betrachtet. Entscheidungen werden nicht ausschließlich von Erwartungen anderer abhängig gemacht, sondern inwieweit sie dem Individuum Sinn und Zweck erfüllen bzw. konzeptionell richtig erscheinen. Normative und kognitive Erklärungen weisen jedoch deutlich mehr Gemeinsamkeiten als Unterschiede zum regulativen Ansatz auf. Getrennt weisen beide Erklärungsstränge gravierende Mängel auf: der 'rational-choice' und Legimitationsansatz der regulativen Theorie kann menschliches Verhalten nur teilweise erklären; auch ein alleiniges 'Verlassen' auf die Einhaltung institutioneller Regelungssysteme aufgrund von Regeln, Normen und Werten ist ebenfalls problematisch, da häufig zu beobachtendes abweichendes Verhalten unberücksichtigt bleibt (KNIGHT 1997, S. 17). Hilfreich und für die Analyse deutlich realitätsbezogener ist daher eine Kombination der Perspektiven wo es sich anbietet; das strikte Festhalten an einer bestimmten Perspektive führt zu einer Schere zwischen einer Analyse, die das soziale Individuum entweder überbetont oder gar nicht berücksichtigt.

2.1.2 Verlauf des Institutionalisierungsprozesses

Zur Entstehung und Wirkung von Institutionen im Verlauf des Institutitionalisierungsprozesses lässt sich zusammenfassend festhalten, dass Individuen auf neue Situationen und Entwicklungen (A_i) zum Zeitpunkt t_0 reagieren, indem sie aufgrund von vorhandenem Wissen, Normen und Werten $(\omega)t_0$ eine Umgangsform für diese Situation bzw. Entwicklung entwerfen, die den involvierten Individuen zum Zeitpunkt t_0 als vorteilhaft erscheint. $(\omega)t_0$ ist gleichermaßen die institutionelle Struktur, die u.a. ein neues Produkt, eine neue Idee oder eine Lösungsmöglichkeit I kanalisiert. Erweist sie sich I als sinnvoll oder machen dies die beteiligten Individuen glaubhaft, verbreitet sich die Form und wird von anderen Individuen in $t_1$eingesetzt. Diese Form wird im Verlauf der Zeit zu einer Institution $(I_i)t_{(1\text{-}n)}$. Als gewohnheitsmäßige Handlung wird sie mehr oder minder automatisch für die Situation bzw. Entwicklung A_i angewendet und wird zu $I_i(A_i)t_{(1\text{-}n)}$. Während $I_i(A_i)$ im Verlauf von t_2 und t_3 unverändert Verbreitung findet, kommen veränderte Situationen $(A_j)t_2$ und neue Entwicklungen $(A_k, A_l)t_2$ auf, die durch $(\omega)t_1$ bestimmt sind. $(\omega)t_1$ hat (I_i) bereits internalisiert, so dass aufgrund des bisherigen Erfolgs von $I_i(A_i)t_1$, diese Institution zumindest in t_2 auf A_j angewendet wird, auch wenn eine Anpassung um (j) für eine kongruente Lösung adäquat wäre. Wenn A_j z. B. ein verbessertes technisches Produkt oder eine veränderte Organisationsform ist, wird dieses bzw. diese aufgrund der herrschenden Struktur durch $I_i(A_i)t_{(1\text{-}n)}$ Schwierigkeiten haben, sich bereits im Verlauf von t_2 und t_3 durchzusetzen. Vielmehr werden die Individuen, die durch $I_i(A_i)t_{(1\text{-}n)}$ einen Nutzen ziehen, die Durchsetzung von A_j verzögern oder gar verhindern. Für $(A_k)t_2$, das eine neue Entwicklung darstellt und auf das $I_i(A_i)$ und $I_j(A_j)$ keinen direkten Einfluss haben, werden weitere Umgangsformen entwickelt, die sich im Verlauf von $t_{3\text{-}n}$ als Institution etablieren. Im Verlauf von $t_{1\text{-}n}$ entwickeln sich eine Reihe von institutionellen Formen heraus, die zum Teil unabhängig koexistieren, zum Teil aber auch in direktem Wettbewerb zueinander stehen und sich gegenseitig in ihrer Wirkung ausschalten oder beeinflussen.

Durch diesen Wettbewerb und durch das Aufkommen weiterer Aktionen verändert sich die institutionelle Struktur zwar insgesamt kaum merklich, aber permanent. Für jedes einzelne neue A_n hingegen kann diese Veränderung den Durchbruch bedeuten. Die institutionelle Struktur hat kollektiv nicht automatisch die gleiche Wirkung wie individuell.

Abbildung 2-1 Der Prozess der Institutionalisierung

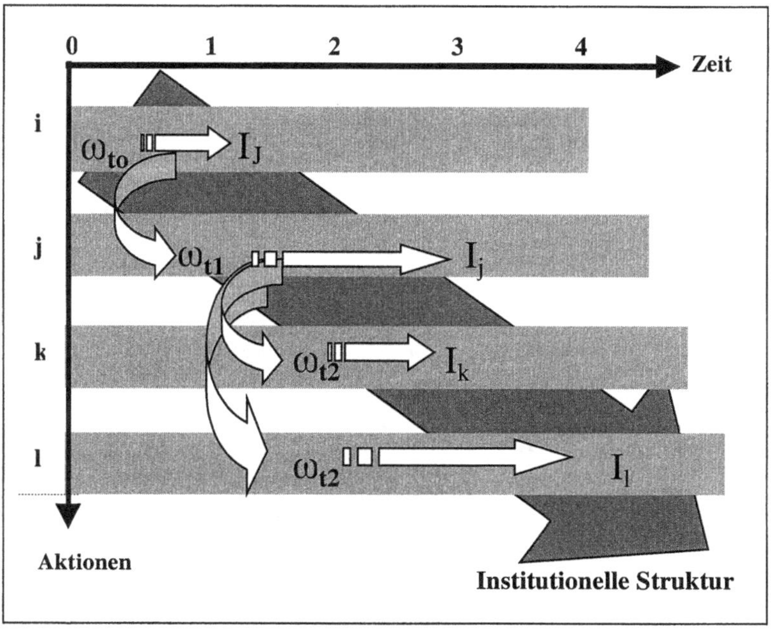

Quelle: eigene Darstellung

Was bedeuten diese Erläuterungen für unsere Analyse von Institutionen im Innovationsprozess? Zunächst einmal haben wir es nicht mit einzelnen Institutionen zu tun, sondern mit einer vernetzten Struktur, die sich aus institutionellen Elementen zusammensetzt und die eine, in unserem Falle neue, revolutionäre Technologie hervorbringt. Dies ist so in den USA beobachtbar. Es bietet sich also in einem ersten Schritt an, diese institutionelle Struktur zu beschreiben und den Versuch zu unternehmen, zentrale Elemente heraus zu arbeiten. Da die Entwicklung der Technologie gleichermaßen Einfluss auf die bestehende Struktur hat und zur Entwicklung neuer Muster beiträgt – also in einem Institutionalisierungsprozess beinhaltet ist, sind dynamische Wechselwirkungen zu vermuten und zu beschreiben. Da wir uns aber nicht auf die Technologieführer beschränken, sondern daran interessiert sind, wie andere Länder aufholen oder sogar *leapfrogging* (BREZIS *et al.* 1993) betreiben, interessiert vor allem die institutionelle Grundstruktur in diesen aufholenden Ländern, ihre Aufholstrategien und die Wechselwirkungen zwischen bestehenden Institutionen und der neuen Technik. Auch hier sind wiederum rege Aktivitäten zu erwarten, die sich aus dem Spannungsverhältnis zwischen Struktur und Aktion ergeben.

2.2 Der Schumpeter'sche Innovationsbegriff und das Innovationsmodell der Marktentstehung

Für die Innovationsforschung bildet der Innovationsbegriff wie in Schumpeter prägte, eine herausragende Grundlage. Er wird im Folgenden noch einmal rekapituliert bevor auf ein Innovationsmodell näher eingegangen wird, nämlich das Modell der Marktentstehung. Während das 'Lineare Modell' (BUSH 1945) noch bis in die 1970er Jahre gebräuchlich war, wurde es in den 1980er Jahren durch das so genannte 'Kettenmodell' (KLINE und ROSENBERG 1986) abgelöst. Beide Modelle sind ebenso wie der 'demand-pull' Ansatz allerdings zur Erklärung wissensbasierter Technologien nur beschränkt aussagefähig (DOSI 1982, S. 148ff). Das Modell der Marktentstehung ermöglicht dagegen eine konstruktive Betrachtung parallel verlaufener Entwicklungen, die insgesamt den Innovationsprozess abbilden.

2.2.1 Innovationsbegriffe im Konzept von Schumpeter

Begriffe wie 'technischer Fortschritt', 'wirtschaftliches Wachstum' oder 'technischer Wandel' sind Ausdrücke, die die Wachstumstheorie seit den 1950er Jahren nutzt. Bereits in der ersten Hälfte des Jahrhunderts sprach SCHUMPETER von 'wirtschaftlicher Entwicklung' und 'Neuerungen' (SCHUMPETER 1912/1964). Er unterschied drei Möglichkeiten zur Erklärung von wirtschaftlicher Entwicklung:

- Externe Faktoren, wie Krieg und Naturgewalten,
- Bevölkerungsanstieg oder Veränderungen des Sparverhaltens, sowie
- Innovationen.

Während er den ersten beiden Möglichkeiten wenig Aufmerksamkeit schenkte, da sie seines Erachtens nur Erklärungen für einen stationären Prozess sind (SCHUMPETER 1937/64, S. xxii), sind Innovationen der zentrale Faktor in seinen Ausführungen. Er definierte Innovation als 'neue Kombination von Produktionsmitteln' und bezeichnete damit auch gleichzeitig die Produktionsseite als Initiator. Die (wirtschaftliche) Entwicklung führte er auf die Durchsetzung neuer Kombinationen zurück, die er auf fünf Fälle bezog (SCHUMPETER 1912/1964, S. 100f):

- Herstellung eines neuen Gutes oder einer neuen Qualität eines Gutes,
- Einführung einer neuen Produktionsmethode,
- Erschließung eines neuen Absatzmarktes,
- Eroberung einer neuen Bezugsquelle von Rohstoffen,
- Durchführung einer Neuorganisation.

Die eigentliche Erfindung, die *Invention*, blieb in dieser Beschreibung außen vor. Schumpeter ging es bei der *Innovation* primär um die wirtschaftliche Umsetzung. Eine weitere Unterscheidung nahm Schumpeter hinsichtlich des Ausmaßes und des Produktionsortes von Innovationen vor. In seiner *Theorie der wirtschaftlichen Entwicklung* (1912/1964) entwickelte er das Konzept der *radikalen* Innovationen, die, hervorgerufen durch Entrepreneure, mittel- bis langfristig wissenszerstörend sind und für Diskontinuität sorgen. Dieser als 'schöpferische Zerstörung' bezeichnete Prozess beherrscht den Innovationsprozess deutlich seltener als gewöhnliche, *inkrementelle* Innovationen, die insbesondere durch Systematisierung und Rationalisierung der Forschung in Unternehmen hervorgerufen werden (SCHUMPETER 1942, S. 193). Schumpeter berücksichtigte in seinem Konzept der radikalen Innovationen nur die direkte Unternehmerseite; eventuell vorgelagerte Wissensprozesse, die dem Entrepreneur überhaupt die Möglichkeit des Innovierens bieten, blieben außen vor. Erst das Konzept der inkrementellen Innovationen integrierte Wissen, indem diese Innovationen auf geplanter F&E im Unternehmen beruhen (vgl. Kapitel 3.1.1 und 3.3.2). Dieses Konzept, das in *Kapitalismus, Sozialismus und Demokratie* (1942, S. 215) erwähnt wird, führt den wirtschaftlichen Wandel auf systematische Forschungs- und Entwicklungsarbeiten in den großen Konzernen zurück. Seit Mitte des 19. Jahrhunderts war der Einzug von wissenschaftlichen Grundlagen in die Industrieproduktion insbesondere in der Chemieindustrie zwar beobachtbar (LANDES 1973, S. 180 und S. 253ff), die positiven Effekte zeigten sich jedoch erst im 20. Jahrhundert überaus deutlich.

Die von Schumpeter durchgeführte Aufteilung des Innovationsprozesses in fünf Phasen und die Erkenntnis, dass der Innovationsprozess im Unternehmen aus Gründen der Wirtschaftlichkeit systematisch zu analysieren sei, führten zu einer Vielzahl von Innovationsmodellen. Diese hatten und haben durchaus mehrere Ziele: erstens versuchen sie den Innovationsprozess in gut zu unterscheidende Phasen zu zerlegen, zweitens möchten sie die gesamten Input- und Outputgrößen bestimmen und drittens wollen sie die in jeder Phase involvierten Akteure und Institutionen identifizieren.

2.2.2 Das Modell der Marktentstehung

Im 'Modell der Marktentstehung' wird eine feste Beziehung zwischen Wissenschaft, Technik und industrieller Produktion unterstellt und in einen zeitlichen und qualitativen Kontext gebracht. In diesem Modell (vgl. Abbildung 2-2) werden drei Ebenen unterschieden, nämlich Wissenschaft, Technik bzw. industrielle F&E und Produktion.

Die Entwicklungsphasen der Wissenschaft im Modell entsprechen weitestgehend den Definitionen der OECD (1994), die im *Frascati Manual 1993* enthalten sind. Es beginnt mit der wissenschaftlichen Forschung im Sinne von Grundlagenforschung in wissenschaftlichen Einrichtungen in Phase I. Diese Grundlagenforschung ist experimentell und nicht zielgerichtet und wird als *reine* Grundlagenforschung bezeichnet. Prinzipien und Phänomene werden in dieser ersten Phase aufgeklärt, Modelle entwickelt und Basiseffekte entdeckt.

Abbildung 2-2 Entwicklungsverlauf wissenschaftlicher Forschung und industrieller F&E

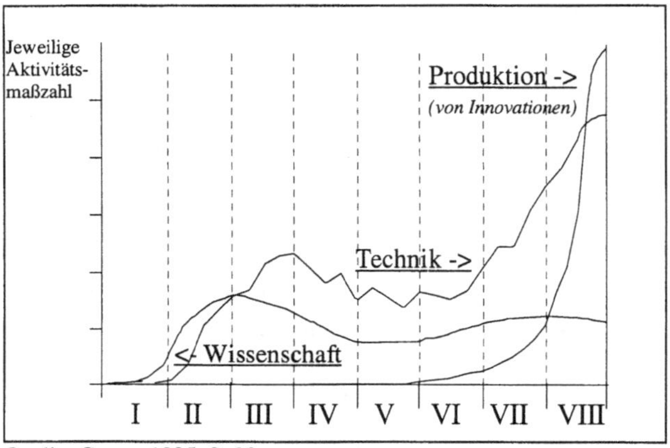

Quelle: GRUPP 1995, S. 38

Zeichnen sich Lösungsmöglichkeiten für bestimmte Probleme ab, wird die Natur der Grundlagenforschung verändert - sie wird zur *anwendungsorientierten* Grundlagenforschung; dies kann mit der Phase II verbunden werden. Die Wissenszunahme in bestimmten Gebieten kann in dieser zweiten Phase zu vereinzelten Aufnahmen in der Industrie führen und zur industriellen Forschung anregen. In Phase III entfaltet sich die Wissenschaft weiter, während es zu ersten technischen Konzeptionen, Realisierungen und Prototypen in der Industrie kommt. Es beginnt damit die längere Periode der *angewandten* Forschung, die in der OECD Definition durch den Terminus *experimentelle Entwicklung* erweitert wird (OECD 1994, S. 70). Unter angewandter Forschung werden die Anstrengungen subsumiert, die zwar auf die Gewinnung neuer Kenntnisse zielen, die aber insbesondere einem spezifischen, praktischen Ziel dienen. Auch die experimentelle Entwicklung entspricht einer systematischen Vorgehensweise, die auf bestehendem Wissen aus der Forschung und praktischen Erfahrungen basiert und darauf zielt, neue Produkte, Materialien, Prozesse etc. zu produzieren, bzw. bestehende substanziell zu verbessern. Während sich die Grundlagenforschung in den Phasen IV bis VIII weiter stabilisiert, sind diese Phasen für die industrielle Forschung turbulent. In Phase IV treten die ersten Schwierigkeiten der wirtschaftlichen Umsetzung von Forschungsergebnissen auf, die in Phase V zur temporären Stagnation führen. Im Produktionsprozess sind es die

Phasen V und VI, die mit der eigentlichen Innovationsphase in Unternehmen in Verbindung zu bringen sind: die Produktionsprozesse sind noch flexibel und ein Qualitätswettbewerb dominiert (GRUPP 1997, S. 35). Leichte Umorientierungen finden sowohl in der Wissenschaft als auch in der industriellen F&E statt, bevor es zur kommerziellen Anwendung kommt. In Phase VI werden neue industrielle Möglichkeiten geprüft, die in der Expansionsphase VII zu einem Anstieg der kommerziellen Anwendungen und schließlich in der letzten Phase zur Marktdurchdringung führen.

Im Unterschied zum Lebenszyklusschema von VERNON (1966), in dem die Innovationsphase am Beginn eines Produktes liegt (in Abbildung 2-2 wäre das vergleichbar mit dem beginnenden Verlauf der Produktionskurve in Phase V) und das vorgelagerte Wissensprozesse unberücksichtigt lässt, integriert das Modell der Marktentstehung diese zeitlich vorgelagerten Phasen. Während noch im Lebenszyklusmodell die Standardisierungs-, Stagnation- und Rückbildungsphase berücksichtigt wurde, sind diese im Modell der Marktentstehung nicht mehr integriert.

Der tatsächliche Verlauf der Entwicklungslinien ist abhängig von involvierten Akteuren und Institutionen wie Wissenschaft, Industrie und unterstützende Einrichtungen. Insbesondere der Transfer von Grundlagenwissen in die Industrie hängt sehr häufig von intermediären Einrichtungen ab. Funktionieren die Verbindungen zwischen Wissenschaft und Industrie in dem modellhaft skizzierten Verlauf besonders gut, kann sich insbesondere der technologische Verlauf in der Industrie verändern; die Phaseninhalte mögen sich so z. B. zugunsten einer schnelleren Umsetzung verschieben. Der Vorteil des Modells liegt nicht einzig in einem langen Beobachtungszeitraum, sondern auch in der Anregung zu einer differenzierten Behandlung von Akteurskonstellationen in bestimmten Phasen des Innovationsprozesses.

Wie Innovationsprozesse strukturell verlaufen und welche Inhalte unterschieden werden, ist maßgeblich vom Betrachtungsgegenstand und sehr stark von den Betrachtern abhängig. In der Diffusionsforschung stehen mikroökonomische Erkenntnisse im Vordergrund; insbesondere die Aufwendungen von F&E von Unternehmen werden als Erklärung für Innovationen herangezogen. Der Innovationsbegriff ist dementsprechend auf die Unternehmung eingeschränkt. Zur Erklärung des Fortschreitens von Technologien, die häufig erst am Anfang ihres 'Lebenszyklus' sind, bietet diese Beschränkung keine oder kaum Anhaltspunkte. Für diese Art von Technologien, die den Charakter einer radikalen Innovation besitzen, ist dagegen ein umfassender Begriff des Innovationsprozesses angemessen, der bereits bei der Generierung des Wissens außerhalb des Unternehmen ansetzt und die Diffusion in die Unternehmen als einen weiteren Schritt integriert. Erst dann spielen klassische betriebswirtschaftliche Innovationsansätze eine Rolle.

3 Der theoretische Stand der Innovationsforschung

Im folgenden werden einige einflussreiche Ansätze der Innovationsforschung vorgestellt. Den Anfang macht eine knappe Skizzierung des Innovationsprozesses bei SCHUMPETER (1912/1964), gefolgt von neoklassischem, wachstumstheoretischen Überlegungen und einer Vertiefung des humankapitaltheoretischen Ansatzes von ROMER (1990). Ausführlicher wird die evolutionstheoretische Ökonomik behandelt, die in der Nachfolge Schumpeters einige originelle Aspekte des Innovationsgeschehens mit höherer Aussagekraft behandelt, als es die neoklassische Theorie und Modelle der Neuen Wachstumstheorie vermögen. Bevor einzelne Ansätze dargestellt werden, erfolgt eine Skizzierung der evolutorischen Grundlagen und Charakterisierung evolutionsökonomischer Prämissen. Die Auswahl der darauf folgenden Ansätze entspricht der Logik, Beiträge herauszugreifen, in denen die Komplexe Institutionen und Wissen vorrangig behandelt werden. Die Beiträge lassen sich in drei Subkategorien gliedern. DOSI (1982) sowie PEREZ (1983) und FREEMAN und PEREZ (1988) liefern Konzepte, die Innovationen, technischen und sozialen Wandel auf makroökonomischer Ebene erklären. Sie unterscheiden sich hinsichtlich ihrer Reichweite: Während Perez und Freeman die Reichweite von Technologien sowie das Zusammenspiel zwischen Institutionen und Technologien in den Vordergrund ihrer Erklärungen zyklischer Entwicklungen stellen, verwendet Dosi technologische Entwicklungspfade zur Erklärung von technischem Wandel. Die zweite Gruppe beinhaltet einen Ausschnitt der empirischen Innovationsökonomik, die durch bestimmte Indikatoren versucht, allgemein gültige Aussagen über Innovationsdynamiken zu treffen. Es wird ein Schwerpunkt auf Indikatoren zur Messung von technologischem Wissen gelegt und die Klassifizierung von wissensbasierten Industrien vorgenommen. Dafür werden der Ansatz von PAVITT (1984) sowie Arbeiten von GRUPP und SCHMOCH (1992) herangezogen. Die ebenfalls als empirisch eingeordnete dritte Gruppe beinhaltet Beiträge von WINTER (1982), MALERBA und ORSENIGO (1996, 1996a), die Erklärungen über Lernmuster auf sektoraler, bzw. Unternehmensebene sowie Industrie spezifische Dynamiken liefern. Während die bisher aufgeführten Beiträge deutlich stärker den Komplex Wissen in den Vordergrund stellen, legt der separat vorgestellte Ansatz der Nationalen Innovationssysteme einen ebenso großen Stellenwert auf den Komplex der Institutionen. Darüber hinaus kann er als ideelle Klammer in der Innovationsforschung bezeichnet werden.

3.1. Theoretische Ansätze der Innovationsforschung

In der ökonomischen Theorie dominierten die Produktionsfaktoren Arbeit, Boden und Kapital lange die theoretischen Ausführungen zum Wirtschaftswachstum. Die ersten Versuche, wachstums- und wirtschaftstheoretische Aussagen auf makroökonomischer Ebene zu verbinden, lassen sich auf Arbeiten von SMITH (1872) und RICARDO (1817) zurückführen. Das Wachstum der Wirtschaft erklärt sich nach Smith auf Grund der zunehmender Arbeitsteilung, des stetig wachsenden Kapitalstock sowie durch eine liberale Wirtschaftspolitik (BOLLMANN 1990, S. 16). Dem Faktor Technik, bzw. technischem Fortschritt, wurde dagegen nur eine marginale Rolle zugewiesen. Die klassische und frühe neoklassische Theorie vernachlässigte Technik insbesondere aufgrund von modelltheoretischen Schwierigkeiten. In der ersten Hälfte dieses Jahrhunderts war es vor allem Schumpeter, der diesen 'vierten Faktor' als maßgeblich für das Wachstum von Volkswirtschaften einstufte und untersuchte.

Seit den frühen 1980er Jahren hat die ökonomische Innovationsforschung einen Aufschwung erlebt, der sowohl auf neoklassischen als auch auf neo-schumpeterianischen Erklärungen fußt. Während unter den neoklassischen Ansätzen wettbewerbstheoretische (ARROW 1962), entscheidungstheoretische (KAMIEN und SCHWARZ 1982) und spieltheoretische (DASGUPTA und STIEGLITZ 1980) Arbeiten durchgeführt wurden, die die so genannte Schumpeter-Hypothese zu widerlegen versuchen und dabei spezielle Aspekte des Innovationsgeschehens analytisch darstellen, bieten die Arbeiten zur Neuen Wachstumstheorie (ROMER 1986, 1990, LUCAS 1988) makroökonomische Erklärungen, die sich aus der Theorie der rationalen Erwartungen herausgebildet haben. Die limitierte Aussagefähigkeit der neoklassischen Ansätze zur Erklärung realer Vorgänge, bzw. zur Formalisierung der Schumpeter'schen Argumente, hat der neo-schumpeterianischen Innovationsökonomik den Raum gegeben, alternative und weniger formalisierte theoretische Erklärungen zu finden. Unterschieden werden i. d. R. institutionelle und evolutorische Ansätze, wobei sich letztere nach SCHWITALLA (1993) in individualistisch-behavioristische Ansätze (NELSON und WINTER 1982) und institutionell-historische Ansätze (FREEMAN 1982, DOSI 1982, 1988) unterscheiden lassen.

3.1.1 Der Innovationsprozess bei Schumpeter

In seinen Ausführungen zum technischen und institutionellen Wandel, angefangen von *Die Krise des Steuerstaates* (1918) bis zu *Capitalism, Socialism and Democracy* (1942) sowie in den Beiträgen zur wirtschaftlichen Entwicklung von marktwirtschaftlichen Volkswirtschaften, die von der *Theorie der wirtschaftlichen Entwicklung* (1912/1964) bis hin zu *Business Cycles* (1939) reichen, lieferte Schumpeter zur Wachstumsrate, der Richtung und den Gründen von Wirtschaftswachstum wichtige Beiträge, die als Grundlage für viele Weiterentwicklungen von Innovationsökonomen aufgegriffen wurden (vgl. Kapitel 3.2.2).

Zum Innovationsprozess selbst machte Schumpeter nur einige Bemerkungen. Bereits in der *Theorie der wirtschaftlichen Entwicklung* (1912/1964) behandelte er die

Rolle des Unternehmertums, dessen Funktion seines Erachtens nicht darin besteht etwas zu erfinden, sondern "Dinge in Gang" zu setzen (SCHUMPETER 1942, S. 215). Der Unternehmer ist die zentrale Gestalt, wenn es um das Auftreten radikaler Innovationen geht, die wiederum vorhandene Industrien mittel- bis langfristig zerstören. Dieser Prozess der 'schöpferischen Zerstörung' und die auftretenden Diskontinuitäten wurden als Grundphänomen der wirtschaftlichen Entwicklung erkannt (SCHUMPETER 1912/1964, S. 88ff). Inventionen, die fortlaufend anfallen, müssen vom Unternehmer aufgenommen und am Markt durchgesetzt werden. Leider blieb das Hervorbringen von neuem technologischen Wissen bei Schumpeter völlig unberücksichtigt. Damit wird die Entstehung von neuem technologischen Wissen als exogen zustande kommend betrachtet und es nicht als unternehmerische Aufgabe angesehen, zu diesem beizutragen (SCHWITALLA 1993, S. 5).

In *Capitalism, Socialism and Democracy* (1942) betonte er noch einmal, dass die Geschichte des Produktionsapparates, eine Geschichte von Revolutionen ist - unaufhörlich werden alte Strukturen zerstört und neue geschaffen (SCHUMPETER 1942, S. 137f), jedoch nimmt diese Form der revolutionären Innovationen in kapitalistischen Gesellschaften in zunehmendem Maße eine deutlich weniger wichtige Rolle ein. Anstelle der revolutionären Innovationen und "genialen Erleuchtungen" (SCHUMPETER 1942, S. 215) der Unternehmer treten die inkrementellen Innovationen im unternehmerischen Innovationsprozess auf. Hier wurde der Prozess der Erfindung zum ersten Mal in den Innovationsprozess integriert. In diesem Zusammenhang zeigte Schumpeter den Erfolg wirtschaftlicher Entwicklungen anhand der großen Konzerne in innovierenden Industriezweigen auf, die eine eigene F&E-Abteilung unterhalten, und in denen der Innovationsprozess mit einem geplanten Forschungsprozess gleichzusetzen ist. Laut Schumpeter wird das Erfinden selbst zur Routine, hervorgebracht durch geschulte Spezialisten, die das liefern, was von ihnen verlangt wird (SCHUMPETER 1942, S. 215); der technische "Fortschritt" wird durch Systematisierung und Rationalisierung der Forschung wirkungsvoller (SCHUMPETER 1942, S. 193; Anführungszeichen im Original). Im Zusammenhang der monopolistischen Konkurrenz schlug Schumpeter eine Analyse von Wirtschaftszweigen vor, die durch neue Produkte und Methoden zum Strukturwandel gezwungen werden. Dabei ist ein besonderes Augenmerk auf die neuen Konkurrenten zu werfen, die auf Qualität und Menge der Gesamtproduktion, und damit auch auf die Produktion der alten Wettbewerber, einen deutlichen Einfluss haben würden (SCHUMPETER 1942, S. 146).

Damit blieb Schumpeter unpräzise in seinen Ausführungen zum Innovationsprozess. Dessen ungeachtet haben seine zum Teil abstrakten Vorstellungen eine Renaissance erfahren und die Innovationsökonomik in einer Weise beeinflusst, die GIERSCH (1984) dazu veranlasste, von einem anstehenden "Age of Schumpeter" zu sprechen.

3.1.2 Der Beitrag der Neoklassik und Neuen Wachstumstheorie

Innerhalb der neoklassischen Wachstumstheorie lassen sich die ersten wichtigen Arbeiten einer modelltheoretischen Lösung zur Erklärung des technischen Fortschritts auf die Kritik des keynesianischen Harrod-Domar-Modells, insbesondere durch SOLOW (1956) zurückführen. Er ersetzte in seinem Modell die linear-limitationale Produktionsfunktion durch eine geeignete Cobb-Douglas Produktionsfunktion. Unter Annahme der Substituierbarkeit der Faktoren Arbeit und Kapital zeigte er, dass sich Wirtschaftswachstum der exogen vorgegebenen Wachstumsrate der Bevölkerung und des technischen Fortschritts anpassen kann. Technischer Fortschritt wurde damit zwar als wichtiger Faktor anerkannt, konnte aber modelltheoretisch zunächst nur als eine externe Restgröße behandelt werden (BOLLMANN 1990, S. 18ff). Wie der technische Fortschritt letztendlich zustande kommt, blieb ungeklärt.

Weiterführende Modelle, die dezidiert die Erkenntnisse von ARROW (1962) und KALDOR (1957) zu kumulierten Lernprozessen berücksichtigen, bieten die Vertreter der Neuen Wachstumstheorie (LUKAS 1988, ROMER 1986, 1990). Gegenüber den früheren Ausführungen der Neoklassiker, insbesondere Solow, wird dabei versucht, den technischen Forschritt modelltheoretisch zu endogenisieren. Zum herausragenden Erklärungsfaktor wird Humankapital. Die Humankapitaltheorie der 1960er Jahre machte bereits deutlich, dass sich Humankapital und der akkumulierte Wissensstock grundlegend vom physischen Kapitalstock unterscheiden. Die Vertreter der neuen Wachstumstheorie versuchen auf unterschiedliche Weise, die Erkenntnisse zu integrieren und die Modelle zu verbessern.

ROMER (1990) legt seinem Modell drei Prämissen zugrunde:

(1) Technologischer Wandel wird als Grundlage für ökonomisches Wachstum erkannt.
(2) Technologischer Wandel wird auf bewusste Aktionen von Menschen, die auf Marktanreize reagieren, zurückgeführt – eine Endogenisierung muss damit erfolgen.
(3) Die Handlungsanweisungen für die Arbeit mit Zwischenprodukten unterscheiden sich grundsätzlich von anderen ökonomischen Gütern (ROMER 1990, S. 72).

Romer folgt daraus, dass die bei Schumpeter (1942) vorgestellte Marktmacht theoretisch eingebaut werden muss (ROMER 1990, S. 78). Im 1990er Modell[4] integriert

4 Das Vorläufer-Modell aus dem Jahr 1986 integriert Marktmacht, freien Zugang und Unternehmen. Es baut auf dem Modell monopolistischer Konkurrenz auf (DIXIT und STIGLITZ 1977), integriert Dynamik, dynamischen Handel und differenzierte Produktionsinputs. Im Unterschied zu dem 1986er Modell, das Skalen als eine wichtige Determinante für die Wachstumsrate identifi-

Romer die drei Faktoren Wachstum, Innovationen und Humankapital. Das Modell bildet eine Volkswirtschaft mit drei Sektoren ab: jeweils ein Sektor für die Herstellung von Zwischen- und Endprodukten, sowie einer für die Produktion von Forschung. Der forschungsproduzierende Sektor stellt permanent neues technologisches Wissen in Form von 'Blaupausen' auf, die die Firmen im Zwischensektor in Form von Nutzungs- und Verwertungsrechten kaufen und zur Produktion einer festgelegten Anzahl an Kapitalgütern als Zwischenprodukte einsetzen. Diese Zwischenprodukte werden dem Endproduktesektor verkauft, der mit Hilfe ungelernter Arbeiter sowie dem verbleibenden Humankapital daraus Endprodukte fertigt und sie zum Konsum bereitstellt. Wachstum wird in diesem Modell vor allem dadurch erzielt, dass ein Teil des Humankapitals im Forschungssektor, und nicht im Endproduktesektor angesiedelt ist. Die Wachstumsraten hängen vor allem mit der Höhe des heute im Forschungssektor eingesetzten Humankapitals ab, das grundsätzlich auch im Endproduktesektor eingesetzt werden kann. Daraus folgt, dass ein höheres Wachstum in der Zukunft vom Konsumverzicht in Höhe der entgangenen Produktion im Endproduktesektor abhängt (MÜNT 1996, S. 187ff).

Um seine Hauptaussage zu unterstützen, weist Romer auf die Eigenschaften von Humankapital als nicht vollständig öffentlichem Gut hin (ROMER 1990, S. 73ff) – was die modelltheoretische Analyse deutlich erschwert bzw. zu vereinfachten Überlegungen führt, die der Aussagekraft der Modelle abträglich sind.

Obwohl die Beiträge der Neuen Wachstumstheorie insgesamt interessant sind und theoretische Weiterentwicklungen darstellen, muss auch hier die Kritik auf den eingeschränkten Erklärungswert der Modelle liegen. Das auch in diesen Modellen integrierte Gleichgewichtsaxiom erlaubt es nicht, den Innovationsprozess in seiner Detailliertheit darzustellen. Interaktions- und Anpassungsprozesse bei der Generierung von Innovationen können nicht genauer analysiert werden (MÜNT 1996, S. 196).

3.2 Evolutorische Ansätze

In diesem Kapitel wird der zunehmenden Bedeutung der evolutorischen Innovationsansätze Rechnung getragen, die seit Anfang der 1980er Jahre die Forschung bereichern. In einem ersten Abschnitt werden einzelne wissenschaftstheoretische Aspekte aufgeführt, denen eine kurze Rekursion auf die biologische Evolutionstheorie vorangeht. Das wachsende Interesse an innovationstheoretischen evolutorischen Ansätzen hat mittlerweile zu einer fast unüberschaubaren Fülle von Einzel-

zierte, liegt die Hauptaussage des 1990er Modells darauf, dass das korrekte Maß der Skalen nicht die Bevölkerung sondern Humankapital ist (ROMER 1990, S. 78).

untersuchungen geführt, auf die hier nicht weiter eingegangen werden kann. Um das Ziel zu erreichen, theoretische und empirische Ansätze, die einen starken Bezug zu Wissen und Institutionen haben, zu analysieren, werden einzelne 'Meilensteine' der Forschung vorgestellt, die inhaltlich einen durchaus unterschiedlichen Fokus haben, sich aber hinsichtlich ihrer Zielsetzung wenig unterscheiden.

3.2.1 Zum wissenschaftstheoretischen Hintergrund

Ob man von institutionellen oder evolutorischen Ansätzen spricht, macht keinen allzu großen Unterschied; die beiden Termini sind methodisch und inhaltlich kaum sauber zu trennen. Der Begriff Institutionalismus bzw. institutionell umfasst ein heterogenes Sammelsurium verschiedenster Ansätze[5], unter denen die 'Evolutorische Ökonomik' eine Teilmenge ist (McKelvey 1996, S. 37). Für die Innovationstheorie sind Entwicklungen innerhalb des evolutorischen Zweigs jedoch von besonderer Bedeutung. Diese Gruppe hat insbesondere seit den 1980er Jahren die Theorie entscheidend beeinflusst, nicht ohne jedoch auf weit zurückliegende institutionell ausgerichtete theoretische Beiträge zurückzugreifen und gleichzeitig Erklärungen aus der Biologie zu integrieren. Viele der in der evolutorischen Ökonomie verbreiteten Begriffe und Denkmuster fußen auf Beiträgen der amerikanischen Institutionalisten, der "*only uniquely American school of economics*" (Ekelund und Hébert 1983, S. 397) und Erkenntnissen der Evolutionsbiologen wie Darwin und Lamarck.

Die Erkenntnisse der Evolutionstheorie nutzen die evolutorischen Ökonomen zur Erklärung von Prozessen. Darwins Erkenntnisse *On the Origin of Species* (1859/1996) lassen sich in zwei Kernaussagen zusammenfassen, von denen insbesondere die Evolutionstheorie von Interesse ist. Neben der Abstammungstheorie, die besagt, dass alle Arten eine gemeinsame Abstammung haben, wird in der Evolutionstheorie die Auseinanderentwicklung der Arten als ein evolutionärer (allmählicher und stufenweiser) Prozess dargestellt. Der Mechanismus, durch den die Entwicklung vorangetrieben wird, ist die natürliche Selektion[6]. Die Anzahl der überlebenden Spezies verändert sich im Laufe der Zeit - neue Arten erscheinen, andere verschwinden. Qualitative Veränderungen werden laut Darwin durch das graduelle Aufkommen neuer Arten hervorgerufen, die von ihren Vorläufern abhängen. Auf

5 Neben den Schulen, die 'institutionell' in ihrer Bezeichnung führen, nämlich die neue institutionelle Ökonomie (new institutional economics) und die amerikanischen, alten Institutionalisten (old institutional economics), finden sich Post-Keynesianer, Post-Marxisten, gemeinsam unter dem Label 'Institutionalisten' wieder.

6 Selektionsmechanismen gehören zu den wichtigsten Bestandteilen der evolutorischen Theorie, sie geraten jedoch immer mehr zu ihrer Achillesverse. Neuere Erkenntnisse, insbesondere durch die Molekularbiologie hervorgebracht, lassen begründete Zweifel an dem Mechanismus der 'natürlichen Selektion' aufkommen (Depew 1995).

der anderen Seite wird Kontinuität dadurch ermöglicht, dass ein Teil der genetischen Informationen vererbt wird.[7]

Die evolutorische Ökonomik zieht aus diesen Erkenntnissen Parallelen. Grundsätzlich wird kulturelle Evolution als ein dynamischer Prozess verstanden, der nur in ausreichend kleinen Zeitspannen einen Gleichgewichtszustand zulässt, ansonsten aber durch Ungleichgewichte gekennzeichnet ist. Die Selektion übernehmen Institutionen wie Markt und Staat. Biologische Mutationen werden im ökonomischen Umfeld mit Prozess- oder Produktinnovationen verglichen, die ein (momentan) stabiles Umfeld i. d. R. destabilisieren. Das ökonomische System tendiert zunächst dazu, einige Freiheitsgrade zu verlieren, z. B. indem ältere Produktionsmethoden aufgegeben werden oder Unternehmen sterben – eine Analogie zum Artensterben in der biologischen Welt. Durch Mutationen bzw. Innovationen wird jedoch eine 'Artenvielfalt' ermöglicht, bei der die 'natürliche Selektion' als Ergebnis ökologischer Interaktionen durch ökonomische Auswahlprozesse ersetzt ist, und die erfolgreichen Mutationen/Innovationen sich nach dem Prinzip 'survival of the fittest' durchsetzen. Ein kritisch untersuchter Gegenstand der evolutorischen Ökonomik bilden die 'ökonomischen Selektionsprozesse',[8] die zunächst von NELSON und WINTER (1982) auf Unternehmensebene untersucht wurden, aber auch auf technologischer Ebene (Wettbewerb zwischen Technologien bzw. technologischen Möglichkeiten) und Industrieebene wird von Selektionsprozessen gesprochen. Nelson und Winter zufolge werden Erbanlagen - im unternehmerischen Umfeld wird damit das technologische und organisatorische Wissen bezeichnet – durch Routinen vererbt. Routinen sind dementsprechend die 'Gene von Unternehmen'. Laut VROMEN (1995) haben damit Nelson und Winter aber die Darwin'sche Evolutionstheorie gründlich missverstanden (VROMEN 1995, S. 67ff). Vielmehr lassen sich die Ausführungen

---

7 Die Mendelschen Gesetze der Vererbung waren zwar zu Darwins Zeiten bekannt, blieben aber völlig unberücksichtigt. Erst um die Jahrhundertwende wurden sie 'wiederentdeckt', mit den Darwinschen Erkenntnisse verbunden und weiterentwickelt (JAHN 1990, S. 441ff). In der Synthese von Darwins theoretischen Ausführungen und moderner Genetik wird weiterhin zwischen Phänotyp und Genotyp unterschieden. Während der Phänotyp die Äußerlichkeiten eines Organismus beschreibt (Struktur und Morphologie), ist der Genotyp über den genetischen Code seiner DNA-Struktur definiert. Aufgrund ihres genetischen Codes unterscheiden sich Individuen einer speziellen Art in ihrem Phänotyp und in dem Maß, in dem sie sich ihrer Umwelt anpassen. Einige sind besser an die Umwelt angepasst als andere und überleben; diese Erbinformationen werden weitergegeben. Variierende phänomenologische Eigenschaften – Mutationen - entstehen laut Darwin zufällig (durch genetische Prozesse, die Darwin noch nicht kannte); die natürliche Selektion zwischen den Phänotypen wird seines Erachtens letztendlich durch die Umwelt vorgenommen.

8 Die Selektionseinheit, Routinen als Gene etc. sind wichtige Aspekte, mit denen sich die evolutorische Ökonomie ausgiebig beschäftigt. Aus der Fülle der Arbeiten sei hier auf DEPEW (1995), SAVIOTTI und METCALFE (eds.) (1991), LANGLOIS und EVERETT (1994), für die Selektion auf Unternehmensebene sei auf PENROSE (1952) sowie NELSON und WINTER (1982) verwiesen.

von Nelson und Winter mit einem anderen evolutionären Erklärungsansatz[9] verbinden – dem Lamarck'schen (VROMEN 1995, S. 86). Zur Erklärung von technischem Wandel bietet der Lamarck'sche Ansatz zum Teil eine bessere Orientierung als die Erklärungen Darwins (FREEMAN 1993, S. 312): Lamarck zufolge können sich Organismen an ihre sich verändernde Umwelt durch Variationen nicht nur anpassen, sondern sie sind darüber hinaus fähig, das Gelernte an ihre Nachkommen weiterzugeben.[10] Für Lamarck waren Variationen von Arten das Produkt von ausgedehnten Prozessen, in denen sich neue Arten aus alten entwickeln - Lamarck war demzufolge ein 'Transmutualist' bzw. 'Transformist' (DEPEW 1995, S. 5). Der von Lamarck eingeführte, vererbbare Umwelteinfluss auf Organismen spielt in der ökonomischen Realität von Organisationen als lernenden Einheiten eine größere Rolle: Erlerntes und Erfahrungen werden in Form von Routinen, den 'Genen' von Organisationen, nicht nur aufbewahrt, sondern auch an kommende Generationen 'vererbt'. Die erfolgreiche Adaptierung innerhalb von Organisationen an die Umwelt à la Lamarck entscheidet über das Überleben der Organisation.

Die grundlegende Bedeutung der Biologie bzw. biologischer Vorgänge für die Ökonomie bzw. ökonomischer Vorgänge beruht vor allem auf strukturellen Analogien (ANDERSEN 1994, S. 190). Indem Analogien als "*fertile source of new ideas and explanations*" gelten können, ist es jedoch ähnlich wichtig "*not to get carried away by evolutionary analogies and to mistake the analogy for reality*" (FREEMAN 1992, S. 123), insbesondere dann, wenn ausschließlich Darwinsche Erklärungsansätze herangezogen werden.[11]

Aus der Kritik an praktisch allen modelltheoretischen Annahmen der Neoklassik, die weder die Grundprinzipien der Variation und Selektion, noch Dynamik und Ungleichgewichte in ihrer Analyse integriert, entwickelt die evolutorische Theorie ihre eigenen Prämissen. Zentral ist dabei die Abkehr von traditionellen Gleichgewichts-

9 ANDERSEN (1994) nennt neben dem Darwinschen und Lamarckschen noch funktionale, teleologische, orthogenetische und saltatorische Erklärungsansätze (S. 191ff).

10 Die Ausführungen Lamarcks wurden erst ca. 100 Jahre später durch AUGUST WEISMANN (1885) in *Die Continuität des Keimplasmas als Grundlage einer Theorie der Vererbung* widerlegt. Demzufolge werden alle vererbbaren Eigenschaften durch die Reproduktionszellen weitergegeben; die im Laufe eines Lebens erlernten Eigenschaften von Organismen sind dagegen nicht vererbbar (JAHN 1990, S. 435ff). Die Lamarck'schen Vorstellungen bergen jedoch auch für die moderne Biologie Risiken, da die monistische, auf die Genetik ausgerichtete Biologie, nicht zufällige, epigenetische Prozesse unberücksichtigt lässt und aber gleichzeitig feststellt, dass genetische Veränderungen immer häufiger nicht allein auf die DNA-Struktur zurückführbar sind (STROHMAN 1997, S. 199).

11 MIROWSKI (1997) bemerkt dazu, dass die Evolutionstheorie zwar viele generelle Aussagen zulässt, sich aber auch immer Ausnahmen finden. In diesem Sinne ist eine eins zu eins 'Übersetzung' biologischer Prozesse bzw. Funktionen auf ökonomische Vorgänge nicht adäquat – insbesondere da die Molekularbiologie immer neue Erkenntnisse hervorbringt und von Gesetzmäßigkeiten weit entfernt scheint.

modellen. Stattdessen bestimmen dynamische Prozesse und kontinuierliche Ungleichgewichte ökonomische Aktivitäten. Die Kritik richtet sich des weiteren gegen das Dogma des rationalen, gewinnorientierten Handelns, vollständiger Konkurrenz sowie vollständiger Information an jedem Ort und zu jedem Zeitpunkt. Im Gegensatz zur neoklassischen Ökonomie ist nach WITT (1987) die evolutorische Theorie durch folgende Eigenschaften charakterisiert:

- *Dynamisch*: Die Theorie hat eine in der Zeit ablaufende Entwicklung zum Gegenstand.
- *Zeitbezogen*: Ihr liegt das Konzept der irreversiblen historischen Zeit zugrunde. Sie bezieht sich somit auf Entwicklungen, die eine zeitlich nicht umkehrbare Richtung aufweisen.
- *Erklärend*: Die Theorie erklärt, wie es zu Neuerungen in den untersuchten Entwicklungen kommt und welche allgemeinen Einflüsse sie haben (WITT 1987, S. 9).

Diese allgemeinen Prämissen lassen sich durch die epistemiologischen Annahmen der evolutorischen Theorie ergänzen. ANDERSEN (1994) fasst diese zusammen:

- Die Akteure[12] (Individuen und Organisationen) können niemals 'vollständig informiert' sein. Sie können nicht zu globalen, sondern bestenfalls zu lokalen Optimierungen kommen.
- Der Entscheidungsprozess von Akteuren ist normalerweise von Regeln, Normen und Institutionen geprägt.
- Die Akteure sind in bestimmtem Maße fähig, die Regeln anderer Akteure zu imitieren, zu lernen und Neues zu schaffen.
- Die Imitations- und Innovationsprozesse sind durch ein signifikantes Maß an Kumulation und Pfadabhängigkeit charakterisiert, sie können aber durch gelegentliche Störungen unterbrochen werden.
- Die Interaktionen zwischen Akteuren erfolgen gewöhnlich in Ungleichgewichtssituationen. Erfolg und Misserfolg sind das Ergebnis von Produktvarianten, unterschiedlichen Methoden sowie von den Eigenschaften der Akteure.
- Die Prozesse des Wandels, die in dem aufgeführten Kontext stattfinden, sind nicht-determiniert, mit offenem Ende und irreversibel (ANDERSEN 1994, S. 15).

Diese Grundlagen bilden den wissenschaftstheoretischen Hintergrund für die im folgenden vorgestellten Ansätze.

---

12 Andersen spricht im Original von *entities*.

3.2.2 Der Ansatz von Dosi

In seinem Beitrag *Technological paradigms and technological trajectories* (1982) entwickelte G. DOSI einen eleganten Erklärungsansatz für den Innovationsprozess. In Abgrenzung von bestehenden technology-push bzw. demand-pull Ansätzen wird ein Konzept entworfen, das auf T. KUHNS' *Die Struktur wissenschaftlicher Revolutionen* (1962/1996) basiert. Kuhn unterscheidet darin zwischen normaler Wissenschaft und außerordentlicher Wissenschaft, den wissenschaftlichen Revolutionen. *Normale* Wissenschaft bezeichnet er als kumulativ und als "Tätigkeit des Rätsellösens" (KUHN 1962/1996, S.65). Diese Tätigkeit basiert auf Paradigmen, einem Konglomerat aus Theorien, Gesetzen, Regeln, Phänomenen etc., die Merkmale, auf die Wissenschaftler beim Lösen von Problemen (oder Rätseln) zurückgreifen. "Paradigmata erlangen ihren Status, weil sie bei der Lösung einiger Probleme ... erfolgreicher sind als die mit ihnen konkurrierenden" (KUHN 1962/1996, S. 37). Normale Wissenschaft beruht auf Leistungen der Vergangenheit, die von einer bestimmten wissenschaftlichen Gemeinschaft für eine gewisse Zeit als Grundlage dienen. In Lehrbüchern festgehalten, werden bestimmte Anwendungen exemplarisch veranschaulicht, die anderen als Anleitung dienen (KUHN 1962/1996, S. 25). Durch wissenschaftliche Erkenntnisse hervorgerufene Veränderungen fügen sich in den Prozess der normalen Wissenschaft ein.

Eine weitere Bedeutung von Paradigmen bietet Kuhn im Sinne von 'Schule'.[13] In diesem Sinne bilden Paradigmen in der Wissenschaft dominante Erklärungsmuster bzw. den 'mainstream' wissenschaftlichen Inputs - andere Schulen können daneben durchaus koexistieren bzw. selbst zum führenden Paradigma werden. Ein *Paradigmenwechsel* tritt dann ein, wenn die Fachwissenschaft ihr Theoriegebäude gegenüber Anomalien (d. h. notwendige Veränderungen aufgrund wissenschaftlicher Erkenntnisse) nicht mehr aufrecht erhalten kann. Die Zeiten der anschließenden Untersuchungen, die zu einer neuen Grundlage für die Ausübung der Wissenschaft führen, bezeichnet Kuhn als *außerordentlich*; die wissenschaftlichen Revolutionen sind traditionszerstörend (KUHN 1962/1996, S. 20). Mit dieser These verbindet Kuhn den Fortschritt in der Wissenschaft: Paradigmenwechsel führen aufgrund revolutionärer Erkenntnisse, die die tradierte und auf Kumulation basierende, normale Wissenschaft aus ihrer dominanten Position reißen, zu neuen wissenschaftlichen Erkenntnissen.

Dem Kuhn'schen Konzept folgt Dosis Ansatz der *technologischen Paradigmen.* In der ersten Analogie definiert er technologische Paradigmen als Set von Wissensteilen, darunter anwendbares, theoretisches, kodifiziertes und implizites Wissen, Erfahrung durch Erfolg und Misserfolg, Methoden und Vorgehensweisen. Wiederum

---

[13] Neben diesen beiden Erklärungsebenen finden sich noch eine Reihe weiterer Bedeutungen. Für eine Aufzählung und Systematik der Bedeutungen bei Kuhn vgl. MASTERMAN (1970/1974).

in Analogie zu wissenschaftlichen Paradigmen bieten technologische Paradigmen Modell und Muster für die Lösung ausgewählter technologischer Probleme, die auf ausgewählten naturwissenschaftlichen Prinzipien und ausgewählten Materialtechniken beruhen. Ähnlichkeiten zu Mechanismen und Abläufen von Wissenschaft und Technologie werden weiter präzisiert: ähnlich wie ein wissenschaftliches Paradigma (im Sinne von 'Schule') ein bestimmtes Forschungsfeld beherrscht und Probleme, Abläufe und Ziele festlegt, bestimmt ein technologisches Paradigma technologische Entwicklungen.

Ein technologisches Paradigma enthält nach seiner Ansicht Entwicklungspfade - NELSON und WINTER (1977) sprachen von natürlichen technologischen Entwicklungspfaden (*natural technological trajectories*) - bzw. Ausschlusseffekte und dominierende Entwicklungslinien (*dominant designs*) die darüber mitentscheiden, in welche *Richtung* technischer Wandel erfolgt bzw. nicht erfolgen soll.[14] Technologische Entwicklungspfade werden als Muster des normalen Problemlösungsprozesses innerhalb des Paradigmas definiert (DOSI 1982, S. 152). Dies liegt zum einen an den Grenzen eines wissenschaftlich-technischen Paradigmas durch beschränkte Handlungsmöglichkeiten, zum anderen werden die Anstrengungen und technologischen Vorstellungen vom Wissen einzelner Individuen (z. B. Ingenieure) und vom Wissen innerhalb von Organisationen (Unternehmen) beschränkt, die die Forschung i. d. R. in recht präzise Richtungen fokussieren und kanalisieren. Als 'bevorzugte' Möglichkeit gegenüber anderen Möglichkeiten setzt sich ein technologisches Paradigma analog zu wissenschaftlichen Paradigmen durch, denn Forscher beschäftigen sich i. d. R. nur mit einem Teil der Fragen und Probleme, die das grundlegende Paradigma erlauben. Paradigmen kanalisieren somit die Anstrengungen in bestimmte Richtungen; hat sich ein Ingenieur einmal für eine Richtung entschieden, sind technologische Entwicklungspfade die Folgen normaler, kumulativer Forschung und Entwicklung.

Wenn die Hypothese des technologischen Paradigmas von Nutzen ist, sollte es möglich sein, aufgrund von inhärenten Anweisungen anzugeben, in welche *Richtung* technischer Wandel verfolgt bzw. ausgelassen werden soll (DOSI 1982, S. 152). Unterstützt wird diese Vermutung auch durch die Beobachtung, dass technologische Paradigmen zwar grundsätzlich Spielräume für mehrere Entwicklungspfade bieten und auch zwischen den Entwicklungspfaden häufig komplementäre

14 Allerdings ist das Konzept der natürlichen Entwicklungspfade kritisiert worden. Die Idee, dass sich diese quasi vorbestimmt entwickeln, entspringt den Köpfen von Ökonomen. Die augenscheinlichen 'Muster' sind im Sinne von selbsterfüllenden Prophezeiungen dauerhaft, weil Wissenschaftler, Technologen und andere glauben, dass sie dauerhaft sein werden und dementsprechend handeln. Wie jede Institution wird ein Entwicklungspfad nicht durch seine 'Natürlichkeit' unterhalten, sondern durch Interessen, die mit ihrer Kontinuität und dem Glauben an ihr Fortbestehen entstehen. Dieser Glaube ist nicht zufällig; er fußt auf vorherigem Wissen, experimentellen Arbeiten und Durchbrüchen (FREEMAN 1993, S. 312).

Verbindungen bestehen, Weiterentwicklungen in einem Pfad diesen jedoch stärken und andere Entwicklungen verhindern können. Wenn sich ein Pfad z. B. aufgrund von Netzwerkexternalitäten (KATZ und SHAPIRO 1985) als dominierend erweist, kann sein Verlassen zugunsten eines alternativen Pfades schwierig werden; der eingeschlagene Pfad mündet in ein sogenanntes technologisches lock-in. Die ex-ante Möglichkeit des Vergleichs, welcher technologische Pfad dem anderen überlegen sein wird, erscheint unrealistisch (DOSI 1982, S. 154).

In einem zweiten Teil seiner Arbeit widmet sich Dosi der Frage, wie es überhaupt zu bestimmten technologischen Paradigmen und Entwicklungspfaden kommt. Dafür sind nach seiner Ansicht ökonomische, institutionelle und soziale Faktoren zu berücksichtigen. Eine kritische Größe spielen Selektionsmechanismen und -kriterien auf verschiedenen Ebenen. Während im Unternehmen die ökonomischen Interessen der Organisationen (Marktfähigkeit, mögliche Profite) und das herrschende Wissen eine determinierende Rolle spielen, sind in vorgelagerten Ebenen die Interessen der Forschungsgemeinschaften, die entwicklungsgeschichtlichen Prozesse in einem wissenschaftlichen Paradigma und nicht zuletzt institutionelle Faktoren wie die öffentliche Hand, Militär, Forschungseinrichtungen, Patentschutz etc. für das Entstehen bestimmter technologischer Entwicklungspfade zu berücksichtigen. Dosi verweist hier insbesondere auf den Einfluss durch Industriepolitik i.w.S. als Ausdruck politischer Kräfte: Die Dominanz der Vereinigten Staaten im Bereich der Elektronik in Computertechnologien und Halbleitern, insbesondere bis in die 1960er Jahre hinein, wird z. B. auf die Stärke der militärischen Forschung und Raumfahrtprogramme zurückgeführt (DOSI 1982, S. 155). Auch die heutige führende Position in der biotechnologischen Forschung lässt sich mit den hohen öffentlichen Ausgaben im Bereich der Gesundheitsforschung in Verbindung bringen (ABRAMSON *et al.* 1997, S. 75). Mit dieser institutionellen Einflussnahme wird die Annahme verbunden, dass nicht ein Markt von Anfang an Richtungen vorgibt. Märkte sind stattdessen in politische und soziale Institutionen eingebettet und werden erst durch politische Kräfte hervorgebracht (AYRES 1944; POLANYI 1944). Als institutionelles Produkt funktioniert ein Markt als Selektionsmechanismus zwischen konkurrierenden Produkten und Prozessen erst als letzte Stufe (DOSI 1982, S. 156). Auch Dosi wählt biologische Analogien zur Verdeutlichung der evolutionären Prozesse. So erklären ökonomische und soziale Umwelteinflüsse die technologischen Entwicklungen, indem sie erstens ein bestimmtes technologisches Paradigma aus einer Vielzahl von Variationen (Mutationen) selektieren, und zweitens zwischen den möglichen technologischen Pfaden (wiederum Variationen innerhalb des Paradigma) in "darwinistischer Manier" (DOSI 1982, S. 156), also im Sinne von 'survival of the fittest' auswählen. Erst nachdem die Angebotsseite die Entwicklungslinien ausgewählt hat, funktioniert der Markt als ex-post Selektion für die Produkte, die aus den vorher institutionell bestimmten Linien entstehen.

Dosi unterscheidet die institutionellen und ökonomischen Einflussfaktoren: in der *Suche* nach neuen Entwicklungspfaden bestimmen institutionelle Ausprägungen von öffentlicher Einflussnahme den Prozess, darunter das öffentliche formale Forschungssystem sowie Forschungs- und Technologiepolitik. Wird ein Entwicklungspfad ausgewählt, spielen die institutionellen Faktoren der Wissensakkumulation in öffentlichen und angewandten Bereichen, sowie Formen von institutioneller Intervention - selektive und fokussierende nicht-ökonomische Kräfte, z. B. die politisch motivierte Regulation und proaktive Industriepolitik (KUHLMANN *et al.* 1997) - entscheidende Rollen. Da diese institutionelle Unterstützung für die verschiedenen Wirtschaftszweige sehr unterschiedlich ist, tragen sie zur Erklärung für inter- und intrasektorale Unterschiede von Branchen und Industrien bei. Im Verlauf technischer Entwicklungen ist häufig zu beobachten, dass ein Schritt den nächsten quasi automatisch nach sich zieht, und sie zusammen eine verstärkte Wirkung ausüben. Diesen, als kumulativ bezeichneten technologischen Entwicklungsprozess verbindet Dosi mit der Aussage des institutionellen Einflusses, um letztendlich eine Erklärung zu bieten, warum die Konvergenz zwischen technologisch ungleich entwickelten Volkswirtschaften wenig realistisch erscheint. Wenn ein Land in einer Technologie 'hinterher hinkt', und eine ungleiche institutionelle Unterstützung bereits zu Beginn der Technologie hatte, aber technologisch aufholen möchte, ist davon auszugehen, dass die bestehenden oligopolistischen Strukturen im führenden Land dazu führen, dass die Innovationen des technologischen Entwicklungsprozesses selbst appropriiert werden und die Innovationslücke zwischen den beiden Ländern sich eher erweitert. Um im Sinne von *'leapfrogging'* (BREZIS *et al.* 1993) technologisch aufholen zu können, wird daher nicht nur eine imitierende Technologiepolitik hilfreich sein, sondern werden eine Vielzahl von industrie- bzw. technologiepolitischen Maßnahmen, wie temporäre Wettbewerbsbeschränkungen, Beeinflussung von Handelsströmen, Direktinvestitionen, staatliche Forschungsprogramme etc., notwendig sein (DOSI 1982, S. 161).

Der Innovationsansatz Dosis erscheint in mehrerer Hinsicht wesentlich. Die relativen Analogien zwischen wissenschaftlichen und technologischen Entwicklungen in Form eines Paradigma sind schlüssig und bieten eine Alternative zu einfachen Angebots- oder Nachfrageansätzen. Grundsätzlich eignet sich die Synthese von Kuhns und Dosis Erklärungen auch als theoretische Ergänzung zum Modell der Marktentstehung - insbesondere in der Frühphase einer Technologie (vgl. Kapitel 2.2.2). Wenig Berücksichtigung findet aber die Tatsache, dass technologische Paradigmen zum Teil sehr stark von zeitlich vorgelagerten wissenschaftlichen Paradigmen abhängen. Allerdings ist hier zu bemerken, dass die paradigmatische Entwicklung von wissensbasierten Technologien Anfang der 1980er Jahre keineswegs deutlich war. Zum besseren Verständnis des paradigmatischen Verlauf einer wissensbasierten Technologie müssen die Erklärungen nur marginal erweitert werden. Institutionen, insbesondere formelle Forschungseinrichtungen und die staatliche Grundlagenförderung, werden im Ansatz als wichtige Quelle für die Generierung von Wissen anerkannt. Darüber hinaus erklärt Dosi anhand der zentralen Stellung von vorhandenem Wissen im Unternehmen und von den Überzeugungen der Ingenieure quasi "natürliche" Entwicklungspfade von technologischen Entwicklungen. Weitere soziale Dimensionen bzw. Institutionen, wie z. B. gesellschaftspolitische Akteure, bleiben in der Betrachtung außen vor. Die Technikgenese verläuft dementsprechend unter einem etwas reduzierten Blickwinkel. Fraglich ist auch, ob ein dermaßen 'passender' Entwicklungsverlauf wie in der Mikroelektronik, den Dosi als Grundlage seiner Ausführungen nutzte, in anderen Technologien reproduziert werden könnte, denn so friktionslos wie in diesem Beispiel, laufen die Entwicklungspfade i.d.R. nicht ab.

3.2.3 Der Ansatz von Freeman und Perez

PEREZ (1983) präsentierte ein Modell des strukturellen Wandels mit einer einhergehenden Anpassung neuer Technologien, das auf einer Verbindung zwischen N. KONDRATIEFFS Modell der langen Wellen und der Schumpeter'schen Zyklen beruht. Kondratieffs Lange-Wellen-Modell wird dabei grundsätzlich nicht als ein rein ökonomisches Phänomen betrachtet, sondern als Ausdruck des harmonischen oder disharmonischen Verhalten des gesamten sozioökonomischen und institutionellen Systems auf nationaler und internationaler Basis (PEREZ 1983, S. 358). Es sind aufeinanderfolgende Entwicklungsmodi, die nach Perez' Ansicht die Reaktionen auf technologische Stile (*technological styles*) sind. Damit bezeichnet sie die herrschenden technischen und organisationellen Praktiken, die sich in Abhängigkeit ihres Verbreitungsgrades zu einem technologisch-ökonomischen Paradigma (*techno-economic paradigm,* von nun ab kurz techno-ökonomisch), ausdehnen können. Technologische Stile entwickeln sich maßgeblich in der Periode des Abschwungs, die dann wiederum in der Zeit des Aufschwungs eine verbreitete Anwendung finden. Kondratieff führte zwar aus, dass in dieser Abschwungphase eine besonders hohe Zahl wichtiger Innovationen vonstatten gehen, aber er machte keinen kausalen Zusammenhang zwischen den langen Wellen und Innovationen aus. In diese 'Lücke' stießen die Ausführungen von Schumpeter, der das zyklische Verhalten kapitalistischer Systeme auf Innovationen zurückführte (PEREZ 1983, S. 359). Perez fügt diese beiden Modelle zusammen und trennt das kapitalistische System für ihre weiteren Analyseschritte in zwei Subsysteme, ein techno-ökonomisches sowie ein sozio-institutionelles System. Das techno-ökonomische System der 4. Kondratieff-Welle ist durch den Taylorismus und Massenproduktion gekennzeichnet und das sozio-institutionelle System auf nationaler Ebene durch die wachsende Bedeutung des Staates und die einhergehende Keynesianische Wirtschaftspolitik, die rasche Expansion des Bildungssystems sowie die Akzeptanz von Gewerkschaften. Auf der Unternehmensebene werden der Idealtypus des Konzerns und auf internationaler Ebene die Bretton-Woods-Vereinbarung als wichtige sozio-institutionelle Faktoren genannt. Im Gegensatz zu den nationalen Institutionen, die Wachstum 'managen', also einen bedeutenden Einfluss ausüben, vereinfachen internationale Institutionen Wachstumsprozesse (PEREZ 1983, S. 370ff).

Beide Systeme interagieren und kreieren damit dynamische Entwicklungen um ein technologisches System. In der 4. langen Welle war dies die Tayloristische Methode des 'wissenschaftlichen Managements', die letztendlich zur Einführung des Fließbandes und der Ford'schen Massenproduktion führte. Damit war der Kern für einen Paradigmenwechsel in der Produktion geschaffen, ein typisches Anforderungsprofil entwickelt und die Voraussetzungen für eine erfolgreiche Diffusion geschaffen (PEREZ 1983, S. 369). In der Phase des Aufschwungs unterstützen harmonische Entwicklungen in beiden Systemen den herrschenden technologischen Stil bis zu dem Punkt, an dem maximale Produktivität- und Umsatzraten erzielt werden. Zur Zielerreichung ist ein Baustein notwendig, der auch von Perez hervorgehoben wird: die zentrale Rolle des Wissens bzw. Lernens, hier in Form des wissenschaftlichen Managements.

In der folgenden Abschwungphase wird mit neuen technologischen Stilen experimentiert. In dieser Phase zeigen sich die unterschiedlichen Reaktionsgeschwindigkeiten der beiden Subsysteme: die Techniken und organisatorischen Veränderungen eines neuen technologischen Stils prallen mit dem bestehenden sozialen und institutionellen Rahmen zusammen. Die technologischen Veränderungen führen vermehrt zu Reibungen. Viele Unternehmen und Märkte reagieren zwar auf den technologischen Stil, die sozialen und institutionellen Faktoren verharren jedoch in alten Positionen. Während sie im vorherigen Entwicklungsmodus ihre Stärke positiv einsetzen konnten, sind sie nun vielfach unnütz oder gar kontraproduktiv. Im Unterschied zur (wirtschaftlichen) Rezession erfolgt nun eine strukturelle Krise, die nicht nur zur Schumpeter'schen kreativen Zerstörung von Industrien führt, sondern einen Umbau des sozio-institutionellen Systems erforderlich macht.

FREEMAN und PEREZ (1988) und in weiteren Arbeiten insbesondere FREEMAN (1995a) gehen detaillierter auf die Veränderungen von technologischen Stilen und Veränderungen des techno-ökonomischen Paradigmas ein. Veränderungen technologischer Stile basieren auf inkrementellen und radikalen Innovationen und führen zu weitreichenden Neuerungen in Technologien und Organisationsformen, die nicht nur viele Industriebranchen beeinflussen, sondern auch zur Schaffung neuer Sektoren führen. Einige Veränderungen von technologischen Stilen haben einen derart großen Einfluss, dass sie die gesamte Wirtschaft durchdringen. PEREZ (1983) prägte dafür den Begriff des techno-ökonomischen Paradigmas, dessen Reichweite sich von wissenschaftlichen und technologischen Paradigmen unterscheidet. Ein techno-ökonomisches Paradigma, das aufgrund von Veränderungen technologischer Stile auftritt, hat folgende Bedingungen zu erfüllen (FREEMAN 1995a, S. 14f):

- *Eine Vielzahl neuer Produkte*, begleitet von Verbesserungen der technischen Charakteristika vieler Produkte und Prozesse, sollte entstehen. Das führt zur

Öffnung neuer Märkte und zu neuen Möglichkeiten von schnell realisierbaren und hohen Wachstumsraten, sowie zum Aufbau neuer, auf diesen Technologien beruhenden Industrien;

- *Kostenverringerung vieler Produkte und Dienstleistungen.* In vielen Bereichen mag die Kostenreduzierung marginal, in anderen größer sein. Sie ist jedoch ein wichtiges Element im Schumpeter'schen Sinne von Diffusion durch breite Nachahmung;
- *soziale und politische Akzeptanz*;
- *ökologische Akzeptanz*;
- *durchdringende Effekte des gesamten ökonomischen Systems.* Manch eine neue Technologie ist bahnbrechend und sozial akzeptiert, findet aber nur in einigen Branchen eine Anwendung.

Als Beispiel für ein neues techno-ökonomisches Paradigma führen Freeman und Perez die IuK-Technologien an, die ihres Erachtens all den angeführten Bedingungen gerecht werden (FREEMAN und PEREZ 1988, S. 60f) und Massenproduktion und Taylorismus – die Basen des Entwicklungsmodus der 4. Kondratieff-Welle– ablöst haben (PEREZ 1983, S. 373). Der technologische Stil, der sich bereits um die IuK-Technologien herum etabliert hat, hat deutlich transnationale Dimensionen, die neue Anforderungen an das sozio-institutionelle Subsystem stellen. Mit der notwendigen Fähigkeit, effizient mit riesigen Datenmengen umzugehen, der Organisation transnationaler Konzerne, etc. erscheinen nationale Institutionen, die noch in der 4. Welle erfolgreich waren, weniger geeignet, den neuen technologischen Stil zu unterstützen.

Doch techno-ökonomische Paradigmen entwickeln sich in einem graduellen Prozess: die komparativen Vorteile des neuen Weges - sinkende Kosten, schnell zunehmendes Angebot und zunehmende Anwendungen - zeigen sich zunächst nur in wenigen Sektoren. Aufgrund der technischen Voraussetzungen äußert sich FREEMAN (1995a) zurückhaltend auf die Frage, ob die moderne Biotechnologie ein solches techno-ökonomisches Paradigma bilden kann, wie es die IuK-Technologien vermögen. Auf diese Bedenken wird noch zu kommen sein, wenn die Charakteristika der Biotechnologie erörtert werden (siehe Kapitel 4.1).

3.2.4 Einschätzung der evolutionstheoretischen Beiträge

Das Innovationsmodell von Perez und Freeman ist auf makroökonomischer Ebene angesiedelt und versucht, das Phänomen der langen Wellen und spezifisches Innovationsverhalten in den unterschiedlichen Phasen des Konjunkturzyklus zu verbinden und zu erklären. In diesem Ansatz spielen Institutionen zur Erklärung des strukturellen Wandels eine wichtige Rolle. In einem retrospektiven Verfahren werden wichtige Institutionen herausgestellt und gleichzeitig angemerkt, dass in den unterschiedlichen Wellen, unterschiedliche Institutionen eine Rolle spielen (können). Wandel ist dementsprechend auch ein dynamischer Prozess der Zerstörung und Schaffung von Institutionen – wenn auch ein deutlich langsamerer als der Wandel des technologisch Möglichen. Ein wichtiges Charakteristikum von Institutionen wird angemerkt: sie können hilfreich und förderlich für den neuen technologischen Stil in der Phase des Aufschwungs sein, sie erweisen sich aber in der Phase des wirtschaftlichen Abschwungs als resistent gegenüber Veränderungen und häufig als hinderlich. Struktureller Wandel wird erst vollzogen, wenn sich auch die Institutionen an einen neuen technologischen Stil anpassen und sie gemeinsam, interagierend diesen fördern und weiterentwickeln. Ausgespart wird von Perez und Freeman die Frage, was den technischen Wandel letztendlich bestimmt: sind es die institutionellen Faktoren, oder ist es die relativ autonome Technik, die bestimmte Wege aufzeigt und die - wenn überhaupt - durch das Zusammenwirken mit sozio-institutionellen Faktoren kanalisiert wird? Ansatzweise ist ihr Bild von einem technikgesteuerten Wandel geprägt, dann jedenfalls, wenn von einem bestehenden technologischen Stil die Rede ist, für dessen weitere Entwicklung der sozio-institutionelle Rahmen möglichst förderlich sein sollte. Zur Generierung eines technologischen Stils erfolgen in den zitierten Arbeiten keine erhellenden Ausführungen.

Der Unterschied zwischen technologischen Paradigmen im Dosi'schen und techno-ökonomischen Paradigmen im Perez'schen Sinne ist graduell in bezug auf Akteure, Reichweite und Zeithorizont. Während Dosi das technologische Paradigma als 'Handlungsanweisung für Ingenieure betrachtet', und damit den Fokus auf bestimmte Technologien legt, die wiederum bestimmte Industrien technologisch 'beherrschen', diffundiert das Paradigma bei Perez und Freeman auf die gesamte techno-ökonomische Bandbreite, sprich alle Industrien, und hat einen spürbaren Effekt auf den sozio-institutionellen Rahmen. Radikale Innovationen spielen im Innovationskonzept von Perez und Freeman eine zentralere Rolle als bei Dosi, was allerdings mit dem längeren Zeithorizont des Ansatzes zu erklären ist. Dosi hingegen weist zu Recht auf die Dominanz inkrementeller Innovationen und deren Relevanz auf der Unternehmensebene hin, insbesondere in den häufig nicht-revolutionären Phasen. Beide verweisen jedoch darauf, dass es die radikalen Innovationen sind, die zu einer Veränderung im Sinne eines techno-ökonomischen Paradigmas führen.

3.3 Empirische Ansätze der Innovationsforschung

Die empirische Innovationsforschung, insbesondere in Form der Indikatorik, wird durch wenige Autoren wie K. PAVITT, sowie H. GRUPP und U. SCHMOCH dominiert, deren Arbeiten zur Bestimmung der Wissensbasis von Industrien und Technologien hier herangezogen werden. Eine, in direkter Nachfolge von Schumpeter folgende, Industriedynamiken fokussierende Richtung der empirischen Innovationsforschung wird durch eine Reihe von Ökonomen verfolgt, von denen im folgenden vor allem auf Arbeiten von S. WINTER, F. MALERBA und L. ORSENIGO zurückgegriffen wird.

3.3.1 Ansätze von Pavitt, Grupp und Schmoch

Viele Beiträge der empirischen Innovationsökonomik beziehen ihre grundsätzlichen Fragestellungen aus der Beobachtung unterschiedlicher Wachstumsraten, selbst bei relativ gleich ausgestatteten Volkswirtschaften (i. d. R. OECD Länder). Bei näherer Betrachtung zeigt sich, dass unterschiedliche Sektoren unterschiedliche Wachstumsraten erzielen, was wiederum zur Vermutung führt, dass sich auch die sektoralen Innovationsmuster unterscheiden. PAVITT (1984) wies durchaus unterschiedliche Strategien des Wissenserwerbs nach. Er identifizierte sektorale Muster des technischen Wandels, die auf unternehmenstypischen Faktoren basieren.[15] Die Untersuchung folgte den Fragestellungen:

- Was sind die technologischen Quellen in einem Sektor und woher kommen sie?
- Was sind die institutionellen Quellen und wie ist die Natur der produzierten Technologie in einem Sektor?
- Was sind die Charakteristika innovativer Unternehmen? (PAVITT 1984, S. 346)

Pavitt legte eine Untersuchung vor, die sich mit technologischen Inputfaktoren beschäftigte. Die sich herauskristallisierenden Unternehmenstypen wurden in drei Kategorien eingestuft (PAVITT 1984, S. 353ff):

(1) Zulieferer-dominierte Unternehmen

(2) produktions- bzw. skalenintensive Unternehmen

(3) wissensbasierte Unternehmen.

Diese Kategorien wurden wiederum durch unterschiedliche sektorale Charakteristika erklärt wie z. B. ihre technologischen Quellen, die Anforderungen der Anwender und die unterschiedlichen Möglichkeiten der Appropriierung.

---

[15] Ein Kritikpunkt der Untersuchung bildet die nur grobe Klassifizierung von 28 Industriegruppen in acht sektorale Klassen. Die Einteilung in drei differenzierte Formen der Wissensgenerierung bleibt von dieser Kritik unberührt. Sie hat sich weitestgehend bewährt; in neueren Untersuchungen wird aber i. d. R. eine Verfeinerung hinsichtlich der Anzahl der industriellen Klassifizierungen angestrebt (vgl. zur Kritik GRUPP und SCHMOCH 1992; GRUPP 1998).

Als typische Merkmale der ersten Kategorie, also Unternehmen, die von *Zulieferern dominiert* werden, werden als Kernsektoren Landwirtschaft, private Dienstleistungen und traditionelles verarbeitendes Gewerbe genannt. Die technologische Quelle bilden Zulieferer und größere Anwender. Üblicherweise erfolgt keine technische Appropriierung. Weitere Eigenschaften der Unternehmen bestehen darin, dass Prozesstechnologien ebenfalls durch Zulieferer initiiert werden, mehr Prozess- als Produktinnovationen durchgeführt werden und dass es sich bei den innovativen Unternehmen i. d. R. um kleine Unternehmen handelt. Darüber hinaus kann eine leichte Neigung zur vertikalen Diversifizierung festgestellt werden. Ganz anders verhalten sich dagegen die *wissensbasierten Unternehmen.* Als typische Kernsektoren werden die Elektronik- und Chemieindustrie (inklusive der pharmazeutischen Industrie) genannt. Nur in dieser Kategorie ist die Hauptquelle für Technologie "the R&D activities of firms in the sectors, based on the rapid development of the underlying sciences in the universities and elsewhere" (PAVITT 1984, S. 362). Die Appropriierung erfolgt über Patente und geheimgehaltenes Prozesswissen. Die Quellen für Prozessinnovationen sind sowohl die eigenen F&E-Abteilungen als auch die Zulieferer. Die innovativen Firmen sind groß; sie zeigen eine leichte Neigung zur vertikalen Diversifizierung, aber auch eine hohe Konzentrationsneigung.

Bereits in dieser Taxonomie wurde angedeutet, dass bestimmte Unternehmenstypen in bestimmten Industrien dominieren. Eine Parallele wird von der empirischen Innovationsforschung ebenfalls auf Industrie- bzw. technologischer Ebene gezogen. So ist die Struktur *wissensbasierter Industrien* nach Pavitt oligopolistisch und durch große, häufig sehr innovative Firmen gekennzeichnet. Zumindest in manchen wissensbasierten Industrien sind jedoch auch kleine, neue technologieintensive Unternehmen wichtig. Die relativ grobe Taxonomie Pavitts lässt nur Rückschlüsse in eine Richtung zu, nämlich von Unternehmen auf Sektoren, aber nicht umgekehrt, da wissensbasierte Industrien nicht zwangsläufig aus großen innovierenden Unternehmen bestehen. Nichtsdestotrotz hat gerade die durch Pavitt geprägte Klassifizierung der "Wissensbasis" – sei es in Unternehmen, Industriezweigen oder Sektoren - eine Reihe von Weiterentwicklungen im Bereich der Indikatorik nach sich gezogen, die Rückschlüsse über Ursprung und Diffusion von technologischem Wissen zulassen.

So lassen sich wissensbasierte Industrien bzw. Sektoren anhand einer Reihe von Humankapitalindikatoren[16] abschätzen. Eine weitere Möglichkeit der Bestimmung von industrieweiten technologischen Wissensbasen, ist durch die Bestimmung ihrer

[16] Darunter fallen Indikatoren wie beispielsweise der Anteil der Wissenschaftler mit natur- bzw. ingenieurwissenschaftlicher Ausbildung an den Gesamtbeschäftigten und der Anteil der Beschäftigten mit Universitäts- oder Fachhochschulausbildung. Die Qualifikationsanforderungen von Wirtschaftszweigen als ein weiterer Indikator lassen sich auch anhand der Lohnstruktur abmessen: Hohe Anteile von Angestellten in den höchsten ausgewiesenen Leistungsgruppen deuten auf hohe Qualifikationserfordernisse und einen überdurchschnittlichen Einsatz von Wissen hin (ISI/NIW 1995, S. 25).

Wissenschaftsbindung anhand von Nichtpatentliteratur (NPL)[17] gegeben (GRUPP und SCHMOCH 1992).

Tabelle 3-1 Skalierung der Wissenschaftsbindung von 30 Technikfeldern anhand des NPL-Indexes SII (1989-1992)

Technikfeld mit positivem bzw. negativem Grad der Wissenschaftsbindung			
Biotechnologie	+85	Elektrische Energie	-12
Pharma	+68	Umwelttechnik	-17
Halbleiter	+66	Verfahrenstechnik	-26
Organische Chemie	+61	Prozesstechnik	-28
Lebensmittel	+55	Werkzeugmaschinen	-46
Datenverarbeitung	+42	Motoren / Turbinen	-57
Optik	+39	Nahrungsmittelverarbeitung	-61
Werkstoffe	+37	Thermische Prozesse	-64
Telekommunikation	+32	Handhabung / Druck	-66
Audiovisuelle Technik	+27	Medizintechnik	-70
Grundstoffchemie	+21	Raumfahrt	-78
Mess- und Regeltechnik	+20	Transport	-80
Oberflächen	+17	Maschinenelemente	-85
Nukleartechnik	+8	Verbrauchsgüter	-88
Polymere	+5	Bauwesen	-93

Quelle: ISI/NIW 1995, Vol. 1, S. 84

Um den früheren Stand der Wissenschaft und Technik festzustellen, verwenden Patentprüfer neben bereits erteilten oder offengelegten Patentdokumenten wissenschaftliche Literatur, die aus wissenschaftlichen Einrichtungen und der Industrie kommen können. Aus Verweisen auf diese Literatur wird der Indikator für die Wissenschaftsintensität SII[18] operationalisiert. In Tabelle 3-1 ist der Grad der Wissenschaftsbindung von 30 Technikfeldern dargestellt. Den höchsten Wert erreicht die Biotechnologie, gefolgt von Pharma und Halbleitern.

---

17 Die Nichtpatentliteratur (NPL) beschreibt die Literatur, die nicht in Patentschriften niedergelegt ist. Verweise auf Nichtpatentliteratur werden in den Patentschriften getätigt und sollen somit den wissenschaftlichen Hintergrund von patentierten technologischen Innovationen darstellen. Hiermit kann im Rahmen der Patentrecherche ein Indikator zur Wissenschaftsbindung abgeleitet werden. Ausführliche Erläuterungen dieses Indikatoransatzes finden sich in GRUPP und SCHMOCH 1992.

18 Der Indikator für die Wissenschaftsintensität SII lautet:

$$SIIi(t) = \Sigma_j [NPLW_j(t) * P_{ij}(t)] / \Sigma_j P_{ij}(t), \text{ wobei } NPLW_j(t) = \Sigma_i NPL_{ij}(t) / \Sigma_i P_{ij}(t)$$

wobei $NPLW_{ij}$ die gewichtete Anzahl W der Verweise auf Nichtpatentliteratur NPL in den Patentschriften P_{ij} zum Zeitpunkt t, i die anmeldende Institution und j das Technikfeld bezeichnet. Der Wert des Indikators ist proportional zur Höhe der Wissenschaftsbindung des jeweiligen Technikfeldes. Wissenschaft wird hier somit nur von publiziertem Wissen abgeleitet, was wiederum aus Forschungseinrichtungen und der Industrie kommen kann.

Die Indikatorik, die mit Pavitt Anfang der 1980er Jahre mit Patentanalysen begann und im Laufe der Zeit um neue Indikatoren erweitert wurde, ergänzt die Innovationsforschung in der Hinsicht, dass sie quantitative und qualitative Unterscheidungen von Innovationsprozessen ermöglicht. Damit wird eine Grundlage für ein differenziertes Herangehen gelegt und gleichzeitig die Notwendigkeit für vergleichende Studien aufgezeigt, die sehr genau die Charakteristika der zu vergleichenden Objekte - seien es Unternehmen oder Industrien beachten.

3.3.2 Weiterentwicklungen des Schumpeter'schen Ansatzes

In der Tradition Schumpeters beschäftigen sich eine Reihe von Wissenschaftlern mit der Synthese von Ansätzen zur evolutionären Theorie der Unternehmung (NELSON und WINTER 1982), zur Evolution von Industrien (KLEPPER und GRADDY 1990) und industrieller Dynamiken (MALERBA und ORSENIGO 1996a). Dabei werden horizontale industriedynamische Faktoren wie Ein- und Austritt, Überleben und Wachstum von Firmen, Stabilität von Marktanteilen, Industriekonzentration und Größenverteilung mit vertikalen Mustern wie vertikale Integration/Disintegration, Veränderungen der Arbeitsteilung etc. in Zusammenhänge gebracht. Eine Forschungsrichtung verbindet industrielle Dynamiken mit bestimmten Mustern der Wissensakquisition von Unternehmen. Zwei Muster der Wissensbeschaffung werden dabei unterschieden: Das erste folgt Schumpeters Ausführungen zum Entrepreneur und der schöpferischen Zerstörung (SCHUMPETER 1912/1964). Das zweite folgt seinen Ausführungen zur Rolle industrieeigener F&E-Abteilungen (SCHUMPETER 1942). NELSON und WINTER (1982), sowie WINTER (1984) sahen diese beiden Muster als exemplarisch für die Art und Weise, wie Unternehmen Wissen akquirieren und prägten dafür den Begriff der 'technologischen Regime" bzw. 'technologischen Systeme' (*technological regimes* bzw. *systems*); die beiden identifizierten, grundlegend unterschiedlichen technologischen Regime bezeichneten sie als 'unternehmerisches'[19] (*entrepreneurial*) Regime bzw. als Regime der 'Routinen'.

Nelson und Winter gründen ihre Überlegungen auf mikroökonomische Muster: Unternehmen unterscheiden sich erheblich in der Nutzung von Technologien und in ihren Produktivitäts- und Rentabilitätsraten. Die Unterschiede zwischen Unterneh-

[19] Die Bezeichnungen *entrepreneural* bzw. unternehmerisch werden im Schumpeterschen Sinne *qualitativ* gebraucht. Der Schumpetersche heroische Unternehmer, i.S.v. Entrepreneur ist von Eigenschaften erfüllt, die ihn von 'konventionellen Unternehmern' maßgeblich unterscheiden. Da die deutschen Begriffe 'unternehmerisch', bzw. 'Unternehmer' keine klare Abgrenzung der beiden Regime ermöglichen, wird im folgenden zur eindeutigen Unterscheidung die Bezeichnungen 'entrepreneurhaft' bzw. 'Entrepreneur' für das 'entepreneural regime' gewählt, so dass die Bezeichnungen 'unternehmerisch', 'Unternehmen' bzw. 'Unternehmung' -letztere im Sinne als 'Ort von Innovationen' - neutral beibehalten werden können.

men und Personen lassen sich nach ihrer Auffassung allerdings anhand von Maximierungsstrategien allein kaum erklären, sondern erfordern die Berücksichtigung von unterschiedlichen (unternehmensspezifischen) Wissensbasen, Maximierungsfähigkeiten oder Glück (NELSON und WINTER 1974a, S. 888). Ihre Überlegungen stützen sich maßgeblich auf Schumpeters Ausführungen zur Rolle von erwarteten Unternehmensgewinnen, die er als einen wesentlichen Anreiz für unternehmerisches Verhalten einschätzte. Erwartete Gewinne haben laut Schumpeter eine positive Anreizfunktion zum Innovieren und Ausprobieren neuer Inputkombinationen. Die innovierenden Entrepreneure stehen im Zentrum Schumpeter'scher Erklärungen, wenn es darum geht, Wirtschaftswachstum und technischen Wandel zu erklären. Der auch als 'Schumpeter I' bezeichnete Komplex beinhaltet den Prozess der schöpferischen Zerstörung, der wiederum maßgeblich durch den Entrepreneur und dessen Innovationen hervorgerufen wird. Charakteristisch für diesen Prozess ist das in Schwärmen Auftreten neuer, kleiner Unternehmen, häufig durch schnell agierende Imitatoren (SCHUMPETER 1912/1964).

Schumpeters Ausführungen zum Wirtschaftswandel unterlagen im Laufe der Zeit jedoch einem Reifeprozess, der die künstliche Trennung des Entrepreneurs vom Unternehmer abschwächte. Die Überlegung, dass ein einmalig erfolgreich innovierender Entrepreneur nach diesem Erfolg mit dem Innovieren aufhört, mangelt an Logik. Vielmehr erscheint es sicher, dass der Entrepreneur seine Anstrengungen fortsetzt, um im Wettbewerb zu bestehen. Unternehmen, die ihre Fähigkeiten des Innovierens institutionalisieren (und damit routinieren), z. B. in Form eigener F&E-Abteilungen, erfuhren bei Schumpeter später eine deutliche Aufwertung (SCHUMPETER 1942). Dieser mit 'Schumpeter II' bezeichnete Komplex stellt eine, dem Entrepreneur diametral entgegengesetzte Begründung des Wandels vor. Die konzentrierten Anstrengungen in eigenen F&E-Abteilungen, insbesondere von Großunternehmen, wiesen auf ein Innovationspotenzial hin, das kleine Unternehmen aufgrund von finanziellen Restriktionen i. d. R. nicht haben. Der zeitlich graduell abnehmende Einfluss des Entrepreneurs auf Wachstum und Wandel wird von einem wachsenden Einfluss von Routinen abgelöst. Während das entrepreneurhafte Regime nur sporadisch auftritt, sind die Phasen des Regime der Routinen dagegen länger andauernd (NELSON und WINTER 1974a, S. 892).

Ihren Ausführungen zufolge hat das ökonomische Umfeld von Unternehmen, in Form von Innovationsmöglichkeiten und Patentiermöglichkeiten, deutliche Effekte auf die Innovationsrate, den Konzentrationsgrad von Industrien sowie die Eintrittsrate in eine Industrie. Weitere Untersuchungen zeigen, dass dieses Umfeld einen höheren Einfluss auf die Dynamik von Marktstrukturen und Innovationen hat, als Unternehmensgröße und die Nachfrage. Das Konzept der technologischen Regime wurde von MALERBA und ORSENIGO weiter ausgeführt; sie bezeichnen die beiden Regime als 'Schumpeter Mark I' und 'Schumpeter Mark II' (MALERBA und ORSENIGO 1995, 1996, vgl. Tabelle 3-2). In ihrem Konzept sind die entscheidenden

Variablen die bestimmten Kombinationen folgender Faktoren (BRESCHI und MALERBA 1997, S. 133ff):

(1) *Innovationsmöglichkeiten*

- Sie unterschieden sich anhand ihres Maßes: ein hohes (niedriges) Maß reflektiert die Möglichkeiten eines Unternehmens, technologische Innovationen, die aus einem eingesetzten F&E-Budget resultieren, deutlich einfacher (schwerer) zu erreichen als andere Unternehmen;
- Sie unterscheiden sich anhand der Vielzahl der möglichen Anwendungen, die insbesondere am Anfang einer Technologie stehen;
- Eine weite (enge) Verbreitung von Produkten und Märkten fördert (hemmt) die Chance, neues technologisches Wissen entsprechend weit einzusetzen;
- Die unterschiedlichen technologischen Quellen (Universitäten, Zulieferer, internes Lernen etc.) entscheiden über die Innovationsmöglichkeiten mit.

(2) *Patentiermöglichkeiten*

Darunter werden die Möglichkeiten zusammengefasst, Innovationen vor Imitationen zu schützen und die Gewinne aus den F&E-Aufwendungen einzustreichen. Unterschieden werden sie

- anhand des Maßes: ein hohes (niedriges) Maß bedeutet, dass erfolgsversprechende (kaum) Wege bestehen, die Innovation zu schützen. Ein niedriges (hohes) Maß vereinfacht (erschwert) technologische Spillover;
- anhand der bestehenden Schutzmöglichkeiten (Patente, Geheimhaltung, kontinuierliche Innovationen) für verschiedene Industrien.

(3) *Kumuliertheit*

- Darunter wird die Wahrscheinlichkeit verstanden, dass der Grad der Kumuliertheit des technologischen Wissensstocks im Unternehmen zum Zeitpunkt t entscheidend ist für die Innovationsentscheidung zum Zeitpunkt t + 1. Kumulative Vor- und Nachteile ergeben sich auf der technologischen, der Unternehmens- und der sektoralen Ebene sowie in geographischer Hinsicht.

(4) *Wissensbasis*

- Entscheidend sind Charakteristika des Wissens, wie: Grad der Spezifität, Anteil des impliziten Wissens, Komplexität bzw. Unabhängigkeit, sowie
- Möglichkeiten des Wissenstransfers (direkte Kommunikation, Literatur, Lizenzen, Konferenzen etc.). Ein hoher Grad an implizitem Wissen erfordert z. B. direkte Kommunikation, während standardisiertes und unabhän-

giges Wissen durch Lizenzen, Publikationen und andere kodifizierte Wege transferiert werden kann.

Die beiden Schumpeter'schen Konzepte werden mittlerweile als zwei charakteristische, zeitlich bedingte Phasen des technischen Wandels behandelt (PEREZ 1983, MALERBA und ORSENIGO 1996, HAGEDOORN 1996). Auch die empirischen Untersuchungen von Malerba und Orsenigo[20] bestätigen bereits früher gemachte Aussagen: es bestehen technologieimmanente 'Imperative', die auch im internationalen Vergleich gelten: technologiespezifische Ausprägungen (Konzentration, Industriestruktur, F&E-Intensität etc.) sind in institutionell durchaus unterschiedlichen Staaten relativ gleich (MALERBA und ORSENIGO 1995, 1996). Die Muster von Innovationsaktivitäten zwischen Technologieklassen weisen deutliche Unterschiede auf; diese sind jedoch in verschiedenen Ländern relativ stabil. Bestärkt werden diese Aussagen durch Indikatoren zur Messung der technologischen externen Effekte und der Wissenschaftsbindung (GRUPP und SCHMOCH 1992, S. 11ff), anhand derer sich die 'Verwandtschaft' aufgrund technologischer Spillover-Effekte zwischen einzelnen technologischen Entwicklungen sowie die Wissenschaftsbindung einzelner Technikfelder feststellen lässt. Die Wissenschaftsbindung der Technik und die Spillover-Struktur bestehen als innere Merkmale von Wissenschaft und Technik, die sich zwischen den Ländern nicht unterscheiden (GRUPP und SCHMOCH 1992, S. 59ff; HINZE *et al.* 1997).

Tabelle 3-2 Charakteristika der technologischen Regime

	Schumpeter Mark I	Schumpeter Mark II
Innovationsmöglichkeiten	hoch	niedrig
Patentiermöglichkeiten	niedrig	hoch
Zugangsrate von Unternehmen	hoch	niedrig
Grad der Kumuliertheit	niedrig	hoch

Quelle: in Anlehnung an MALERBA und ORSENIGO 1996, eigene Darstellung

Die Analysen verdeutlichen auch Unterschiede zwischen der höchsten Aggregationsstufe und sektoralen Vergleichen. Die Zuordnung zu einem der beiden technologischen Regime deuten strukturelle Unterschiede auf nationaler Ebene an. So erscheinen auf aggregierter Ebene z. B. Japan und Deutschland als typische 'Schumpeter Mark II' Staaten, Italien dagegen als 'Schumpeter Mark I'-Staat. In den Aus-

20 Anhand von Patentstatistiken wurden sechs Länder- und 49 Technologieklassen auf ihre Strukturen hin untersucht. Die Länder waren die Vereinigten Staaten, Japan, Deutschland, Großbritannien, Frankreich und Italien, Analysezeitraum war 1978-1991. Die Einteilung in 49 zweistellige Technologieklassen erfolgte laut Angaben der Autoren durch Gruppierung der vierstelligen IPC Klassifizierung nach bestimmten Anwendungen. Für weitere Sampleangaben siehe MALERBA und ORSENIGO 1996, S. 454f.

prägungen, insbesondere im Konzentrationsgrad und der Zugangsrate von Unternehmen, unterscheiden sich auch die Länder innerhalb eines technologischen Regimes deutlich. Diese Diskrepanzen setzen sich auf der Ebene der Technologieklassen entsprechend fort mit dem Unterschied, dass sie zwischen den Ländern relativ stabil sind. Als typische 'Schumpeter Mark I'-Technologien werden z. B. chemische Prozesse zur Nahrungs- und Tabakverarbeitung, elektrische Haushaltsgeräte und der Maschinenbau, als typische 'Mark II'-Technologien werden dagegen die organische Chemie, Luftfahrt und Laser klassifiziert (MALERBA und ORSENIGO 1996, S. 463).

Die empirischen Studien untermauern die Vorstellung der Wissenschaftler, dass die technologischen Entwicklungen innerhalb eines Staates einem 'natürlichen Entwicklungspfad' folgen, die vergangene Muster der technologischen Stärken und Schwächen reflektieren. Muster der technologischen Spezialisierung zwischen Staaten sind nicht nur eindrucksvoll, sondern auch langfristig feststellbar. Anders gesagt: die Länder weisen unterschiedliche technologische Vorteile auf, und diese Vorteile haben sich über einen längeren Zeitraum hinweg entwickelt. Obwohl ein Großteil der Dynamiken auf technologische Faktoren zurückführbar ist, lassen sich nicht alle unterschiedlichen Ausprägungen zwischen Ländern darauf zurückführen. Der nicht-erklärbare 'Rest' wird auf länderspezifische Unterschiede der nationalen Innovationssysteme bzw. der historischen Entwicklungen zurückgeführt (MALERBA und ORSENIGO 1996, S. 464; vgl. Kapitel 3.4).

Während die auf Patentstatistiken gestützten länder- und sektorenbezogenen Analysen Aussagen über Industriestrukturen und technologische Spezialisierungen zulassen, ist ihre Aussagefähigkeit über den Einfluss von Firmengröße und Marktkonzentration auf die technologische Leistungsfähigkeit in den einzelnen Technologieklassen beschränkt. Die in dieser Hinsicht unbefriedigenden Ergebnisse legen letztendlich eine etwas modifizierte Analyse nahe, die detaillierter auf Entwicklungen auf der Industrieebene einzugehen vermag. In diesem Zusammenhang steht auch der von Malerba, Nelson, Orsenigo und Winter angestrebte Ansatz, *'history friendly models'* zu schaffen. Es ist ein Versuch, den Verlauf einer Technologie von ihrem Aufkommen an mit aufkommenden Industrien und deren strukturellen Entwicklungen zu koppeln (MALERBA *et al.* 1999). Ein ausreichend langer Beobachtungszeitraum für unterschiedliche Technologien bzw. Industrien könnte Anhaltspunkte über Muster geben, etwa, ob der Entwicklungsverlauf einer Technologie unabhängig immer über Schumpeter I zu Schumpeter II verläuft, oder ob auch eine Entwicklung über Schumpeter II zurück zu Schumpeter I absehbar ist, kurz: die Untersuchungsmöglichkeiten und Befunde lassen eine Vielzahl von Einsichten erwarten.

3.3.3 Einschätzung der empirischen Beiträge

Die empirische Innovationsforschung leistet einen entscheidenden Beitrag zum Verständnis von Quellen, der Verwendung und Wirkung von Wissen im Innovationsprozess. Durch die verbesserte Datenlage aufgrund von Innovationspanels, langen Patentreihen etc., konnten bereits eine Vielzahl innovativer Messmethoden entwickelt werden. Gleichzeitig besteht jedoch insbesondere bei vergleichenden Studien die Gefahr, durch heterogene Grunddaten verzerrte Bilder zu erzeugen. Allein die Entscheidung, Daten des europäischen oder des US-amerikanischen Patentamtes zu verwenden, wird bei der gleichen Fragestellung teilweise unterschiedliche Resultate generieren. Viel der Reliabilität der empirischen Daten hängt daher vom gewählten Forschungsdesign ab.

Diese Forschungsrichtung hat mit Hilfe durchaus elaborierter Messverfahren strukturelle Unterschiede von Industriezweigen und Technologien aufgezeigt, die beobachtbare Industriedynamiken zu erklären vermögen; ein Punkt, den die neoklassische Theorie und die Modelle der neuen Wachstumstheorie wenig beachten. Die evolutorische Innovationsforschung versucht, insbesondere mit Hilfe der Indikatorik, ein Grundgerüst für empirische Untersuchungen zu schaffen, das eine Prozessanalyse unterstützt und differenzierte Handlungsempfehlungen für politische und wirtschaftliche Entscheidungsträger auf der Basis fundierter Erkenntnisse ermöglicht. Die Feststellung, dass die einzelnen Technologien räumlich unabhängige, immanente Eigenschaften aufweisen und ein Zusammenhang mit Strategien des Wissenssourcing besteht, birgt für industriepolitische Entscheidungen eine vergleichsweise höhere Sicherheit der Wirkung bzw. Nicht-Wirkung bestimmter Maßnahmen.

3.4 Der Ansatz der Nationalen Innovationssysteme

Die Erkenntnisse der unterschiedlichen theoretischen und empirischen Arbeiten werden verstärkt seit Anfang der 1990er Jahre in einem systemischen Kontext betrachtet. Herausragend ist hier der Ansatz der Nationalen Innovationssysteme (NIS), der aufgrund seiner Komplexität hier gesondert behandelt wird. Es wird erwartet, dass die Zusammenführung der Erkenntnisse aus den ausgewählten evolutorischen und empirischen Ansätzen eine Fundierung von Innovationsdynamiken auf sektoraler bzw. technologischer Ebene und eine Präzisierung der Innovationsprozessschritte und involvierten Akteure zulässt, die letztendlich die Grundlage der empirischen Untersuchung bilden kann.

Der Ansatz der NIS bildet für viele Studien zu Innovationsdynamiken eine 'konzeptionelle Klammer'. Die Ergebnisse zahlreicher Studien auf sektoraler, technologiespezifischer und Unternehmensebene trugen und tragen maßgeblich zu diesem Konzept bei, das jedoch aufgrund der Dynamik von Innovationsprozessen kein abschließendes, eigenständiges theoretisches Konstrukt bildet. Eine Behandlung des Ansatzes spiegelt daher die Erkenntnisse einer zeitlich limitierten Periode wider. Im folgenden wird kurz die Entwicklung und Motivation des Ansatzes erläutert, bevor ausführlicher auf Begriffe und inhaltliche Dimensionen eingegangen wird. Im Zentrum stehen dabei Fragen des Rahmens - den Systembegriff betreffend - und inhaltliche Fragen, wobei eine Klärung der Analyseeinheit 'Institution' unternommen, zur methodischen Auswahl der Analyseeinheiten Stellung genommen und letztlich die Logik der Dimensionen untersucht wird. Im Gegensatz zur empirischen Innovationsforschung fokussiert der NIS-Ansatz den nicht-technologiebestimmten, freien Spielraum eines sozio-ökonomischen Systems, der jedoch für den Erfolg von nationalen Innovationsdynamiken in bestimmtem Maße entscheidend ist. Herausragende Faktoren sind dabei die Fähigkeiten eines Staates, Wissen zu generieren und zu diffundieren.

3.4.1 Entwicklung des Ansatzes

In der Innovationsforschung hat sich ein Konzept herausgebildet, das zunächst unter dem Titel 'Nationale Innovationssysteme' auf breite Resonanz stieß. Erkenntnisse, die zur Entwicklung des NIS Konzepts maßgeblich beitrugen, sind internationale technologische Asymmetrien, die als Determinante für Handelsströme und Spezialisierungsmuster bereits in den 1960er Jahren genannt, jedoch erst in den 1980er und 1990er Jahren stärker formalisiert wurden (VERNON 1966, PATEL und PAVITT 1991, SOETE und VERSPAGEN 1993). Auf der Angebotsseite werden absolute und komparative Vorteile durch technologische Lücken erklärt, die wiederum zu evolutionären nationalen Spezialisierungsmustern führen. Die Lücken treten durch unterschiedliche Produkt- und Prozessinnovationen sowie durch institutionelle Asymmetrien in Form der grundlegenden Gestaltung von Arbeitsmärkten auf. Auf der Nachfrageseite werden dagegen Asymmetrien im Konsumentenverhalten hinsichtlich Preis- und Einkommenselastizitäten als wichtiger Faktor zur Erklärung des Zusammenhangs zwischen Spezialisierung und makroökonomischen Erfolgsgrößen festgestellt (CIMOLI 1998, S. 3). Im Zentrum der Untersuchungen stehen Beziehungen zwischen technischem Wandel, Wirtschaft und Gesellschaft. Einige innovationsökonomische Forscher konzentrierten sich daher auf die Frage, warum Länderunterschiede bestehen und welche Gründe dafür anzuführen sind, dass manche Länder signifikant 'erfolgreicher' sind als andere. Warum diffundieren 'erfolgreiche' mikroökonomische Faktoren, z. B. in Form von 'superioren' Organisationsformen, nicht in alle Industrien, geschweige denn über Ländergrenzen hinaus (CORIAT und DOSI 1995, S. 2)? Um diese Fragen beantworten zu können, ist ein ausreichend strukturiertes Analyseraster notwendig, das einen systematischen Vergleich der Länder ermöglicht und das einige NIS-Vertreter anstreben.

3.4.2 Methodische und inhaltliche Merkmale

Die Vertreter argumentieren generell, dass Innovationen und der Wissenskomplex (Produktion, Diffusion, Nutzung von Grundlagen- und technologischem Wissen), nur *ein* entscheidender Faktor für technologischen Wandel sind, und dass andere, spezifisch nationale Faktoren und Ausprägungen mindestens ebenso wichtig sind. Methodisch folgt der Ansatz vollständig den Prämissen der evolutorischen Ökonomie (vgl. Kapitel 3.2.1), wobei die Analyse insbesondere durch die Beachtung historischer Entwicklungen hervorsticht. Die zentrale Beachtung der *zeitlichen* Dimension beruht auf den Annahmen der kumulierten Verursachung (VEBLEN 1898/1990, S. 60f) und der damit einhergehenden Pfadabhängigkeiten: Während in einigen Ländern die natürlichen Ressourcen Innovationsdynamiken und technologische Entwicklungen prägen (z. B. in Kanada, Schweden und Norwegen), haben in anderen Staaten, die zum Teil nicht in dem Maße über natürliche Ressourcen verfügen, politische Entscheidungen dazu beigetragen, bestimmte technologische Entwicklungen zu fokussieren (BOYER *et al.* 1997, S. 147). In den USA trug z. B. die technologiepolitische Entscheidung in den 1920er und 1930er Jahren zur Förderung der verteidigungsbezogenen F&E dazu bei, technologische Entwicklungen in bestimmte Richtungen zu führen, die zum Zeitpunkt der Entscheidung zwar in ihrem Ausmaß nicht abzusehen waren, aber industrielle Entwicklungen langfristig prägten.[21] Dieser technologiepolitische Eingriff wird in der Analyse der NIS berücksichtigt, indem die Rekursion auf Ereignisse erfolgt - und die Entscheidung, in militärische F&E zu investieren, wird als ein solches betrachtet -, und zur Erklärung technologischer Spezialisierungsmuster beiträgt.

Der Begriff *'National Systems of Innovation'* wurde von B.-A. LUNDVALL[22] eingeführt, der 1988 bestimmte Akteursbeziehungen (*user-producer links*) als entscheidendes Element eines 'nationalen Innovationssystems' herausstellte. Etwa gleichzeitig wurde von C. FREEMAN mit *Technology Policy and Economic Performance: Lessons from Japan* (1987) die erste Länderstudie erstellt, in der versucht wurde, den systemischen Charakter zwischen Innovations- und Diffusionsprozessen von Produktionssystemen sowie sozialen und ökonomischen Institutionen herauszustellen. Freeman gab eine erste Abgrenzung eines NIS als: "*the network of institutions in the public and private sectors whose activities and interactions initiate, import, modify and diffuse new technologies*" (FREEMAN 1987, S. 1). Dabei sprach Freeman nicht explizit den nationalen Rahmen an, seine Analyse beschränkte sich aber auf

21 Als Entscheidungsgrundlage gilt der Bericht von V. BUSH (1945), mit dem der Ingenieur und General Präsident Truman von seinen Ideen über die Forschungspolitik der USA 'in Friedenszeiten' überzeugte.

22 Die Grundidee stammt von F. LIST, der 1841 *Das nationale System der politischen Ökonomie* schrieb. Für die modernen Vertreter gilt List entsprechend als Initiator. "List's conception of 'the National System of Political Eonomy' ... might just as well have been called 'The National System of Innovation'" (FREEMAN 1995, S.5).

das Innovationssystem Japans, wobei er bestimmte unterstützende Institutionen zentral herausstellte. Bis Anfang der 1990er Jahre wurden weitere Länderstudien erstellt, die unterschiedliche Aspekte des jeweiligen NIS herausstellten, von denen ein Großteil in NELSON (1993) zusammengefasst ist. Gleichzeitig zeigt dieser Sammelband die Schwäche des Ansatzes zu jenem Zeitpunkt auf: Da keine allgemein gültigen Kriterien aufgestellt wurden, nach denen ein NIS systematisch erforscht werden kann, wird den Lesern ein diffuses Bild über einige nationale Unterschiede geboten; welche Rolle bestimmte Institutionen räumlich unabhängig spielen, wird dagegen nicht klar.

Die Inhalte der vorliegenden Studien spiegeln i. d. R. den engeren oder weiteren Fokus der Autoren wider. MCKELVEY (1991) hat in der wachsenden NIS-Literatur eine Zweiteilung ausgemacht: ein Teil der Wissenschaftler beschäftigt sich mit dem technischen Wandel (PEREZ 1983, FREEMAN 1987), ein anderer legt den Schwerpunkt auf den ökonomischen Innovationsprozess im Unternehmen (LUNDVALL 1988, PAVITT 1984). Die Vertreter der mit Freeman verbundenen Richtung sehen technische Innovationsprozesse durch technischen Wandel induziert und analysieren die Wirkung von Aktion und Interaktion verschiedener Einheiten. Dagegen konzentrieren sich die Vertreter der Richtung um Lundvall auf mikroökonomische Erklärungen, insbesondere interaktive Lernprozesse im Unternehmen und damit auf ein eingeschränktes Set von Akteuren, nämlich Produzenten und Anwender.

Da die Heterogenität des Forschungsgegenstands durch zahlreiche Studien ersichtlich ist, gleichzeitig mit dem Konzept der NIS aber eine ideelle Klammer möglich erscheint, wird in den letzten Jahren ein deutlicher Schwerpunkt auf konzeptionelle Arbeiten gelegt, die sich systematisch den Inhalten annähern und zu einer Taxonomie beitragen (NIOSI *et al.* 1993, ARCHIBUGI und MITCHIE 1996, BOYER 1997 *et al.*, BARRÉ *et al.* 1997). Zwei Tendenzen sind bemerkenswert: zum einen wird der 'nationale' Rahmen als Analyseeinheit in Frage gestellt, zum anderen werden 'Institutionen' durch neutrale Termini wie "Einheiten" (*units*) (NIOSI *et al.* 1993) bzw. "Parameter" (AMABLE *et al.* 1997) ersetzt. Auf diese zwei zentralen Aspekte wird im Folgenden genauer eingegangen.

3.4.3 Der 'Systemansatz'

In der Innovationsforschung wird der Systembegriff i. d. R. nicht als Ordnungsschema verwendet, sondern im gegenständlichen Zusammenhang als ein Gebilde von Elementen betrachtet, die zueinander in Beziehungen stehen. Für Systeme in Wirtschaft und Technik gibt es viele Beispiele, angefangen vom Regelkreislauf, bei dem der Systemcharakter durch die gegenseitige Beeinflussung und Wechselwirkungen bestimmter Teile ausgedrückt wird, bis hin zum Wirtschaftssystem.

In der *allgemeinen Systemtheorie* nach VON BERTALANFFY (1972) ist ein System im mathematischen Sinne eine Menge von Elementen, zwischen denen Wechselwirkungen bestehen. Zur Analyse eines Systems müssen nicht nur die Elemente erkannt werden, sondern auch die bestehenden Beziehungen, was ein nicht unerhebliches Problem darstellt (SEIFFERT 1992, S. 125). Die Wechselwirkung, die als ein 'einfaches Zusammenwirken' verstanden werden kann, wird in der systemtheoretischen Kybernetik noch um die Rückkopplung der Elemente, um Wirkung und Reaktion, erweitert.

Bei der Systemstruktur wird zwischen drei Konzepten unterschieden. Im *funktionalen* Konzept wird das System als eine Black Box betrachtet, in der die Elemente nicht näher charakterisiert, sondern nur als 'Zustand' bezeichnet sind (vgl. Abbildung 3-1). Dieses Systemmodell beherrschte die Innovationsforschung bis in die 1980er Jahre hinein. Inputs waren messbar, zumeist in Form von F&E-Ausgaben; dann folgte der Transformationsprozess, ein 'Black Box'-System, und messbare Innovationsoutputs, etwa in Form von Patenten (ROSENBERG 1982). Das *hierarchische* Konzept spiegelt den ordnenden Systembegriff wider, d.h., die unterschiedlichen Systemebenen werden betrachtet, ohne dass funktionale oder strukturale Aspekte integriert werden. Dagegen integriert das *strukturale* Konzept "ein System als Ganzheit miteinander verknüpfter Elemente" (ROPOHL 1979, S. 14). In diesem strukturalen System wird zunächst eine hierarchisch niedrige Systemebene herausgegriffen und die dort vorhandenen Elemente miteinander in Beziehung gesetzt.

Abbildung 3-1 Systemstrukturen

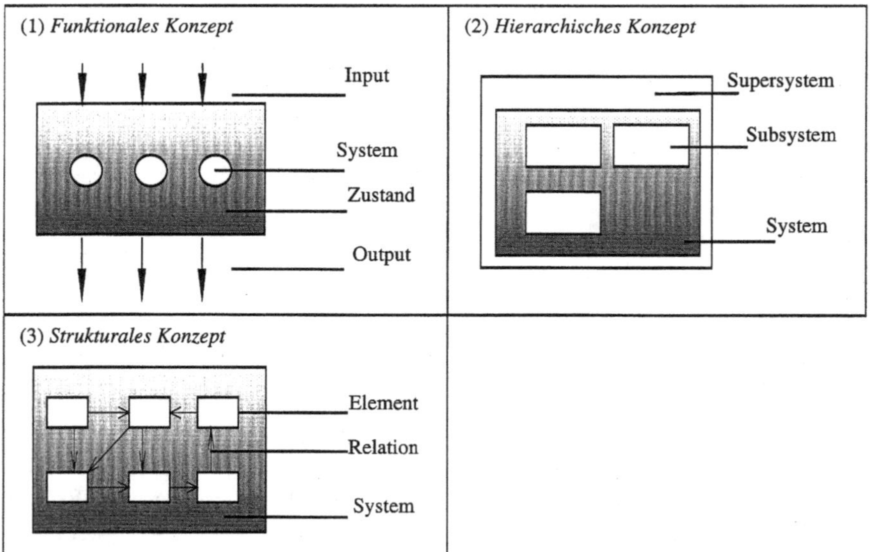

Quelle: ROPOHL 1979, in: SEIFFERT 1992, S. 127

Alle drei Konzepte lassen sich in der Anwendung verbinden. G. MYRDAL z. B. unternahm bereits Ende der 1950er Jahre eine systemische Analyse auf volkswirtschaftlicher Ebene mit dem Ziel, Unterschiede der wirtschaftlichen Entwicklung von Staaten auf ihre unterschiedliche Ausstattung und Zusammenwirkung von grundlegenden Elementen zurückzuführen (MYRDAL 1957). Ein Gebilde Staat ist demzufolge im hierarchischen Sinne ein Supersystem, das sich weiter in Subsysteme, das aus diversen Elementen besteht, aufspalten läßt. Je bestimmbarer die Elemente, desto eindeutiger werden die Erklärungen über Beziehungen zwischen ihnen. Ein Subsystem bildet für Myrdal z. B. 'Produktionsbedingungen', die in analysierbare Elemente von Techniken, Kapitalintensität, Investitionen, Arbeitsbeziehungen etc. zerlegt werden. Bei der Relation zwischen den Elementen ging Myrdal von zirkulären Verbindungen aus, deren wechselseitige Beeinflussungen sowie weitere endogene und exogene Schocks für dynamische Prozesse entscheidend sind. Die institutionelle Grundstruktur und Eigenschaften der analysierbaren Einzelteile zu kennen, erscheint wiederum als Grundvoraussetzung dafür, zirkuläre oder gerichtete Interaktionen zwischen Elementen zu verstehen.

In einem komplexen System sind weder alle Subsysteme, noch alle Elemente miteinander verbunden; dementsprechend üben nicht alle Elemente die gleichen Wechselwirkungen aufeinander aus. Zur Erklärung bestimmter Systemwirkungen genügt es, die wichtigsten Elemente herauszufiltern und ihre Wechselwirkungen zu analysieren.

Myrdals vorgeschlagene Vorgehensweise ist die einer partiellen Systemanalyse, die hierarchisches und strukturales Konzept verbindet. Zur Erklärung eines Subsystems m wird die bewusste Auswahl von n Elementen herangezogen. In einer matrixförmigen Analyse wird jedes Element in Beziehung zu jedem anderen Element gesetzt und $(n^2)-n$ mögliche Interaktionen herausgestellt und die Relationen zwischen den Elementen bestimmt. Myrdal formulierte damit den Grundgedanken der modernen Netzwerktheorie[23] - ohne allerdings die Beziehungen netzwerkanalytisch zu bearbeiten. Er wies, ebenfalls ohne die theoretischen sozialwissenschaftlichen Ausführungen zu benennen, nur auf die grundlegenden Mechanismen der Beeinflussung hin.

Myrdal gelang damit nicht nur ein theoretischer Ansatz, der den Gleichgewichtsgedanken der neoklassischen Theorie in ein Ungleichgewicht verwandelte, sondern er formulierte eine epistemologisch differenzierte Vorgehensweise, die Vertreter des NIS-Ansatzes ebenfalls aufgreifen: Um Basishypothesen bilden zu können, sind in ausreichendem Maße empirische Detailanalysen notwendig; Detailanalysen deshalb, da weder eine Gesamttheorie vorliegt, noch das System aufgrund seiner Kom-

23 Die Methode der Netzwerkanalyse wird in Kapitel 5 genauer aufgegriffen. Mit ihr liegt eine ausgewiesene Methode vor, die die Relationen zwischen den Elementen zu untersuchen vermag.

plexität in seiner Gesamtheit erfasst werden kann. Es ist daher sinnvoll, es zunächst in erklärbare Teile (z. B. geographisch, technologisch) zu zerlegen. Die Auswahl der Einzelteile dieser, in ihrer Komplexität reduzierten, Analyseeinheit ergibt sich aus der Problemstellung und dem Untersuchungsgegenstand. Die logische Folgerung dieser Vorgehensweise bedeutet, dass durch eine ausreichende Anzahl von Detailanalysen mikroökonomische Erkenntnisse gewonnen werden, die erst im nächsten Schritt zur Hypothesenbildung führen und zu einem noch späteren Zeitpunkt zu einer Theorie beitragen.

Die Schwierigkeiten des Systembegriffs liegen auch für das Konzept der NISe auf der Hand: Wird das NIS als ein System in einem Supersystem betrachtet, nämlich als ein Bestandteil in der Weltwirtschaft, ist die Komplexität durch Wechselwirkungen quasi unendlich und Relationen kaum analysierbar. Im grundsätzlichen Verständnis der Vertreter wird ein NIS als ein offenes System betrachtet, dessen Struktur zwar dem Namen nach durch die nationalen Grenzen definiert ist, aufgrund von Interaktionen aber mit anderen Systemen in Verbindung steht (NIOSI und BELLON 1996) und damit System in einem Supersystem ist. Diese globale Betrachtung – wie Staaten miteinander verknüpft sind und welche Relationen bzw. Interaktionen damit verbunden sind - wird allerdings im NIS-Konzept kaum aufgegriffen; die Komplexität verhindert (noch) eine solche Analyse. Diskutiert wird aber die zunehmende politische und wirtschaftliche internationale Verflechtung hinsichtlich ihrer Wirkung auf nationale Innovationspolitik. Eine partielle 'Aufgabe' von nationaler Souveränität zugunsten supranationaler Institutionen, sei das EU, NAFTA, ASEAN, IMF, WTO etc., ist zunehmend auszumachen. Die daraus resultierenden Interaktionen sind jedoch von wechselseitigen Machtpositionen bestimmt. Die Eigenständigkeit eines nationalen Systems und die Steuerungsfunktion von binnenpolitischen Entscheidungen wird einerseits durch die politische Machtabgabe zugunsten anderer politischer und wirtschaftlicher Institutionen verringert und ermöglicht die Einflussnahme 'von außen'. Auf der anderen Seite wird dadurch auch der einzelne nationale Einflussbereich erweitert (KOBRIN 1997, S. 155ff). Dieser Aspekt hat insbesondere auf nationale Forschungs- und Technologiepolik als Steuerungsinstrument nationaler Technologieentwicklungen einen Einfluss. Ein weiterer, nicht davon unabhängiger Aspekt liegt in der Globalisierung von Märkten. Die zunehmenden Auslandsaktivitäten nationaler Konzerne, internationaler Handel und Technologietransfer lassen berechtigte Zweifel aufkommen, inwieweit eine nationale Betrachtung sinnvoll ist. Diese Globalisierungstrends betreffen nicht nur die Produktion von Gütern und Dienstleistungen, sondern sind auch im Wissensmarkt anzutreffen (JUNGMITTAG *et al.* 1998, GERYBADZE und REGER 1997, ECONOMIST 1997, NAE *et al.* 1996, FRANSMAN 1995).

Wird dagegen die Abgrenzung 'Nation' als analytischer Rahmen betrachtet – und dies gilt i. d. R. für die NIS-Vertreter, sind einzelne Subsysteme und deren Elemente zu identifizieren und zu strukturieren. Für die dynamische Analyse besteht jedoch ein Problem; Systeminhalte und Systemumfang sind nicht bewusst geplant (NELSON 1993, S. 4), sondern haben sich zum großen Teil aus aufkommenden Notwendigkeiten ergeben. Die Elemente eines Innovationssystems bleiben auch nicht unveränderlich, sondern verändern sich als Reaktion auf andere Elemente oder durch externe Schocks. Die eigene Veränderung beeinflusst wiederum im Zeitverlauf andere Elemente, so dass das System sich nie auf ein Gleichgewicht hin bewegt, sondern permanent vom Gleichgewicht weg. Damit ist allerdings die Analyse um einen weiteren Faktor erschwert, nämlich durch evolutionär aufkommenden Diskontinuitäten, durch die sich nicht nur die Natur der Elemente permanent ändert, sondern auch die Relationen zwischen ihnen.

'National' als systemische Analyseebene stellt in Abhängigkeit der zu erklärenden Problematik keine glückliche Auswahl dar. Wie bereits angeführt, sprengen u. a. Handel, internationale F&E sowie die Aktivitäten der multinationalen Unternehmen den innovationssystemischen 'nationalen' Rahmen, der eigentlich zur Erklärung von nationalen Differenzen herangezogen wurde. Diese Faktoren beeinflussen systemtheoretisch betrachtet das nationale System von außen. In Analogie zu den Ausführungen Myrdals, der für den Entwicklungsprozess einer Volkswirtschaft bestimmte Elemente wie Produktivität, Institutionen, Produktionsbedingungen etc. heraushob, ist das 'Innovationssystem' eines Landes eine analytische Mesoebene, deren Elemente zum Teil quer zu anderen strukturellen Komplexen liegen können. Wichtig ist die Erkenntnis, dass innerhalb eines sozio-ökonomischen Systems zirkuläre Verbindungen zwischen Elementen bestehen. Die Komplexität der möglichen Interaktionen erfordert zur Erklärung der Funktions- und Wirkungsweise eine Verkleinerung der Analyseeinheit. Welche Analyseeinheit auch gewählt wird, die Auswahl der zu analysierenden Elemente erfolgt i. d. R. im Rückblick auf historische, beobachtete Prozesse bzw. aus pragmatischen Gründen[24].

NELSON (1993) erklärte die sichtbare Diskrepanz zwischen Nationalem Innovationssystem und technologischem System damit, dass "*'innovation systems' ... tend to be sectorally specific.*" (NELSON 1993, S. 518) Der Innovationsprozess wird durch technologiespezifische *und* länderspezifische Faktoren geprägt (ARCHIBUGI und MICHI 1997, S. 12). Was also die empirische Innovationsforschung schon länger durchführte, nämlich sektorale Studien, wird nun auch für die Durchführung länderbezogener Studien in Erwägung gezogen: Innovationssysteme eher aus der Perspektive einer bestimmten Technologie zu betrachten. Unterstützt wird dieser Trend auch durch Untersuchungen der Wirtschaftsgeographie und Regionalökonomie (KOSCHATZKY und MULLER 1997). Innovationsdynamiken sind demzufolge lokal bzw. regional und keinesfalls gleichmäßig in einer Volkswirtschaft verteilt (PORTER

24 "*... where we draw the abstract boundary, what duration we consider, and what qualitative spectrum we use for classifying the elements of the process depend on the particular purpose of the student, and by and large on the science in point*" (GEORGESCU-ROEGEN 1975, S. 350).

1990, PACI und USAI 1997). Das führte zu einer Fülle von Studien, die anstelle von 'national' 'regional' im Titel führen bzw. unter der auf A. MARSHALL (1890) zurück zu führenden Ausführungen als *industrial districts* untersucht werden (SAXENIAN 1990, SABEL 1989). Damit wird der Systemblick auf einen geographisch leichter überschaubaren Raum fokussiert. Doch bestimmte regionale Ausprägungen mögen nur für die Dynamik bestimmter Technologien bzw. Industrien relevant sein (z. B. Soft- und Hardware in Silicon Valley, Leder und Bekleidung in Emilia-Romana, oder der Automobilbau in Baden-Württemberg), und keine Aussagen über einen übergreifenden Einfluss zulassen. Entsprechend lässt der fokussierende Ansatz allein aufgrund der deutlichen Unterschiede zwischen Regionen Anhaltspunkte über nationale Entwicklungspfade und das 'mapping' von NIS kaum zu. Folglich bleibt als weitere Möglichkeit, eine Technologie zu wählen und sie auf Industrien auf regionaler, nationaler und supra-nationaler Ebene zu untersuchen. Diese Möglichkeit widerspricht weder einem regionalen noch einem nationalen Ansatz; im Gegenteil, er vermag beide zu verbinden, indem er nicht an eine geographische Grenze gebunden ist, sondern Systemelemente funktional analysiert. Dieser Gedankengang findet auch Unterstützung durch netzwerktheoretische Überlegungen und Methoden (POWELL und SMITH-DOERR 1994, SCOTT 1991, S. 173).

3.4.4 Institutionen und Innovationssysteme

Auf die Frage, was trotz aller Globalisierung noch übrig bleibt vom 'Nationalen Innovationssystem' nennt NELSON (1993, S. 519) einzelne institutionelle Komplexe:

- *das Wissenschaftssystem* – trotz zunehmender Mobilität von Forschern bleibt das Schul- und Universitätssystem weitestgehend national, ebenso sind öffentliche Forschungseinrichtungen von nationalen, technologiepolitischen Entwicklungen abhängig;
- *die öffentliche Infrastruktur* - Gesetze, Finanzinstitutionen, Fiskal-, Geld- und Handelspolitik - sowie die generelle ökonomische Ausrichtung beeinflussen die Innovationsaktivitäten eines Landes auch weiterhin maßgeblich.

Dementsprechend erscheint die Analyse eines Politiksystems, Wirtschaftsystems, Wissenschaftssystems, Rechtsystems, etc. als eine erste mögliche Analyseeinheit nachvollziehbar und in weitere Subebenen und Elemente spaltbar. Die Trennung der Systeme ist eine analytisch bedingte, künstliche Form, da sie wiederum interaktive Teile eines übergreifenden Systems sind.

Eine methodische Analyse einzelner Subsysteme und ihrer Vernetzung mit anderen Subsystemen wurde auf Grund der Komplexität allerdings nicht durchgeführt. Die NIS-Vertreter versuchen stattdessen verstärkt, analysierbare Raster zu entwickeln, bzw. durch präzise Definitionen und durch die Aufnahme bestimmter Elemente, einen analysierbaren Systemansatz zu generieren. So definieren NIOSI *et al.* (1993): "*A national system of innovation is the system of interacting private and public firms (either large or small), universities and government agencies, aiming at the production of science and technology within national borders. Interaction between those units may be technical, commercial, legal, social and financial, inasmuch as the goal of the interaction is the development, protection, financing or regulation of new science and technology.*" (NIOSI *et al.* 1993, S. 212)

Mit dieser Definititon wird ein NIS auf drei Elemente begrenzt, nämlich Unternehmen, Universitäten und staatliche Einrichtungen, die alle ein bestimmtes Ziel haben. Unberücksichtigt bleibt allerdings der zeitliche Aspekt; die Definition bezieht sich daher auf eine Zeitpunktbetrachtung eines Systems. Auf den ersten Blick scheint diese Reduktion dem holistischen Anspruch zu widerprechen, bei näherer Betrachtung erweist sie sich jedoch vor allem als zweckmäßig. Diese Beschränkung ist jedoch den wenigsten Beiträgen des NIS-Ansatzes gemein, was der folgende Überblick zeigt.

Freeman, Nelson, Rosenberg, Lundvall: mikroökonomisch motivierte Auswahl

FREEMAN (1987) nannte in seiner Länderstudie zu Japan vier zentrale Institutionen, die seiner Definition eines NIS als unterstützendes Netzwerk von der Initiierung bis zur Diffusion neuer Technologien entsprächen (FREEMAN 1987, S. 1):

- Die Rolle des Ministeriums für internationalen Handel und Industrie (MITI);
- F&E-Strategien auf Unternehmensebene in bezug zu importierten Technologien und *'reverse engineering'*;
- Aus- und Weiterbildung sowie dazu gehörende soziale Innovationen;
- Wettbewerb, vertikale Integration- (*keiretsu*) und Industriestruktur.

Folgt man der Abgrenzung von NELSON und ROSENBERG (1993), ist ein NIS "*a set of institutions whose interactions determine the innovative performance [...] of national firms*" (NELSON und ROSENBERG 1993, S. 4f). Dieser Vorstellung folgt auch LUNDVALL. In seinen Studien (1988, 1993) stehen grundsätzlich die Netzwerkbeziehungen zwischen Produzenten und Anwendern im Mittelpunkt der Untersuchung, die als treibende Kraft im Innovationssystem betrachtet werden. Der Mechanismus des interaktiven Lernens zwischen ihnen führt zu Innovationen. Produktionsprozess und Innovationsprozess werden von Lundvall analytisch getrennt, aber auch als "mutually interdependent" bezeichnet (LUNDVALL 1988, S. 362). Da seine Ausführungen aus der Perspektive der Unternehmen erfolgen, kommt dem Staat eine Rahmenfunktion zu. Lundvall hebt als wichtige Faktoren die gemeinsame Sprache und geographische Nähe für ein NIS hervor. Nationale Regierungen haben seiner Ansicht nach eine zentrale Stellung, die sich in Form von 'direkten Interventionen', technischen Standards und anderen Regulationen manifestiert (LUNDVALL 1988, S. 360). Unterstützende Institutionen in Form von Universitäten werden als Hort der Grundlagenforschung bezeichnet, allerdings erscheint der Einfluss der Grundlagenforschung auf das Produktionssystem weniger relevant als der Wissenstransfer zwischen Produzenten und Anwender (*user*) (LUNDVALL 1988, S. 364).

Aus unterschiedlichen Perspektiven fokussieren Freeman auf der makroökonomischen Seite und Lundvall bzw. Rosenberg und Nelson auf der mikroökonomischen Seite zum Teil die gleichen Institutionen, behandeln sie jedoch mit unterschiedlichem Gewicht. Werden die spezifisch japanischen Elemente allgemein übertragen, nennt Freeman die Technologiepolitik, die F&E-Entscheidungen von Unternehmen, das Wissenschaftssystem und die Industriestruktur als entscheidende Institutionen. Die F&E-Entscheidungen von Unternehmen und die Art und Weise, wie Produktion und Innovation vonstatten geht, sind wiederum zentral in der mikroökonomischen Perspektive Lundvalls. Für ihn treten die institutionalisierten Austauschbeziehungen zwischen Produzent und Nachfrager zur Erklärung eines Nationalen Innovationssystems in den Vordergrund.

Boyer: Typologie von Innovationssystemen

Gegenüber der eher intuitiven Gewichtung und Deskription bestimmter Faktoren, wird in neueren Arbeiten versucht, Innovationssysteme nach grundlegenden Typen zu bestimmen. Diese Arbeiten folgen der Tradition der französischen Regulationstheorie (BOYER 1988). In einer umfassenden Arbeit von BOYER *et al.* (1997) werden in einem ersten Schritt Länderprofile anhand der Spezialisierung des Wissenschaftssystems, der Technologien und Industrien für insgesamt 12 OECD-Staaten zu einem bestimmten Zeitpunkt angefertigt. Diese drei Elemente wurden anhand von Patenten, Publikationen und F&E- und Handelsstatistiken bestimmt (BOYER *et al.* S. 146ff). Die Logik der Spezialisierung folgt anhand einer zweistufigen Klassifizierung. Die erste Stufe der Spezialisierung resultiert aus der Ausgangslage einer vorhandenen bzw. nicht-vorhandenen Ausstattung mit natürlichen Ressourcen. Ressourcenarme Länder rufen Innovationen häufiger durch Investitionen in F&E hervor als ressourcenreiche. Diese Differenzierung bildet die Grundlage der zweiten Ebene. Auf dieser Ebene wird der Fokus der wissenschaftlich-technischen Innovationen in anwendungsorientiert und grundlagenorientiert[25] unterschieden (vgl. Abbildung 3-2). Nach diesem Schema werden Finnland, Schweden und Norwegen als reich an natürlichen Ressourcen und mit einem wissenschaftlich-technischen Fokus auf anwendungsorientierte wissenschaftliche Disziplinen klassifiziert. Letzteres Merkmal weisen auch Italien, Deutschland und Japan auf, jedoch sind sie deutlich

25 BOYER *et al.* benutzen nicht explizit den Begriff grundlagenorientiert, sie unterscheiden stattdessen zwischen anwendungsorientiert und "fokussiert auf Lebenswissenschaften, Luft- und Raumfahrt", welche allerdings einen hohen Deckungsgrad mit "grundlagenorientiert" aufweisen.

F&E-intensiv. F&E-intensiv, aber im wissenschaftlich-technischen Bereich grundlagenorientiert sind dagegen die USA, Frankreich und Großbritannien. Ebenfalls mit der gleichen Forschungsorientierung, jedoch wieder stark an natürlichen Ressourcen, werden letztlich Australien, Kanada und die Niederlande eingestuft.

Abbildung 3-2 Graphische Darstellung der Profile von 12 OECD-Staaten anhand von sechs Unterelementen

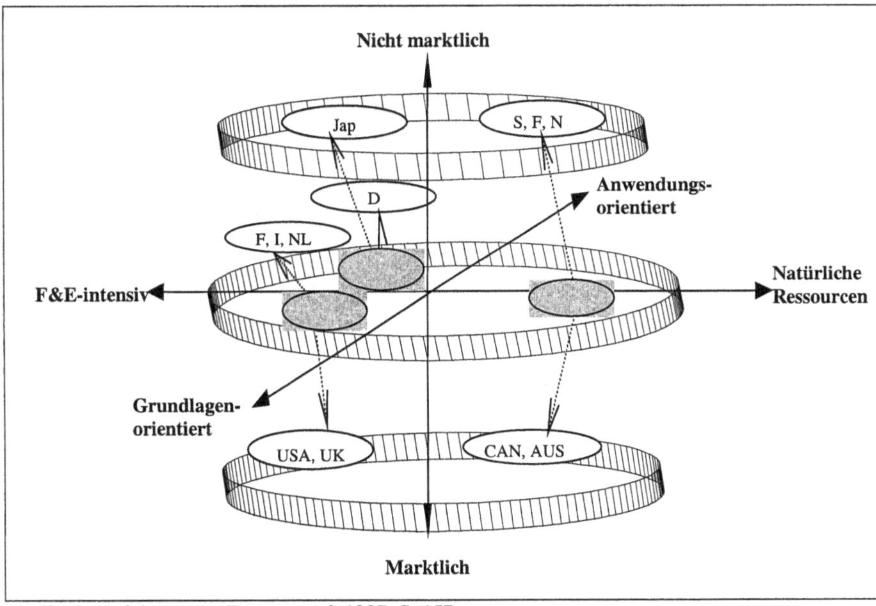

Quelle: in Anlehnung an BOYER *et al.* 1997, S. 157
Erklärungen: Ordinate und Abszisse markieren das System sozialer Innovationen, während auf der z-Achse das wissenschaftlich-technologische Spezialisierungsprofil abgetragen wird. Auf der Ebene werden drei Grundmuster A, B und C identifiziert, die unter Zuhilfenahme des dreidimensionalen Raums eine graphische Darstellung der Lage einzelner Länder ermöglicht.

Diese festgestellte Vierer-Konfiguration wird in einem zweiten Schritt mit einem 'Regulationsmuster' in Verbindung gebracht. Darunter subsumieren Boyer *et al.* (1997) einzelne Elemente zu Subsystemen wie das Finanzsystem, Steuerungsmodi der Technologien und Produktion, und unterscheiden letztlich zwischen einem eher marktlich oder eher staatlich ausgeprägten Regulationstyp (BOYER 1988, BOYER *et al.* 1997, S. 154f). Nach dem Regulationsmuster sind die skandinavischen Länder sowie Deutschland und Japan eher staatlich reguliert; alle anderen Länder sind eher marktlich reguliert, wobei natürlich zwischen den Ländern graduelle Unterschiede ausgemacht werden. Die sechs Faktoren führen auf drei Achsen zu bestimmten Konstellationen. In einer abschließenden Analyse wird die dynamische Entwicklung der Staaten verfolgt und ein mapping für einen bestimmten Zeitraum angefertigt, in dem die Veränderungen der verschiedenen Ausprägungen integriert werden.

Im betrachteten Zeitraum 1983-1992 wurde die Tendenz im wissenschaftlich-technischen System von der Grundlagenorientierung zur Anwendungsorientierung sowie eine Verschiebung von ressourcenintensiv zu F&E-intensiv festgestellt (BOYER *et al.* 1997, S. 149).

Die Vorgehensweise des Vergleichs zwischen Ressourceneinsatz, technologischen und wissenschaftlichen Elementen und der Regulationsform, wie er hier für einige OECD-Staaten durchgeführt wurde, ermöglicht es, die grundsätzlichen strukturellen sozio-ökonomischen Unterschiede und Gemeinsamkeiten der Staaten herauszustellen. Darüber hinaus lassen sich Cluster von strukturell ähnlichen Staaten ableiten. Die im empirischen Teil der Arbeit zu untersuchenden Staaten Japan und Deutschland haben strukturell viele Gemeinsamkeiten und bieten sich in dieser Hinsicht als vergleichbar an.

Die technologische Spezialisierung wird im Konzept von Boyer *et al.* (1997) durch (nicht-)vorhandene Ressourcen erklärt, die letztlich zu unterschiedlichen Investitionen in F&E führen. Warum einige Länder grundlagen-, andere wiederum anwendungsorientierte Bereiche fokussieren, kann letztlich nur in einer historischen Betrachtung der Entwicklung der Innovationssysteme geklärt werden.

Office of Technology Assessment (OTA):
Neue Technologien, Institutionen und Forschungs- und Technologiepolitik

In der Studie des US-amerikanischen OTA, *Innovation and commercialization of emerging technologies* (1995), wird eine wichtige Unterscheidung hinsichtlich etablierter und aufkommender Technologien und ihr Bezug zu Nationalen Innovationssystemen unternommen. Etablierte Technologien und die daraus resultierenden Innovationen sind demzufolge zu einem Großteil mit einem bestehenden Innovationssystem kompatibel. Dagegen benötigen radikale Innovationen ein zum Teil völlig neues Set an Institutionen und Verbindungen.

Insgesamt neun Elemente werden vom OTA näher ausgeführt, die in der frühen Phase der technologischen Entwicklung als entscheidend erachtet werden. Insbesondere politische Akteure und deren Handeln in Form von Technologiepolitik werden als signifikant für die Entwicklung der Technologien bezeichnet und entsprechend ausführlich behandelt.

Die erste Gruppe bilden die *institutionellen Vereinbarungen.* Eine grundlegende Bedeutung wird der Institution Staat zugemessen und dabei vor allem der Einflussnahme durch Regierungen. Die Entscheidungen der Regierung, die Ausgestaltung von rechtlichen Regelungen z. B. im Umwelt- oder Gesundheitsbereich, technische Standards, Patentpolitik und Wettbewerbsrecht sind institutionelle Elemente der übergeordneten *governance*-Struktur – nämlich der Regelungsstruktur, die das

Auftreten neuer Technologien und Industrien fördern oder hemmen kann. Die *governance*-Struktur hängt in hohem Maße von der jeweiligen staatlichen "Politiklogik" ab (ZYSMAN 1994, S. 246), die Zysman in drei Ebenen eingeteilt hat (vgl. Abbildung 3-3). Die jeweilige Politiklogik wird mit unterschiedlichen Handlungsfähigkeiten verbunden. Die Logik des *state-led adjustment* ist die stärkste Form von staatlicher Handlungsmacht. Dabei werden Entwicklungsmöglichkeiten für die Verteilung von Gewinnen und Kosten durch politische Manipulation des Marktes festgelegt. Sie lässt sich auch mit dem etatistischen und dem Gemeinwohl verpflichteten Staat verbinden, der von oben herab ordnet und reguliert (SIMONIS 1995, S. 382). Die zweite Logik des *negotiated adjustment* ist durch einen korporatistischen Ton gekennzeichnet. Explizites Aushandeln zwischen gesellschaftlichen Segmenten herrscht in dieser Form vor. Die dritte Logik des *company-led growth* entspricht weitestgehend einer marktlichen Eigendynamik. Die Entscheidungen werden großteils dem Markt überlassen; die Regierung reagiert auf starke Lobbygruppen (ZYSMAN 1994, S. 257).

Abbildung 3-3 Varianten von Politiklogiken

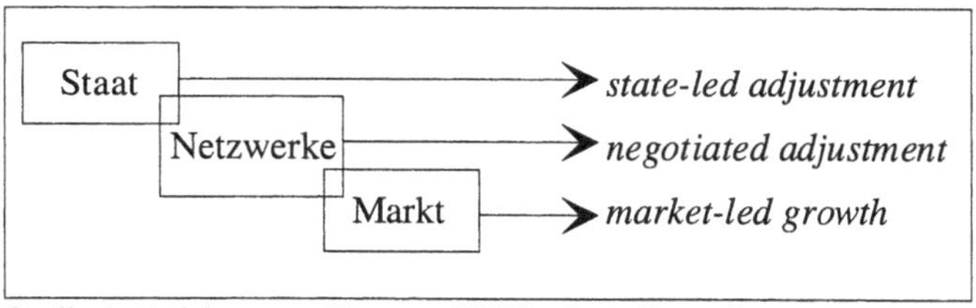

Quelle: in Anlehnung an ZYSMAN (1994), eigene Darstellung

In marktorientierten Staaten wie den USA und Großbritannien, wird die staatliche Einflussnahme in weitaus geringerem Maße spürbar als in staatlich orientierten (BOYER *et al.* 1997). Das grundsätzliche Misstrauen in den USA, das gegenüber technologiepolitischen, staatlichen Aktivitäten herrscht (BORRUS und STOWSKY 1997, S. 1), hat erst mit Beginn der 1980er Jahre durch eine weniger strenge Trennung zwischen staatlich finanzierter Forschung und privater Nutzung bzw. Appropriierung abgenommen.[26] Bezogen auf die Forschungs- und Technologiepolitik (FuT-Politik) eines Landes lassen sich im Zeitverlauf zwar Tendenzen von staatlichen zu korporativen, netzwerkartigen Beziehungen feststellen (KUHLMANN 1998;

[26] Die Begriffe Industriepolitik und Technologiepolitik waren i. d. R. nur in Verbindung mit einer Beschreibung japanischer Verhältnisse zu gebrauchen. Eine abgestimmte FuT-Politik haben die USA offiziell nicht verfolgt. Die sehr offensiven Ökonomen der Westküste, insbesondere die des Berkeley Roundtable on the International Economy (BRIE), argumentierten angesichts der im Vergleich zu Japan deutlichen amerikanischen wirtschaftlichen Schwäche seit Beginn der 1980er Jahre, dass sich die USA die Nicht-Durchführung von Industrie- bzw. Technologiepolitik nicht leisten können, insbesondere dann, wenn der Gegenspieler mit diesen Mitteln sehr erfolgreich ist (TYSON 1992, JOHNSON *et al.* 1989).

vgl. auch die Ausgestaltung des 4. und 5. Rahmenprogramms der EU), die staatliche 'top-down' FuT-Politik gilt jedoch z. B. in den süd-ostasiatischen Staaten als wichtiger Baustein für eine rasche Industrialisierung (JOHNSON 1983, WADE 1991, YAMAMURA 1993), und auch in westlichen Gesellschaften ist sie immer noch relativ bestimmend (SIMONIS 1995, S. 381).

Das staatliche Handeln im Rahmen einer proaktiven FuT-Politik ist sehr komplex: es beinhaltet technikfördernde, risikobegrenzende, subventionierende und regulierende Elemente (VON WESTPHALEN 1995, S. 242). Für die Durchsetzung und den Erfolg neuer Technologien spielt die Schaffung des notwendigen Vertrauens in der Öffentlichkeit eine wichtige Rolle, da Chancen und Risiken neuer Technologien von den Verbrauchern nur mangelhaft abzuschätzen sind. Unter diese Maßnahmen fallen die Risikoabschätzung von Experten und unabhängiger Konsumentenvereinigungen sowie die Standardisierung durch private oder (halb)staatliche Vereinigungen (OTA 1995, S. 63f).

Die zweite Gruppe der Innovationssystemelemente umfasst die *vorhandenen Ressourcen*. Darunter wird der Wissenschafts- und Forschungskomplex, dessen Finanzierung und die menschliche Komponente in Form von Aus- und Weiterbildung von Individuen subsumiert. Dieser Bereich ist in einigen Aspekten direkt mit der ersten Gruppe verbunden, denn auch hier ist die staatliche Politiklogik für die Finanzierung und Durchführung von Forschung entscheidend.

Als letzter entscheidender Punkt der Ressourcenausstattung wird die Ressource Mensch genannt. Unterschieden werden Entrepreneure und fachlich qualifizierte Personen. Erfolgreiche Innovationen benötigen nach Ansicht des OTA Entrepreneure, die Wissenschaftler, Ingenieure, Techniker, Manager und Verkäufer zusammenbringen die wiederum neue Technologien entwickeln, in Produkte umsetzen und diese auf den Markt bringen. Für die notwendigen fachlichen Qualifikationen der 'Sonstigen' ist ein Teil des Wissenschaftssystems, Schule, Studium oder fachliche Aus- und Weiterbildung, entscheidend (OTA 1995, S. 80f).

Die dritte Gruppe umspannt unter dem Titel *verpflichtende Funktionen* ein heterogenes Sammelsurium von Elementen, die ebenfalls weitestgehend den Staat bzw. Regierungen betreffen, und die allesamt einen innovationsfördernden Charakter haben. Darunter fallen Technologieentwicklungen durch:

- *staatliche Anreize,* wie z. B. die Förderung von *Orphan Drugs*[27] mit Hilfe veränderter Patentregelungen in den USA und Japan;

---

27 Durch bestimmte Vereinfachungen der Zulassungsverfahren und durch Verlängerung des effektiven Patentschutzes, wird die Erforschung von seltenen Krankheiten, die i. d. R. von der Pharmaindustrie wie 'Weisen' (*orphans*) bzw. stiefmütterlich behandelt werden, unterstützt. In den USA wird eine Förderung bei einer Inzidenz von unter 200.000 betroffenen Amerikanern, in Ja-

- *die Förderung des Wissenstransfer zwischen Universitäten und Industrie* in Form von US-amerikanischen *University-Industry Research Centers* (UIRC) sowie die Förderung von Unternehmensnetzwerken;
- *die Schaffung von Märkten*, z. B. durch bestimmte Steuererleichterungen, umwelt- und gesundheitsbezogene Regularien und die Entwicklung bestimmter Technologien für die öffentliche Hand (OTA 1995, S. 82ff, KUHLMANN *et al.* 1997).

Zusammengefasste Erkenntnisse

ARCHIBUGI und MITCHIE (1996, S. 8f) fassen die in den unterschiedlichen Studien zentral behandelten institutionellen Faktoren Nationaler Innovationssysteme und diesbezüglichen Indikatoren wie folgt zusammen:

- *Aus- und Weiterbildung.* Trotz der Internationalisierung der Wissenschaft wird Aus- und Weiterbildung ein wichtiger nationaler Faktor bleiben. Unterschiede zwischen den Ländern bestehen nicht nur in der Ausgestaltung der Bildungssysteme, sondern auch in der Anzahl von Schülern und Studenten insgesamt und in der Verteilung von Studenten zwischen Wissensgebieten.
- *Wissenschaftliche und technologische Fähigkeiten.* In welche Technologien und Wissensgebiete durch staatliche Finanzierung und Forschungsförderung investiert wird, bleibt letztendlich der herrschenden Politiklogik und nationalen Technologiepolitik überlassen. Wie hoch und für welche Art ein Teil des Bruttoinlandsprodukts für F&E ausgegeben wird, ist selbst in gleichartigen Ländern wie den OECD-Mitgliedstaaten sehr unterschiedlich. Neben der absoluten Höhe unterscheiden sie sich insbesondere in der Verteilung zwischen öffentlicher und privater Forschung und hinsichtlich ziviler- und Verteidigungsforschung.
- *Die Industriestruktur.* Da es i. d. R. die Unternehmen sind, die technologische Innovationen durchführen, beeinflusst die industrielle Struktur eines Landes entscheidend die Natur der Innovationen. Ein Unterschied besteht hinsichtlich unterschiedlicher Unternehmensgrößen: Großunternehmen sind eher in der Lage Grundlagen- und langfristig orientierte Forschung durchzuführen als kleinere Unternehmen. Diese strukturellen Unterschiede fordern quasi zwangsläufig differenzierte technologiepolitische Entscheidungen.
- *Forschungs- und technologische Stärken und Schwächen.* Eine historisch gewachsene technologische Spezialisierung, die sich insbesondere aus der natürlichen Ressourcenausstattung eines Landes ableiten lässt (BOYER *et al.* 1997, S. 146f), bildet ebenfalls die Grundlage für ein nationales Muster. Indikatoren

pan bereits bei unter 50.000 Betroffenen ausgesprochen (GRIFFITH 1996, DRUG ORGANIZATION 1996a).

der Stärken und Schwächen berücksichtigen die Größe des Landes, F&E-Intensität und Marktstrukturen.

Darüber hinaus erscheinen zwei Aspekte, die insbesondere die Dynamik des Innovationssystems beschreiben, als zentral:

- *Interaktionen innerhalb des Innovationssystems.* Innerhalb eines Systems zeigen die einzelnen Akteure deutlich unterschiedliche Neigungen, ihre Aktivitäten zu koordinieren bzw. zu interagieren. Hier existieren unterschiedliche Koordinationsmechanismen: eine staatliche 'top-down'-Koordination von einzelnen Unternehmen oder Industrien durch FuT-Politik oder selbstorganisierte und von der Basis 'bottom-up' entstehende soziale Netzwerkstrukturen zwischen Unternehmen, wie sie typischerweise in den *'industrial districts'* bestehen.
- *Interaktionen mit externen Systemen.* Hier wird wiederum auf die Trends der Internationalisierung und Globalisierung unterschiedlicher Märkte verwiesen, die den internationalen Wissens- und Technologietransfer beschleunigen.

Insbesondere die ersten vier Faktoren finden sich zum Teil noch differenzierter, zum Teil auch als 'wissenschaftliches Subsystem' und 'industrielles Subsystem' zusammengefasst, in den meisten Einzelstudien wieder (NELSON 1993). Ein größeres Augenmerk erfahren die einzelnen Faktoren im Zusammenhang ihrer Interaktionen, denn es kristallisiert sich immer deutlicher heraus, dass z. B. nicht allein die absolute Höhe der nationalen F&E-Ausgaben oder allein das Vorhandensein bestimmter Forschungsinstitutionen die Innovationsdynamik in einer Volkswirtschaft bestimmen, sondern dass die Interaktionen zwischen den Einheiten entscheidend für die Effizienz eines NIS sind. Insbesondere für die Beschreibung der komplexen Innovationsprozesse in wissensbasierten Systemen, die ein wissenschaftliches System, Industrien und staatliche Akteure umfassen, eignet sich die Metapher der 'Dreifach-Helix' (*triple helix*) (ETZKOWITZ und LEYDESDORFF 1997). Sie drückt einerseits die Abgrenzbarkeit der einzelnen 'Stränge' aus, andererseits assoziiert die Vorstellung einer Helix die Verflechtung der Stränge.

Das Institutionenverständnis der NIS-Vertreter entspricht in hohem Maße einem sozialwissenschaftlichen Verständnis, wie es bereits in Kapitel 2.1 vorgestellt wurde: Institutionen entwickeln sich aufgrund von Situationen, für die noch kein Regelungsmechanismus besteht. Sie gehen dann als Denkgewohnheiten in das Handeln von Menschen ein. Die Ausgestaltung eines Forschungssystems lässt sich auf dieser Grundlage ebenso erklären, wie bestimmte Kommunikations- und Kooperationsformen zwischen Unternehmen, das Vorhandensein und die Ausgestaltung eines Patentsystems etc. Formale Einrichtungen wie Universitäten und Forschungsinstitute werden in diesem Rahmen i. d. R. nicht als (Forschungs)Institution, sondern als Organisation bezeichnet, zumindest nicht in den englischsprachigen Beiträgen. Institutionen sind kulturell geprägt, so dass sich bei einer vergleichbaren

Problemsituation durchaus unterschiedliche Koordinationsmechanismen herausbilden können. Schwierig ist und bleibt allerdings die Messung des Beitrags der einzelnen institutionellen Komplexe und Akteure im Innovationsprozess.

3.4.5 Einschätzung des NIS-Ansatzes

Das Konzept der NIS hat im Verlauf von zehn Jahren bereits einige signifikante Richtungsänderungen erfahren, so dass vielfach nur noch von einem 'Innovationssystem' die Rede ist, sei es global, national, regional oder sektoral (EDQUIST *et al.* 1998). Der Ansatz bietet verschiedenen evolutorischen Strömungen und Ideen eine ideelle Klammer. Da Innovationen und Innovationsprozesse Eigendynamiken entwickeln und das techno-ökonomische Umfeld beeinflussen, werden auch Systeminhalte kontinuierlich verändert. Der Ansatz versucht vor allem, pragmatisch mit diesen zum Teil eher langfristig merklichen, zum Teil aber auch sehr rasch deutlich werdenden Veränderungen umzugehen und die Stromgrößen so zu verarbeiten, dass politische Entscheidungsträger in ihren Handlungsanweisungen unterstützt werden. Die inhaltliche Komplexität und der Anspruch einer holistischen Sichtweise vermögen jedoch häufig nur, Entwicklungen an der Oberfläche zu tangieren. Auf der anderen Seite sind sich die Vertreter und Vertreterinnen einig, dass vertiefende empirische Studien sowohl grundlegend allgemeine als auch partikulare Entwicklungen dokumentieren und als wichtige Grundlagen für Handlungsempfehlungen dienen können.

Während die Vorstellung eines technikinduzierten wirtschaftlichen Wandels vielen Arbeiten der evolutorischen Innovationsforschung unterliegt, ist sie in den Arbeiten zu NIS weniger präsent. Eine mögliche Technikdeterminiertheit wird statt dessen durch Institutionen gemildert und häufig erfolgreich kanalisiert. Technikentwicklung ist nach dieser Lesart sozial konstruiert. Eine tatsächliche institutionelle Steuerung von Technik und technischem Wandel erscheint jedoch durch mehrere Faktoren behindert, die nicht zuletzt in der Natur von Institutionen begründet sind. Für ein NIS, das durch das Zusammenspiel von Institutionen zu einem bestimmten Zeitpunkt gekennzeichnet ist, hängt sein Erfolg, gemessen am Grad der Aufnahme oder Ablehnung einer neuen Technologie, von der ablehnenden Persistenz bzw. der Förderung durch seine Institutionen ab. Um Technikentwicklung und Wandel gestalten zu können, ist es notwendig, Eigenschaften und Wirkungsweisen von Institutionen zu kennen, um gegebenenfalls notwendige fördernde Institutionen aufzubauen oder zu versuchen, alte, hemmende Institutionen geschickt in ihrer Wirkung abzumindern. Welche Kraft der Technik-Institutionen-Dichotomie letztendlich in welchem Stadium des Innovationsprozesses entscheidend ist, hängt vielfach von nationalen Ausprägungen ab. Aufgrund der natürlichen Ressourcenausstattung und daraus resultierender institutioneller Systeme unterscheiden sich NIS in ihrer Ausgestaltung und in ihrer Wirtschaftsleistung. Einmal eingeschlagene Richtungen, z. B.

die Entscheidung der Förderung bestimmter Technologien, Industrien oder wissenschaftlicher Gebiete, bestimmen die Innovationen von Unternehmen; von unternehmerischen Suchpfaden kommt es zu technologischen Entwicklungspfaden und letztendlich zu nationalen Entwicklungspfaden (ZYSMAN 1994, S. 263), die gleichsam ein Profil eines bestimmten Landes bilden.

In diesem Zusammenhang ist die Verbindung zwischen evolutorischer und empirischer Innovationsforschung als sehr fruchtbar einzuschätzen. Mit Hilfe verschiedener Indikatoren lassen sich zum einen räumlich unabhängige technologische Spezifika erläutern (Wissenschaftsbindung, Spillover-Potenziale, technologische Spezialisierung etc.). Zum anderen wird ansatzweise die wirtschaftliche Leistung verschiedener Länder anhand der unterschiedlichen Ausgestaltung institutioneller Elemente wie Aus- und Weiterbildung und dem weiten Anwendungsbereich der FuT-Politik erklärt. Wichtig ist jedoch nicht nur eine Deskription, z. B. der zumindest teilweise flexiblen FuT-Politik eines Staates hinsichtlich eines bestimmten Ziels - wie der Förderung einer aufkommenden Technologie -, sondern auch die Wirkung der bestimmten FuT-politischen Entscheidungen zu erklären. Die politischen Akteure haben es weltweit mit der gleichen Technologie zu tun, ihre Strategien und förderpolitischen Entscheidungen unterscheiden sich jedoch ebenso wie die involvierten Forschungseinrichtungen und Industrien. Warum diese Unterschiede? Dieser Art von Fragen wird allerdings kaum in vergleichenden Studien systematisch nachgegangen (FRANSMAN 1994, S. 88f). Die empirische Untersuchung in dieser Arbeit versucht in diese Lücke zu stoßen und zumindest einen erhellenden Beitrag zu leisten. Um die im deskriptiven und im empirischen Teil folgenden Ausführungen besser zu verstehen bzw. die verwendeten Methoden einzuschätzen, ist ein gewisser Einblick in die wissenschaftlichen und technologischen Hintergründe der Biotechnologie hilfreich.

4 Einführung in die Biotechnologie

Biotechnologie wird mit vielen Eigenschaften belegt: sie wird als 'Schlüsseltechnologie' (ROOBEEK 1995), 'Querschnittstechnologie' (REIß und KOSCHATZKY 1997), 'wissensbasierte Technologie' und als eine der wichtigsten 'Technologien des 21. Jahrhunderts' (GRUPP 1995) bezeichnet. Die Hysterie, die beim Börsengang junger Biotechnologieunternehmen insbesondere in den 1980er Jahren in den USA zu beobachten war, die Hoffnungen auf immense Unternehmensgewinne, Durchbrüche kommerzieller Anwendungen und die Schaffung vieler neuer Arbeitsplätze spiegeln vor allem Erwartungen wider, die in einer anderen Technologie bereits erfüllt wurden, nämlich in der IuK-Technologie. Ein zweites Silicon Valley in der Biotechnologie zu schaffen, wurde zum Ziel einiger industrialisierter Staaten.

Dieses Kapitel dient vor allem als Einführung in die Technologie. Es werden erstens die verschiedenen Stadien der Biotechnologie unterschieden. Zweitens werden Industrien und Anwendungsgebiete vorgestellt und die hauptsächlichen Methoden genannt. Drittens wird die Entwicklung der modernen Biotechnologie am Beispiel der Vereinigten Staaten rekapituliert. Dieser Schritt dient zum einen als Referenzmodell für den Aufbau und die Beschreibung der Dynamiken der biotechnologischen Innovationssysteme in Deutschland und Japan, zum anderen verdeutlichen aufkommende industrielle Muster auch Veränderungen institutioneller Strukturen. Letztere werden jedoch ausführlicher erst im konzeptionellen fünften Kapitel aufgegriffen.

4.1 Definition und Entwicklungsstadien der Technologie

Die Biotechnologie ist als "Anwendung von wissenschaftlichen und technischen Prinzipien auf die Verarbeitung von Stoffen zur Herstellung von Waren und Dienstleistungen durch biologische Agenten" (GLICK 1995, S. 7) eine seit Jahrhunderten eingesetzte Technologie, die sich auf die ersten Bierbrauer, die Hefe verwendeten, oder auf die Joghurthersteller, die für die Produktion Bakterien einsetzten, zurückführen lässt. Diese Art der Biotechnologie wird auch als Biotechnologie der 'ersten Generation' oder 'traditionelle Biotechnologie' bezeichnet.

Biotechnologie ist keine reine Wissenschaft, sondern ein Set von Techniken und Methoden. Diese lassen sich in Produktionsprozessen einsetzen oder führen direkt zu Produkten. Lange Zeit hatte der Begriff für die Wissenschaftler ganz unterschiedliche Bedeutungen, die erst in den 1960er Jahren als "die industrielle Produktion von Waren und Dienstleistungen durch Verfahren, die biologische Organismen, Systeme und Prozesse einsetzen" (GLICK 1995, S. 7) vereinheitlicht wurden. Als wissenschaftliche Disziplinen waren vor allem die Mikrobiologie, die Biochemie und die Verfahrenstechnik beteiligt – Disziplinen, die sehr häufig in der Industrie Verwendung fanden und finden. Die bereits in dieser Zeit üblichen biotechnischen Verfahren setzten sich aus drei Prozessschritten zusammen:

(1) dem *upstream processing*, wobei die Vorbereitung des Rohmaterials gemeint ist,
(2) der *Fermentation* und *Biotransformation*, wobei durch Fermentation (Vermehrung) des Zielorganismus in einem Bioreaktor die gewünschte Verbindung hergestellt wird (Biotransformation) und schließlich
(3) dem *downstream processing*, das die Reinigung der gewünschten Verbindung aus dem Zellmedium bezeichnet.

Diese Verfahren werden mit der 'zweiten Generation' der Biotechnologie verbunden. Sie waren zeitaufwendig, teuer und umständlich und nicht immer kam das gewünschte Ergebnis in der Phase der Biotransformation zustande. Dies änderte sich mit der Entwicklung der *rekombinierten DNA*-Technik (rDNA) (oder Gentechnik), die von Cohen und Boyer 1973 entwickelt wurde und die die Biotransformationsphase eines biotechnischen Verfahrens auf direktem Wege optimieren kann. Diese Entwicklung führte zur Bezeichnung 'moderne Biotechnologie', 'molekulare Biotechnologie', oder Biotechnologie der 'dritten Generation'.

Die Biotechnologie (im folgenden ist damit immer die 'moderne' gemeint), bezieht ihr Wissen aus 'reinen' Grundlagendisziplinen wie Genetik und Mikrobiologie und 'angewandten' Disziplinen wie Biochemie und Verfahrenstechnik (siehe Abbildung 4-1).

Abbildung 4-1 Disziplinen und Anwendungen

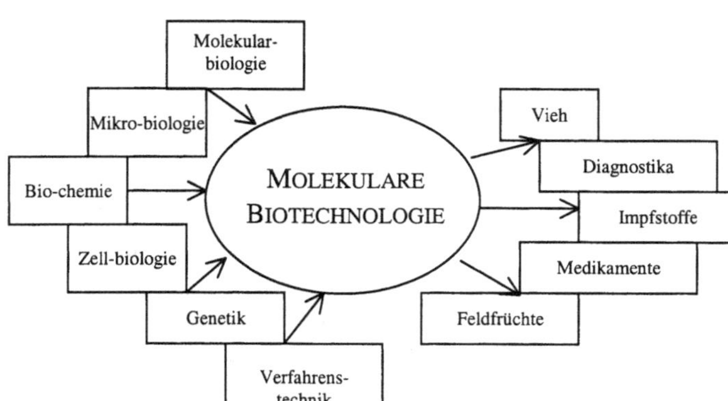

Quelle: in Anlehnung an GLICK 1995, S. 10

Sie bietet Verbindungen zwischen Wissenschaft und Technologie, die auf dem paradigmatischen Verlauf der Biologie beruhen: Die Erkenntnisse von Mendel, Darwin, sowie Watson und Crick (1953) sind Meilensteine in der Biologie, die das biologische Paradigma jeweils revolutionär veränderten und bestimmten. Doch während Mendel und Darwins Beiträge aus einem vorherigen biologischen Paradigma abgeleitet sind, entstanden die Erkenntnisse Watson und Cricks aus einem "theoretischen Vakuum" – viele molekularbiologische Einzelerkenntnisse lagen zwar bereits vor, doch wie Gene insgesamt funktionieren, war bis dahin unbekannt. Die molekularbiologische Revolution, die sich durch die Entdeckung der Doppelhelix entwickelte, bezeichnet STROHMAN (1997) dementsprechend als eine technologische, da durch einen hohen Forschungsaufwand das Verständnis über den genetischen Code, die Mechanismen der Proteinsynthese etc. verbessert wurden (STROHMAN 1997, S. 194). Nachdem Funktion und Struktur der DNA erforscht waren, brachten die Erkenntnisse nicht nur der Biologie neue Einsichten, sondern sie regten die Forscher an, über die Rolle von DNA für Krankheiten nachzudenken, neue Wege der Therapie zu finden und Forschungsprogramme mitzuentwickeln, wie diese Ideen entwickelt und getestet werden können. Die *Wissenschaft* der Molekularbiologie wurde somit zur Basis für Bio*technologie* und Gen*technik* (ZIMAN 1994, S. 23; Hervorhebungen im Original).

Viele der von Kuhn (vgl. Kapitel 3.2.2) aufgezeigten Schritte des Verlaufs eines wissenschaftlichen Paradigmas treffen auf den Entwicklungsverlauf der Biologie zur Molekularbiologie und deren technischer Umsetzung in Form der Biotechnologie zu:

(1) Zunächst wird ein Konsens geschaffen, in der die Normalwissenschaft neue Einblicke in die molekulargenetischen Mechanismen hervorbringt. Diese "Schule" setzt sich gegenüber alternativen Schulen wie systemische oder epigenetische Biologie durch, die als Randfiguren weiter existieren.
(2) Eine durchgreifende Veränderung findet statt; die Entdeckung der Struktur der DNA verlagert den gesamten Forschungsfokus von Organismen auf Gene.
(3) Viele Wissenschaftler werden in dem neuen Feld der Molekularbiologie für Forschungszwecke rekrutiert. Dies führt zu weiteren wissenschaftlichen Erkenntnissen, insbesondere zu technischen Methoden.
(4) Eine schnelle Entwicklung und der Einsatz der wissenschaftlich-technischen Methoden führt zur (Bio)Technologie.
(5) Die neue Technologie dominiert die Ausbildung der nächsten Generation von Wissenschaftlern.
(6) Die molekularbiologische "Schule" ersetzt das alte biologische Paradigma.

Während dieser Verlauf insbesondere das wissenschaftliche Paradigma charakterisiert, setzt in Punkt (4) die Bio*technologie* als Diffusion der wissenschaftlichen Erkenntnisse ein. Dass diese zum großen Teil *technische Methoden* sind, ist eher ein glücklicher Zufall als Regelmäßigkeit. In den 1970er Jahren verhalf ein weiterer wissenschaftlicher Durchbruch, nämlich die Möglichkeit der Produktion monoklonaler Antikörper durch Köhler und Milstein (1975), Wissenschaft und kommerzielle Interessen zu verbinden. Im Zuge dieser beiden Durchbrüche wurden eine Reihe von Techniken zur Bestimmung von DNA-Sequenzen entwickelt (GLICK 1995, S. 70ff). Mittlerweile ist eine Vielzahl spezieller Bio-Techniken etabliert, die für unterschiedliche Fragestellungen in Wissenschaft und Industrie Anwendungen finden; andere werden verbessert, modifiziert und für weitere Anwendungen optimiert.[28]

4.2 Industrien, Methoden und Anwendungen

Die Erkenntnisse aus den unterschiedlichen Disziplinen, die zu einer Fülle von Techniken und Methoden führen, finden in verschiedenen Bereichen Anwendung (vgl. Abbildung 4-1). Gemeinsam ist diesen Anwendungsgebieten, dass sie mit lebenden Organismen verbunden werden können. Das bedeutet, dass nicht biologisch manipulierbare Materialien von der *direkten* Anwendung ausgeschlossen sind. Einige Industrien und Sektoren, wie z. B. Metall- und Stahlindustrie, Elektrotechnik, Telekommunikation etc., sind von der Biotechnologie unbeeinflusst.[29] In den manipulierbaren Bereichen werden unterschiedliche Anwendungen erwartet, bzw. sind bereits in der Anwendung:

- *Chemie- , Pharma- , Nahrungsmittelindustrien.* Hier werden Verfahren zur genauen Diagnose für die Vorsorge und Therapie von ansteckenden oder genetisch bedingten Krankheiten sowie die Entwicklung von Mikroorganismen zur Produktion von Chemikalien, Polymeren, Aminosäuren, Enzymen und Nahrungsmittelzusätzen erwartet bzw. angewendet.
- *Landwirtschaft.* Erhöhte Getreideerträge, Pflanzen, die bestimmte Resistenzen aufweisen und Nutzvieh mit genetisch determinierten Eigenschaften sind bzw. waren primäre Ziele in der Landwirtschaft. Allerdings zeichnen sich auch hier Entwicklungen ab, die einen höheren Nutzen der Konsumenten zum Ziel haben, wie z. B. Reissorten mit einem höheren Vitamin-B Gehalt.

---

28 Für einen Überblick der Techniken, ihre Funktionsweise und Anwendungen siehe GLICK 1995.

29 Der limitierte direkte Einsatz veranlasste FREEMAN (1995) zu der Einschätzung, dass die Biotechnologie zu keinem neuen sozio-ökonomischen Paradigma führen wird, da ihre industrielle Reichweite limitiert ist. Allerdings gelingt es mehr und mehr, Biotechnologie und Mikroelektronik zu verbinden (Bioinformatik), so dass über diese Verbindung der Einflussbereich der Biotechnologie sich auch auf "tote Materie" erweitert. ROOBEEK argumentiert, dass die IuK-Technologien immer mehr auf die Biotechnologie angewiesen sind, um neue 'Einflussbereiche' zu erreichen (ROOBEEK 1995, S. 65ff). WARHURST beschreibt in ihrem Beitrag Anwendungen der Biotechnologie im Bereich von Metallen, so z. B. bei der Abfallgewinnung bei Edelmetallen oder bakteriellen Laugenprozessen zur Gewinnung mineralischer Wertstoffe aus Metallen (WARHURST 1995, S. 260f). Angesichts dieser Entwicklungen erscheint der indirekte Einfluss der Biotechnologie auf eine Vielzahl von Materialien nur noch eine Frage der Zeit.

- *Umwelttechnik.* Verfahren zur Beseitigung von Schadstoffen und Abfallmaterialien aus der Umwelt stehen hier im Mittelpunkt.

Bereits 1984 schätzte das US-amerikanische OTA die unterschiedlichen Anwendungspotenziale und kam zu dem Ergebnis, dass im Pharmabereich und in der Produktion von Feinchemikalien die meisten Anwendungen zu erwarten sind. Die Potentiale unterscheiden sich nicht nur hinsichtlich der zum Einsatz kommenden Methoden, sondern auch, inwieweit in der Industriestruktur größere Unternehmen vorkommen, die sich die Forschungsaufwendungen überhaupt leisten können, und inwieweit regulatorische Anforderungen beachtet werden müssen (OTA 1984, S. 6f).

Weltweit schwanken die Erwartungen, die direkte Nachfrage nach biotechnologischen Produkten bzw. Prozessen und die Schaffung von Arbeitsplätzen betreffend, sehr stark. Teilweise völlig unberücksichtigt bleiben Substitutionseffekte – immerhin werden nicht nur neue Produkte bzw. Prozesse erwartet, sondern deren angestrebte Verbesserung kann zu Verdrängungen am Markt führen. Während in den USA noch Ende der 1990er Jahre hohe Potenziale im Nahrungsmittel- und Agrobereich insgesamt gesehen wurden, sind diese Erwartungen in Europa deutlich zurückhaltender. Aber auch im Pharmabereich haben sich bisher nicht alle Erwartungen erfüllt, so dass Potentialerwartungen zum Teil erheblich nach unten korrigiert werden mussten. Für diese Korrekturen sind nicht nur technische Rückschläge verantwortlich, sondern auch die Konsumenten. Insbesondere in einigen Staaten Europas zeigt sich in den letzten Jahren eine zunehmende Resistenz gegenüber dem Anbau und der Einfuhr gentechnisch veränderter Produkte und eine nachhaltige Aufforderung zur Kennzeichnungspflicht. Die Frage der Sicherheit der Produkte führt zu einer kritischen Haltung der Nachfrager, die nicht selten in einer konsequenten Nachfrageblockade endet. Ob diese Kritik rational begründet ist, ist wissenschaftlich nur wenig begründet und wird von der Industrie konsequent bestritten. Dennoch, die wirtschaftlichen Aussichten der Unternehmen mit der modernen Biotechnologie hängen zum Teil weniger vom Angebot als von der schwer kalkulierbaren Nachfrage ab.

Pharmaindustrie

In allen Zielindustrien kamen und kommen durchaus unterschiedliche biotechnologische Methoden zur Anwendung. Die Methoden und deren Stand sind im Vergleich zu anderen Industrien insbesondere in der pharmazeutischen Industrie relativ weit fortgeschritten. In der Pharmaindustrie haben biotechnische Methoden zu einer fast vollständigen Veränderung des Forschungsprozesses geführt. Die pharmazeutische Forschung basierte vor allem auf der Chemie, ihre Vorgehensweise war empirisch. Neue Medikamente beruhten weitestgehend auf dem *screenen* von chemischen Komponenten, der Analyse ihrer Strukturen und dem Versuch, die korrespondierenden Eigenschaften herauszufinden (OTA 1993, S. 109ff). Je mehr Komponenten überprüft werden konnten, desto größer war die Chance, ein neues wirksames Mittel zu finden. Es ging nicht darum, warum es wirkte, sondern dass es wirkte (TEITELMAN 1989, S. 15). Die Forschung war somit stark spekulativ (OTA 1995, S. 73).

Seit Ende der 1970er Jahre wurde diese Vorgehensart jedoch immer schwieriger; das Auffinden von wirksamen Komponenten nahm ab und der Pharmamarkt war mit Generika übersäht (TEITELMAN 1989, S. 16). Dies änderte sich mit der Entwicklung biologischer Disziplinen - Genetik, Physiologie, Biochemie etc. -, deren Erkenntnisse auf molekularer und Zellebene dazu beitrugen, ein Verständnis zwischen chemischer Struktur und biologischer Aktivität herbeizuführen. Mittlerweile ist der Forschungsprozess deutlich interdisziplinär angelegt- seit den 1980er Jahren wird verstärkt versucht, Medikamente nach einem rationalen Verfahren zu 'designen' (*rational drug design*), für das insbesondere die rDNA und Zellfusion wichtige biotechnologische Forschungsmethoden sind (OTA 1993, S. 105ff).[30]

Vor der Entwicklung der rDNA-Technik waren Medikamente auf Basis menschlicher Proteine nur begrenzt verfügbar und deren Herstellung war vor allem kostenintensiv. Es ist daher nicht verwunderlich, dass der erste Erfolg eines gentechnisch hergestellten Proteins einem stark nachgefragten Protein galt, nämlich dem Humaninsulin, das zur Behandlung von Diabetes notwendig ist, und das bislang nur aufwendig aus Schweinenieren extrahiert werden konnte. Dem Humaninsulin folgte eine Reihe von Proteinen, darunter Faktor VIII und Faktor IX zur Behandlung von Hämophilie, Interferone zur Behandlung von Krebs, Tumoren und Viren, Interleukine zur Behandlung von Störungen des Immunsystems etc. Dieser als *protein engineering* bezeichnete Strang bildete neben der Analyse der DNA den zweiten Hauptstrang der molekularbiologischen Forschung. Die Erforschung der DNA durch Kartierung (*mapping*) oder Sequenzierung (*sequenzing*) ist aus zwei Gründen für die Forschung essenziell: die DNA enthält nicht nur die Anweisungen, wann und wie Proteine zum Einsatz kommen, sondern sie dient auch als strukturelle Vererbungsbasis: für viele erblich bedingten Leiden wie Hämophilie, zystische Fibrose etc. lässt die genaue Kenntnis von Gendefekten erwarten, dass die klassische Behandlung durch Medikamente durch eine Gentherapie zu ersetzen ist. Neben den erblich bedingten Leiden sind es aber vor allem die häufig auftretenden Krankheiten wie Krebs, Alzheimer, Diabetes und Bluthochdruck, für die ein Verständnis der genetischen Faktoren zur dominanten Forschungsstrategie in den 1990er Jahren wurde (OTA 1993, S. 120). Zurückgeführt wird diese Entwicklung vor allem auf das 'Human Genome Project' zur Erforschung des menschlichen Erbguts, an dem seit 1990 weltweit geforscht wird und das einen veränderten Fokus auf Gene zur Arzneimittelentwicklung gerichtet hat (DREWS 1998, S. 22). Neben die beiden technologischen Plattformen der 1980er Jahre, der rDNA und der monoklonalen Anti-

30 Allerdings gibt es auf dem Pharmamarkt auch 1999 noch kein Medikament, was tatsächlich 'designed' ist. Insgesamt haben sich auch hier die Erwartungen auf völlig neue Methoden noch nicht erfüllt und zu kommerziellem Erfolg geführt.

körper, stieß in den 1990er Jahren eine dritte Plattform, nämlich die Isolierung menschlicher Gene durch oben genannte Techniken und durch die Spaltung von Genen (*gene-splicing).*

Chemieindustrie

Die Chemieindustrie produziert weit über 50.000 unterschiedliche Chemikalien, von denen etwa drei Viertel in der Chemieindustrie für weitere, komplexe Chemikalien eingesetzt bzw. in anderen produzierenden Industrien verwendet werden. Etwa ein Viertel wird als Endprodukt zum direkten Verkauf hergestellt. Die Substitutionsmöglichkeiten in den Produktionsprozessen ist zwischen einzelnen Zwischen- oder Endprodukten relativ hoch, so dass für den Wettbewerb in der Chemieindustrie Produkt- und Produktionsvielfalt charakteristisch sind. Eine Klassifizierung der chemischen Industrie erfolgt entweder anhand von Sektoren oder anhand der F&E-Aktivitäten. In einigen Segmenten werden vor allem standardisierte, skalenintensive und mit einer niedrigen Wertschöpfung versehene Grobchemikalien wie Ethylen und Schwefelsäuren produziert. In diesem Segment hängt der Wettbewerb vor allem vom Preis der Rohmaterialien und von der Entwicklung neuer Prozesstechnologien ab. Auf der anderen Seite besteht das Segment der mit einem hohen Mehrwert versehenen Feinchemikalien - darunter werden u. a. Katalysatoren (Enzyme), Nahrungsmittelzusatzstoffe (z. B. Vitamine), industrielle Fasern, Pharmazeutika und Pestizide zusammengefasst. In diesem Segment wird der Wettbewerb insbesondere durch den Einsatz von F&E zur Herstellung von superioren neuen Produkten bestimmt (HÜSING *et al.* 1998; OTA 1991, S. 119f).

Die biotechnischen Methoden, die in der Chemieindustrie angewendet werden, gelten vor allem der Verbesserung von Produktionsprozessen sowie der Produkte, die durch Fermentierung hergestellt werden, also Aminosäuren und industrielle Enzyme. In der chemischen Synthese kommen diese Enzyme, die nicht nur den Vorteil haben, preisgünstig zu sein, sondern darüber hinaus reaktionsspezifisch und biologisch abbaubar sind, zu einem relativ limitierten Einsatz. Insgesamt wird der Biotechnologie nur ein inkrementeller Einfluss auf die Chemie zuerkannt, der vor allem auf der Verbesserung der Produktivität beruht. Da die Rohmaterialien Öl und Kohle seit langem preiswert sind, besteht für die Chemieunternehmen, die Grobchemikalien produzieren, kein finanzieller Anreiz, biotechnologische Methoden anzuwenden. Ganz abgesehen davon besteht noch kein technischer Vorteil gegenüber bestehenden Produktionsmethoden. Allerdings tendiert die Chemieindustrie im Großen und Ganzen dazu, den Produktionsschwerpunkt auf Feinchemikalien zu verlagern, so dass für die Herstellung von Pharmazeutika und Agrochemikalien biotechnologische Methoden wiederum interessant sind (HINZE und REIß 1994; OTA 1991, S. 122f).

Ernährungsindustrien

In den Ernährungsindustrien sind traditionelle biotechnologische Methoden wie Zellkulturtechnik durchaus neben modernen Methoden, wie z. B. dem Einsatz gentechnisch hergestellter Enzyme und Mikroorganismen, anzutreffen. Biotechnologie kann in den Genuss- und Nahrungsmittelindustrien zu neuen und verbesserten Produktionsprozessen, aber auch zu neuen und verbesserten Produkten führen, wobei tatsächlich 'neue' Produkte noch nicht entwickelt wurden (KOSCHATZKY und MAßFELLER 1994). Für die Nahrungsmittelproduktion sind vor allem Mikroorganismen als Starterkulturen wichtig. Wesentliches Ziel der biotechnologischen Anwendung sind Erhöhung der Prozesssicherheit, Verbesserung der Wirtschaftlichkeit, Reduktion des hygienischen Risikos und die Vereinfachung der Produktionsprozesse. Die Produkte sollen darüber hinaus von ihrem ernährungsphysiologischen Wert verbessert werden (REIß und KOSCHATZKY 1997, S. 6). Für die Verbesserung von Produktionsverfahren kommen insbesondere gentechnisch hergestellte *Enzyme* zum Einsatz. Die bereits entwickelte Vielfalt biotechnologisch hergestellter Enzyme in diesen Prozessen deutet auf das jahrhundertealte Verständnis enzymatischer Wirkung z. B. bei der Herstellung von Getränken durch alkoholische Fermentierung oder den Einsatz von Hefe beim Brotbacken, hin (TOWALSKI und ROTHMAN 1995, S. 252).

Nicht unabhängig von den Nahrungsmittelindustrien, aber eher der Landwirtschaft zuzurechnen sind vor allem gentechnische Methoden für Tier- und Pflanzenzucht. Resistenzen gegen Schädlinge und Krankheiten, Toleranzen gegenüber Herbiziden und Umwelteinflüssen sowie Qualitätssteigerungen sind die Züchtungsziele bei Pflanzen - so auch bei der vieldiskutierten Flavr Savr™-Tomate oder auch 'Gen-Tomate', bei der ein bestimmtes Enzym gehemmt und somit die Lagerfähigkeit um ca. zwei Wochen erhöht wird, was wiederum eine spätere Ernte in einem ernährungsphysiologisch und geschmacklich optimalen Stadium ermöglicht (REIß und KOSCHATZKY 1997, S. 4). Ein weiteres wichtiges Hilfsmittel sind Zell- und Gewebekulturtechniken, die vor allem für die Vermehrung und Selektion von Pflanzen eingesetzt werden. Die eigentlichen Züchtungsziele bei Tieren sind insbesondere durch die reichlich in der Presse behandelten gelungenen Klonierungsversuche von Schafen ('Dolly') und Kühen ('Uschi') etwas in den Hintergrund getreten. Ziele sind in der Tierzucht eine höhere Produktivität und Qualität, z. B. durch den Einsatz gentechnisch hergestellter Wachstumshormone. Weiterhin wird versucht, Resistenzen z. B. gegen Stress und Krankheiten zu züchten oder auch zur besseren Futterverwertung beizutragen (KOSCHATZKY und MAßFELLER 1994, S. 36f).

Eine weitere Technik, die in allen Industrien zum Einsatz kommt, sind Biosensoren, durch die vor allem biologische Materialien aufgespürt werden. Biosensoren sind selbst eine Verbindung zwischen Biotechnologie, Materialforschung und Elektronik: sie bestehen aus einer Schicht (z. B. Enzyme), die auf bestimmte chemische Substanzen reagiert. Eine zweite Schicht besteht aus einem Übertragungselement, das die Interaktion in ein elektronisches Signal übersetzt, die wiederum über die Konzentration des gemessenen Materials Auskunft gibt. Der elektronische Teil eines Sensors misst u.a. Licht, Temperatur und Masse (OTA 1991, S. 121). Seit mehr als 100 Jahren werden zwar unterschiedliche Organismen als Indikatoren eingesetzt, z. B. Mikroorganismen wie Hefen oder Bakterien zur Bestimmung toxischer Substanzen in Abwässern; der Vorteil biotechnologischer Sensoren aber liegt in der Breite der Anwendungen und Präzision der aufgespürten Materialien. So können beispielsweise Biosensoren den Zucker-, Cholesterin- oder Nikotingehalt im Urin feststellen; in industriellen Prozessen können sie die Qualität von Lebensmitteln und Fermentationsprozesse kontrollieren sowie organische flüchtige Elemente in der Luft und toxische Substanzen in Wasser und Boden aufspüren. Die Spezifität, für die ein Biosensor entwickelt werden kann, eröffnet ihm rasch wachsende und neue Märkte (SPANGENBERG 1995, S. 276).

4.3 Technologische Spillover und technologische Spezialisierung in der Biotechnologie

Die Biotechnologie ist eine Querschnittstechnologie, die sich aus unterschiedlichen Techniken und Methoden zusammensetzt und in vielen Technikgebieten Anwendungen findet. Ihre Grundlagen stammen ebenfalls aus mehreren Wissenschaftsgebieten (vgl. Anhang B, Tabelle B-5). Technikimmanente Eigenschaften und die Ausgestaltung von NIS bestimmen nach Ansicht der evolutorischen Innovationsforschung maßgeblich, inwieweit ein Land in einer bestimmten Technologie wie der Biotechnologie deutliche Spezialisierungs- und Wettbewerbsvorteile gegenüber Konkurrenten haben oder aufbauen kann. Folgt man der Argumentation der technologischen Entwicklungspfade, erklärt sich der Erfolg oder Misserfolg in einer bestimmten Technologie weitestgehend aus historischen Ereignissen, die zu einem bestimmten technologischen Profil geführt haben, das wiederum gegenwärtige Entwicklungen beeinflusst. Ein Land, das z. B. im Bereich der organischen Chemie seit langem spezialisiert ist, wird versuchen, Spillover-Potenziale in angrenzenden Gebieten zu nutzen. Im Bereich der Biotechnologie lässt sich eine engere Verwandtschaft mit zehn[31] weiteren Technikgebieten feststellen (siehe Tabelle 4-1). Wie wir aus der empirischen Innovationsforschung wissen, wird die technologische Leistungsfähigkeit eines Landes mit dem tatsächlich genutzten technologischen Spillover-Potenzial in Verbindung gebracht. Zur Messung dieser Potenziale werden in einem bestimmten Zeitraum weltweit angemeldete Patente an einem Patentamt[32]

---

[31] Diese Klassifizierung entspricht der ISI-Klassifizierung von 30 Technikfeldern (ISI/NSI 1995, Bd. A, S. 72). Aus Gründen der dynamischen Technikentwicklung sind Veränderungen in der Einteilung zwar sinnvoll, diese erschweren aber Vergleiche über längere Zeiträume. Siehe auch GRUPP und SCHMOCH 1992.

[32] Die hier genutzten Daten beziehen sich auf Patentanmeldungen am Europäischen Patentamt.

in unterschiedlichen Technikfeldern (wie organische Chemie, Halbleiter, Polymere etc.) auf ihre Mehrfachnennungen hin untersucht und die Distanzen[33] zueinander festgestellt. In der Tabelle wurden alle die Technologiefelder aufgeführt, die eine Überschneidungsquote von mindestens 1 % haben (HINZE *et al.* 1997, Anhang). Die höchsten Spillover-Potenziale werden demzufolge im Gebiet der Lebensmittel, der organischen Chemie und der Pharmazie erreicht: So sind von den weltweit angemeldeten Patentschriften im Gebiet der Biotechnologie am Europäischen Patentamt (EPA) im Zeitraum zwischen 1990 und 1993, jeweils auch 17 % der Patente im Lebensmittelbereich, 14,8 % der Patente in der organischen Chemie und 14,7 % der Patente im Pharmabereich klassifiziert.

Tabelle 4-1 Distanzen der Biotechnologie zu zehn Technikgebieten zwischen 1982 und 1993 weltweit und nach ausgewählten Ländern (1990-93)

Technikgebiet	82-85	86-89	90-93	1990-1993		
		Welt		USA	Japan	Deutschland
Messen und Regeln	5,3	6,6	7,6	12,6	5,4	3,5
Organische Chemie	7,6	10,8	14,8	21,7	10,8	6,8
Pharmazie	10,6	13,0	14,7	19,6	10,2	9,2
Lebensmittel	9,6	13,9	17,0	16,7	16,0	17,0
Polymere	0,8	0,8	0,8	0,8	0,8	0,4
Grundstoffchemie	1,7	2,9	4,7	7,8	2,3	1,4
Verfahrenstechnik	1,5	1,5	1,7	2,6	1,3	0,7
Umwelttechnik	1,5	1,2	1,7	1,1	1,4	1,3
Nahrungsmittelverarbeitung	1,1	2,2	4,3	14,9	4,3	1,5
Medizintechnik	0,7	0,8	1,0	1,2	0,4	0,7

Datenquelle: HINZE *et al.* 1997, S. 6ff; eigene Darstellung.

Anhand der Tabelle sind ebenfalls zu- oder abnehmende Spillover-Potenziale auszumachen. Dafür beobachtet man die weltweiten Veränderungen der Mehrfachnennungen über einen längeren Zeitraum. Für die Biotechnologie, die noch relativ am Anfang ihres technologischen Entwicklungszyklus steht, ist in allen in der Tabelle 4-1 aufgeführten Technikgebieten eine Zunahme der Spillover-Potenziale festzustellen.

Gegenüber dieser weltweit bestehenden Struktur lassen sich die nationalen Ausprägungen und die Nutzung von Spillover-Potenzialen messen: Da die Distanzanalyse anhand der weltweiten Patente jeweils auch den Weltdurchschnitt kennzeichnet, lässt sich die jeweilige Spezialisierung eines Landes insgesamt und die Nutzung des technologischen Spillover-Potenzials als Abweichung zum Durchschnitt im spe-

33 Die Distanzen zwischen technologischen Feldern sind ein Maß, anhand dessen die Diffusionswirkung von Wissen abgeleitet wird. Die Häufigkeit der Mehrfachnennungen von Patentklassen wird als Indikator für die Stärke der Beziehungen zwischen technologischen Feldern abgeleitet. Je höher diese Werte sind, desto geringer ist die technologische Distanz zwischen Feldern (HINZE *et al.* 1997, S. 4f).

ziellen feststellen. Vergleicht man die tatsächlich genutzten Potenziale im Bereich der Biotechnologie nach Ländern, zeigen sich in den meisten Technikgebieten überdurchschnittliche Spillover-Werte für die USA. Zwischen 1990 und 1993 weisen z. B. 14,8 % der weltweit angemeldeten Patente im Bereich der Biotechnologie Überlappungen zur organischen Chemie auf. Für die USA liegt dieser Wert bei 21,7 %, d. h., zwischen diesen beiden Technikfeldern werden mehr Spillover realisiert als im Weltdurchschnitt. Die relativ niedrigen Werte von Japan und Deutschland dagegen deuten auf ungenutzte Spillover-Potenziale hin.[34] Den mit Abstand auffälligsten Wert verzeichnen die USA jedoch im Bereich der Nahrungsmittelverarbeitung: der Wert von 14,9 % im Vergleich zu 4,3 % weltweit lässt zwei Argumente zu: zum Einen ist dieser Bereich in den USA quantitativ bedeutender als in Japan und Deutschland - die USA ist sogar in diesem Bereich spezialisiert und kann dadurch das Spillover-Potenzial verstärken -, zum Anderen machen die realisierten Spillover deutlich, dass sie auch eine Frage nationaler Rahmenbedingungen sind: Gegenüber Japan und Deutschland sind das Bestrahlen von Obst und Gemüse oder Hormonzusätze in Futtermitteln in den USA rechtlich abgesichert; dass also in diesem Bereich in den USA kräftig mit biotechnologischen Methoden geforscht und entwickelt wird, ist durchaus plausibel.

Tabelle 4-2 Spezialisierung ausgewählter Länder in der Biotechnologie

Spezialisierung 1992-95	USA	Japan	Deutschland
Medizin	56	-70	-78
Analytik	49	-42	-56
Landwirtschaft	54	-73	-67
Lebensmittel	-56	5	-70
Umwelt	-55	-34	26
Biotechnologie gesamt	45	-32	-61

Quelle: ISI 1997, S. 100; eigene Zusammenstellung

Untersucht man die weltweit angemeldeten Patente in der Biotechnologie als einem übergeordneten Technikgebiet, das sich aus verschiedenen Technikgebieten zusammensetzt, zeigen sich deutliche nationale Spezialisierungsmuster. Die Auswertungen in Tabelle 4-2 beziehen sich auf Patentanmeldungen am EPA zwischen 1992-1995. Es zeigt sich dabei, dass die USA außer im Bereich der Lebensmittel und im Umweltbereich, in den Bereichen Medizin, Analytik und Landwirtschaft deutlich positiv spezialisiert sind. Japan weist dagegen eine positive Spezialisierung

34 Da die USA ein Land mit hohen Patentanmeldungen sind, macht ihr Beitrag bereits einen deutlichen Anteil am Weltdurchschnitt aus. Aus diesem Grund ist es für die USA eher wahrscheinlich, nah an den Durchschnittswerten zu liegen. In Technikgebieten, in denen das Patentaufkommen nur gering ist, können auch kleine, aber spezialisierte Länder deutlich positive Abweichungen vom Weltdurchschnitt aufweisen. Im Bereich der organischen Chemie ist das absolute Patentaufkommen der USA im Vergleich zu Japan und Deutschland zwar höher, alle drei Länder sind jedoch in diesem Bereich spezialisiert, so dass sich die großen Unterschiede auf ungenutzte Spillover-Potenziale zurückführen lassen.

im Bereich der Lebensmittel, Deutschland im Umweltbereich auf. Insgesamt sind die USA im Bereich der Biotechnologie deutlich positiv spezialisiert, dagegen hinken Japan und Deutschland mit größerem Abstand hinterher.

Die Diskrepanzen in der Spezialisierung und in der Nutzung von Spillover-Potenzialen wird maßgeblich mit der Ausgestaltung der nationalen Innovationssysteme in Verbindung gebracht. Für Länder wie Japan oder Deutschland, die gegenüber den USA biotechnologisch aufholen möchten, sind neben den weltweit bestehenden Spillover-Potenzialen vor allem die eigene technologische Spezialisierung und das eigene Innovationssystem die kritischen Faktoren, die eine solche Zielerreichung beeinflussen. Bevor wir die Strategien und das biotechnologische Innovationssystem der beiden Länder untersuchen, betrachten wir zunächst den biotechnologischen Rahmen in den USA, der das Referenzmodell für die aufholenden Länder darstellt.

4.4 Technologischer, institutioneller und industrieller Entwicklungsverlauf in den USA

Dem industriellen Entwicklungsverlauf in den USA sind wissenschaftliche Erkenntnisse deutlich vorgelagert (vgl. Anhang, Tabelle A-4-1). Obwohl diese wissenschaftlichen Durchbrüche nicht nur in den USA gelangen, entstanden die ersten Ansätze für eine neue Industrie dort. Dieses Phänomen wird vielfach auf die bessere Entwicklung des institutionellen Rahmens zur Schaffung neuer, kleiner Unternehmen, den sogenannten *startups*, zurückgeführt (KENNEY 1995, S. 302). Analysiert man jedoch die Entwicklung anhand technologischer Entwicklungspfade und nationaler Innovationssysteme, sind weitere Faktoren zu nennen, die die moderne Biotechnologie in den USA förderten. Dazu gehören z. B. die technologische und wissenschaftliche Ausstattung und Transferkanäle zwischen Wissenschaft und Industrie.

Strukturieren lässt sich der kumulierte Entwicklungsverlauf der Biotechnologie in einem solch komplexen System anhand des bereits genannten Dreifach-Helix-Modells. Unterschieden werden demzufolge ein wissenschaftlicher Komplex, der hier insbesondere die amerikanischen Universitäten betrifft und ein industrieller Komplex, der untrennbar mit dem Finanzsystem verbunden ist. Den dritten Strang bilden Rahmenbedingungen im Sinne von strukturierenden Elementen, die i.d.R. der Staat vorgibt. Dies beinhaltet FuT-Politik, z. B. in Form der Forschungsfinanzierung, aber auch Gesetzesinitiativen zur Unterstützung des Wissens- und Technologietransfer sowie rechtliche Rahmenbedingungen. Dieser letzte Strang kann häufig Bindeglied zwischen den beiden anderen Strängen sein, aber auch Interaktionen zwischen den Strängen der Wissenschaft und Industrie allein sind zu unterschiedlichen Zeitpunkten denkbar und für den Entwicklungsverlauf bedeutend – diese Verflechtungen werden in der folgenden Darstellung berücksichtigt.

4.4.1 Der wissenschaftliche Komplex

Anhand der Typologisierung von Innovationssystemen (vgl. Kapitel 3.4.4), wurden die USA erstens als deutlich F&E-intensiv und zweitens als grundlagenorientiert im wissenschaftlich-technischen Bereich eingestuft. Diese Aussagen lassen sich anhand mehrerer Indikatoren untersuchen.

Gemessen anhand der Bruttoinlandsausgaben für F&E nehmen die USA über längere Zeiträume hinweg weltweit den Spitzenplatz ein. Zwischen 1981 und 1995 stiegen die Ausgaben der USA von 73 Mrd. auf 179 Mrd. US-Dollar an - soviel wie Japan, Deutschland, Frankreich, Großbritannien und Italien zusammen für F&E aufwenden. Bezogen auf den F&E-Anteil am Bruttoinlandsprodukt (BIP) nehmen die USA mit rund 2,4 % eine eher mittlere Position ein. Betrachtet man die Finanzierung von F&E, so zeigt sich eine Verschiebung zu Gunsten der Wirtschaft: Zwischen 1981 und 1995 nahmen die Finanzierungsanteile von 49 % auf 60 % zu, dagegen nahm die öffentliche Förderung von 49 % auf 36 % ab (BMBF 1998). Damit zeigt sich auch in den USA die Tendenz, dass der Großteil von F&E von der Wirtschaft getragen wird.

Die USA sind bekannt für ihren hohen Anteil an Verteidigungsforschung am staatlichen F&E-Budget, der allerdings von seinem Höchststand 1955, von 85 %, auf 55 % im Jahr 1995 sank (ABRAMSON *et al.* 1997, S. 70). Als zweiter Schwerpunkt werden die *'life sciences'* – Medizin, Biologie, Landwirtschaft – gefördert. Seit Anfang der 1970er Jahre wurde aufgrund wettbewerblicher Überlegungen auf staatlicher Ebene intensiv in die Grundlagen und angewandte Forschung in diesen Bereichen investiert. Allein zwischen 1980 und 1995 stiegen die Ausgaben auf föderaler Ebene von 3 Mrd. auf knapp 5,5 Mrd. US-Dollar an (ABRAMSON *et al.* 1997, S. 75).

Auf Ebene der einzelnen Bundesstaaten ist das Datenmaterial nur sehr fragmentiert; es wird jedoch geschätzt, dass auf diesen Ebenen zwischen 60 % und 75 % aller Forschungsgelder für die Gesundheitsforschung aufgebracht werden (ABRAMSON *et al.* 1997, S. 73).

Im Gleichklang zur relativ breiten und unspezifischen Förderung der life-sciences, gab es auf staatlicher Ebene keine auf die Biotechnologie ausgerichtete Industriepolitik (CALLAN 1995, S. 156), d. h. es gab keine spezifischen Forschungsförderprogramme oder besondere finanzielle Anreize und Steuererleichterungen etc. Für die biotechnologische Forschung wurden bereits in den 1980er Jahren von zwölf unterschiedlichen Regierungsstellen und einem Querschnittsprogramm Gelder bereitgestellt (TAB 1992, S. 48). Den bedeutendsten Beitrag leistete dabei das Gesundheitsministerium (DHHS), das via seines Forschungsarmes der National Institutes of Health (NIH) 80 % - 85 % des gesamten biotechnologischen Forschungsbudgets bereit stellte. Diese Forschungsgelder sind aber generell Projektmittel für Grundlagenforschung, die i.d.R. direkt an die Universitäten gehen. 1985 betrugen die staatlichen Ausgaben für biotechnologische Forschung 2,16 Mrd. Dollar. Sie stiegen im Zeitraum bis 1994 auf 4,3 Mrd. an. Darunter stiegen allein die Ausgaben der NIH zwischen 1983 und 1994 von 1,4 Mrd. auf 3,4 Mrd. Dollar an (OTA 1988, S. 38; CALLAN 1995, S. 142).

Abbildung 4-2 Verlauf der F&E-Ausgaben und Anzahl der Wissenschaftler im Bereich der Lebenswissenschaften in den USA 1981-1993

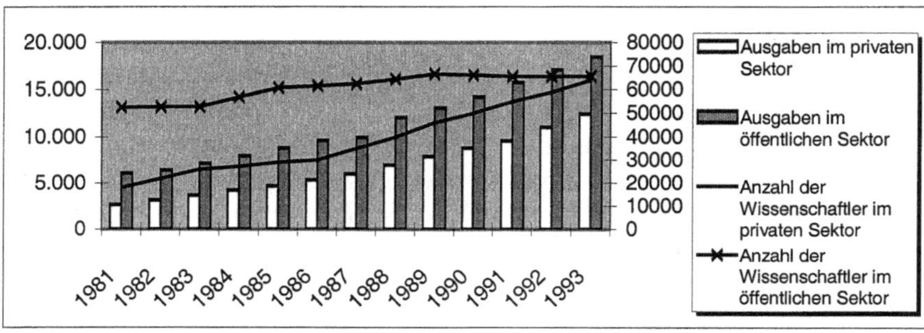

Quelle: IFTECH 1996; eigene Zusammenstellung

Neben der Betrachtung der F&E-Aufwendungen eines Landes lässt sich anhand von Patent- und Außenhandelsstatistiken die technologische Spezialisierung feststellen. Die USA sind ein Land, das fast die gesamte Breite der Technologien abdeckt – sie werden als die "mit Abstand technologisch 'kompletteste' Volkswirtschaft" (MÜNT und GRUPP 1996, S. 24) bezeichnet. Ein deutlicher Schwerpunkt der Patent- und Außenhandelstätigkeit liegt jedoch im Bereich der Luft- und Raumfahrt, Chemie, Elektronik und im Kraftwerksbau. Eine Ausnahme bildet die pharmazeutische Industrie: hierbei sind die USA zwar technologisch deutlich spezialisiert, weisen aber eine negative Außenhandelstätigkeit auf (MÜNT und GRUPP 1996, S. 27).[35] Insgesamt untermauern diese patentgestützten Angaben die Eingruppierung der USA als deutlich grundlagenorientiert in der technologischen Ausstattung.

Neben der technologischen Spezialisierung ist als weiterer Indikator die wissenschaftliche Spezialisierung zu nennen, die sich anhand von Veröffentlichungen und Zitierungen ableiten lässt (vgl. Kapitel 3.4.1). Betrachten wir uns den Verlauf der

[35] Diese Aussagen basieren auf den zwischen 1993 und 1995 angemeldeten Patenten am EPA. Patentanalysen vor und nach diesem Zeitraum unterstützen diese hier als allgemein dargestellten Aussagen. Vergleiche auch die Berichte zur technologischen Leistungsfähigkeit Deutschlands, in denen auch das Profil der USA berücksichtigt wird (BMBF 1996, 1997, 1998).

Anzahl der Publikationen in den USA, Japan und Deutschland in den Lebenswissenschaften (vgl. Abbildung 4-3), lässt sich eine absolute Dominanz der USA feststellen.

Abbildung 4-3 Anzahl Publikationen in den Lebenswissenschaften[1] (1980 –1998)

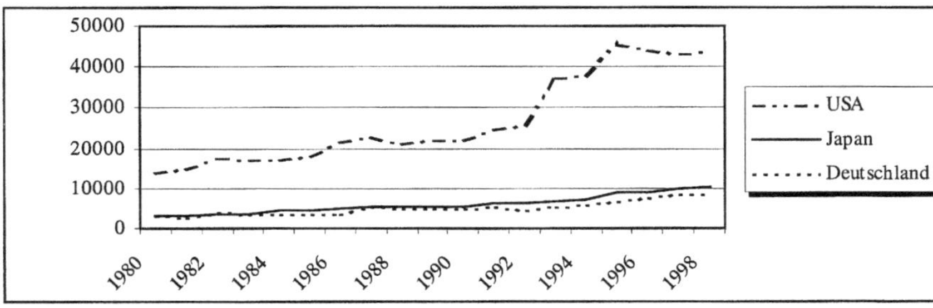

Quelle: SCISearch, eigene Berechnungen

[1] Vgl. Wissensgebiete in Anhang B, Tabelle B-5

Aus Abbildung 4-3 ist ersichtlich, dass die Publikationsleistungen in den USA seit Anfang der 1990er Jahre sehr schnell und sehr steil angestiegen sind. Dagegen sind die Verläufe in Japan und Deutschland zwar ebenfalls ansteigend, aber auf deutlich geringerem Niveau. 1998 hat Japan etwa 23 % und Deutschland 19 % des Publikationsaufkommens der USA erreicht. Betrachten wir uns nur den Publikationsverlauf im Wissensgebiet Biotechnologie (vgl. Abbildung 4-4), sind die Unterschiede zwischen den Ländern gleichfalls auffällig. In diesem Gebiet erreicht Japan einen Anteil von 44 %, Deutschland einen Anteil von 23 % gegenüber den USA. Während also die Differenzen zwischen Deutschland und Japan auf der einen Seite, und den USA auf der anderen Seite im Bereich der Lebenswissenschaften sehr deutlich sind, verliert sich diese klare Trennung im Bereich der Biotechnologie zu Gunsten Japans.

Abbildung 4-4 Anzahl Publikationen im Wissensgebiet Biotechnologie (1980 –1998)

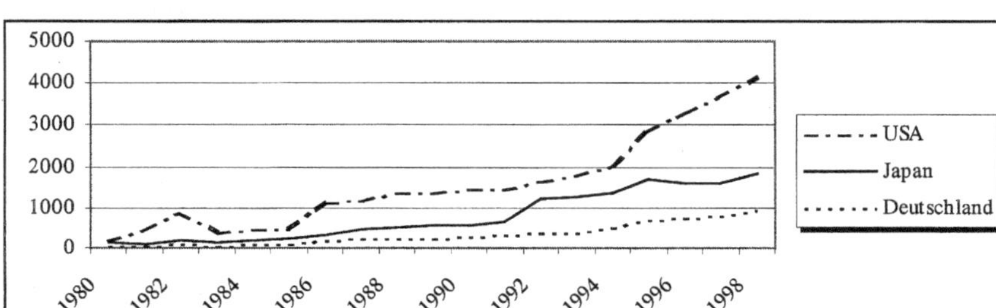

Quelle: SCISearch, eigene Berechnungen

Die USA publizieren nicht nur überproportional viele Schriften in diesen Bereichen, sie werden auch überproportional häufig in ausländischen Publikationen zitiert. Gerade in den eher anwendungsorientierten Wissensgebieten 'klinische Medizin' erzielen die USA Zitationsanteile in westeuropäischen Ländern, Kanada und Japan zwischen 36 % und 46 %, und in der 'biomedizinischen Forschung' zwischen 40 % und 50 %. In all den genannten Ländern werden die USA in den beiden Kategorien deutlich mehr zitiert als Publikationen aus dem eigenen Land (NSB 1996, Appendix S. 244f). Damit bestätigt sich der wissenschaftlich hohe, international anerkannte Standard der US-amerikanischen Forschung im Bereich der Lebenswissenschaften und insbesondere in den biotechnologisch relevanten Kategorien der biomedizinischen Forschung und klinischen Medizin.

Mit der insgesamt unspezifischen F&E-Förderung haben die Vereinigten Staaten eine *wissenschaftliche Basis* geschaffen, die in doppelter Hinsicht wichtig ist: zum einen wird eine führende Forschung als Grundlage und erster maßgeblicher Faktor für den Erfolg der auf Wissen basierenden Biotechnologie angeführt, zum anderen führt die massive Förderung dazu, dass ein großer Pool von qualifizierten Wissenschaftlern ausgebildet wird. Diese US-eigenen Faktoren treten komplementär neben eine internationale Wissensbasis: betrachtet man nämlich die relevanten wissenschaftlichen Erfolge seit den 1950er Jahren, basieren einige zentrale Erkenntnisse auf europäischer Grundlagenforschung (vgl. Anhang, Tabelle A-4-1). Die insgesamt geringe direkte staatliche Einflussnahme unterstützt auch das dritte Merkmal des amerikanischen Innovationstyps, nämlich die marktliche Steuerung, das auch im folgenden aufgegriffen wird.

4.4.2 Institutionelle Rahmenbedingungen

Nachdem im wissenschaftliche Komplex die geringe, direkte staatliche Einflussnahme ersichtlich wurde, ist es notwendig, bestimmte institutionelle Grundmuster zu betrachten. Bereits in den Ausführungen zu Nationalen Innovationssystemen wurde hervorgehoben, dass verbindende Elemente und der Transfer von Wissen zwischen Grundlagen- und angewandter Forschung essentiell für den Systemerfolg sind. Weiterhin wurde der sicherheitsgebende, rechtliche Rahmen genannt, der Innovationen zu fördern vermag. Auf beide Aspekte wird im folgenden eingegangen.

4.4.2.1 Wissenstransfer zwischen akademischer Forschung und Industrie

Die marktliche Ideologie, die sich in Form einer grundsätzlichen Ablehnung öffentlich finanzierter Forschung und deren privater Appropriierung auf Seiten öffentlicher und privater Entscheidungsträger lange Zeit in den USA manifestierte, wurde Anfang der 1980er Jahre gelockert: Es wurde eine Reihe von Gesetzen auf Bundesebene erlassen, die eine Zusammenarbeit zwischen Industrie und staatlichen Forschungseinrichtungen anregen und den Technologietransfer und kollaborative Forschung zwischen und in den verschiedenen Sektoren des US-amerikanischen Innovationssystems verbessern sollten.

Wichtigste Gesetzesänderungen sind der Bayh-Dole Act und der Stevenson-Wydler Technology Innovation Act, beide aus dem Jahr 1980. Während letzterer den Technologietransfer von föderalen Forschungseinrichtungen zu einer integralen Aufgabe machte, ermöglicht der Bayh-Dole Act die Appropriierung von Ergebnissen öffentlich finanzierter Forschung für kleine und mittelgroße Betriebe sowie nonprofit-Organisationen. Erweiterungen dieser Regelungen ermöglichten seit 1983, dass auch Großunternehmen direkte Forschungsergebnisse öffentlicher Forschung appropriieren (EISENBERG 1996, S. 1665). Weitere Gesetze wie der National Cooperative Research Act (1984) ermöglichten F&E-Konsortien und Joint ventures, ohne dass wettbewerbsrechtliche Auseinandersetzungen drohten. Der Technology Transfer Act (1986) ermöglichte kooperative Entwicklungsforschung und deren private Appropriierung zwischen föderalen Forschungseinrichtungen und industriellen Partnern (CRADAs). 1989 wurde der National Competitiveness Technology Transfer Act verabschiedet, der den föderalen Forschungseinrichtungen die direkte Zusammenarbeit mit industriellen Partnern ermöglichte (EISENBERG 1996, S. 1706f). Neben den Gesetzen erließ der Kongress eine Reihe von Programmen, die allesamt dem Technologietransfer dienen, darunter Programme zur *Technologiefinanzierung* und Hilfen zur Unternehmensgründung (*startups*). Bereits Anfang der 1970er Jahre wurden sogenannte Industry-University Cooperative Research Centers (IUCRC) aus Bundesmitteln finanziert. Der gesetzliche Rahmen ermöglicht auch seit den 1980er Jahren Ausgründungen (*spinouts* oder *spinoffs*) aus den Universitäten und anderen wissenschaftlichen Einrichtungen (ABRAMSON *et al.* 1997, S. 108f). Insgesamt macht die Förderung kooperativer Forschung jedoch kaum 4 % des staatlichen F&E-Budgets aus (Stand: 1994) (ABRAMSON *et al.*1997, S. 77).[36]

Auf der Ebene der Bundesstaaten wird die Förderung des Technologietransfers sehr eng mit der Wettbewerbsfähigkeit des einzelnen Staates verbunden. Im Bereich der Biotechnologie werden zwar auf dieser Ebene auch keine speziellen wissenschaftlichen Programme initiiert, aber einzelne Staaten verfolgen eine proaktive Technologiepolitik.[37]

36 Das tiefe Misstrauen, das über Jahrzehnte die öffentliche Finanzierung und private Appropriierung unmöglich machte, sitzt auch heute noch tief: 1992 hat das zu 70 % öffentlich finanzierte Scipps Research Institute, das größte private biomedizinische Forschungsinstitut in den USA, eine $ 300 Mio. umfassende Vereinbarung mit der Sandoz AG nach massiver Kritik des Kongresses und der Ankündigung der NIH, die Möglichkeit der privaten Appropriierung für diese Vereinbarung auszusetzen, zurückgezogen (ERNST & YOUNG 1994, S. V; ABRAMSON *et al.* 1997, S. 189).

37 Insbesondere North Carolina versucht erfolgreich über Steuererleichterungen die Ansiedlung von startups und Forschungsabteilungen ausländischer Unternehmen zu forcieren und die Schaffung einer biotechnologischen community im sogenannten *Research Triangle* mit den lokalen Univer-

Was bedeutet diese Forschungspolitik hinsichtlich der Biotechnologie? Grundsätzlich ermöglichte sie den Universitäten eine aggressive Lizenz- und Patentpolitik (ABRAMSON *et al.*1997, S. 74), die sich auf die Lebenswissenschaften deutlich ausgewirkt hat. Zunächst ist eine insgesamt höhere Patentneigung der Universitäten festzustellen: Noch in den frühen 1970er Jahren wurden nur zwischen 200 und 300 Patente jährlich angemeldet. Die Zahl stieg in den frühen 1980er Jahren auf 350 bis 400 und erreichte mehr als 1.700 im Jahr 1994. Innerhalb von 20 Jahren versiebenfachte sich das Patentaufkommen, so dass mittlerweile 3 % aller amerikanischen Patente aus Universitäten stammen. Die Universitäten selbst haben im Zeitverlauf eine deutliche Priorität für drei amerikanische Patentklassen offenbart, nämlich Molekularbiologie, Mikrobiologie sowie biologisch-beeinflussende und körperbehandelnde Verbindungen. Der Anteil dieser drei Klassen an den akademischen Patenten stieg von 8 % in den frühen 1970er auf 25 % in den frühen 1990er Jahren (NSB 1996, S. 5-41ff). In der Lizenzpolitik sind zwei Strategien zu unterscheiden: die Vergabe von exklusiven oder von nicht-exklusiven Lizenzen. Insbesondere die amerikanischen Forschungsuniversitäten haben ihre Einkommen durch eine aktive Lizenzpolitik seit Anfang der 1980er Jahre deutlich erhöhen können.[38] Während die Lizenzeinnahmen der Universitäten insgesamt 1990 gerade mal 82 Mio. Dollar ausmachten, stieg diese Summe 1993 bereits auf 242 Mio. an. Die Patente und Lizenzen gehen Hand in Hand: die hohe Patentierungsrate in den biotechnologisch relevanten Wissenschaftsgebieten ermöglicht entsprechende Lizenzen. Typische Lizenznehmer der Universitäten sind kleine amerikanische Unternehmen der Biotechnologie und Pharmaunternehmen (NSB 1996, S. 5-43).

Obwohl eine Kausalität mit der veränderten Gesetzgebung nicht eindeutig festgestellt werden kann, haben sich seit Anfang der 1980er Jahre Veränderungen im Publikationsverhalten der Universitätsforscher hinsichtlich der Herkunft ihrer Koautoren herauskristalliert, die auf einen positiven Einfluss der seit 1980 vereinfachten Kooperationsforschung hindeuten (vgl. Tabelle 4-3): im Bereich der Lebenswissenschaften kamen 1981 gut 70.000 Veröffentlichungen aus Universitäten. Davon waren 22,9 % Ko-Publikationen, von denen wiederum der Anteil mit industriellen Partnern bei 1,6 % lag. Deutlich höher lag dagegen mit jeweils fast 10 % die Quote für Ko-Publikationen mit nonprofit-Organisationen (9,8 %) und nationalen Forschungseinrichtungen (9,7 %). Zwischen 1981 und 1993 stieg der Anteil der Ko-Publikationen an allen Publikationen auf 25,5 % an. Im gleichen Zeitraum stiegen die Ko-Publikationen mit industriellen Partnern auf 4,5 %, mit nonprofit-

sitäten durch Transferstellen zu unterstützen. Ein Blick über die bundesstaatlichen Aktivitäten, Gründerzentren etc. ist z. B. über (http://www.ncbiotech.org) möglich.

38 So lizenzierte z. B. die Verwertungsgesellschaft der University of California das Cohen-Boyer Patent der rDNA-Technologie für eine Lizenzgebühr von 10.000 Dollar und jährlichen Gebühren und Anteilen während der gesamten Patentschutzzeit insgesamt 380 mal (YOUNG 1998). Dagegen vergab die Rockefeller University 1995 für über 20 Mio Dollar eine exklusive Lizenz über das Fettleibigkeitsgen in Mäusen an das Biotechnologieunternehmen Amgen (EISENBERG 1996, S. 1711).

Organisationen auf 11,2 % an und sie sank um 0,2 % mit den nationalen Forschungseinrichtungen. Auch auf Seiten der industriellen Publikationen haben sich deutliche Trends herauskristallisiert: In keiner anderen Gruppe (Universitäten, staatliche Forschungseinrichtungen etc.) konnte ein so hoher Anstieg an wissenschaftlichen Publikationen im Bereich der Lebenswissenschaften festgestellt werden. Zwischen 1981 und 1993 stieg die Zahl der Publikationen um mehr als das Doppelte an, nämlich von 3.300 auf 7.600 Publikationen. Bereits 1981 machten Ko-Publikationen 41,1 % aller Unternehmenspublikationen aus. Davon wurde der Großteil, nämlich 32,8 %, mit akademischen Partnern publiziert. 1993 waren bereits knapp 55 % aller Publikationen Ko-Publikationen. Der ko-publizierte Anteil mit Universitäten stieg dabei auf 45,5 % an. Aus Sicht der Industrie sind auch die nonprofit-Organisationen interessanter geworden: im genannten Zeitraum verdoppelte sich deren Anteil von 6,6 % auf 12,4 %. Insgesamt lassen sich anhand dieser Zahlen die zunehmenden Verbindungen zwischen Universitäten und Unternehmen und die Wichtigkeit von Kooperationen im Bereich der Lebenswissenschaften für den kommerziellen Erfolg gut dokumentieren.[39]

Tabelle 4-3 Veränderungen der amerikanischen Veröffentlichungen und Ko-Publikationen in den Lebenswissenschaften nach ausgewählten Gruppen (zwischen 1981 und 1993)

US-Publikationen	**1981**	**1993**
Anzahl der Veröffentlichungen aus Universitäten	70.177	77.571
• Ko-Publikationsquote	22,9 %	25,5 %
- mit industriellen Partnern	1,6 %	4,5 %
- mit nonprofit-Organisationen	9,8 %	11,2 %
- mit nationalen Forschungseinrichtungen	9,7 %	9,5 %
Anzahl der Veröffentlichungen aus der Industrie	3.320	7.609
• Ko-Publikationsquote	41,1 %	54,9 %
- mit universitären Partnern	32,8 %	45,5 %
- mit nonprofit-Organisationen	6,6 %	12,4 %
- mit nationalen Forschungseinrichtungen	7,5 %	10,3 %

Quelle: NSB 1996, Anhang S. 232; eigene Zusammenstellung

4.4.2.2 Regulation: Patentgesetzgebung und Zulassungsverfahren

Die Patentgesetzgebung ist für die wirtschaftliche Entwicklung und Wettbewerbsfähigkeit von vielen Industrien herausragend – so auch für die Biotechnologie. Bereits 1980 wurde in den USA durch den Fall *Diamond gegen Charkrabarty* vor dem

[39] Im Vergleich dazu sind sie in dieser Höhe keineswegs in allen Bereichen anzutreffen: für die Wissenschaftsgebiete Chemie, Physik, Geo- und Weltraumforschung und Mathematik zusammengefasst, machten Ko-Publikationen 1981 knapp 14 % und 1993 18,6 % aus (NSB 1996, Anhang S. 232ff). Damit liegen diese Wissenschaftsgebiete im wissenschaftlichen Kooperationsverhalten deutlich unter den Lebenswissenschaften.

Obersten Gerichtshof festgestellt, dass lebende, durch Menschenhand geschaffene Mikroorganismen patentierbar sind. Diese Entscheidung gilt als Grundlage für die darauf folgenden Entscheidungen des amerikanischen Patentamtes, dass Pflanzen und "künstliche" Tiere ebenfalls patentierbar sind; 1988 wurde entsprechend die erste "künstliche" Maus patentiert ("Harvard-Maus-Patent").[40] Diese Entscheidungen bildeten nach Ansicht des amerikanischen OTA einen enormen Anreiz für die ökonomische Entwicklung biotechnologischer Prozesse und Produkte in den 1980er Jahren (OTA 1991, S. 209).

In diesem Zusammenhang ist auch auf die Ausgestaltung des amerikanischen Patentsystems hinzuweisen. Es unterscheidet sich insbesondere zu den europäischen Systemen in einigen Punkten, von denen zwei, für die Biotechnologie signifikante Punkte herausgegriffen werden können: Erstens sind angemeldete, aber noch nicht zugelassene Patente per Gesetz geheim. In anderen Staaten wird ein Patent i.d.R. 18 Monate nach Anmeldung veröffentlicht, auch wenn es noch nicht zugelassen ist. Während die Veröffentlichung für andere Investoren Sicherheit bedeut bzw. über bereits angemeldete Schutzrechte Auskunft gibt (KITCH 1977), führt die Geheimhaltung in den USA zu mehr Unsicherheit auf Seiten potenzieller Anmelder: Sie wissen i.d.R. nicht, ob bereits ein Patent auf den gleichen Sachverhalt angemeldet wurde und ob der andere Erfinder nur noch auf die Zulassung wartet. Das führt nicht nur dazu, dass in den USA ein sehr großer Block nicht-veröffentlichten Wissens in Form geheimer Patentanmeldungen vorliegt; da zwischen Anmeldung und Zulassung durchaus Jahre vergehen können, ist es im Falle der Biotechnologie interessant festzustellen, dass sich die Industrie zunehmend mit teuren und langwierigen Rechtsstreitigkeiten auseinander zu setzen hat.[41]

---

40 In der amerikanischen Gesetzgebung wird von "nonhuman animals" gesprochen. Bestes Beispiel sind sogenannte transgene oder knock-out Mäuse. Sie stellen ein neues "Produkt" dar und sind daher in den USA auch patentierbar: Die Erklärung dafür liefert die Natur: Mäuse bekommen natürlicherweise keinen Krebs. Transgenen Mäusen (oder auch anderen Tieren) wird daher durch gentechnische Methoden ein Gen eingeschleust, dass krebsauslösend wirkt. Damit wird eine Krebsmaus produziert, die gegenüber 'herkömmlichen' Mäusen neu ist.

41 Der Fall *Amgen gegen Genetics Institute* (GI) spiegelt eine sechs Jahre andauernde Patentstreitigkeit über Patent- und Marketingrechte über Erythropoietin (EPO) wider. Amgen besaß das Patent über das genetische Material und die Zellen, in denen die rekombinante Produktion von EPO stattfand. Genetics Institute meldete daraufhin ein Patent auf die gereinigten und isolierten EPO-Sequenzen, den Vektor und die Gast-Zellen an. 1987 haben sich beide Unternehmen gegenseitig der Patentverletzungen angeklagt. In einem ersten Spruch wurde die Verletzung der jeweiligen Patentrechte anerkannt: Amgen verletzt das GI Patent um reines EPO zu produzieren und GI verletzt das Amgen-Patent, da es EPO nicht ohne die Zellen produzieren kann, die vorher mittels DNA-Methode verändert wurden. Der Fall gewann eine internationale Dimension, da beide Unternehmen mit japanischen Partnern Marketingrechte eingegangen waren. Amgen hatte ein Abkommen mit Kirin, das EPO in Japan verkaufen würde; GI hatte ein Abkommen mit Chugai Pharmaceuticals. Bei letzterem Abkommen wurde offengelassen, ob GI in Japan produziertes EPO in die USA importieren könne, ohne dass Amgens Patent verletzt würde. Schließlich wurde 1993 das Verfahren zu Gunsten von Amgen entschieden. Daraufhin stiegen die Aktien von Amgen um 12 %, die von GI fielen um 35 % (OTA 1991, S. 220; CALLAN 1995, S. 174f).

Während das OTA noch 1984 den Patentschutz als moderat wichtig für die Wettbewerbsfähigkeit der biotechnologischen Unternehmen einschätzte (OTA 1994, S. 387f), zeichnet er sich zunehmend als entscheidender Wettbewerbsfaktor aus, da er die technologische Plattform - und damit die Geschäftsgrundlage der Unternehmen - rechtlich absichert.

Der zweite Unterschied des amerikanischen Patentsystems besteht in Gewährung einer so genannten Schonfrist (*grace period*). Damit wird ermöglicht, dass der Inhalt wissenschaftlicher Publikationen auch noch bis zu einem Jahr nach dem Erscheinen zum Patent angemeldet werden kann. Diese Möglichkeit wird für amerikanische Forscher und kleine Biotech-Unternehmen gleichermaßen als vorteilhaft bezeichnet. Amerikanische Forscher werden i.d.R. anhand ihrer Publikationsleistungen eingeschätzt und im Falle der Unternehmen kann die Veröffentlichung von Forschungsergebnissen bessere Kooperationsmöglichkeiten eröffnen. Da außer Japan jedoch kein weiteres Land eine *grace period* kennt, kann die frühe Veröffentlichung für Patentanmeldungen in anderen Ländern durchaus Probleme bereiten (OTA 1991, S. 218; MACKENZIE und KEATING 1990).

Neben der Patentgesetzgebung sind vor allem Forschungsrichtlinien und Zulassungsverfahren von entscheidender Bedeutung. Während die NIH bereits 1976 Forschungsrichtlinien für den Einsatz von rDNA erließ, stellte die amerikanische Regierung Mitte der 1980er fest, dass die Biotechnologie, die mittlerweile das rein experimentelle Stadium verlassen hatte, keine neuen Richtlinien braucht, sondern durch bestehende reguliert werden kann (HOHMEYER *et al.* 1994, S. 51). Die bestehenden Regularien sahen vor, dass die Technologie nach dem intendierten Einsatz des Endproduktes und nicht nach Herstellungsmethoden reguliert wird. Der Vorteil dieser Regulierung bestand vor allem für die Industrie darin, dass die Biotechnologie nicht als inhärent gefährlich eingestuft wurde (CALLAN 1995, S. 158).[42]

Für unterschiedliche Stufen biotechnologischer Forschung, Produktion und Kommerzialisierung wurden vier Behörden die Verantwortung übertragen: das Landwirtschafsministerium (USDA), die Environment Protection Agency (EPA), die Food and Drug Administration (FDA) und die National Institutes of Health (NIH) (HOHMEYER *et al.* 1994). Da zwischen den Behörden deutliche Unterschiede über Sicherheitsaspekte der Biotechnologie herrschten, die sich vor allem in der Dauer von Zulassungsverfahren widerspiegeln, wurde 1991 vom Wettbewerbsausschuss

---

42 Anhand der kaum vorhandenen Kritik an dieser Regulierung lassen sich auch die US-amerikanischen Konsumenten und ihre Einschätzung gegenüber der Biotechnologie gut charakterisieren: ihre Akzeptanz gegenüber Technologien erhöht sich in dem Maße, in dem unabhängige Expertengruppen und Regulierungsbehörden die Unbedenklichkeit der Technologie attestieren. Gleichzeitig lässt sich auch ein gewisses Desinteresse (oder ein sehr pragmatischer Ansatz) bei den Konsumenten verfolgen: US-Amerikanerinnen und Amerikaner sind am Geschmack, Preis und an der Bequemlichkeit von Produkten interessiert – wie sie hergestellt werden ist ihnen zunächst egal (CANTLEY *et al.* 1999, BV 37).

des Präsidenten ein Bericht verabschiedet, der die Harmonisierung zwischen den Behörden und vereinfachte Zulassungsverfahren für genetisch veränderte Organismen beinhaltete. Auch hier wurde die Regulierung des Produkts und nicht des Prozesses gefordert, die Minimierung regulatorischer Hürden unter Wahrung maximaler Sicherheit für Gesundheit und Wohlfahrt der Öffentlichkeit angeregt, und letztlich der Vorschlag gemacht, dass Regularien die raschen Veränderungen der Biotechnologie berücksichtigen sollen. Als größte Inkonsistenz des amerikanischen Systems wird aber die *de facto* Anwendung prozessbezogener Regularien bezeichnet (CALLAN 1995, S. 160). Die einzelnen Behörden zeigten durchaus Schwierigkeiten mit dem produktbezogenen Ansatz, was dazu führte, dass die Produktionsmethoden zum Teil detailliert untersucht wurden. Im Falle der ersten modifizierten Tomate, der Flavr Savr, dauerte das Zulassungsverfahren der FDA vier Jahre. Insbesondere die restriktive Politik und die Haltung der FDA, die alle biotechnologischen Produkte als potentiell gefährdend einstufte, führte zu massiver Kritik aus der Industrie. Für die großen Konzerne wie auch für die startups sind lange Verfahren kostenintensiv. Die kleinen Unternehmen können sich Verzögerungen in der Zulassung aber deutlich weniger leisten als große.[43]

Kostenintensive Rechtsstreitigkeiten aufgrund von Schutzrechtsverletzungen, unsichere Zulassungsverfahren und juristische Verzögerungen werden nicht nur als Hemmnis für die pharmazeutischen Anwendungen erachtet, sondern auch für das nur schleppende Anwachsen biotechnologischer Anwendungen im Agrar-, Nahrungsmittel- und Umweltbereich angeführt (CALLAN 1995, S. 161f).[44] Allerdings sind Verzögerungen von Zulassungsverfahren vielfach auf die Unsicherheit der damit beauftragten Personen zurückzuführen. Im Laufe der Zeit können sie sich verstärkt auf frühere Entscheidungen berufen, so dass sie in ihrer Entscheidungsfindung routinierter werden. Insgesamt nimmt dieser zu Verzögerungen führende 'menschliche Faktor' im Zeitverlauf ab. Dieser Entwicklung steht i.d.R. jedoch eine zunehmende Zahl von Anträgen entgegen, die sich aus dem technologischen Verlauf und zunehmenden Reifegrad der Technologie erklären.

Als dritter Faktor ist ein einzelnes Gesetz zu nennen, das einen deutlichen Einfluss auf die biotechnologische Forschung ausübt: der *Orphan Drug Act* aus dem Jahr 1983. Bis zu diesem Zeitpunkt gab es für die amerikanischen Pharma- und biotechnologischen Unternehmen keinen Anreiz, ihre Forschungsgelder für Krankheiten

---

43 Für Cetus beispielsweise, ein Anfang der 1980er führendes biotechnologisches startup, bedeuteten die langwierigen FDA-Verfahren das Ende: für die Zulassung des Interleukin-Produkts IL-2, in das große Hoffnungen gesetzt wurden, verlangte die FDA zusätzliche klinische Studien. Diese Zeitverzögerung führte zu finanziellen Schwierigkeiten für Cetus, das sich auf die Suche nach einem Partner oder Käufer machen musste. Es wandte sich an seinen deutlich kleineren Nachbarn Chiron – der Cetus letztendlich auch aufkaufte (KORNBERG 1995).

44 Es ist allerdings fraglich, ob eine schnelle Zulassung im Bereich der Nahrungsmittel zu einer Zunahmen an Produkten führe. Hauptgrund für die Verzögerungen in den Nahrungs- und Agrobereichen ist wohl eher eine mangelnde Nachfrage bzw. ein fehlender Markt.

auszugeben, die nur relativ selten auftreten.[45] Das Gesetz beinhaltet vor allem zwei Anreize: 50 % der Kosten der klinischen Prüfungen können steuerlich geltend gemacht werden und das entwickelte Produkt genießt nach der Zulassung für sieben Jahre ein exklusives Marktrecht. Darüber hinaus vergibt die FDA Forschungsgelder und berät bei der Durchführung und Protokollierung der klinischen Studien. Mit dieser Regulation wurden auch solche Produktentwicklungen interessant, die ansonsten eine nur noch geringe Patentlaufzeit gehabt hätten oder auch gar nicht patentierbar gewesen wären. Auch der Zulassungsprozess ist gegenüber 'normalen' medizinischen Produkten deutlich kürzer. Inzwischen sind über 100 Produkte, die den Orphan Drug-Status durch die FDA erhielten, auf dem Markt (FDA 1999). Diese Förderung ermuntert einige biotechnologische startups, in Nischenmärkte zu gehen und sich für die Erforschung einer seltenen Krankheit zu entscheiden. Häufig können überraschend hohe Gewinne erzielt werden, wie z. B. mit EPO von Amgen. Darüber hinaus bieten einzelne Entwicklungen eine weltweit hohe Nachfrage, wie z. B. im Falle von Malaria oder Heroinabhängigkeit, so dass bei Zulassung im Ausland zusätzliche Gewinne realisiert werden können.

4.4.2.3 Einschätzungen der Rahmenbedingungen

Während die verbesserten Kooperationsmöglichkeiten zwischen öffentlicher Forschung und Industrie in ihrer Wirkung auch für andere Technologien gelten, hat speziell die Patentgesetzgebung und die Initiierung des Orphan Drug Act zu einer Dynamik geführt, die in dieser Form weltweit keine Parallelen findet. I.d.R. wird dem Staat keine sonderlich aktive und beeinflussende Rolle für den Erfolg der Biotechnologie beigemessen. Dabei wird jedoch oft vergessen, dass hinderliche und förderliche Rahmenbedingungen bzw. deren Schaffung entscheidenden Einfluss haben. Allein die Ermöglichung von Ausgründungen aus öffentlich geförderten Forschungseinrichtungen ist eine FuT-politisch begründete Regulation, die auf das Interesse des Finanzmarktes stieß. Dessen Merkmal des Trennbankensystems, ebenfalls eine institutionell begründete Entwicklung und staatliche Regulierung, besitzt wiederum eine Anreizstruktur, die risikoträchtige Investitionen fördert. In die gleiche Richtung geht die Aufforderung und rechtlich abgesicherte Vergabe von Lizenzen durch öffentliche Forschungseinrichtungen. Damit wird ihnen ein Anreiz für Kooperationen mit der Industrie gegeben, der so in der amerikanischen institutionellen, marktlichen Struktur vor 1980 nicht existiert hat. Neben neuen Elementen besitzen bestehende institutionelle Elemente eine ebenfalls nicht zu unterschätzende Funktion. Ein Beispiel ist die Zulassung via FDA. Die FDA besitzt zwar langjährige Erfahrung in der Prüfung von Arzneien, hatte aber mit dem Aufkommen der ersten

---

[45] Darunter fallen Krankheiten wie Corea Huntington, Hämophilie oder Multiple Sklerose, mit denen keine großen Gewinne verbunden und die daher kaum beforscht wurden. Als seltene Krankheit wurden 1984 solche Krankheiten definiert, die weniger als 200.000 Personen in den USA betreffen (OTA 1991, S. 66) – Schätzungen zufolge gibt es etwa 5.000 bekannte seltene Krankheiten, die allein 20 Mio Amerikaner und Amerikannerinnen betreffen.

gentechnisch hergestellten Produkte Schwierigkeiten, sie mit bestehenden Vorschriften zu prüfen, so dass deren Prüfung deutlich länger dauerte. Die Einschätzung der Wirkung der FDA ist durchaus gespalten. Auf der einen Seite beschwerte sich die Industrie über zu lange Prüfungsverfahren, auf der anderen Seite werden die Konsumenten durch hohe Sicherheitsanforderungen aber auch geschützt. Ein Absinken der Prüfungsstandards würde mittelfristig keiner Seite zum Vorteil gereichen da dann die Möglichkeit bestünde, dass hastig zugelassene Mittel aufgrund von Unzulänglichkeiten wieder vom Markt genommen werden müssten, der Industrie Regressansprüche drohen und das Vertrauen der Konsumenten geschwächt würde. Insgesamt hat sich die institutionelle Struktur für die Biotechnologie in den USA als förderlich erwiesen.

4.4.3 Industrieller Komplex

Industriedynamiken

Die biotechnologischen Methoden haben in den vergangenen Jahren auf bestehende Industriestrukturen einen deutlichen Einfluss ausgeübt, wie z. B. in der Pharmaindustrie, in anderen Bereichen wie dem Agrarbereich dagegen sind sie erst seit Anfang der 1990er Jahre klarer ersichtlich.

Auf den ersten Blick hin gleicht die Wirkung der Biotechnologie auf die bestehende Industrie (vor allem auf die Pharmaindustrie) dem Schumpeter'schen Verlauf der schöpferischen Zerstörung: Die Pharmaindustrie der 1980er Jahre war in den USA durch einige große, internationale Konzerne geprägt. Diese betrieben über Jahre hinweg eine interne F&E-Strategie, mit der sie durchaus erfolgreich waren. Die Pharmakonzerne fanden sich einer stetig zunehmenden Anzahl von forschungsintensiven biotechnologischen startups gegenüber. Bereits in den 1970er Jahren wurden biotechnologische Methoden, i.d.R. der zweiten Generation, in verschiedenen Unternehmen verwendet. Aus dieser Zeit existieren auch heute noch einige größere Unternehmen wie Alza (gegründet 1968) oder Serologicals (gegründet 1971), die in den Branchenerhebungen als biotechnologische Unternehmen geführt werden. Mit der Gründung von Genentech kam jedoch eine neue Art von Unternehmen am Markt auf, der *dedicated biotech firm* – startups, deren Geschäftsgrundlage die biotechnologischen Plattformen bildeten. Bei den etablierten Konzernen war zunächst eine abwartende Haltung festzustellen, was diese neuen, revolutionären Entwicklungen bringen würden.

Ganz anders der Finanzmarkt: Die 'Goldgräberstimmung' an der Wall Street führte dazu, dass die Anzahl der Neugründungen exponenziell zunahm (vgl. Abbildung 4-5). Zwischen 1981 und 1993 stieg deren Zahl in den USA von 336 auf 1.272 an, darunter 235 börsennotierte Unternehmen (ERNST & YOUNG 1993, S. 74). 1997 wurden 1.274 Unternehmen gezählt, von denen bereits 294 börsennotiert sind. Der größte Anteil der biotechnologischen Unternehmen ist jedoch in privater Hand, für den Risikokapital und private Platzierungen wichtige finanzielle Ressourcen darstellen. Die Zahlen spiegeln die dahinterstehende Dynamik nur ungenau wider, da sie nicht die Unternehmen berücksichtigen, die in diesem Zeitraum am Markt nicht 'überlebten'; die Zahl der tatsächlichen Gründungen liegt daher weit über der Marke von 1.200.

Abbildung 4-5 Die biotechnologische Industrie in den USA – Anzahl der Unternehmensgründungen nach Jahr

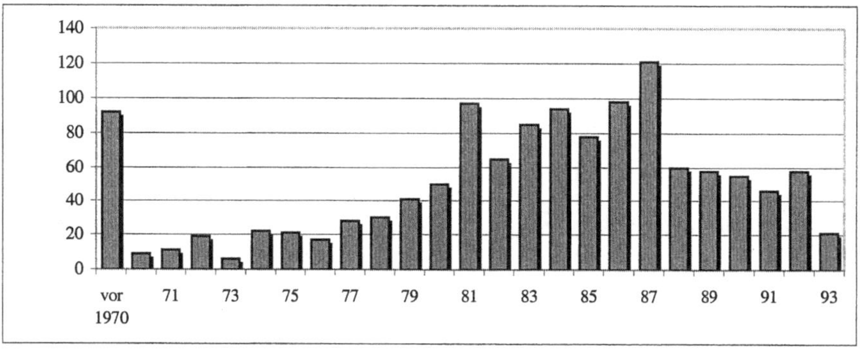

Quelle: ERNST & YOUNG 1993, S. VI

Für den frühen Verlauf der Biotechnologie sind vor allem Erwartungen spezifisch: Durch die rDNA-Technologie und monoklonale Antikörper lagen zwei Technologien vor, die kommerzielle Anwendungen versprachen. Im Gegensatz zu den großen Konzernen waren die *venture capitalists* sofort mit im Geschäft. Sie erwarteten ähnlich erfolgreiche Geschäfte mit der Biotechnologie, wie sie sie bereits mit IuK-Technologien und mit Silicon Valley gemacht hatten (TEITELMANN 1989, S. 5). Die Erwartungen führten zu einer Flut von Finanzierungsmöglichkeiten und biotechnologischen startups. Der Erfolg der Biotechnologie in den 1980er Jahren wird kaum auf staatliche FuT-Politik und die verbesserten Möglichkeiten der Lizenz- und Patentiermöglichkeiten, sondern auf einen proaktiven Ansatz der Finanzinstitute zurückgeführt. Frühe Rekorde an der Wall Street beschleunigten die Entwicklungen der neuen Industrie und führten zu einer zunehmenden Bedeutung von Risikokapital (OTA 1995, S. 50): der Börsengang (*initial public offering* (IPO)) von Genentech 1980 und von Cetus 1981 erreichte jeweils ungeahnte Summen und führte zu einem ersten Höhepunkt an Neugründungen. Unter den Unternehmen der ersten Gründerwelle befinden sich heutige Größen wie Amgen, Biogen, Chiron, Centocor, Genentech, Genzyme und Immunex.

Vergleicht man gegenwärtige Industriedaten zwischen biotechnologischen Unternehmen und Pharmakonzernen (vgl. Tabelle 4-4), so zeichnen sich trotz der ständig zunehmenden Zahl von startups einige strukturelle Unterschiede seit Beginn des

Bio-Boom ab. Dies sind vor allem Größenunterschiede im Umsatz und in den Ausgaben für F&E: die 380 Biotech-Unternehmen, die weltweit an Börsen gelistet sind, haben im Jahr 1997 etwa 16 Mrd. Dollar an Umsatz generiert, etwa 7 Mrd. Dollar für F&E ausgegeben und 3 Mrd. Dollar Verlust gemacht (NATURE BIOTECHNOLOGY 1998, S. 425); diese Zahlen werden maßgeblich durch die große Anzahl der amerikanischen Unternehmen beeinflusst.

Tabelle 4-4 Vergleichende Daten der Top 5 der amerikanischen Pharma- und biotechnologischen Industrie (Angaben in Mio. US-Dollar)

Geschäftsjahr 1998	Umsatz	F&E-Ausgaben	F&E/Umsatz (in %)	Gewinn	Angestellte
Biotechnologische Industrie					
Amgen	2.510	663	26,4	863	5.500
Quintiles Transnational	1.180	3,4	0,2	836	5.520
Genentech	1.150	396	34,4	181	3.389
Chiron	730	294	40,3	75	3.247
Genzyme	670	92	13,7	101	3.500
Pharmazeutische Industrie					
Merck	26.800	1.820	6,8	5.240	57.300
Johnson & Johnson	23.660	2.260	9,5	3.060	93.100
Bristol-Myers Squibb	18.280	1.570	8,6	3.140	54.700
Pfizer	13.500	2.300	17,0	3.350	46.400
Eli Lilly	9.240	1.730	18,7	2.090	29.800

Quelle: Unternehmensdaten aus 10-K SEC files 1999; eigene Erhebung

Die US-amerikanischen Größenverhältnisse zwischen biotechnologischer und pharmazeutischer Industrie werden im sogenannten Merck/Biotechnologie-Index wiedergegeben (vgl. Tabelle 4-5). Die Umsatzzahlen der 350 börsennotierten amerikanischen Unternehmen liegen etwas unter dem Umsatz von Merck, ihre Verluste sind etwas höher als der Gewinn von Merck und ihre F&E-Ausgaben sind etwa viermal so hoch. Dieses Verhältnis ist bereits seit einigen Jahren relativ stabil. Damit ist ein zentraler Unterschied angesprochen: die biotechnologischen Unternehmen sind vor allem F&E-intensiv und es gibt keine Anzeichen für eine Veränderung.

Tabelle 4-5 Der Merck/Biotechnologie-Index (1991 und 1996, Angaben in Mrd. US-Dollar)

	Merck & Co		US-Biotechnologie	
	1991	1996	1991	1996
Umsatz	8,6	16,7	8,3	11,7
F&E-Ausgaben	1,0	1,3	5,0	6,3
Gewinn (Verlust)	+ 2,1	+ 3,3	- (3,4)	- (3,7)
Angestellte	38,000	45,000	79,000	118,000

Quellen: ERNST & YOUNG 1993, S. VIII; 1996, S. 71; 1997, S. 2; eigene Zusammenstellung

Die Gruppe der biotechnologischen Unternehmen ist dagegen von Unterschieden der Größe, des Alters und der Geschäftsinhalte und nicht zuletzt von einer schiefen Verteilung der Umsätze geprägt (vgl. Tabelle 4-6). 1995 verbuchte ein Unternehmen (Amgen) mehr als 50 % des Umsatzes der gesamten Industrie. 1996 trugen bereits die fünf größten 50 % und die 20 größten 70 % des Gesamtumsatzes bei. 1997 wurden von den zehn größten Unternehmen 50 % der Gesamtumsätze erbracht, 81 % von den 45 größten. Die 153 Unternehmen, die weniger als 5 Mio. Dollar im Jahr umsetzten, trugen dagegen im gleichen Jahr nur 2 % zum Gesamtumsatz bei (NATURE BIOTECHNOLOGY 1997, S. 413; 1998, S. 425). Etwas ausgeglichener sind die Ausgaben für F&E verteilt. Hier gaben 1997 die 45 größten immerhin 44,5 % der gesamten F&E-Ausgaben aus, die 39 kleinsten 18 %. Es zeigt sich eine Dynamik, die sich nicht in Umsatzzuwächsen widerspiegelt: Während die 45 größten ihre F&E-Aufwendungen zwischen 1996 und 1997 um 10 % gesteigert haben, beinhalten die 18 % F&E-Aufwendungen der 39 kleinsten eine Steigerung um 40 % im gleichen Zeitraum.

Tabelle 4-6 Verteilung von Umsatz und F&E-Ausgaben börsennotierter Biotechnologieunternehmen nach Unternehmensgröße (1997, in Mio. US-Dollar)

Umsatz	Anzahl der Unternehmen		Prozentualer Anteil am/an	
	absolut	in %	Gesamtumsatz	F&E-Ausgaben
0-0,5	39	10,3		18
0,5-5	114	30,0	}2	
5-50	182	47,9	17	}37,5
50-500	40	10,5		
500 und mehr	5	1,3	}81	}44,5

Quelle: NATURE BIOTECHNOLOGY 1998, S. 425; eigene Zusammenstellung

Wie bereits festgestellt, bilden die rDNA-Technologie und die Herstellung monoklonaler Antikörper die beiden ersten technologischen Plattformen oder auch technologischer Entwicklungspfade. Auf deren Grundlage lassen sich die Unternehmen in zwei Klassen einteilen: ein Teil der Unternehmen verfolgt einen technologieorientierten Ansatz, d. h. auf Basis der beiden Plattformen werden Methoden und Techniken entwickelt und angeboten. Der andere Teil der Unternehmen verfolgt einen produktorientierten Ansatz. Die kommerziellen Anstrengungen der startups verfolgten zu Beginn relativ einfache Ziele, nämlich die Herstellung von bekannten Proteinen wie Interferone, Insulin und Wachstumshormone. Bei diesem produktorientierten Ansatz hat sich gezeigt, dass die Fokussierung auf ein bis zwei vielversprechende Produkte zum Unternehmenserfolg maßgeblich beiträgt.

Seit Anfang der 1990er Jahre kamen weitere Technologie-Plattformen hinzu. Die Isolierung menschlicher Gene führte zu einer Welle so genannter "Genomics", biotechnologischer startups, deren Geschäftsgrundlage der Aufbau und Verkauf von Gendatenbanken ist. Diese Plattform schätzen einige als 'nächste Generation der biotechnologischen Industrie' ein (HASELTINE 1998; CENTRAL NEW JERSEY BUSINESS 1995). Andere sehen in der Ende der 1990er Jahre aufkommenden "Proteonics" die nächste Generation der Gewinn bringenden startups. Ihre Geschäftsgrundlage beruht auf Proteinen, was allerdings darunter gefasst werden kann ist deutlich weniger präzise umrissen. Die Gewinnaussichten neuer Entwicklungspfades veranlassen einige Unternehmen, den eingeschlagenen alten durch den neuen zu ersetzen. Dieses Wechseln des Pfades bzw. der Plattform wird aber als gefährliche Strategie eingestuft, da ein startup technologisch fast wieder von vorne beginnen muss und eine lange Wartezeit für neue Produkte geradezu garantiert ist (SCHOEMAKER und SCHOEMAKER 1998, S. 15). Nicht zu unterschätzen ist dagegen das Potenzial für reine Dienstleistungen in der biotechnologischen Industrie. Die zunehmende Komplexität des biotechnologischen Innovationsprozesses veranlasst denn auch viele startups, bestimmte Leistungen einzukaufen.

Die Dynamik der Entwicklungen demonstriert auch, dass eindrucksvolle Veränderungen an der Spitze der Industrie noch in kurzen Abständen möglich sind: in der Branche erreicht ein Unternehmen Wachstum und einen Spitzenplatz mit einem zugelassenen Produkt oder durch Unternehmenszukäufe immer noch sehr rasch. Der Dienstleister Quintiles Transnational, der sich 1995 mit 156 Mio. Dollar Umsatz bereits unter den 10 größten Unternehmen befand, stieg 1996 mit 537 Mio. Dollar aufgrund von Unternehmenskäufen zum viertgrößten auf. Bereits 1998 überstieg der Umsatz die Milliardengrenze. Allen Unternehmen an der Spitze ist ihr relativ fortgeschrittenes Alter gemeinsam. Sie wurden alle in der ersten Gründungswelle zwischen 1976 und 1982 gegründet.

Kooperationen

Die Kompetenzen und Bedürfnisse der im US-amerikanischen biotechnologischen Innovationssystem dominierenden Akteure sind unterschiedlich. Kooperationen mit in- und ausländischen Konzernen haben zum Überleben und Wachstum der startups maßgeblich beigetragen. Für die Partnerschaften spricht einiges. Für biotechnologische Unternehmen sind sowohl aus Produzentensicht, als auch aus Sicht als Nachfrager eine Reihe von Gründen anzuführen, die Kooperationen attraktiv bzw. notwendig machen.

Die *anfängliche Industrie* beschäftigte sich ausschließlich mit der Produktion von F&E. Diesem Angebot standen als Käufer Konzerne gegenüber, die diese F&E einsetzen konnten bzw. wollten (PISANO 1991, S. 240). Im Verlauf der industriellen Entwicklung gelang es zunächst einzelnen, dann aber immer mehr Unternehmen, die reine F&E-Stufe zu verlassen und dem biotechnologischen Innovationsprozess vertikal nachgelagerte Stufen wie Produktion und Vertrieb zu errichten. Unternehmen, die diese vertikale Integration nicht anstrebten, gleichzeitig aber keine reine Zulieferfunktion einnehmen wollten, gingen dazu über, zu "virtuell integrierten" Unternehmen zu werden (ERNST & Young 1993, S. 25). Dafür werden modulartig

Kooperationen mit den Einrichtungen unternommen, die die gewünschte Kompetenz haben (vgl. Anhang, Tabelle A-4-2). Das können spezielle Kliniken für die Phase der klinischen Prüfung sein; ein Unternehmen A, das die Produktion und ein Unternehmen B, das den Vertrieb in Land X übernimmt etc.

Die *biotechnologische Industrie* ist aber gleichzeitig Nachfragerin. Die Nachfrage besteht zum Einen darin, Grundlagen- bzw. technologisches Wissen zu akquirieren und zum Anderen erfordert die Beschäftigung mit F&E und/oder mit dem Aufbau weiterer Kompetenzen Kapital. Während im ersten Fall vor allem Universitäten und andere Forschungseinrichtungen die Kooperationspartner bilden, sind dies im zweiten Falle wiederum finanzstarke und mit bestimmten Kompetenzen ausgestattete Konzerne. Diese rücken als Kooperationspartner in dem Maße in den Mittelpunkt, in dem die Instrumente der Finanzmärkte wie Börsengänge und private Platzierungen als liquiditätsbeschaffende Wege ausgereizt sind.

Aus *Sicht der etablierten, großen Unternehmen* besteht ein fast komplementäres Angebot bzw. eine komplementäre Nachfrage. Vor allem für die Pharmaunternehmen bestand zu Beginn der 'biotechnologischen Offensive' die Notwendigkeit, dieses neue technologische Wissen zu akquirieren. Dabei standen die i.d.R. vertikal integrierten Unternehmen vor der Entscheidung, das notwendige Wissen selbst zu produzieren oder einzukaufen. Da am Anfang völlig unklar war, welche Techniken sich durchsetzen würden, waren Kooperationen mit den startups eine Form der Risikominimierung. Während die bis dato erworbenen wissenschaftlichen und technologischen Fähigkeiten der relativ wenigen biotechnologischen startups bis Ende der 1970er Jahre kaum industrielle Partner anzogen, änderte sich deren abwartendes Verhalten deutlich mit den technologisch erkennbaren Pfaden und der zunehmenden Zahl der startups in den 1980er und 1990er Jahren. Im Zeitverlauf konnten die Konzerne auch neues fachliches Wissen intern aufbauen, die die 'symbiotische Ko-Existenz einer Verkäufer/Käufer-Verbindung' (PISANO 1991, S. 237) aus dem Gleichgewicht zu bringen drohte und sie deutlich unabhängiger von den biotechnologischen Unternehmen erscheinen ließ. Auf der anderen Seite boten die großen Konzerne, was die startups benötigten, nämlich Geld und komplementäre Kompetenzen.

Im Laufe der folgenden 20 Jahre hat sich eine ganze Reihe von zum Teil hochkomplexen Kooperationsformen herausgebildet, die überwiegend strategische Ziele von zwei oder mehr Partnern verbinden. Unter dem Schlagwort *strategische Allianzen* werden formelle Austauschbeziehungen zusammengefasst, die gegenüber der reinen Tauschfunktion von Leistung und Gegenleistung weitere Funktionen erfüllen. Grundsätzlich beinhalten strategische Allianzen die Teilung von Risiken bei gemeinsamen Zielen und Bedürfnissen (LEWIS 1990, S. 14). Diese Allianzen können u. a. Lizenzen, gemeinsame Forschungs- und/oder Entwicklungsarbeiten und finanzielle Beteiligungen umfassen.[46] Als komplexe Allianzen werden hier die Kooperationen bezeichnet, die mehr als ein kooperatives Element umfassen.[47] So ist z. B. in vielen Verbindungen eine Lizenzvergabe häufig mit Entwicklungsarbeiten verbunden, beinhaltet also zwei bestimmte Kooperationsinhalte. Insbesondere die komplexen Verbindungen mit drei oder mehr Inhalten sind darüber hinaus mit kreativen Vertragselementen angereichert, die den Kooperationspartnern durchaus unterschiedliche Spielräume lassen: die stufenweise Heraufsetzung von Zahlungen an das Biotechnologieunternehmen nach Erreichen bestimmter technologischer Ziele durch den Partner (*milestone payments*), ist mittlerweile in vielen Kooperationen integriert; aber auch Optionen auf die Zusammenarbeit in weiteren Gebieten, auf weitere finanzielle Beteiligungen oder auf vorzeitigen Abbruch der Kooperationen können Teil der Vereinbarung sein. Häufig sind gerade finanzielle Beteiligungen Mittel zur späteren Unternehmensübernahme. Neben den vertraglichen Inhalten haben die strategischen Allianzen vor allem für die biotechnologischen Unternehmen eine deutliche Signalfunktion. Sie signalisieren den erworbenen Status, der gleichzeitig Aushängeschild des Unternehmens ist, und mit dem andere potenzielle Finanziers und Kooperationspartner geworben werden. Die startups verfolgen daher auch eine sehr offene Informationspolitik: technologische Fortschritte und neue Kollaborationen - Partner, finanzielle Aspekte und technologische Inhalte -, werden i.d.R. sofort veröffentlicht und verbreitet.

Der Trend der Globalisierung des Wissens macht auch im Falle der Biotechnologie keine Ausnahme. Dank der herausragenden wissenschaftlichen Leistungen amerikanischer Forschungseinrichtungen und biotechnologischer Unternehmen, wurden diese seit Anfang der 1980er Jahre zunehmend zu einem strategischen Ziel europäischer und asiatischer - darunter vor allem japanischer - Pharma-, Chemie- und Nahrungsmittelkonzerne. Während dies für die amerikanischen Biotechnologieunternehmen vor allem erweiterte Spielräume bedeutet, sieht der Staat insbesondere die ausländischen Kooperationen mit deutlich gemischten Gefühlen; es bestehen Bedenken, dass amerikanische Unternehmen weniger Gewinn aus der Kooperation ziehen als die ausländischen. Doch während staatliche F&T-Politik wenig Einfluss auf die Unternehmensentscheidungen hat, kann auf prospektive Kooperationen zwi-

---

[46] Während Kapital- und Personalverflechtungen relativ eindeutig als strategische Allianz eingeordnet sind, sind Form und Inhalte technologischer Kooperationen deutlich schwieriger einzuordnen. Daher obliegt es bisher den einzelnen Autoren, eine Abgrenzung durchzuführen. Einzelne Autoren betrachten Forschungskooperationen zwischen einem Unternehmen und einer Universität ebenso als strategische Allianz wie bestimmte Produzenten-Lieferanten-Beziehungen (LEWIS 1990), andere belassen eine finanzielle Beteiligungen als herausragenden Indikator einer strategischen Allianz wie ERNST & YOUNG.

[47] In der Organisationstheorie wird dagegen die Komplexität der Allianzen mit zunehmender hierarchischer Kontrolle in Verbindung gebracht, die wiederum unter den Aspekten der Ressourcensicherung bzw. Macht untersucht werden (GULATI und SINGH 1998, S. 781ff) Demzufolge besitzt z. B. die Lizenzvergabe einen geringen, ein Joint venture dagegen einen sehr hohen Komplexitätsgrad.

schen inländischen, öffentlich geförderten Forschungseinrichtungen und ausländischen Unternehmen erfolgreich Druck ausgeübt werden.

Seit Anfang der 1980er Jahre hat sich die Zahl der Kooperationen mit bzw. unter amerikanischen Partnern deutlich erhöht, allerdings gibt es von Jahr zu Jahr Schwankungen, die i.d.R. mit den Möglichkeiten der Finanzmärkte in Verbindung gebracht werden. Sind diese beschränkt, überbrücken Allianzen mit Unternehmen diese Finanzierungslücken bisher flexibel (ERNST & YOUNG 1993, S. 66). In den quantitativen Untersuchungen zum Status der Industrie wird wenig zwischen Kooperationsinhalten unterschieden. Genauer unterschieden werden Akquisitionen und Fusionen, andere Kooperationsformen werden unter dem Begriff 'strategische Allianzen' subsumiert, wobei sich die berücksichtigten Kooperationsformen je nach Quelle unterscheiden. I.d.R. wird festgehalten, in welcher Höhe die finanziellen Beteiligungen sind und mit welcher Art von Partner sie eingegangen werden. Anhand dieser Daten lassen sich gewisse industrieweite Trends abschätzen, allerdings ist darauf hinzuweisen, das die Angaben je nach Quelle leicht bis deutlich voneinander abweichen. So wurden in den USA 1989 insgesamt 15 Übernahmen biotechnologischer Unternehmen verzeichnet; für 1993/94 wurden 36, 1995/96[48] insgesamt 48 und 1998 wurden 53 Übernahmen registriert (OTA 1991; ERNST& YOUNG 1994, 1995; SIGNALSMAG 1999). Insgesamt ist damit keine revolutionäre Veränderung des Marktes verbunden, vielmehr steigt die Zahl der Übernahmen, wenn der Finanzmarkt nicht ausreichend Mittel zur Verfügung stellt bzw. sind Zunahmen mit dem erhöhten Angebot an Unternehmen insgesamt zu verbinden. Leichte Veränderungen gibt es angesichts der Art und Herkunft der Partner. Im Zeitraum zwischen 1982 und 1988 dominierten Übernahmen von startups durch amerikanische Konzerne; 33 Übernahmen involvierten europäische, und drei asiatische Konzerne (OTA 1991, S. 55). In den 1990er Jahren wurden und wird in einzelnen Jahren eine Zunahme der Fusionen zwischen startups festgestellt. Einige dieser Zusammenschlüsse wurden bzw. werden aus finanziellen Notlagen getätigt (z. B. Chiron/Cetus 1992, Ligand/Seragen 1998), doch nimmt ihre Zahl aufgrund technologisch komplementärer Kompetenzen zu (DOREY 1998). Ob dies zur erwarteten Konsolidierung des Marktes führt, ist unter Analysten umstritten (NATURE BIOTECHNOLOGY Supplement 1999).

Während transnationale Akquisitionen und Fusionen von Pharmakonzernen seit Mitte der 1980er Jahre keine Seltenheit mehr sind, wurden diese zwischen biotechnologischen Unternehmen bis Anfang 1999 nicht registriert. Deutlich schwieriger als das Zählen von M&A gestaltet sich die Untersuchung der Allianzen nach Kooperationsinhalten. Unterschiedliche Quellen konstatieren zwar insgesamt eine Zunahme an Kooperationen, die Angaben jedoch, wie viele und welche Kooperationsformen in einem Jahr tatsächlich zustande gekommen sind, variieren zum Teil er-

48 Die Angaben von Ernst & Young erfolgen i.d.R. für den Zeitraum von Juli eines Jahres bis Juni des folgenden Jahres.

heblich. So konstatierte Windhover zwischen 1986 und 1997 einen Anstieg von 121 auf 635 strategische Allianzen der forschungsaktiven amerikanischen Unternehmen (PMA 1999). Deutlich unter diesen Zahlen liegen Ernst & Young, die für 1987 etwa 100, 1990 ca. 200 und 1993 ca. 320 Allianzen zählten (ERNST & YOUNG 1993, S. 69).

Tabelle 4-7 Anzahl der US-Kooperationen in der Biotechnologie 1993/94

Biotechnologische Kooperationen			
Art der Kooperationen, darunter		**Herkunft der Partner, darunter**	
- strategische Allianzen	152	- Nord Amerika	206
- Marketing/Lizenzen/Lieferung/Vertrieb	130	- Europa	76
- Joint ventures	6	- Japan	25
- Akquisitionen	29	**Industrie der Partner, darunter**	
		- Pharma	126
		- Biotechnologie	107
Anzahl der Kooperationen insgesamt	317	- Agro-Chemie	28

Quelle: ERNST & YOUNG 1994, S. 33; eigene Zusammenstellung

Für den Zeitraum 1993/94 machten Ernst & Young genauere Angaben (vgl. Tabelle 4-7). Demzufolge wurden insgesamt 317 Kooperationen eingegangen, von denen ein Großteil, nämlich 48 % als strategisch eingestuft wurden. 65 % der Kooperationen involvierten nord-amerikanische Partner, 24 % hatten europäische und 8 % hatten japanische Partner. 40 % der Kooperationen wurden mit Pharmakonzernen eingegangen und 34 % mit anderen biotechnologischen Unternehmen. Kooperationen mit Agro-Chemieunternehmen machten dagegen nur einen geringen Anteil aus, nämlich 9 %.

Erfolgsfaktoren

Im Verlauf der letzten 20 Jahre haben sich bestimmte Faktoren als entscheidend für den Erfolg der Biotechnologie in den USA herauskristallisiert. Wissenschaft und Industrie haben zum einen durch verbesserte Wissens- und Technologietransferkanäle verstärkt zueinander gefunden und kooperative F&E durchgeführt, zum anderen hat die wissenschaftliche Ausstattung und die Bereitstellung ausreichender Finanzmittel dazu geführt, dass viele innovative Unternehmen gegründet wurden.

Da die Grundlage der startups kostenintensive Forschung ist, ist auch der erste kritische Erfolgsfaktor die Ausstattung mit ausreichenden Finanzmitteln (vgl. Abbildung 4-6). Ob dies über private Finanzierungen, Börsengänge oder durch Allianzen mit finanzstarken Konzernen erreicht wird, ist zunächst unerheblich. In den 1980er Jahre ermöglichten die Erwartungen der Finanzwelt, die neuen Unternehmen vor allem durch Risikokapital, Börsengänge und private Platzierungen mit Liquidität zu versorgen. Gegenüber Anfang der 1980er Jahre hat zwar das Volumen an Risikokapital insgesamt zugenommen, für die Finanzierung biotechnologischer startups ist aber gleichzeitig eine Zurückhaltung der Finanziers festzustellen (ERNST & YOUNG 1993, S. 30, CENTRAL NEW JERSEY BUSINESS 1995). Darüber hinaus ist es gegen Ende der 1990er Jahre um ein Vielfaches teurer als noch Anfang der 1980er Jahre, ein biotechnologisches startup zum Erfolg zu führen (SCHOEMAKER und SCHOEMAKER 1998, S. 13). Die Unternehmen müssen sich folglich andere Strategien einfallen lassen, wie sie ihren Kapitalbedarf stillen. Sobald sich der Finanzmarkt restriktiver zeigt, werden Kooperationen mit finanzstarken industriellen Partnern attraktiv. Einzelne Möglichkeiten sind z. B. Lizenzvergaben oder der private Verkauf von Firmenanteilen, doch auch hier zeigen sich Kapazitätsengpässe auf Seite der potenziellen Käufer. Die Konzerne können mittlerweile aus einem Arsenal an biotechnologischen Unternehmen wählen. Zwar können sie organisatorisch mehr Kooperationen managen als ein kleineres biotechnologisches Unternehmen - und auch technologisch zeigen sie eine ungebremste Nachfrage-, doch häufig werden nicht neue Kooperationspartner aufgenommen, sondern bestehende Kooperationen werden inhaltlich erweitert. Insgesamt bedeutet dies für die vielen kapitalarmen startups ein heftiger Kampf um Kooperationen, die das Überleben sichern. Die amerikanische biotechnologische Industrie befindet sich Ende der 1990er Jahre mit über 1.200 Unternehmen in einem Stadium, in dem daher reiner Darwinismus herrscht (CENTRAL NEW JERSEY BUSINESS 1995). Zu viele kleine Unternehmen, die zum Teil identische technologische Ziele verfolgen, kämpfen um deutlich schwieriger werdende Finanzierungsmöglichkeiten. Nach Ansicht amerikanischer Risikokapitalgeber ist eine Konsolidierung der Industrie unumgänglich.

Der zweite kritische Faktor ist das technologische und wissenschaftliche Kapital. Technologisches Wissen wird weitestgehend über die wissenschaftliche Expertise der Mitarbeiter ins Unternehmen eingebracht. Fast alle startups verfügen nicht nur über exzellente Mitarbeiter, sondern auch über einen wissenschaftlichen Beraterkreis. Über diese Wissenschaftler wird letztendlich der Kontakt mit den Universitäten und Forschungseinrichtungen gehalten, die auch in der Zukunft als wichtigste Quelle für neues biotechnologisches Wissen gelten. In diesem Zusammenhang wird auch die hohe Mobilitätsrate der amerikanischen Arbeitskräfte für die Entwicklungen der Biotechnologie angeführt. Diese erlaubte es den neuen Unternehmen in den 1980er Jahren, schnell auf exzellente Mitarbeiter zurückzugreifen (CALLAN 1995, S. 138). Diese Aussage gilt nach wie vor eingeschränkt für leitende Wissenschaftler, die i.d.R. noch eine Professur innehaben und die ihre Beschäftigung in den startups in erster Linie als Nebentätigkeit betrachten. Damit wird auch ein struktureller Faktor erklärt, nämlich, dass die Konzentration von biotechnologischen Unternehmen in der geographischen Nähe von Universitäten auch weiterhin hoch sein wird (CENTRAL NEW JERSEY BUSINESS 1995).

Den dritten Erfolgsfaktor auf Unternehmensebene bildet das Humankapital, das Management und Mitarbeiter umfasst. Das Management bzw. die Leitung des Unternehmens ist zum Zeitpunkt der Gründung und in den ersten Jahren für die Kontakte zur Finanzwelt und zur wissenschaftlichen Gemeinschaft zuständig. Diese

Faktoren sind für das Überleben des Unternehmens unentbehrlich. Die notwendigen Fähigkeiten der Leitung beinhalten auch die Ausrichtung von F&E und die Kommunikation der unternehmerischen Aussichten in die Finanzwelt. Gelingen dem Unternehmen erste Erfolge, sind weitere Fähigkeiten für die Phasen der Produktion und Vermarktung erforderlich, wenn es das Unternehmensziel ist, z. B. ein integrierter Pharmakonzern zu werden.

Abbildung 4-6 Die drei Säulen biotechnologischer startups

FINANZIELLE RESSOURCEN	TECHNOLOGISCHE RESSOURCEN	HUMANE RESSOURCEN
		MANAGEMENT
• Venture Capital	• Eigene Plattform	• F&E-Strategie
• Unternehmen	• Kontakte zu Unternehmen, insb. für komplementäre Verbindungen	• Kommunikation mit Kapitalgebern
		WISSENSCHAFTLER
		• Kontakte zu wissenschaftlicher Basis

Quelle: eigene Darstellung

Diese Fähigkeiten können intern aufgebaut oder extern akquiriert werden (vgl. Anhang, Tabelle A-4-2). Will das Unternehmen ein Anbieter spezieller Produkte und Methoden bleiben, sind die Managementanforderungen andere (SCHOEMAKER und SCHOEMAKER 1998, S. 13), insbesondere dann, wenn das Unternehmen ein virtuell integriertes Unternehmen werden wird. Dann entscheidet die Fähigkeit, Kooperationen aufzubauen und zu unterhalten. Für den weiteren Entwicklungsverlauf der Industrie wird der Faktor Management als ernstzunehmender Engpassfaktor bezeichnet: während die technologischen Möglichkeiten zunehmen und demzufolge auch die kommerziellen Chancen steigen, gibt es einen gegenläufigen Verlauf im Angebot an qualifizierten Managern (HODGSON 1998, S. 147; MORONEY 1998, S. 39f.).

Zusammen zeichnen diese drei 'Ressourcen-Pakete' für die Dynamik und den Erfolg der amerikanischen Biotechnologie verantwortlich. Es ist nicht das Vorhandensein dieser einzelnen Faktoren, sondern deren Zusammentreffen und Zusammenspiel (vgl. Abbildung 4-7). Systemtheoretisch betrachtet, werden immer mehr einzelne Elemente bzw. Subsysteme involviert und evolvieren zu einen weiten Netz. Als wichtige 'Start'-Elemente, lassen sich die Universitäten und die diesbezüglichen staatlichen Rahmenbedingungen identifizieren, die kooperative Forschung ermöglichten und forcierten. Zur gleichen Zeit bestanden Verbindungen zwischen staatlicher Regulierung und dem Industriesystem, z. B. in Form der Zulassungsverfahren für Pharmaka und in der Patentgesetzgebung, die aber für das biotechnologische, evolvierende Netz nicht relevant waren. Unabhängig von diesen speziellen Beziehungen existierte das Finanzsystem, dessen Teilement des Risikokapitalmarktes aufgrund von Erwartungen Interesse an den wissenschaftlichen Erfolgen der Universitäten fand und Ausgründungen finanziell unterstützte. Die Dynamik zwischen diesem Trio Universitäten, Risikokapitalgebern und spinouts bzw. startups fand nach und nach das Interesse unterschiedlicher Industrien, wobei sich bisher die Pharmaindustrie zum vierten, wichtigen Akteur entwickelte.

Damit sind zwar einige wichtige Akteure bzw. Ausprägungen (Rahmenbedingungen) des Netzwerks benannt, welcher Akteur aber zu welchem Zeitpunkt dominant war, d. h., Einfluss auf andere Akteure ausübte, ist nicht immer eindeutig festzustellen. Aus dem bisherigen Entwicklungsverlauf sind vielmehr wechselnde dominante Paarbeziehungen festzustellen, d.h. dass in bestimmten Zeitabständen zwei Akteure dominierten. Eine Erklärung mag in der zwar heterogenen, aber funktionell komplementären Faktorausstattung der Akteure begründet liegen.

Abbildung 4-7 Elemente im US-amerikanischen Biotechnologie-Netzwerk

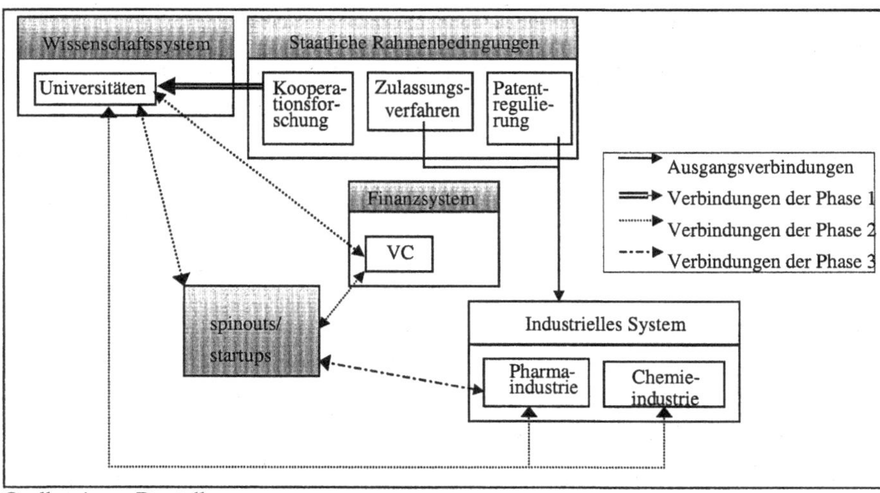

Quelle: eigene Darstellung

Grundsätzlich ist festzuhalten, dass sich die Biotechnologie in einer relativ frühen Phase des technologischen Innovationsprozesses befindet. Es ist daher noch nicht auszumachen, welchen Einfluss sie auf industrielle Akteure haben wird. Im evolvierenden Netzwerk haben sich zwar die startups als wichtiger Akteur etabliert; ob dies aber von Dauer sein wird, ist offen. Welche Formen die Industrien letztendlich annehmen werden, ob die startups zu integrierten oder virtuell integrierten Pharmakonzernen werden, ob sie diese ersetzen oder z. B. in Form von Unternehmenszusammenschlüssen zu Umstrukturierungen zwingen, ob ein längerfristiges Gleichgewicht zwischen den Unternehmen eintreten wird oder ob die alten Konzerne die startups quasi übernehmen, ist offen. Allerdings mehren sich die Stimmen, die in der Symbiose von biotechnologischen startups und Pharmakonzernen ein neues organisationelles Paradigma sehen, das sich aufgrund der Globalisierung vor allem in den wissensbasierten Industrien durchsetzen wird. Diese optimistische Prognose der Zunahme von netzwerkartigen Strukturen wird im folgenden Kapitel aufgegriffen.

5 Konzeption der empirischen Untersuchung

In diesem Kapitel werden die im theoretischen Teil der Arbeit herausgestellten Konzepte und die im vierten Kapitel herausgearbeiteten, in den USA beobachteten Dynamiken in einer Form miteinander verbunden, die es erlaubt, die zentralen Ergebnisse in einem zweiten Schritt zu vertiefen und die Grundlage für abzuleitende Annahmen zu bilden. Im letzten Schritt erfolgt eine Erläuterung der Forschungsmethode und des empirischen Datenmaterials.

5.1 Institutionen und Wandel im biotechnologischen Innovationssystem - Hypothesengenerierung

Das von Schumpeter aufgeworfene Konzept der schöpferischen Zerstörung durch Innovationen trifft ohne Zweifel auf die Biotechnologie zu. Dieser Technologie des 21. Jahrhunderts wird zwar eine ungeheure Dynamik zugemessen, bisher befindet sie sich aber erst in einer frühen Phase des technologischen Zyklus. Einige der von Schumpeter aufgezeigten Entwicklungen lassen sich daher bereits im industriellen Verlauf der Technologie feststellen, andere dagegen deutlich weniger. Zu den feststellbaren Entwicklungen gehört sicherlich das Schwärmen neuer Unternehmen - die Schaffung von über 1.200 biotechnologischen Unternehmen in den USA und einer wachsenden Zahl in Europa sind deutliche Zeichen dafür. Das Kompetenz zerstörende, revolutionäre Wissen, das in Universitäten aufgebaut, von den neuen Unternehmen umgesetzt und weiter entwickelt wird, und die eigentliche Ressource dieser Unternehmen bildet, wird zum Ausgangspunkt für Wachstum und Beschäftigung – so die Theorie.[49] Diese Entwicklung findet bisher nur in einem kleinen Kreis von Volkswirtschaften statt, allen voran die USA. Selbst gegenüber anderen biotechnologisch aktiven Ländern wie Deutschland, Frankreich, Großbritannien, Japan, den Niederlanden und der Schweiz, genießen die USA technologische Vorteile.

Wie wir aus empirischen Untersuchungen wissen, sind technologische Vorteile weltweit nicht gleich verteilt und diese Ungleichheit ist persistent (PAVITT 1988, PAVITT und SOETE 1982). Im Falle der Biotechnologie führen sie zu einem Wettbewerb zwischen den eben genannten Volkswirtschaften, der durchaus unterschiedliche Aspekte aufweist. Offensichtlich ist z. B. die versuchte Aufholjagd gegenüber den technologisch dominierenden USA bzw. der Versuch der Verringerung technologischer Lücken. Das gilt für Japan wie für die europäischen Länder gleicher-

---

49 Über die Beschäftigungswirkung von Unternehmensgründungen gibt es widersprüchliche empirische Untersuchungen. Für einen kurzen Abriss siehe CASTELLS 1996, S. 155.

maßen. Darüber hinaus gibt es einen weiteren internationalen Wettbewerb, der innerhalb Europas ausgetragen wird. Die europäischen Länder verfolgen unterschiedlich ehrgeizige Ziele; so formulierten deutsche politische Entscheidungsträger, Deutschland zur führenden Biotechnologienation in Europa machen zu wollen und damit das als führend bezeichnete Großbritannien[50] zu überholen.

Da der biotechnologische Innovationsprozess weltweit in etwa nach dem gleichen Innovationsmuster abläuft (vgl. Kapitel 2.2.2), biotechnologische Entwicklungen aber in durchaus unterschiedlichen Industrien Anwendung finden, entscheidet – so der Tenor des Ansatzes der NIS – das institutionelle Gefüge und die Anpassungsfähigkeit einzelner nationaler Systeme über Aufholmöglichkeiten, sowie darüber, welche technologischen Entwicklungspfade eingeschlagen werden. Für die Querschnittstechnologie Biotechnologie wirft dies eine nicht unerhebliche Frage auf, die sich auf die internationale Wettbewerbsfähigkeit und auf den Wettbewerb zwischen Unternehmen in einer Branche und/oder zwischen Branchen bezieht. Die heterogenen Ausgangssituationen verschiedener Länder und ihrer industriellen Strukturen legen die Vermutung nahe, dass zwischen Unternehmen, Branchen und nicht zuletzt zwischen Unternehmen und Branchen unterschiedlicher Staaten unterschiedliche Anpassungsstrategien herrschen, die maßgeblich von den jeweiligen institutionellen Ausgestaltungen geprägt sind.

Der Faktor der Wissensakquisition und technologischen Aufholjagd besitzt auf nationaler Ebene zwar eine andere Qualität als auf der Mikroebene, in der einzelne Unternehmen möglicherweise sehr einfach und kostengünstig Wissen aus geographisch entfernten Regionen und Ländern erwerben. Insgesamt setzt sich jedoch der Wettbewerb auf der Mikroebene mit anderen Mitteln und Konsequenzen in den einzelnen Ländern fort. Da die Technologie Kompetenzen zerstört, fallen ihr laut Schumpeter bestehende Unternehmen und Industrien zum Opfer. Die Biotechnologie hat somit viele potenzielle Opfer z. B. aus den Pharma-, Chemie- und Nahrungsmittelindustrien. Laut Schumpeter findet die Phase des Schwärmens ein Ende und nur einige wenige Innovatoren setzen sich am Markt durch. Das Überleben der Unternehmen, die von der Kompetenz zerstörenden Technologie bedroht sind, hängt vor allem davon ab, inwieweit sie Anpassungsstrategien entwickeln und umsetzen. Darüber hinaus treffen die zerstörerischen Kompetenzen nur einen Teil der Gesamtfähigkeiten der potenziellen Opfer. Diese vertikal integrierten Konzerne haben neben technologischen Fähigkeiten Kompetenzen in der Produktion, im Marketing, im Vertrieb etc. aufgebaut. Dagegen weisen die neuen Unternehmen außer den technologischen zunächst keine weiteren Kompetenzen auf und es fällt ihnen aufgrund eines immensen Kapitalbedarfs schwer, diese intern aufzubauen. Die Komplementarität zwischen alten und neuen Unternehmen und deren Fähigkeiten

---

50 Gemessen anhand der Zahl der Unternehmen und an deren eingeworbenen Fremdkapital verfügt Großbritannien laut Ernst und Young über "*Europe's most active entrepreneurial biosience sector*" (ERNST und YOUNG 1997, S. 68).

ist also evident; die dominierende organisationelle Grundstruktur der vertikalen Integration erscheint unter diesen Veränderungen ebenfalls gefährdet bzw. aufgrund der neuen Strukturen, weniger angemessen.

Die Phase der strategischen Anpassung lässt sich vor allem in den USA bereits seit einigen Jahren in den biotechnologisch relevanten Industrien und Unternehmen feststellen. Deren Anpassung geschieht in der zunehmend von politischen und sozialen Grenzen losgelösten und wachsenden ökonomischen Internationalität zum Teil autonom. Unternehmen und ganze Industriezweige versuchen, technologische Kompetenzen – und im Falle der Biotechnologie bestehen diese zu einem großen Teil aus anwendungsnahem Grundlagenwissen – an ihrem Entstehungsort zu akquirieren. In der Entwicklung der biotechnologischen Industrie können wir feststellen, dass die dominante Strategie der Konzerne darin besteht, die neuen Unternehmen in Form von Kooperationen an sich zu binden. Zum anderen sehen wir einen "multinationalen Keynesianismus" (PIORE und SABEL 1984), der den Konzernen über Fusionen ermöglicht, neue Märkte zu erobern, und ihnen Wachstum verspricht. Die Umsetzungsmöglichkeit dieser beiden Strategien unterscheidet sich jedoch zwischen unterschiedlichen Industrien erheblich. Bisher ragt die Pharmaindustrie bei den Kooperationen ebenso hervor wie bei den (internationalen) Fusionen. Andere Industrien wie z. B. die Chemieindustrie zeigen diese Ausprägungen (noch) nicht oder deutlich seltener.

Anhand des Entwicklungsverlaufs der Biotechnologie in den USA lässt sich auch feststellen, dass sich sowohl auf mikro- als auf makroökonomischer Ebene eine netzwerkartige Struktur entwickelt hat, die nicht nur für den Erfolg der Biotechnologie in den USA angeführt, sondern bereits als neuer Entwicklungspfad unter den Organisationsformen bezeichnet wird (CASTELLS 1996, S. 153). Die sich herausbildende kooperative Struktur zwischen biotechnologischen startups und Großunternehmen unterschiedlicher Industrien, wird als Paradebeispiel für eine Form der Vernetzung zwischen Unternehmen bezeichnet (POWELL 1996, POWELL *et al.* 1996, LIEBESKIND *et al.* 1996). Sie wird als neue Form des organisationellen Lernens und der Flexibilität erachtet, die die Williamson'sche Unterscheidung von Markt und Hierarchie als dominierende institutionelle Strukturen herausfordert. Die Flexibilität, die mit dieser Form verbunden wird, ist vor allem für die Umsetzung komplexer, wissensbasierter Technologien in den entstehenden internationalen flexiblen Produktionssystemen der Informationsgesellschaft von Bedeutung (CASTELLS 1996, S. 156, NIOSI 1996). Neben den Netzwerken auf mikroökonomischer Ebene, die mit einer Veränderung der organisationellen Routinen, und damit einem Institutionenwechsel verbunden sind, gibt es Parallelen auf nationaler Ebene.

Im biotechnologischen Innovationsprozess in den USA spielte die institutionelle Grundstruktur und darunter einzelne formelle und informelle Institutionen wie die dominierende wettbewerbsorientierte Grundhaltung (marktliche Ausgestaltung des institutionellen Systems), das Vorhandensein eines entwickelten Risikokapitalmarktes und einer wissenschaftlichen und industriellen Basis eine wichtige Rolle. Entscheidend war jedoch das mehr oder weniger zufällige Aufeinandertreffen bestimmter Akteure, nämlich Universitäten und Risikokapitalmarkt, so dass sich eine positive Spirale in Gang setzte. Rechtliche Rahmenbedingungen haben diese neue Interaktionsform unterstützt, die in der amerikanischen marktlich geprägten institutionellen Grundstruktur kaum angelegt waren und die im biotechnologischen Innovationsprozess zu kooperativen Verbindungen führten.[51] Andere nationale biotechnologisch relevante institutionelle Strukturen müssen als weniger erfolgreich bezeichnet werden, da die biotechnologische Revolution in dem Ausmaß einzig in den USA stattfand. Der positive Entwicklungsverlauf wird in den USA weniger den einzelnen Institutionen zu Gute gehalten, sondern mehr ihrem Zusammenspiel. Aus dieser Grundkonstellation hat sich ein Prozess der Institutionalisierung entwickelt, an dem sich nach und nach immer mehr geographisch mobile, ausländische Unternehmen beteiligt haben.

Aus theoretischer Sicht und insbesondere unter Berücksichtigung der Mechanismen des Institutionalisierungsprozesses (vgl. Kapitel 2.1) ist anzunehmen, dass die Struktur des US-amerikanischen biotechnologischen Innovationssystems auf Grund ihres Erfolgs kopiert und somit als dominante Struktur in den Ländern implementiert wird, die ein ähnlich starkes biotechnologisches Innovationssystem wünschen. Damit würde der Versuch unternommen, über Kulturkreise hinweg viel versprechende institutionelle Muster zu übernehmen – ein Unterfangen, das aus theoretischer Sicht sehr anspruchsvoll ist, da unterschiedliche institutionelle Grundstrukturen aufeinander treffen und somit Friktionen und Verzögerungen quasi vorprogrammiert sind. Weltweit erachten mittlerweile politische Entscheidungsträger die Zusammenführung bestimmter institutioneller Einheiten im Innovationsprozess als *die* Chance für Wachstum und Beschäftigung. Staatliche Akteure sollen zunächst für die Rahmenbedingungen sorgen, d. h. die als notwendig erachteten formellen Institutionen schaffen, die dann vernetzt werden. Leicht ersichtlich ist dieser Versuch der Schaffung isomorpher Strukturen z. B. in den Bestrebungen in Deutschland, den, im Vergleich zu den USA nur sehr schwach entwickelten, Risikokapitalmarkt auszubauen. Für den Verlauf der Biotechnologie in Deutschland wird dieser Versuch als entscheidend für die Herausbildung biotechnologischer startups betrachtet (vgl. Kapitel 6).

Neben der rein funktionellen Notwendigkeit einer wissenschaftlich-technologischen Zusammenarbeit erscheint die vernetzte Form auf nationaler Ebene ein Ausweg zu sein, den Machtverlust politischer Entscheidungsträger hinsichtlich ihrer Möglich-

---

[51] Der Einfluss der rechtlichen Rahmenbedingungen - insbesondere die wichtigen Gesetzesänderungen seit Anfang der 1980er Jahre - auf die Patentierneigung von Universitäten ist allerdings nur schwer zu bemessen. Weitere Trends wie der zunehmende Fokus auf kommerziell relevante Technologien von Seiten der Unternehmen und die ausgebauten Technologietransferstellen an den Universitäten haben die Patentierneigung und das aktuelle Patentaufkommen ebenfalls beeinflussen können. Vgl. dazu ausführlicher JAFFE *et al.* 1993.

keiten, industrielle Akteure zu sanktionieren, zwar nicht zu kompensieren, aber immerhin ihren Aufgabenbereich neu zu definieren. Die Hierarchien und damit verbundenen stabilen Rollen in einem staatlichen System erodieren unter dem Druck der Globalisierung, post-fordistischer Produktionsmethoden und einer wachsenden Informationsgesellschaft ebenso wie die traditionellen Strukturen der Unternehmen. Für beide gilt daher, Rollen und Machtverhältnisse zwischen existierenden Akteuren innerhalb der netzwerkartigen institutionellen Grundstruktur neu zu besetzen.

Aus diesen Ausführungen lassen sich folgende grundlegende Hypothesen ableiten:

(1) Auf *nationaler Ebene* werden technologisch aufholende Länder versuchen, das erfolgreiche, institutionelle Modell des US-amerikanischen biotechnologischen Innovationssystems zu kopieren.

(2) Die Anpassungsstrategien der Unternehmen sind weitest gehend durch die technologische und wissenschaftliche Ausstattung auf *industrieller Ebene* bestimmt.

Für die Überprüfung der Annahmen bietet sich eine Untersuchung in zwei Schritten an. Im ersten Schritt erfolgt ein deskriptiver Vergleich der institutionellen Grundstruktur und des Aufbaus institutioneller, biotechnologisch relevanter Strukturen in aufholenden Ländern. Zur Überprüfung besonders geeignet sind dabei Länder, die seit längerem eine aktive Aufholjagd verfolgen wie z. B. Japan und Deutschland. In beiden Ländern gilt die Biotechnologie als strategisch wichtige Technologie. Japan identifizierte sie bereits Anfang der 1980er Jahre als Schlüsseltechnologie und versuchte eine aktive Industriepolitik. Auch Deutschland kann auf eine lange, wenn auch nicht immer publik gemachte Forschungspolitik verweisen (BUCHHOLZ 1979). Nach der Typologie der Innovationssysteme ähneln sich beide Länder: sie sind beide forschungsintensiv und dabei auf die anwendungsbezogenen Gebiete orientiert. Beide Staaten sind darüber hinaus wenig marktlich orientiert (BOYER *et al.* 1997, S. 153ff).

Die Überprüfung der Annahme sollte auch eine Aussage über die mögliche Konvergenz von biotechnologischen Innovationssystemen ermöglichen. Während auf nationaler Ebene auch global festzustellende Trends auszumachen sein können, besteht auf industrieller Ebene eine deutlich höhere Wahrscheinlichkeit von Differenzierung auf Grund von unterschiedlichen Industriestrukturen und durch ein unterschiedliches technologisches Profil. Diese Unterschiede auf der Mesoebene eignen sich wiederum gut zur Überprüfung der zweiten Annahme. Hierfür ist es zum Einen notwendig, die technologische und wissenschaftliche Ausstattung zu hinterfragen, zum Anderen spielt dafür die Ausstattung der NIS eine entscheidende Rolle, die bereits in der Überprüfung der ersten Hypothese deskriptiv dargestellt werden. Da wir bereits häufiger festgestellt haben, dass Unternehmen vielfach autonom von staatlichen Strukturen agieren, kann die Überprüfung der zweiten Hypothese dazu beitragen, darzustellen, welche Industrien autonom oder weniger autonom agieren und gegebenenfalls, ob technologische Entwicklungspfade unabhängig von NIS auf der Mikroebene verfolgt werden (können).[52]

5.2 Vernetztes Lernen im Innovationsprozess: kooperative Forschung als Institution

Ökonomische Handlungsweisen werden vielfach mit zwei Formen in Verbindung gebracht, die zwei grundlegend unterschiedlichen Logiken unterliegen, nämlich den von WILLIAMSON (1975) identifizierten Formen *Markt* und *Hierarchie*. Beide stellen Lösungsmuster für bestimmte Transaktionen dar, die sich im Verlauf der Zeit als dominierend entwickelt haben. Als ökonomisch herrschende institutionelle Grundmuster (*governance structure*) weisen sie viele der aufgeführten Eigenschaften von Institutionen auf. Sie sind z. B. durch komplexe Bündel von Regeln gekennzeichnet, gesellschaftlich legitimiert, anerkannt und persistent. In verschiedenen Gesellschaften haben sie verschiedene Ausprägungen, doch in ihrer Grundstruktur sind sie universell. Williamsons Argumente für diese beiden Organisationsformen basieren auf Überlegungen, die ökonomische Transaktionen in hierarchisch geführten Unternehmen darauf zurückführen, dass ihr Ergebnis unsicher ist, sie häufig durchgeführt werden und deutliche transaktionsspezifische Investitionen benötigen. Dagegen werden direkte, einmalige und keine spezifischen Investitionen benötigenden Transaktionen zwischen Unternehmen, d.h. über einen Markt, vollzogen.[53]

Seit Anfang der 1980er Jahre hat sich jedoch eine netzwerkartige Organisationsform merklich verbreitet, die vor allem für die Innovationsökonomie zu einem tragenden Erklärungsmuster wird. Die aufkommende Netzwerkstruktur äußert sich in unterschiedlichen Verbindungen zwischen Organisationen: von Franchising über wechselseitige Austauschbeziehungen, Kapital- und Managementverflechtungen, strategischen Allianzen bis hin zur vertikalen oder horizontalen Integrierung.

Diese beobachtbaren Netzwerke werden als eine weitere Unternehmenslogik für ökonomische Austauschbeziehungen darstellt. WILLIAMSON (1991) bezeichnet sie als *Hybrid* – als Form zwischen Markt und Hierarchie und gründet ihr Vorkommen auf relativ schwache Approprierungsmöglichkeiten und auf schwache Ausprägungen der bereits für Markt bzw. Hierarchie aufgeführten Gründe. Neben dieser Forschungsrichtung werden Netzwerke als analytisches Mittel zur Untersuchung von

---

52 Die Ausführungen zur Erhebungsmethode und zur Generierung des Datensatzes sind in Anhang B wiedergegeben.

53 Zur Kritik an der in der Realität kaum vorhandenen Polarität der beiden Muster siehe GRANOVETTER 1985, S. 493ff. Aus Sicht der sozialwissenschaftlichen Netzwerkforschung werden Hierarchien und Märkte dagegen als Randbedingungen für das Verhalten zwischen ökonomischen Akteuren berücksichtigt.

Beziehungen im Unternehmen, zwischen Unternehmen oder in den Unternehmensumwelten genutzt. POWELL und SMITH-DOERR (1994) unterscheiden dafür inhaltlich drei Arten von Netzwerken:

- Netzwerke als Zugangsmöglichkeit zu Informationen
- Netzwerke als organisationelle Macht und Einflussbereiche
- Unternehmen als ein Netzwerk von Verträgen.

Zumindest was den Innovationsprozess als Wechselwirkung zwischen Struktur und Aktion betrifft, ist das Aufkommen und die ständige Zunahme von Unternehmensnetzen als eine neue Form der Problemlösung zu betrachten, nämlich der Akquisition von Wissen, die durch die institutionellen Formen Markt bzw. Hierarchie nicht mehr ausreichend gelöst wird. Als ursächlich für die notwendigen strukturellen Veränderungen werden sowohl neue Produktionsformen - die flexible Spezialisierung löst Massenproduktion ab (PIORE und SABEL 1984) -, als auch neue (Informations- und Kommunikations-)Technologien genannt (CASTELLS 1996).

Für die Akteure in einem Innovationssystem bedeutet das Folgendes. Die evolvierende Netzwerkstruktur gibt ihnen einen Rahmen vor, in dem Aktionen, wie z. B. Innovationen, stattfinden. Die Methode, wie in der vernetzten Struktur innoviert wird, ist über Partner. Allerdings variieren Identität der Partner und Inhalte der Verbindung. Nationale oder internationale Partner können große Unternehmen, startups, spezialisierte Zulieferer, Forschungseinrichtungen etc. sein. Die Inhalte sind noch variantenreicher (siehe Tabelle 5-1) und nicht zuletzt besteht die Möglichkeit, mehrere, unterschiedliche Partner für die gleiche Innovation einzuspannen. Allerdings ist damit zu rechnen, dass sich im Laufe der Zeit dominante Innovationsarten und -weisen herauskristallisieren, die durchaus technologie- oder industriespezifisch sind. Gleichzeitig zur Herauskristallisierung der, nennen wir sie netzimmanente Interaktionsmuster, beschränken sie die involvierten Akteure. Der Prozess gleicht damit einer wechselseitigen Beeinflussung zwischen Rahmen und der Art und Weise, wie Akteure innovieren. Der Schwierigkeitsgrad einer Analyse von Interaktionen hängt maßgeblich von der verflochtenen Komplexität des Rahmens und der Akteure ab. Während nationale institutionelle Grundmuster (durch gesellschaftliche Institutionen) Aktionen für alle beteiligten Akteure umrahmen, z. B. das Vorhandensein eines Trennbankensystems oder die Förderung von Militärtechnik, sind diese Muster nicht für alle beteiligten Akteure gleich entscheidend für ihre eigenen Aktionen. Daraus folgt, dass eine Analyse aus drei Schritten bestehen muss: Erstens, der Identifizierung der institutionellen relevanten Grundstruktur und zweitens der Identifizierung bestimmter Interaktionen zwischen ausgewählten Akteuren. Erst im dritten Schritt kann die Wechselwirkung und die Herauskristallisierung von dominanten Strukturen erfolgen.

Darüber hinaus muss als ein weiterer Grund für die Zunahme von Netzwerken der Paradigmenwechsel in der Biowissenschaft berücksichtigt werden: Die Hinwendung zur molekularen Ebene beeinflusst nicht nur das Wissen in medizin-biologischen Disziplinen, sondern berührt auch Gebiete, die tendenziell eher der Physik zugeordnet wurden wie Materialtechnik, Werkstoffe etc. Diese Hinwendung führt dazu, dass das Wissen sich als extrem komplex darstellt, das in seiner Gesamtheit nicht mehr von wenigen Akteuren beherrscht werden kann, sondern eine weltweite Produktion und Arbeitsteilung erfordert. Die Komplexität fördert eine vernetzte Struktur, in der sich aber die Produzenten von Wissen und die Nachfrager positionieren müssen. Das erfordert Abstimmungsprozesse, die in einer fluiden Phase der Etablierung eines weltweiten Netzes recht unterschiedliche Interaktionsmuster ermöglichen. Daneben bleiben die institutionellen Formen Markt und Hierarchie erhalten und wirken weiter, ihr Stellenwert nimmt jedoch hinsichtlich des Lösungspotenzials für diesen neuen Komplex ab. In dem Maße, indem er abnimmt, gewinnt die Netzwerkstruktur als neues Lösungsmuster an Verbreitung und wird zu einer herrschenden institutionellen Grundstruktur.

Die neuen biotechnologischen Unternehmen besitzen ebenso wie die alten Konzerne unterschiedliche Kompetenzen bzw. fragen sie nach. Während die Transaktionskostentheorie für diesen Sachverhalt nur zwei Optionen zulässt, nämlich die fehlenden Kompetenzen einzukaufen oder selbst zu entwickeln, erklärt dieses theoretische Konzept die dominante Anpassungsstrategie strategischer Allianzen bzw. technologischer Kooperationen, wie sie in technologie- und wissensintensiven Branchen verstärkt auftreten, kaum. Die organisationelle Wahl, die dieser Ansatz den Unternehmen lässt, ist in der Realität kaum gegeben - insbesondere dann nicht, wenn es sich um Wissenstransfer und die Schaffung neuen Wissens *zwischen* Unternehmen dreht. Dann nämlich müssen Vereinbarungen getroffen werden, die u. a. den Fluss von unternehmensspezifischem Wissen regeln – was eine organisationelle Wahl praktisch ausschließt (YAMIN 1996, S. 166). Da eine Kooperation zwar Transaktion und gegenseitigen Austausch beinhalten, ist es durchaus von Interesse festzustellen, welcher Partner welche Rechte erhält oder wie die finanziellen Einzelheiten des *deals* gestaltet sind. Diese Transaktions-Analyse berücksichtigt aber nicht, dass diese bestimmte Kooperation in einem Umfeld eingebettet und durch sie bestimmt ist (GRANOVETTER 1958). Eine entsprechende Einbindung wiederum kann die Fähigkeit von Unternehmen erklären, Verbindungen mit anderen einzugehen sowie in welcher Form und wann diese eingegangen werden. In sozialwissenschaftlichen Analysen wird diese Form der Kompetenzbildung von Unternehmen nicht als statische Funktion betrachtet, sondern als dynamisch-evolvierende, die sich über die Zeit hinweg in dem Maße verändert, in dem Unternehmen bestehende Verbindungen ausbauen und neue hinzugewinnen (POWELL 1998, S. 229). Es liegt nahe, den Transaktionskostenansatz mit den theoretischen Aspekten aus Soziologie und Organisationstheorie zu verbinden, um eine möglichst umfassende Erklärung von Kooperationen und Netzwerken in einem dynamischen Umfeld zu eruieren.

Kooperationen zwischen Unternehmen sind in vielen Gesellschaften und Industrien nichts Neues und gehören zur institutionellen *governance*-Struktur (HÅKANSSON und JOHANSON 1993). Sie werden u. a. auf die Kartelle der 1930er Jahre zurückgeführt (COOMBS *et al.* 1996, S. 6). Beispiele heutiger, vernetzter Industriestrukturen sind die japanischen *keiretsu*, die koreanischen *chaebol*, aber auch die regionalen *industrial districts* in der Textilindustrie in Emilia Romana und der Automobilindustrie in Baden-Württemberg. Untersuchungen von HAGEDOORN und SCHAKENRAAD (1990) machen deutlich, dass sich die Motive für Kooperationen bzw. strategische Allianzen in den 1980er und 1990er Jahren, die vor allem dem Markteintritt galten, von eher traditionellen Verbindungen unterscheiden. Primäres Ziel der 'neuen' Allianzen ist die Entwicklung von unterschiedlichen Kompetenzen, die in der Folge 'systemischer Innovationen' (IMAI und BABA 1991) notwendig werden. Das neue, auf Informationstechnologien aufbauende techno-ökonomische Paradigma hat laut FREEMAN und PEREZ (1988) auch einen organisationellen Wandel hervorgerufen, der es ermöglicht, die neue Technologie in effizienten Produktionssystemen umzusetzen (vgl. Kapitel 3.2.3). Technologischer Wandel, der durch wissensbasierte Technologien hervorgerufen wird, ist mit einem hohen Komplexitätsgrad und hohen Risiken verbunden, die in Form der Vernetzung verringert werden können (NIOSI 1996, S. 102). Eine Zunahme von Kooperationen ist empirisch nicht nur bei den IuK-Technologien, sondern auch in anderen wissensbasierten Technologien wie Biotechnologie und neuen Materialien festgestellt worden (HAGEDOORN und SCHAKENRAAD 1990, S. 15ff). Äußere Merkmale dieser neuen Allianzen sind ihre

- rasch wachsende Anzahl,
- die Zunahme internationaler Kooperationen, sowie
- die Zunahme unterschiedlicher, involvierter Branchen.

Die Organisationsform, in der dies geschieht, ist die von Netzwerken. IMAI und BABA (1991) verbinden die Kernaspekte systemischer Innovationen und der notwendigen Netzwerkorganisation wie folgt: "*Network organisation is a basic institutional arrangement to cope with systemic innovation. A network can, in terms of theory, be viewed as an interpenetrated form of market and organisation. Empirically, it is an organisation with a structure marked by loose linkages and having a core with both weak and strong ties between constituent members. The networks enables corporations to identify emergent opportunities for linking flexible specialisation across the boundaries of firms, and for triggering continuous interactive innovation*" (IMAI und BABA 1991, S. 389).

Nun stellt sich die Frage, ob dieses 'basic institutional arrangement' tatsächlich in unterschiedlichen Branchen und Ländern die dominante Strategie der Unternehmen bildet, und wenn ja, mit welchen Inhalten die Form gefüllt wird. Berücksichtigen wir die Aussagen des NIS-Ansatzes, so bestimmen Ereignisse sowie darauf aufbauende, kumulierte Entwicklungspfade die Entwicklungen und das Innovationsverhalten von Industrien maßgeblich. Welche Strukturen und Wirkungen können wir für die Biotechnologie annehmen? Wenn wir uns die Situation aufholender Länder betrachten, können wir die neue Technologie in ihrer Wirkung auf das bestehende

Innovationssystem weitestgehend als exogenen Schock einschätzen. Für die wissensbasierte (Bio)Technologie sind Produktion und Diffusion von Wissen zentral. Ein aufholendes Land kann daher versuchen die eigene (medizinisch-biologische) Grundlagenforschung zu fördern - auch um langfristig zum Wissenspool beizutragen und den nationalen Unternehmen zum Erfolg zu verhelfen -; es ist aber auch nicht ausgeschlossen, dass das bereits international existierende Wissen eingekauft wird. Dies sehen wir in unterschiedlicher Intensität und Ausdehnung in verschiedenen Branchen und Ländern. Einfluss auf das Verhalten von Unternehmen scheinen dabei mehrere Faktoren zu spielen. Erstens ist der bereits erreichte internationale Wissensgrad zu nennen und die nationale Abweichung davon. Zweitens lassen sich industriespezifische Entwicklungen erkennen, die vor allem für die Biotechnologie als Querschnittstechnologie und ihrer breiten Anwendungsmöglichkeiten wichtig sind. Zwischen wissensintensiven und weniger wissensintensiven Branchen bestehen unterschiedliche technologische Imperative, so dass der Grad der Anwendung sophistizierter Methoden branchenspezifisch ist. Für Japan und Deutschland sind unterschiedliche Strukturen und Spezialisierungen in den drei zu untersuchenden Industrien offensichtlich; ob sie sich auch in den Netzwerken niederschlagen, wird Aufgabe der Netzwerkanalyse sein.

5.3 Zur Analyse von Netzwerken

Die Netzwerkanalyse ist eine Forschungsmethode, die soziale Beziehungen und daraus resultierende Handlungen beschreibt und erklärt. Ein Netz bzw. Netzwerk ist nach MITCHELL (1969) ein spezifisches Set von Verbindungen (Beziehungen, *links*) zwischen einem definierten Personenkreis oder anderer sozialer Einheiten wie Firmen, Verbänden etc. (*nodes*). Unterschiedliche Analysen ergeben sich anhand der zu untersuchenden Verbindungen und der Einheiten (*Dyade*). Schränkt man die Beziehungen auf einen bestimmten Typ ein, wird ein *partielles Netzwerk* untersucht. Eine zweite wichtige Unterscheidung betrifft die Perspektive: analysieren wir die Beziehungen zwischen mehreren Einheiten, wird ein *Gesamtnetzwerk* untersucht. Steht dagegen nur eine Einheit oder eine Person im Mittelpunkt, spricht man von einem *ego-zentrierten Netzwerk* bzw. von einem *persönlichen Netzwerk* (PAPPI 1987, S. 13).

I.d.R. werden partielle Netzwerke untersucht. Dabei stehen bestimmte Beziehungen (z. B. Kooperationsformen) einer ausgewählten Einheit (z. B. Chemieunternehmen) im Mittelpunkt. Neben der Analyseform werden die zu untersuchenden Beziehungen auf Inhalte hin unterschieden. In dem gewählten Beispiel der Kooperationsformen von Chemieunternehmen können wir z. B. Kooperationen inhaltlich nach Produktion, Marketing, Vertrieb etc. unterscheiden. Eine Beziehung (*Dyade*) kann einen Inhalt oder mehrere Inhalte haben und damit *uniplex* oder *multiplex* sein.

Aus organisationstheoretischer Sicht besitzen Netzwerke gegenüber marktlichen bzw. hierarchischen Strukturen eine Reihe von Vorteilen. Sie bieten eine Form des Ressourcenzugangs und dabei vor allem zur immateriellen Ressource Information. Weiterhin eignen sie sich als Form geteilter Risiken, als Form der Risikostreuung oder auch zur Dezentralisierung der Produktion bei gleich bleibender zentraler Macht. In der Biotechnologie wird die Logik der Netzwerke und kooperativen Beziehungen vor allem auf die Notwendigkeit für schnelles Lernen zurückgeführt. Es geht also nicht allein um den abstrakten Austausch von Informationen, sondern um deren Umsetzung in Wissen. Gegenüber Märkten und Hierarchien besitzen Informationen in Netzwerken eine andere Qualität. Zurückgeführt wird dies auf die komplexen Kommunikationskanäle, in denen die Informationen sehr viel freier und reichhaltiger fließen, so dass neue Verbindungen und Möglichkeiten generiert und debattiert werden (POWELL 1990). Neben dem Informationsfluss kreist der zweite wichtige Aspekt um die Kontrolle in Netzwerken, die eng an Positionen geknüpft ist; Ressourcenströme hängen demzufolge von der Position von Netzeinheiten ab. Bestimmte Netzwerkstrukturen und Positionen von Einheiten bieten den Netzwerkteilnehmern einen höheren Nutzen als andere, der sich in Form von Information und Kontrolle ausdrückt (BURT 1992, S. 13).

Im Zentrum einer formalen Netzwerkanalyse stehen folglich Eigenschaften von Beziehungen im Netz. Unterschieden wird hierbei zwischen *formalen* und *inhaltlichen Eigenschaften*. Unter den formalen Eigenschaften ist z. B. zu unterscheiden zwischen der Größe des Netzwerks, dem Ausmaß, in dem ein Netzwerkmitglied direkt mit anderen verbunden ist, der Erreichbarkeit, d. h. die Anzahl von Bindungen, die nötig sind, um Netzwerkmitglieder zu verbinden, der Dichte bzw. der Homogenität, d. h. das Maß, in dem Netzwerkmitglieder ähnliche Eigenschaften aufweisen, den Formen Cliquen, Cluster oder Sterne. Viele dieser Eigenschaften lassen sich bereits durch eine einfache graphische Darstellung abbilden (vgl. Abbildung 5-1).

Abbildung 5-1 Graphische Darstellung eines Netzwerks

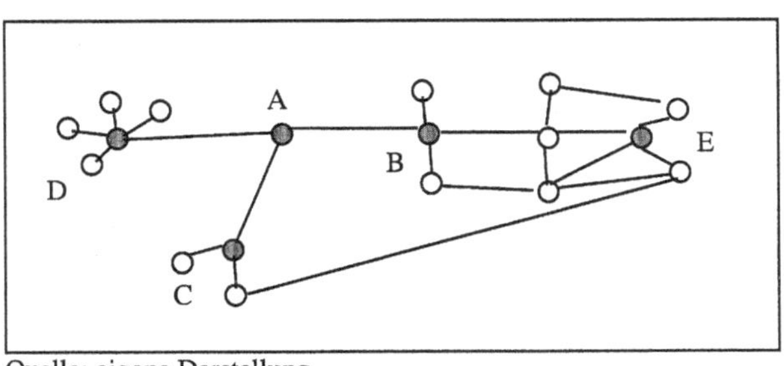

Quelle: eigene Darstellung

Das dargestellte Netzwerk besteht aus 22 Verbindungen (*links*) zwischen 18 Einheiten (*nodes*). D weist mit fünf direkten Verbindungen die höchste, einfache Erreichbarkeit aus und bildet das Zentrum eines kleinen Sterns. Über zwei bis fünf Einheiten sind wiederum fast alle Netzwerkteilnehmer untereinander zu erreichen. Inhaltlich, und damit nicht mehr graphisch nachvollziehbar, wird unterschieden zwischen der Stärke der Bindung, der Multiplexität, also der Anzahl von Inhalten, die von zwei Netzwerkmitgliedern in der Verbindung ausgetauscht werden, der Dauer der Verbindung und der Reziprozität des Austauschs.

Diese Indikatoren können zum Teil unterschiedlich operationalisiert werden. So lässt sich die Größe eines Netzwerks anhand der Zahl der Beziehungen im Netz oder auch anhand der Dichte der Beziehungen operationalisieren. Größe und Dichte sind zentrale Maße, die für den Zugang zur Ressource Information, aber auch für den Lernerfolg im Mittelpunkt stehen. Im Netzwerk in Abbildung 5-1 hat Element C im Grunde nur eine Randposition. Nur über A ist der Bereich um D zu erreichen und vier Verbindungen sind zur Erreichung von E notwendig. Über eine Brücke von einem seiner eigenen Satelliten erreicht C jedoch auch das relativ dichte Netz um E bereits in drei Schritten.

Was heißt das nun hinsichtlich des Netzwerks als Zugang zu Ressourcen bzw. als Ort des Lernens? Grundsätzlich geht es aus Sicht einer einzelnen Einheit im Netz um Opportunitätskosten, die durch die Struktur des Netzes und der Position der Einheiten bestimmt sind. Unter Berücksichtigung, dass hinter jeder abstrakten Einheit Personen stehen, die für die Verbindungen mit anderen Zeit (und damit Geld) aufwenden, erscheint eine strategische Ausrichtung des Netzes und der eigenen Position als wünschenswert. Für das Ziel des Ressourcenerhalts ist vor allem die Größe des Netzwerks entscheidend.

Ein *großes* bzw. weites Netz hat den Vorteil einer erhöhten Reichweite, des Zugangs zu wichtigen Informationen und das besonders schnell. Allerdings ist es dafür entscheidend, Kontakte zu sehr unterschiedlichen Personen zu unterhalten. In einem weiten Netzwerk wird i.d.R. keine hohe Dichte erreicht; 'zu viele' Kontakte können aus Zeitrestriktionen nicht allzu eng und stark sein; sie werden eher lose Verbindungen sein, deren Pflege wenig zeitintensiv ist. Dagegen sind *kleine*, enge Netzwerke sehr dicht und homogen: Personen gehen wenige, enge Verbindungen vor allem mit Personen ein, die ähnliche soziale Attribute aufweisen. Die Informationen, die in diesem Netzwerk fließen, sind entsprechend homogen und qualitativ sehr verlässlich, aber in ihrer Quantität, i.S.v. Heterogenität, relativ gering. Eine hohe Dichte wird mit Vertrauen und höheren Kontroll- und Sanktionsmöglichkeiten verbunden, die wiederum zentrale Elemente in Kooperationen sind (POWELL und SMITH-DOERR 1994, S. 385). In Kooperationen, die nicht dem reinen Informationszugang dienen, sondern in denen Wissen *miteinander* produziert wird bzw. werden soll, ist Vertrauen notwendige Voraussetzung. Vertrauen wird unter homogenen Einheiten relativ einfach aufgebaut, was wiederum für ein kleines, dichtes Netzwerk spricht.

Für Unternehmen jedoch, die in erster Linie am Informationsgewinn interessiert sind, sind große Netze wichtig. Die Vorteile von weiträumigen und durch lose Verbindungen gekennzeichnete Netzwerke werden mit der Feststellung der *'strength of weak ties'* (GRANOVETTER 1973) und *'structural holes'* (BURT 1992) charakterisiert. Die Stärke der schwachen Verbindungen liegt darin, entfernt voneinander liegende Elemente miteinander zu verbinden und so zu differenzierten Informationen zu gelangen, die, aus der Sicht eines Elements, im eigenen (dichten) Umfeld nicht vorliegen, nicht redundant sind und letztendlich für Innovationen sorgen. Entscheidend sind nicht nur die vielen Verbindungen an sich, sondern inwieweit es gelingt, nicht-redundante Verbindungen zu unterhalten. Verbindungen sind in dem Maße redundant, in dem sie zu strukturell gleichen Personen, und damit den gleichen Informationen führen. Burt bezeichnet nicht-redundante Verbindungen als 'strukturelle Löcher' und definiert damit einen Kontakt, in dem der Netzwerknutzen statt überlappend additiv ist (BURT 1992, S. 18).

Ein weiterer Aspekt gilt der Gerichtetheit von Beziehungen. Ein Unternehmen A, das einem Biotechnologieunternehmen B eine Forschungskooperation anbietet, ist als eine gerichtete Beziehung A → B zu behandeln. Bei Kooperationen, die jedoch z. B. durch Dritte eingefädelt wurden, und die eine größere Anzahl von Partnern verbinden, wie im Falle der japanischen Forschungskonsortien, ist diese Gerichtetheit nicht mehr gegeben. Aus Sicht jedes einzelnen Unternehmens A, B, C, etc. bestehen gerichtete Beziehungen A → B, A → C, B → A, B → C, C → A und C → B. In einer Kooperation mit drei Partnern können also sechs Kooperationsbeziehungen unterschieden werden. Dies ist für die empirische Untersuchung insoweit wichtig, da Kooperationen zwischen einem deutschen und einem japanischen Unternehmen, oder zwischen zwei deutschen bzw. japanischen Unternehmen auftreten können, die jeweils dem zugrunde liegenden Datensatz angehören. Da eine Unterscheidung nach Ländern bzw. Branchen angestrebt wird, liegt hier ein ähnliches Problem wie das der Gerichtetheit vor, denn eine Kooperation ist aus Sicht eines deutschen Unternehmens A mit einem japanischen Unternehmen B eine Beziehung A → B, während sie aus Sicht des japanischen Unternehmens B → A ist. Dieser Sachverhalt wird bei der Codierung der Daten berücksichtigt.

Die Inhalte von Beziehungen, z. B. Kooperationsinhalte wie F&E-Austausch, Entwicklungsarbeiten oder finanzielle Engagements wurden vor allem transaktionskostenökonomisch untersucht (PISANO 1989). Bisher liegen keine prozessuralen netzwerktheoretischen Analysen von uni- oder multiplexen Kooperationsinhalten vor, was sich aber anbietet: Aus der sozialen Netzwerkforschung wissen wir, dass ein uniplexer Inhalt einer Beziehung für instrumentelle und materielle Unterstützung eingesetzt wird. Mit einer steigenden Multiplexität wird auf der anderen Seite das Ausmaß der (wechselseitigen) Abhängigkeit erhöht. Darüber hinaus wird vermutet, dass es sich bei Beziehungen mit multiplexen Inhalten um lang andauernde und enge Beziehungen handelt. Überträgt man diese Aussagen auf Kooperationen zwischen Unternehmen, dann sind verschiedene Kaskaden von Kooperationsinhalten denkbar. Innovationsforscher wie FREEMAN (1989) und HAGEDOORN (1990) haben eine Reihe dieser Kooperationsinhalte genannt (vgl. Tabelle 5-1), die zwar, jede für sich genommen, als uniplexer Kooperationsinhalt, aber auch häufig in Kombinationen vorkommen.

Hagedoorn hat seine Aufzählung anhand eines steigenden Koordinationsbedarfs gegliedert. Den geringsten Koordinationsaufwand erwartet er bei einseitigen Technologieflüssen, den höchsten bei Joint Ventures. Während einseitige Technologieflüsse am ehesten dem reinen Informationsgewinn dienen, eignen sich dagegen die Inhalte, die einen höheren Kooperationsaufwand benötigen, sehr viel eher dem Ziel des Lernens. Die Vermutung liegt nahe, dass in einem Netzwerk, das zunächst des Ressourcenzugangs wegen aufgebaut wurde, bestimmte Beziehungen über die Zeit hinweg intensiviert werden und dass diese Intensivierung sich an Kooperationskaskaden zwischen zwei Unternehmen ableiten lässt. Dadurch, so eine weitere Vermutung, verfestigen sich Netzwerkstrukturen und neue Einheiten haben einen deutlich schwierigeren Zugang zum bestehenden Netz.

Informelle Kooperationen und deren Inhalte - die i.d.R. der erste Schritt zu formellen Kooperationen sind -, sind so gut wie gar nicht quantitativ und qualitativ zu bemessen. Das bringt hinsichtlich des Überblicks über Kooperationen zwischen industriellen und akademischen Partnern Schwierigkeiten mit sich. Einige Unternehmen berichten von zum Teil mehreren Hundert Kooperationen zu Universitäten und anderen Forschungseinrichtungen. Dahinter verstecken sich Verbindungen von einzelnen Industrieforschern, Forschungsgruppen, Laboratorien etc. eines Unternehmens zu einzelnen Professoren, Lehrstühlen, Fachbereichen etc., die nicht zwangsläufig durch schriftliche Verträge gekennzeichnet sind.[54] Auch die Inhalte der informellen Kooperationen sind unterschiedlich (gemeinsame Publikationen, Austausch von Informationen, Austausch von Wissenschaftlern etc.) und die subjektive Einschätzung der Bedeutung ist noch viel schwieriger zu objektivieren. Grundsätzlich sind diese informellen Kanäle für den Wissens- und Technologietransfer nicht zu unterschätzen, allein ihr quantitatives Vorkommen und ihre Bedeutung sind nur grob abschätzbar.

Für die Überprüfung der hier vorliegenden Hypothese werden daher nur formelle Kooperationen berücksichtigt. Die formale Netzwerkanalyse bietet unterschiedliche methodische Vorgehensweisen (PAPPI 1987), die je nach Fragestellung von methodischer Relevanz sind. Da wir hier insbesondere an strukturellen Entwicklungen interessiert sind, sind Fragen zur Position und Rolle innerhalb eines Netzwerks nur von untergeordneter Relevanz. Entscheidend sind Untersuchungen zum Wachstum und gegebenenfalls Wachstumsgrenzen von Netzen und ihrer inhaltlichen Ausges-

54 Eine Übersicht über direkte Interaktionsmöglichkeiten zwischen Pharmaunternehmen und akademischen Einrichtungen auf unterschiedlichen Ebenen findet sich in SPILKER 1994, S. 723.

taltung. Aussagen dazu lassen sich bereits durch deskriptive Statistik erzielen bzw. durch spezielle Netzwerkprogramme generieren.

Tabelle 5-1 Kooperationenstypen (Beziehungsinhalte)

zunehmende Komplexität (↓)

Hagedoorn (1990)	Freeman (1989)	Recap.com
	• Forschungsverbände	
	• Staatlich geförderte gemeinsame Forschungsprogramme	*Sonstige:* • Absichtserklärung (LoI) • Optionen (O) • Vergleich (Set) • Kooperation beendet (Ter)
	• informelle Netzwerke	
	• Datenbanken • Netzwerke für technischen und wissenschaftlichen Austausch	
• Einseitige Technologieflüsse • Zulieferervereinbarungen • Lizenzgeber	• Lizenzen • Zulieferervereinbarungen	• Lizenzen (L) • Unterlizenzen (Sub) • Forschung (R) • Entwicklung (D) • Technologie (Tec)
• Kunden-Lieferanten-Verbindungen • F&E Verträge • Ko-Produktion	• Unteraufträge • Ko-Produktion • Lieferantennetzwerke	• Lieferung (S) • Herstellung (Man) • Vertrieb (Di) • Marketing (Mkt) • Verkauf (Com) • Darlehen (Lo) • Bürgschaften (W)
• Direktinvestitionen • Minoritätsbeteiligungen • Überkreuzverflechtungen	• Direktinvestitionen (Minoritätsbeteiligungen) aufgrund technologischer Faktoren	• Beteiligungen (Ast) • Fremdkapital (E)
• Wechselseitige Vereinbarungen zum Technologieaustausch • Überkreuzlizenzen • Wechselseitige Zulieferer	• Vereinbarungen zum Technologieaustausch	• Überkreuzlizenzen (CrL)
• Gemeinsame F&E wie Forschungsverträge und gemeinsame Entwicklungsvereinbarungen	• Gemeinsame F&E-Vereinbarungen	• Kollaborationen (Col) • Ko-Entwicklung (CoD) • Ko-Promotion (CoP)
• Joint Ventures und Forschungseinrichtungen	• Joint Ventures und Forschungseinrichtungen	• Joint Venture (JV)
		• Fusionen (M) • Akquisitionen (Acq)

Quelle: FREEMAN 1989, HAGEDOORN 1990, Recap-Datenbank; eigene Zusammenstellung

6 Das biotechnologische Innovationssystem Deutschlands

Das US-amerikanische OTA schätzte 1984 die biotechnologischen Kapazitäten der BR Deutschland ab. Trotz einer guten wissenschaftlichen Basis und eines ausgebauten, industriellen Sektors blieben die Erwartungen, ob Deutschland zum großen Wettbewerber für die USA werden könne, relativ gering. Als hemmender Faktor wurde vor allem ein empfindliches Verbraucherbewusstsein konstatiert und die Partei der Grünen wurde als "potential threat" bezeichnet (OTA 1984, S. 510). In einem Bericht aus dem Jahr 1990 sah die Diagnose und Prognose nicht deutlich besser aus. Positiv herausgehoben wurden zwar die FuT-politischen Anstrengungen, die für das Aufholen Deutschlands maßgeblichen Einfluss hätten, aber die kritischen Verbraucher und ein Mangel an Risikokapital wurden als negative Faktoren aufgeführt (OTA 1991, Anhang, S. 233).

In diesem Kapitel erfolgt eine Beschreibung des deutschen biotechnologischen Innovationssystems, das seine Anfänge zwar in den 1970er Jahren hatte, aber erst in den letzten Jahren an Komplexität und Dynamik gewinnt. Die mittlerweile fast historisch zu nennenden Entwicklungen werden zwar berücksichtigt, das Hauptaugenmerk richtet sich jedoch insgesamt auf die Entwicklungen in den 1990er Jahren. Bei der Darstellung wird weitest gehend die Struktur des Kapitels 4.4 übernommen. In einem zweiten Schritt schließen sich die Analysen auf Industrieebene an, die neben den Indikatoren Publikationen und Patente vor allem Kooperationsbeziehungen im Zeitverlauf untersuchen. Abschließende Einschätzungen beenden dieses Kapitel.

6.1 Der wissenschaftliche Komplex

Deutschland wurde in der Typologisierung von Boyer *et al.* (1996) als wissenschaftlich anwendungsorientiert, F&E-intensiv und staatlich stark reglementiert charakterisiert (vgl. Kapitel 3.4.2). Auf was stützen sich diese Aussagen und welche Auswirkungen haben diese Ausprägungen auf die Entwicklung der Biotechnologie?

Lange Zeit gehörte Deutschland zur Spitzengruppe der elf forschungsintensivsten Volkswirtschaften; Ende der 1990er Jahre gehörte es nur noch zum hinteren Drittel dieser Gruppe (BMBF 1998, S. 81). Anhand des Indikators F&E-Ausgaben lässt sich feststellen, dass diese Ausgaben seit Anfang der 1990er Jahre mehr oder weniger kontinuierlich sinken. Während noch 1981 2.55 % des BSP für F&E ausgegeben wurden, sank dieser Anteil 1997 auf 2.32 % (BMBF 1998, S. 11). Insgesamt ist das deutsche F&E-Profil Aufgaben bezogen und ausdifferenziert; Grundlagen- und angewandte Forschung werden in verschiedenen Forschungsorganisationen durchgeführt. Die Finanzierung teilen sich Staat und Wirtschaft, wobei der öffentliche Sektor 1997 33 % der Bruttoinlandsausgaben für F&E für sich verbuchen konnte. Den weit größeren Teil finanziert mit rund 62 % und führt mit 67 % der private Sektor durch (BMBF 1998, S. 11ff).

Die Anwendungsorientierung in der wissenschaftlichen Forschung spiegelt sich in einem technologischen Spezialisierungsmuster im F&E-intensiven Bereich der höherwertigen Technologien, vor allem im Maschinen- und Fahrzeugbau, in der Elektrotechnik und in der Chemieindustrie wider (BMBF 1998a, S. 45f). In der FuT-Politik zeigt sich das deutlich 'Konsens orientierte Marktsystem' in einer technologischen Förderung 'in die Breite', so wie in einer hohen regionalen Vielfalt von F&E-Einrichtungen (BMBF 1998a, S. 40). Der Vorstoß in die Spitzentechnik sowie die Erreichung eines höheren Anteils am Dienstleistungssektor sind dagegen schwierig durchzusetzen. Das Innovationssystem hat sich in den 1980er Jahren zwar positiv auf die Beschäftigungssituation und auf die Einkommen ausgewirkt, aber doch häufig dank importierter Spitzentechnologien (BMBF 1998a, S. 52).

Ob sich dieses eher als konservativ und relativ unflexibel eingeschätzte System auf die Erfordernisse von wissensintensiven Querschnittstechnologien anpassen kann, untersuchen wir zunächst anhand einiger Wissensindikatoren.

6.1.1 Forschungsfinanzierung

Eine Abschätzung der öffentlichen Förderung und der Aufwendungen der Industrie für biotechnologische F&E in den 1970er und 1980er Jahren liegt nicht vor. Staatliche Förderaktivitäten lassen sich zwar auf Anfang der 1970er Jahre zurückführen (BUCHHOLZ 1979), vor allem die Fördersummen des BMBF werden ab Ende der 1970er Jahre genannt: 1979 lagen die BMBF-Ausgaben des 'Forschungsprogramms Biotechnologie' bei 89 Mio. DM, 1997 nahm die 'Förderung des biotechnologischen Förderschwerpunkts' bereits 480 Mio. DM ein (BMBF 1988, 1998b). 1998 förderte das BMBF die Biotechnologie und molekulare Medizin bereits mit ca. einer Milliarde DM. Rund 450 Mio. DM wurden dabei für die Förderung der MPG, FhG und DFG aufgewendet (BMBF 1998).

Vermutlich liegen die öffentlichen Aufwendungen höher, denn auch Ausgaben in den Schwerpunkten Gesundheitsforschung sowie Umwelt- und Klimaforschung, die nicht nur im BMBF, sondern auch am Bundesministerium für Umwelt (BMU) und am Bundesministerium für Ernährung, Landwirtschaft und Forsten (BML) angesiedelt sind, sind unter Umständen biotechnologisch relevant – aber auch sie werden i.d.R. nicht erhoben bzw. abgeschätzt. Ebenfalls nicht gesondert aufgeschlüsselt sind die Aufwendungen der DFG (STATISTISCHES BUNDESAMT 1995, S. 145) und privater Stiftungen wie der Mildred-Scheel-Stiftung für Krebsforschung und der

Volkswagen-Stiftung, die entweder eigene Mittel oder Bundesmittel in die biomedizinische Forschung kanalisieren.

Für 1992 wurden erstmals die finanziellen Aufwendungen für biotechnologische F&E in der Bundesrepublik Deutschland erhoben, bzw. hochgerechnet. Demzufolge machten die Ausgaben für biotechnologische F&E 2,72 Mrd. DM, und damit ca. 3,5 % der gesamten inländischen F&E-Aufwendungen aus. Unterschieden wurde dabei zwischen Gentechnik, für die 3,33 Mrd. DM und Biotechnologie, für die 3,39 aufgebracht wurden. Die Summen verteilten sich auf die Industrie (hochgerechnet) mit insgesamt 1.37 Mrd. DM, Hochschulen mit 540 Mio. DM sowie öffentlichen Forschungseinrichtungen mit 810 Mio. DM. In der Wirtschaft wurde der höchste Anteil gentechnischer F&E-Arbeiten mit rund 770 Mio. DM festgestellt (STATISTISCHES BUNDESAMT 1995, S. 19ff). 82 % der F&E-Aufwendungen wurden von Unternehmen mit mehr als 2.000 Mitarbeitern bestritten, allerdings waren Unternehmen mit 1-99 Beschäftigte zu gut 8 % an den gesamten internen Aufwendungen für biotechnologische F&E beteiligt. Damit besteht ein auffälliger Unterschied zur Gesamtheit der F&E-treibenden Unternehmen, deren F&E-Anteil bei gerade mal 4 % liegt (SV-WISSENSCHAFTSSTATISTIK 1995, S. 12). Ansatzweise wird damit bereits die neue Arbeitsteilung zwischen kleinen, F&E-spezialisierten und großen Unternehmen bestätigt, wie sie im US-amerikanischen Modell vorgefunden wurde.

6.1.2 Forschungsdurchführung

Die institutionelle Trennung der F&E-Finanzierung trifft auch auf die biotechnologische Forschungsdurchführung zu: biotechnologische Grundlagenforschung wird an rund 450 Uni-Instituten in der Biologie, Medizin, Chemie, Agrarwissenschaften etc. und in ca. 27 Instituten der Max-Planck-Gesellschaft (MPG) durchgeführt. Im europäischen Kontext wird Grundlagenforschung am Europäischen Laboratorium für Molekularbiologe (EMBL) in Heidelberg durchgeführt. Sowohl grundlagen- als auch anwendungsorientierte Forschung wird in sechs Einrichtungen der Helmholz-Gemeinschaft Deutscher Forschungszentren (HGF), vier Instituten der Fraunhofer Gesellschaft (FhG), acht Instituten der Wissenschaftsgemeinschaft Gottfried Wilhelm Leibnitz (WGL), sowie in Forschungseinrichtungen einzelner Bundesministerien durchgeführt. Deutlich anwendungsorientierte Forschung wird von ca. 23 Verbänden der Arbeitsgemeinschaft industrieller Forschungsvereinigungen (AiF) organisiert.

Einen Blick über die strukturellen Entwicklungen einzelner wichtiger durchführender Einrichtungen vermittelt die folgende Aufzählung:

- *Hochschulen.* Etwa 5 % der biologisch ausgerichteten Institute betrieben nach Meinung des BMBF bis 1984 biotechnologische Forschung (BMBF 1984). Im Hochschulsektor wurden für 1992 450 Institute ermittelt, die biotechnologische

F&E durchführen. An diesen Instituten waren insgesamt 12.100 Personen beschäftigt, von denen 6.800 Wissenschaftler waren (STAT. BUNDESAMT 1995, S. 108f). Welche Anteile davon tatsächlich biotechnologische F&E waren, wurde allerdings nicht ermittelt. Einer 1994 durchgeführten Untersuchung in 46 Instituten baden-württembergischer Universitäten zu Folge, ergab sich folgendes Bild: fünf Institute beschäftigten sich ausschließlich mit der modernen Biotechnologie, in den übrigen fand Biotechnologie neben oder in bestimmten Disziplinen integriert statt. Etwa 33 % der Mitarbeiter in den befragten Instituten beschäftigte sich mit biotechnologischen Aufgaben. Finanziert wurden die F&E-Aktivitäten überwiegend aus Drittmitteln; nur zu etwa einem Drittel erfolgten sie aus den Grundmitteln der Universität (REIß und KOSCHATZKY 1997, S. 55ff). Diese Ergebnisse wurden auch in einer Deutschland-weiten Untersuchung in über 100 Universitätsinstituten bestätigt: gut 60 % der biotechnologischen Aktivitäten wurden demzufolge über Drittmittel finanziert (ABRAMSON *et al.* 1997, S. 291).

- *MPG.* Bis 1984 wurde an 21 Instituten vor allem biologische, aber auch medizinische Grundlagenforschung durchgeführt (BMBF 1984, S. 120). Seit 1991 hat die biomedizinische Sektion der MPG einen immer größeren Anteil gewinnen können; einige neue Institute und Arbeitsgruppen wurden und werden noch in diesem Bereich gegründet. 1996 fiel auf diese Sektion bereits knapp 41 % des Gesamtbudgets der MPG. 1998 befassten sich etwa 27 Institute und Arbeitsgruppen mit biotechnologisch relevanter Grundlagenforschung. Im Bereich der biologisch orientierten Forschung wurden 1996 520 Mio. DM, im Bereich der medizinischen Forschung 143 Mio. DM aufgewendet (BMBF 1998, S. 262).

- *FhG.* In der FhG beschäftigen seit Anfang der 1980er Jahre vier Institute u.a. mit anwendungsorientierter biotechnologischer Forschung in den Bereichen Lebensmitteltechnologie, Medizin- und Bioverfahrenstechnik; eine Abschätzung dieses Anteils liegt allerdings nicht vor.

- *HGF.* Unter diesen Einrichtungen ragt vor allem die *Gesellschaft für Biotechnologische Forschung (GBF)* hervor, die als erste biotechnologische Großforschungseinrichtung in Europa etabliert wurde (BUCHHOLZ 1997, S. 71f). Diese Einrichtung betrieb noch Mitte der 1980er Jahre anwendungsorientierte Grundlagenforschung in verfahrenstechnischer Richtung für unterschiedliche Anwenderindustrien. In den 1990er Jahren hat sie ein umfassendes wissenschaftliches Profil entwickelt, die die GBF von der anwendungsorientierten Verfahrenstechnik deutlich mehr in die molekulare Grundlagenforschung lenkt. Die Ausweitung der Themen spiegelt sich in einer Erhöhung des Budgets und im Personalstand: 1986 betrug das Budget knapp 44 Mio. DM und das Personal umfasste 242 Personen, bis 1996 stieg das Budget auf etwa 73 Mio. DM, das Personal wurde auf 426 erhöht (BMBF 1998). Neben GBF sind für die bio-medizinische Grundlagenforschung vor allem die beiden Stiftungen *Deutsches Krebsforschungszentrum* (DKFZ) und das *Max-Delbrück-Centrum für Molekulare Medizin* (MDC) zu nennen, bei denen einzelne Forschungsthemen durchaus biotechnologisch relevant sind.

- *Bundesforschungsanstalten.* Forschungsanstalten der Ministerien für Landwirtschaft (BML), wie die *Biologische Bundesanstalt für Land- und Forstwirtschaft* (BBA), die *Bundesanstalten für Milchforschung* (BAM), *Viruskrankheiten der Tiere* (BFAV), *Ernährung* (BFE) und *Züchtungsforschung* (BAZ) führen ebenso wie einzelne Einrichtungen des Bundesministeriums für Gesundheit (BMG), darunter das *Bundesinstitut für gesundheitlichen Verbraucherschutz und Veterinärmedizin* (BgVV) und das *Paul-Ehrlich Institut* (PEI), biotechnologisch relevante F&E durch. Allerdings ist eine Abschätzung des finanziellen Volumens schwierig. Nur für wenige Anstalten wie z. B. die BBA kann ein Gesamtbudget als Grundlage gerechnet werden. Addiert man die Budgets der Anstalten, die sich mit Gesundheitsforschung im weiten Sinne beschäftigen, ist allein 1996 ein Budgetvolumen von ca. 600 Mio. DM festzustellen.[55]

- *WGL.* Während dieser Gemeinschaft in den 1980er Jahren kein Institut angehörte, das sich mit biotechnologischer F&E beschäftigte, wurden in den 1990er Jahren insbesondere aus den neuen Bundesländern biotechnologisch relevante Institute aufgenommen, darunter die Institute für die *Biologie landwirtschaftlicher Nutztiere* (FBN), *Neurobiologie* (IfN), *Pflanzenbiochemie* (IPB), *Pflanzengenetik und Kulturpflanzenforschung* (IPK) und *molekulare Biotechnologie* (IMB). Allein diese Institute verfügten 1996 über ein Budget von knapp 142 Mio. DM. Das IMB als größtes verfügte über 33 Mio. DM und beschäftigte 218 Personen - Tendenz wachsend.

Die Durchführung in der Industrie wird erst seit Mitte der 1990er Jahre übersichtlicher. In der Erhebung des Statistischen Bundesamts von 1992 wurden Hochrechnungen durchgeführt, denen zu Folge insgesamt 70.500 Mitarbeiter im F&E-Bereich in den Unternehmen mit biotechnologischer F&E gezählt wurden – auch hier konnte keine genauere Abschätzung der Anteile erfolgen (STAT. BUNDESAMT 1995, S. 79). Mittlerweile jedoch werden die Unternehmen und ihre biotechnologisch relevanten Aufwendungen sowie Beschäftigtenzahlen von einigen privaten Unternehmensberatungen und Verbänden aufmerksam beobachtet. ERNST&YOUNG (1998) zu Folge, wurden für 1997 insgesamt 23 Großunternehmen und 442 kleine- und mittelgroße Unternehmen (KMUs) gezählt, die biotechnologische Aktivitäten durchführen, bzw. den Definitionen von Ernst & Young genügen. Die 442 KMUs beschäftigen gut 11.000 Personen, darunter 3.700 im F&E-Bereich von denen sich

[55] Dazu gehören folgende Einrichtungen (Budgets für 1996 in Mio. DM in Klammern): Biologische Bundesanstalt für Land- und Forstwirtschaft (76.4); Milchforschung (24.6); Getreide-, Kartoffel- und Fettforschung (18.4); Viruskrankheiten der Tiere (36.3); Ernährung (41.5); Züchtungsforschung an –Kulturpflanzen (52.0); Bundesinstitut für gesundheitlichen Verbraucherschutz und Veterinärmedizin (118.5); Robert-Koch-Institut (76.2); Arzneimittel und Medizinprodukte (82.5) sowie das Paul-Ehrlich-Institut (65.6). Siehe auch BMBF 1998, S. 334ff.

wiederum rund 83 % mit biotechnologischer F&E beschäftigten. Die 23 Großunternehmen beschäftigen insgesamt 189.000 Mitarbeiter, darunter 17.100 im F&E-Bereich, von denen sich ca. 40 % mit biotechnologischer F&E beschäftigten (ERNST & YOUNG 1998).

Die Finanzierung und Durchführung von F&E anhand der Indikatoren Forschungsaufwendungen und Anzahl der Wissenschaftler sind für Deutschland zumindest in der historischen Perspektive wenig aussagekräftig, wenn nicht gar widersprüchlich - zu einem objektiven Bild tragen sie kaum bei. Diese unbefriedigende Datenlage, insbesondere bis Ende der 1980er Jahre, lässt sich auf mehrere Faktoren zurückführen: die naheliegendste Erklärung hängt mit den unterschiedlichen Definitionen und Abgrenzungen von Biotechnologie selbst zusammen, die der Datensammlung zu Grunde gelegt werden. Soll sie als eigenständige Industrie geführt werden oder ist sie eher in vielen Industrien anzutreffen, so dass nur Anteile ermittelt werden sollen?

Aus der erfolgten Darstellung ergibt sich der Eindruck einer stark fragmentierten Aufgabenverteilung: die Finanzierung von Grundlagenforschung wird zwar zu einem großen Teil durch das BMBF geleistet, dennoch gibt es eine Reihe von Instituten und Organisationen, die ebenfalls Forschung finanzieren bzw. durchführen. Im Gegensatz zur traditionellen Arbeitsteilung zwischen grundlagen- bzw. anwendungsorientierten Forschungseinrichtungen, wie sie für Wissenschaftsgebiete bzw. traditionelle Technologien besteht, sind die Grenzen in vielen Bereichen der Biotechnologie nicht eindeutig grundlagen- oder anwendungsorientiert. Traditionelle Einrichtungen der Grundlagenforschung wie Universitäten und Großforschungseinrichtungen betreiben durchaus auch anwendungsorientierte Forschung und die anwendungsorientierte Industrie betreibt Grundlagenforschung. Dieser Mix innerhalb der Einrichtungen erfordert im Grunde ein Disziplinen-übergreifendes Zusammenarbeiten, das vor allem in den Universitäten durch institutionelle Barrieren nur schwer erreicht wird (LAUDEL 1999). In diesem dichten Feld von finanzierenden und forschenden Einrichtungen ist aber kein Akteur erkennbar, der die Koordination der vielfältigen Aktivitäten leistet.

6.1.3 Forschungsleistungen

Der Anteil von Publikationen in deutschen wissenschaftlichen Einrichtungen und aus der Industrie ist seit Anfang der 1980er Jahre in biotechnologisch relevanten Wissensgebieten zwar absolut angestiegen; der Anstieg liegt aber deutlich niedriger als in Japan und den USA (vgl. Kapitel 4.4.1).

Betrachtet man sich die Verteilung der Publikationen im Bereich Biotechnologie für das Jahr 1998, zeigt sich für Deutschland folgendes Bild (vgl. Tabelle 6-1).[56] Den größten Teil der Publikationen, nämlich 60 %, verbuchten die Universitäten[57] auf sich. Mit fast 12 % folgten die Großforschungseinrichtungen, vor den Unternehmen (7,8 %) und der MPG (6,4 %).

Tabelle 6-1 Verteilung der Publikationen in der Biotechnologie nach Einrichtungen 1998

	Anzahl		Durchschnitt (in %)
	Einrichtungen	Publikationen	
HGF (Großforschung)	9	217	24,1
Universitäten	56	1.117	19,9
Ressortforschung	14	91	6,5
WGL (Blaue Liste)	8	49	6,1
MPG	22	118	5,3
Sonstiges	44	98	2,2
Unternehmen	65	144	2,2
FhG	6	11	1,8

Quelle: SCISearch, eigene Erhebung

Berücksichtigt man allerdings die Anzahl der publizierenden Einrichtungen, sieht das Bild bereits anders aus. Zwar erreichen die Universitäten immer noch hohe Durchschnittswerte, sie werden jedoch von den Großforschungseinrichtungen überrundet (vgl. Tabelle 6-2).

Der Anzahl der Publikationen lassen sich Zitationsraten gegenüber stellen (vgl. Tabelle 6-3). Deutsche Wissenschaftler zitieren zwar deutsche Publikationen sehr häufig, die hohen Zitationsraten US-amerikanischer Literatur insbesondere in der Klinischen- und Biomedizin sind aber auch Ausdruck der Anerkennung des wissenschaftlichen *standing* US-amerikanischer Forschung. Die Zitationsraten entsprechen den Einschätzungen deutscher Experten zur wissenschaftlich-technologischen Position Deutschlands: Im Themenfeld Biomedizin des Delphi-Berichts (1998) wird klar eine Technologieführerschaft der USA gesehen (ISI 1998a, Vol II, S. 63).

56 Die Abgrenzung 'Biotechnologie' ist nicht identisch mit den Abgrenzungen in den Lebenswissenschaften des NSB. Auch variiert die Zahl der Publikationen zwischen den einzelnen Einrichtungen (vgl. Anhang, Tabelle A-6-1) und zwischen den Jahren beachtlich.

57 Unter den insgesamt 56 publizierenden Einrichtungen befanden sich sieben Technische Universitäten und zwei Fachhochschulen. Sie finden sich in dieser Untersuchung unter den Universitäten wieder.

Tabelle 6-2 Publikationsleistungen deutscher Einrichtungen 1998

	Großforschung		Blaue Liste		Ressortforschung		Unternehmen		Universitäten	
1	GBF	67	IPK	16	BBA	19	HMR	15	Stuttgart	78
2	DKFZ	62	IMB	9	BFAV	16	Boeringer Ingel.	11	Tübingen	55
3	GSF	43	IGB	7	FAL	14	Biotecon	9	Würzburg	52
4	MDC	20	DSMZ	6	RKI	10	BASF	6	Berlin Humbold	47
5	FZJ	14	DPZ	4	BFE	9	BAYER	6	Hannover	46
6	UFZ	6	FIB	3	BAGKF	5	Boeringer Mann.	6	Mainz	43
7	FZK	2	HPI	2	BAZ	5	Henkel KgaA	6	LMU München	43
8	HMI	2	FZR	2	PEI	4	Biopharm	4	Marburg	42
9	AWI	1	-	-	BAM	2	Degussa	4	TU München	39
10	-	-	-	-	BgVV	2	Rhein Biotech	4	Freiburg	37

Quelle: SCISearch, eigene Erhebung

Deutsche Publikationen erfuhren in der internationalen wissenschaftlichen Gemeinschaft zwischen 1981 und 1993 in den drei Gebieten mehr oder weniger weltweit eine abnehmende Wichtigkeit.[58] Dieser Trend ist nicht allein mit Sprachproblemen zu begründen; eine weitere Ursache kann das wissenschaftliche System selbst sein. Der Paradigmenwechsel von disziplinärer zu interdisziplinärer Forschung, wie er für das molekularbiologische wissenschaftliche Paradigma notwendig ist, ist im deutschen disziplinären und fragmentierten Wissenschaftssystem erst in Ansätzen erkennbar. Die Ansicht, dass interdisziplinäre Forschung eher wissenschaftlich herausragende Forschungsergebnisse als die traditionell disziplinäre Forschungsweise hervorbringt, wird gerade in den Lebenswissenschaften von vielen Wissenschaftlern vertreten.[59]

Tabelle 6-3 Zitationsrate Deutschlands in den Lebenswissenschaften nach den wichtigsten Herkunftsländern (1981-1993, Angaben in Prozent)

Gebiet	Deutschland	USA	UK	West Europa*	Japan
Klinische Medizin	23,2	40,0	8,9	8,1	4,3
Biomedizin	24,5	44,8	7,0	6,0	4,9
Biologie	36,7	26,5	7,7	6,2	4,6

Datenquelle: NSF 1996; eigene Zusammenstellung
*West Europa: Nur Portugal, Spanien, Griechenland, Österreich, Schweiz, Benelux.

58 Deutsche Publikationen erfahren in fast allen Gebieten vor allem in den osteuropäischen Ländern hohe Zitationsanteile. Auch das deutet darauf hin, das die Sprache ein entscheidender Faktor für die Zitierhäufigkeit einer Publikation ist.

59 Diese Einschätzung wurde in zahlreichen Interviews, die im Rahmen des Forschungsprojekts 'Interdisziplinäre Zentren für klinische Forschung' mit Wissenschaftlern und Wissenschaftsorganisatoren durchgeführt wurden, geäußert.

Der abnehmende Anteil im SCI-Index lässt sich aber mit einer weiteren Vermutung verbinden: in diesem Index werden zumindest bei den nicht Englisch sprachigen Zeitschriften nur erstklassige Zeitschriften aufgenommen, von denen ein Großteil grundlagenorientiert ist. Sollte die biomedizinische Forschung also eher anwendungsorientiert sein und in den sehr guten Zeitschriften nur wenig Berücksichtigung finden?

Ein Indikator für diese Vermutung ist der hohe Anteil der industriellen Drittmittel von Universitäten im Bereich der Biotechnologie, der sich auch in einer relativ anwendungsorientierten Grundlagenforschung der Universitäten[60] widerspiegelt. Die Universitäten zeigen in Bereichen wie Medizin, Umwelt und Chemie zum Teil deutliche Überlappungen zu interessierten Biotechnologieunternehmen – betreiben also in diesen Fällen eher anwendungsorientierte Forschung (REIß und KOSCHATZKY 1997, S. 59). Bei Produkten wie Pharmazeutika, Fein- und Massenchemikalien sowie Anlagen überwiegt dagegen eine leichte Tendenz zur Grundlagenforschung. Die Forschung der Universitäten konzentriert sich deutlich weniger auf Anwendungen wie Pharmazeutika, als auf der Grundlagenforschung zuzurechnende Mikroorganismen, Tiere und Pflanzen. Betrachtet man die Ausrichtung auf biotechnologische Forschung insgesamt, dominieren an den Universitäten eindeutig Anwendungen in der Chemie. Etwa 25 % der Aufwendungen werden auf Massenchemikalien, weitere 11 % auf Feinchemikalien verwendet (REIß und KOSCHATZKY 1997, S. 60). Diese Dominanz kann nicht nur mit der starken Industriebasis in der Chemie und deren traditionell intensiven Beziehung zur Universitätsforschung in Verbindung gebracht werden, sondern kann auch für wissenschaftliche Publikationen in Fachzeitschriften in der Chemie oder Verfahrenstechnik sprechen.[61]

Insgesamt lässt sich festhalten, dass die Einschätzungen der biotechnologischen, wissenschaftlichen Basis in Deutschland bis Anfang der 1990er Jahre auf Grund der schlechten Datenlage eher spekulativ waren. Auf wissenschaftlicher Ebene haben die deutschen Forschungseinrichtungen und publizierende Industrie mit einem nachlassenden Interesse zu kämpfen. Die Vermutung liegt nahe, dass die deutsche wissenschaftliche Anwendungsorientierung auch in den Lebenswissenschaften vorherrscht und dass in diesen Bereichen bereits existierende technologische Stärken wie Chemie und Verfahrenstechnik von der wissenschaftlichen Basis deutlich stärker aktiv unterstützt werden, als wissensbasierte Technologien, die noch stärker der Grundlagenforschung zuzurechnen sind.

---

[60] Die folgenden Angaben beziehen sich auf eine Untersuchung in den baden-württembergischen Universitäten (REIß und KOSCHATZKY 1997). Sie werden aber durch die Erhebung des Statistischen Bundesamts (1995) unterstützt.

[61] Eine Überprüfung dieser Vermutung ist nur mit aufwendigen Suchstrategien und unter bestimmten Bedingungen durchführbar. Da aber die Erklärung der deutschen (Ko-)Publikationen im biomedizinischen Bereich hier aber nicht weiter auszuführendes Thema ist, sei nur auf die indikatorischen Möglichkeiten verwiesen.

6.2 Institutionelle Rahmenbedingungen

In diesem Abschnitt werden zunächst die Rahmenbedingungen untersucht, die im Refenrenzmodell der USA als entscheidend gelten: Finanzmärkte, Regulation hinsichtlich Patentgesetzgebung und Zulassungsverfahren sowie Wissenstransfer zwischen Universitäten und Industrie.

6.2.1 Finanzmärkte und Unternehmensgründungen

Während sich das marktliche Finanzsystem im Regulationsmodell von BOYER *et al.* (1997) durch hoch entwickelte Finanz- und Kapitalmärkte und bewusste Risiken auszeichnet, wird die weniger bzw. nicht-marktliche Ausprägung mit einer schwachen Entwicklung und moderaten Kapitalkosten in Verbindung gebracht (BOYER *et al.* 1997, S. 155). In den USA existieren hoch entwickelte Finanz- und Kapitalmärkte in einem Grad, wie sie sich in Japan und Deutschland deutlich weniger wiederfinden. In einem direkten Vergleich der Situation in den drei Ländern kommt DIETL (1998) zu dem Ergebnis, dass sich die Unterentwicklung in Deutschland an einigen Faktoren ausmachen lässt. Der Kapitalmarkt zeichnet sich u. a. durch eine geringe Anzahl börsennotierter Unternehmen, eine schwache Liquidität der Aktienmärkte und ein geringes Handelsvolumen an der Börse aus (DIETL 1998, S. 120). Im Bereich der Anleihen dominieren mit knapp 48 % private Finanzintermediäre (inklusive Sparkassen). In den USA liegt deren Anteil bei 16 %, in Japan bei 18 %. Auf der anderen Seite halten in Deutschland nur 0,1 % private, nicht Finanzunternehmen Anleihen – gegenüber 21 % in den USA und 10 % in Japan. Gerade die beiden letzten Angaben machen die starke Stellung der Finanzintermediäre in Deutschland deutlich (DIETL 1998, S. 122).

Auch die deutsche Bankenlandschaft unterscheidet sich von der US-amerikanischen oder japanischen sehr: Sie setzt sich vor allem aus Landesbanken und Sparkassen (36 %), kommerziellen Banken (29 %) und genossenschaftlichen Banken (13 %) zusammen. 22 % sind sonstige Banken wie Spezialbanken und Darlehensbanken (HARNISCHFEGER 1999). Das Universalbankenprinzip erlaubt im Gegensatz zum - in den USA und Japan herrschenden - Trennbankensystem die Verfolgung kommerzieller und investiver Interessen. Während diese Doppelfunktion nicht zu Ungunsten der Liquidität von etablierten Unternehmen gereicht, wird gerade diese Ausprägung als ein entscheidendes Manko für die Bereitstellung von Risikokapital für Unternehmensgründungen angeführt: den Banken fehlt einerseits nicht nur das Know-how, die Ideen der Gründer angemessen zu beurteilen, sondern es besteht darüber hinaus eine deutliche Risikoaversion, den Kapitalbedarf der Neugründungen von fünf bis zehn Millionen DM in den ersten Geschäftsjahren, häufig ohne ausreichende Sicherheiten, zu gewähren (KULICKE und WUPPERFELD 1996).[62]

Im Gegensatz zu den USA besteht ein deutlich anderes Verständnis von Risikokapital, bzw. *venture capital* in Deutschland. Letzteres wird in den USA nicht nur von Finanziers an junge Unternehmen vergeben, sondern gleichzeitig erfolgt eine aktive Involvierung der Finanziers in den Unternehmen. Diese doppelte Funktion ist nicht nur deutschen Banken fremd, sie entspricht auch nicht den klassischen Idealen vom selbstständigem Unternehmertum. Ungeachtet der Tatsache, dass viele Gründer kaum Ahnung von finanziellen Angelegenheiten haben, wehren sie sich gegen die Vorstellung, dass ihr Finanzier aktiv ins Geschäftleben eingreifen bzw. dieses sogar lenken kann. Erst langsam lassen sich diese überkommenen Vorstellungen ändern - Institutionen i.S.v. Denkgewohnheiten lassen auch hier ihren hemmenden Einfluss spüren -, allerdings ist gerade in diesem Bereich der äußere Druck auf Veränderungen so weit fortgeschritten, dass Neuerungen vergleichsweise leicht eingeführt werden können. Insgesamt haben mögliche Verluste aus Gründungsfinanzierungen und die Aussicht auf wenig lukrative Börseneinführungen von jungen Unternehmen die auf Kapitalgewinne ausgerichteten Banken weitestgehend davon abgehalten, den Gründern Kapital in ausreichendem Maße zur Verfügung zu stellen. Bis Mitte der 1990er Jahre herrschten dementsprechend ausgesprochen ungünstige Konditionen für potentielle Gründer, die insbesondere auf Biotechnologieunternehmen, die durch einen hohen Kapitalbedarf gekennzeichnet sind, zutraf (MENRAD *et al.* 1999, S. 37).

Die Diskussion um Risikokapital und Innovationsfinanzierung wurde in den letzten Jahren nicht nur ausführlich und kontrovers diskutiert, sondern sie führte auch zu entscheidenden Verbesserungen. Die Summen von Beteiligungskapital sind seit 1997 stark angestiegen – 1997 wurden 2,4 Mrd. DM an Beteiligungskapital neu investiert und damit eine Verdoppelung gegenüber 1996 erreicht. Davon wurden knapp 10 % in 104 biotechnologische Beteiligungen investiert. Der Beteiligungsmarkt ist von privaten Finanzinstituten wie Kapitalbeteiligungsgesellschaften und öffentlichen Geldgebern wie mittelständige Beteiligungsgesellschaften sowie von einigen wenigen reinen Risikokapitalgebern geprägt. Seit 1997 entstehen darüber hinaus neue Beteiligungsgesellschaften mit dem Schwerpunkt Biotechnologie, wie z. B. BayerInnovation, Heidelberg Innovation oder BioM (MENRAD *et al.* 1999, S. 37). Erwähnenswert ist in diesem Rahmen auch die Initiative der *Business Angels* BAND, die, unterstützt von den Sparkassen, dem BMWi, der KFW und anderen Beteiligten daran arbeitet, jungen Unternehmen und Gründern private Gründungsunterstützung zu geben.[63] Das ebenfalls aus den USA stammende Konzept sieht ein Engagement von Privatpersonen vor, die ihre Erfahrung und ihr Kapital in die

[62] Der Risikoaversion der Banken wird allerdings durch eine oft nur mangelhaft vorgestellte Geschäftsidee und fehlende betriebswirtschaftliche Kenntnisse der Gründer kaum entgegen gewirkt.

[63] Das Business Angel Netzwerk Deutschland BAND führt über das Internet potentielle Angels und innovative Unternehmen zusammen. Siehe http://www.business-angels.de/

Gründung einbringen. Die Angels haben die Chance, am unternehmerischen Erfolg zu partizipieren.

Neben das unterschiedliche Verständnis von *venture capital* treten weitere Unterschiede. Die Vergabe von Kapital erfolgt in den USA i.d.R. mit einem zeitlich beschränkten Horizont. Ähnlich wichtig wie die Bereitstellung von Kapital ist daher auch die Möglichkeit der Investoren, sich aus dem Engagement zurück zu ziehen. Sogenannte *exit*-Strategien können z. B. der Börsengang, ein Verkauf an Finanzinvestoren, die Industrie oder ein Management Buy Out sein. Insbesondere der geregelte Ausstieg über die Börse war bis Mitte der 1990er Jahre in Deutschland jedoch nicht existent. Daher wirkt sich die Etablierung des Börsensegments des 'Neuen Marktes' 1996, sowie der Schaffung der EASDAQ, dem europäischen Pendant zur US-amerikanischen NASDAQ, auch auf biotechnologische Gründungen deutlich positiv aus. Mit dieser Innovation auf dem Kapitalmarkt erschließt sich eine attraktive geregelte *exit*-Möglichkeit für Beteiligungen, die von einer Reihe junger Biotechnologieunternehmen genutzt wird. Gegenüber dem geregelten Markt herrschen am Neuen Markt geringe quantitative Anforderungen, denen aber große Anforderungen an Transparenz gegenüber stehen. Die im Vergleich zum geregelten Markt hohe Investitionsbereitschaft der Anleger ermöglicht es den dort gehandelten Unternehmen, relativ einfach Finanzmittel zu erhalten. All diese Maßnahmen haben mit dazu beigetragen, dass seit Mitte der 1990er Jahre die Finanzierung für viele junge Biotechnologieunternehmen deutlich weniger problematisch war als noch in der ersten Hälfte (MENRAD *et al.* 1999, S. 68).

6.2.2 Wissenstransfer zwischen akademischer Forschung und Industrie

Zu Beginn 'der biotechnologischen Offensive' in den 1980er Jahren hat die deutsche Industrie i.d.R. die wissenschaftlichen Erfolge wenig berücksichtigt und erst nach den ersten kommerziellen Erfolgen in den USA versucht, Kooperationen einzugehen. Erst seit Mitte der 1990er Jahre ist ein Umdenken der deutschen Industrie zu erkennen, das sich in einem erhöhten Aufkommen von Kooperationen mit deutschen Forschungseinrichtungen manifestiert. Als Grund für die geringe Kooperationsneigung in den 1980er Jahren mit den nationalen Partnern monierte die Industrie vor allem die fehlende Bereitschaft von Universitäten und Forschungseinrichtungen, aktiv auf Kooperationsmöglichkeiten und attraktive Forschungsergebnisse hinzuweisen. Auf der anderen Seite sahen die wissenschaftlichen Einrichtungen keine Bringschuld ihrerseits. Man verwies vielfach darauf, dass es an der Industrie läge, die Ergebnisse abzurufen und einzuholen.[64]

[64] Diese Haltung war vor allem in der MPG dominant, deren Wissenschaftler der 'reinen Forschung' anhängend, keine Notwendigkeit in einem aktiven Wissenstransfer sahen. Der Rechtfertigungsdruck hat in den letzten Jahren aber auch die MPG erreicht, so dass in ihren Jahresberichten zwar immer noch von der Freiheit der Forschung und der Notwendigkeit der reinen Grundlagenfor-

Rechtlich ist eine Kooperation zwischen Universitäten und der Industrie möglich. Im Arbeitnehmererfindergesetz (ArbEG) aus dem Jahr 1957 wird es Professoren ermöglicht, Patente auf Forschungsergebnisse anzumelden, die an einer Universität erzielt wurden. Dieses sogenannte Verwertungsprivileg von Hochschullehrern führt dazu, dass zwar seit geraumer Zeit die Appropriierung öffentlich geförderter Forschung durch Privatpersonen möglicht ist und Anreize bestehen, das erworbene Patent auch kommerziell umzusetzen; auf der anderen Seite stehen Anmeldegebühren, die die Wissenschaftler selbst zu tragen haben. Häufig wird daher kein Patent angemeldet, wenn nicht bereits ein industrieller Partner gefunden wurde, mit dem die Last der Anmeldegebühren geteilt werden kann. Forschungsergebnisse, die aus Zuführungsbeträgen resultieren, können dagegen nicht von einzelnen Wissenschaftlern angemeldet werden, sondern nur durch die Universität bzw. das Institut. Die Patentierneigung dieser Einrichtungen ist allerdings aus mehreren Gründen relativ niedrig. Neben den Kostenfaktor tritt bei BMBF-Förderung die Auflage der Vergabe nicht exklusiver Lizenzen, die für viele potenzielle industrielle Partner eher uninteressant sind. Darüber hinaus muss ein Teil der Lizenzeinnahmen an die ursprünglich finanzierende Organisation bzw. das Ministerium zurück gegeben werden (ABRAMSON *et al.* 1997, S. 300).

Wie gestaltet sich nun der Transfer im Einzelnen? Bereits in Kapitel 6.1 wurde erwähnt, dass sich die biotechnologische Universitätsforschung zu ca. 60 % aus Drittmitteln finanziert. Während davon 17 % industrielle Drittmittel sind, wird der weit höhere Anteil durch öffentliche Drittmittelgeber bereit gestellt. Obgleich eine strukturell ähnliche Ausrichtung zwischen Universitäten und Industrien einen direkten Wissenstransfer durch Drittmittel finanzierte Kooperationen fördern können (vgl. Kapitel 6.1.3), stellt der informelle Austausch mit externen Wissensträgern für Universitäten wie auch für Unternehmen in der Biotechnologie den deutlich häufiger genutzten Transferkanal dar (REIß und KOSCHATZKY 1997, S. 65).

Als Kooperationspartner ziehen die Universitäten andere Universitätsinstitute, Max-Planck-Institute sowie Industrieunternehmen den übrigen Forschungseinrichtungen vor (REIß und KOSCHATZKY 1997, S. 68). In der grundlagenorientierten MPG werden als 'klassische' Transferkanäle vor allem der Wissenschaftleraustausch und die Ausbildung von Doktoranden betrachtet; immerhin lehren viele MPG-Wissenschaftler gleichzeitig an Universitäten und bilden somit den Nachwuchs mit aus, und nicht zuletzt gehen viele MPG-Doktoranden nach ihrer Ausbildung in die Industrie. Zu den neueren Kanälen gehört die Förderung von Ausgründungen und eine aktive Patentpolitik. Letzteres wird durch die 1969 gegründete Garching Innovation GmbH, der MPG-eigenen Stelle für Patentfragen und –anmeldungen, geregelt. Nach eigenen Aussagen ist es für diese Stelle schwierig, die Wissenschaftler von den Vorteilen zu überzeugen, eine Publikation erst dann einzureichen, wenn der

schung gesprochen wird, auf der anderen Seite aber auch der geleistete Wissenstransfer hervor gehoben wird.

Inhalt zum Patent angemeldet wurde.[65] Viele Wissenschaftler befürchten, dass eine Patentanmeldung die wissenschaftliche Publikation langfristig verzögert.[66] Trotz dieser 'mentalen' Barriere liegt die MPG als Patentanmelderin im Bereich der Biotechnologie in Deutschland ganz vorne, weltweit liegt sie unter den ersten zehn (ABRAMSON *et al.* 1997, S. 310f).

Nicht zu vernachlässigen sind einzelne MPIs als Inkubator für Bio-Regionen. Um das MPI für Biochemie in München-Martinsried z. B. wurde in unmittelbarer Nähe das Klinikum Großhadern und das Genzentrums der LMU München angesiedelt. Seit 1995 wird in diesem Areal das Münchner Innovations- und Gründerzentrum Martinsried vom Freistaat Bayern großzügig gefördert – mit einem deutlichen Schwerpunkt auf der Biotechnologie.

Zusammenfassend lässt sich feststellen, dass rechtliche oder wirtschaftspolitische Ideologien einen Wissenstransfer zwischen Industrie und Wissenschaft kaum behinderten. Ein überarbeitungswürdiges Beamtenrecht hat zwar Ausgründungen nicht sonderlich gefördert, aber auch nicht nachhaltig negativ beeinflusst. Es lässt sich vielmehr eine Trägheit in vielen Bereichen des Wissenschaftssystems konstatieren, die über eine lange Zeit hinweg aufgebaut und unterhalten wurde. Warum sollten auch Wissenschaftler, die für Forschung und Lehre eingestellt wurden, noch zusätzlich Kontakte zur Wirtschaft halten? Diese 'dritte Dimension' ist in vielen Disziplinen eine relativ neue Forderung; in einzelnen, wie der Chemie, gehört sie zum Alltag.

Es ist darüber hinaus müßig, über Hol- und Bringschuld auf beiden Seiten zu diskutieren. Festzustellen ist jedoch, dass vor allem auf Grund finanzieller Ressourcen mittlerweile beide Seiten von ihrer starren Haltung abgewichen sind und zum Teil sehr aktiv versuchen, Kooperationen einzugehen. Dass sich eine Kultur von Ausgründungen und Kooperationen nicht von heute auf morgen einführen lässt, ist offensichtlich. Seit Mitte der 1990er Jahre ist eine deutliche Verbesserung der Unternehmensfinanzierung junger Technologieunternehmen in der Bundesrepublik eingetreten, deren Einfluss auf die Gründerkultur nicht zu unterschätzen ist.

---

[65] Bestes Beispiel ist dafür die Publikation zur Herstellung monoklonaler Antikörper des MPI-Forschers G. Köhler, der dafür zwar einen Nobelpreis bekam; die Technik wurde dagegen nicht zuerst als Patent angemeldet.

[66] Diese Aussagen, wie sie auf einem internen Workshop 1995 in München gemacht wurden, treffen nicht nur auf die MPG zu. In den Universitäten ist diese Haltung ebenfalls anzutreffen: "Während die deutsche Forschung international einen guten Ruf genießt, treten bei der Patentierung und kommerziellen Nutzung von Forschungsergebnissen Defizite auf. Oft herrscht Unwissenheit in der Wissenschaft und unter angehenden Wissenschaftlern über Patente und deren Nutzung.... Ein missverstandener Widerspruch zwischen wissenschaftlicher Publikation und Patentanmeldung hindert die Patentanmeldung" (BIOREGIO 1999, Kapitel 'Patente').

6.2.3 Regulation: Gesetzgebung und Zulassungsverfahren

Der rechtliche Rahmen, dem biotechnologische Forschungsarbeiten, Zulassungsverfahren und nicht zuletzt Produkte ausgesetzt sind, ist sehr komplex. Eine Fülle von Rechtsbereichen und nationalen Gesetzen wie das Arzneimittel- und Lebensmittelrecht, das Medizinproduktegesetz, Saatgutverkehrsgesetz, Tierschutzgesetz und Embryonenschutzgesetz begleiten das eigens geschaffene Gentechnikgesetz (GenTG) und die Gentechnik-Sicherheitsverordnung (GenTSV). Auf EU-Ebene kommen noch eine Reihe weiterer Richtlinien hinzu, darunter die NovelFood Verordnung und die Freisetzungsrichtlinie (KOSCHATZKY und MAßFELLER 1994). Vor allem das Gentechnikgesetz regelt seit 1990 gentechnische Arbeiten, die Errichtung und den Betrieb gentechnischer Anlagen, die Freisetzung und das in Verkehr bringen gentechnisch veränderter Organismen bzw. Produkte. Nicht erlaubt sind dagegen Eingriffe am Embryo bzw. Arbeiten an der menschlichen Keimbahn durch das Embryonenschutzgesetz (EmbSG).

Deutschland ist bezüglich eines nationalen Gentechnikgesetzes ein Einzelfall. Weder in den USA noch in Japan existiert ein solches Gesetz; auch in anderen europäischen Staaten existieren neben den europäischen Direktiven i.d.R. keine nationalen Gesetze (HOHMEYER *et al.* 1994). Der Gesetzgeber hat mit der Verabschiedung eines eigenständigen GenTG einem Handlungsbedarf der Öffentlichkeit entsprochen. Die Existenz eines eigenen Gesetztes lässt sich einerseits als Ausdruck eines öffentlichen Missbehagens bezeichnen, denn die Manipulation von Genen, die bereits der Begriff Gentechnik zu suggerieren vermag, wird in Deutschland rasch mit Euthanasie und Selektion in Verbindung gebracht. Die auf Grund der deutschen Erfahrungen durchaus berechtigte Furcht vor inhumanen wissenschaftlichen Experimenten bis hin zur Vernichtung 'unwerten Lebens' rechtfertigt jedoch nicht nur moralisch ein nationales Gentechnikgesetz, sondern bietet allen Beteiligten im forscherischen und industriellen Umgang mit lebendem Material wie Zellen ein bestimmtes Maß an Sicherheit.

Im Umgang mit diesem Gesetz hat vor allem die Industrie zu Beginn der 1980er Jahre scharfe Kritik geäußert. Schleppende Verfahren und ein extremer Antragsaufwand waren nur zwei der Argumente, die als Begründung für eine Verlagerung von Industrieunternehmen an 'regulationsfreundlichere' Standorte angeführt wurde. Während die Dauer der Anmelde- und Genehmigungsverfahren vor allem mit der mangelnden Erfahrung der Behörden mit der neuen Technologie begründet wurde, die die Prüfer gerade wegen Sicherheitsbedenken vor große Probleme gestellt hat (DOLATA 1994, HOHMEYER *et al.* 1994), wurde sie auch als Ausdruck für eine "negative öffentliche Meinung" (BCG 1995, S. 115) bezeichnet. Das Gesetz wurde auf Grund der Kritik[67] und der tatsächlichen Verlagerung von F&E-Einrichtungen 1993 novelliert. Mittlerweile steht das GenTG nicht mehr grundsätzlich in Frage; es wird weder von der Industrie noch von Forschungseinrichtungen bemängelt. Es haben sich nicht nur auf Seiten der Prüfer Lerneffekte eingestellt, die sich auf die Dauer der Prüfverfahren positiv niedergeschlagen haben, auch auf Seiten der Industrie haben diese Effekte stattgefunden. Darüber hinaus musste die Industrie erkennen, dass auch in den so genannten regulationsfreundlichen Staaten wie den USA strenge und teure Sicherheitsanforderungen bestehen, die von Bundesstaat zu Bundesstaat variieren (HOHMEYER *et al.* 1994; SCHLUMBERGER und BRAUER 1994). Der immer wieder gern von der Industrie angeführte hemmende Einfluss von Prüfverfahren wird darüber hinaus als Scheinargument bezeichnet: viele Unternehmen haben den Anschluss an die biotechnologischen Entwicklungen in den USA schlichtweg verschlafen. Um dies möglichst rasch wieder wett zu machen und um den dafür als notwendig erachteten Absprung in die USA zu finden und zu legitimieren, kamen Negativbeispiele von Prüfverfahren gerade recht (DOLATA 1994).[68]

Gesetze und Zulassungen spielen auch auf europäischer Ebene für die Wettbewerbsfähigkeit der EU in der Biotechnologie eine entscheidende Rolle, was die EU bzw. die EWG bereits in den 1980er Jahren zum Erlass einer Reihe von Richtlinien veranlasste (z. B. Systemrichtlinie zur Freisetzung 90/219/EWG, Zulassung von gentechnisch veränderten Lebensmitteln 90/220/EWG). Im Gegensatz zum produktorientierten Regulationsansatz der USA (vgl. Kapitel 4.4.2.2) verfolgt die EU einen technologiespezifischen Ansatz, der in diesem Fall die Gentechnik als Basis hat. Nach gut zehnjähriger Diskussion wurde 1998 die Richtlinie 98/44/EG über den rechtlichen Schutz biotechnologischer Erfindungen verabschiedet, die zu einer Vereinheitlichung der nationalen Rechtsvorschriften bzw. Anpassungen nationaler Patentgesetze in der EU führen soll. Nach dieser Richtlinie sind mikrobiologische und andere technische Verfahren sowie deren pflanzliche oder tierische Produkte patentierbar (Art. 4). Deutschland hat die Richtlinie am 1.9.1999 in nationales Recht umgesetzt.

Das deutsche Patentsystem, das dem *first to file*-Prinzip folgt, behandelt biotechnologische Anmeldungen ähnlich wie andere europäische Patentämter auch. Grundsätzlich können lebende, genetisch modifizierte Tiere, sowie modifizierte wie auch nicht-modifizierte Mikroorganismen patentiert werden. Auch Polypeptide, Nucleo-

---

67 Eine Zusammenfassung der Veränderungsforderungen von Seiten des Verbands der chemischen Industrie (VCI), anderer Verbände und wissenschaftlicher Gesellschaften findet sich in SCHLUMBERGER und BRAUER 1994, S. 391ff.

68 An dieser Stelle wird i.d.R. auf das Zulassungsverfahren von Hoechst zur Inbetriebnahme einer Insulinproduktionsstätte im Hessischen verwiesen, die alles in allem über zehn Jahre dauerte. Der Inbetriebnahme der Anlage 1998 wird daher schon ein "symbolischer Charakter" (DECHEMA 1999) zugesprochen. Vgl. auch BCG 1995 , S. 114.

tidsequenzen, Zusammensetzungen und biotechnologische Methoden sind patentierbar. Nicht patentierbar sind dagegen medizinische oder tierärztliche Behandlungsmethoden sowie neue Anwendungen bereits bekannter Produkte (SOTIRIADIS *et al.* 1996, S. 5). Allerdings werden gerade in jüngster Zeit Stimmen lauter, die Patentierung menschlicher Gene zu unterbinden. Auslöser dieser Forderung sind die kommerziellen Anstrengungen einzelner US-amerikanischer Unternehmen, die 100.000 Gene des menschlichen Genom vor der voraussichtlichen Beendigung des öffentlich geförderten Human-Genom-Projekts sequenziert haben wollen. Die US-amerikanische und die britische Regierung planen daher ein Abkommen, das die private Patentierung dieser Gene verhindern soll (BDW 1999).

Eine weitere wichtige Maßnahme zur Harmonisierung von Zulassungen auf europäischer Ebene ist die Gründung einer Zulassungsstelle für biotechnologisch hergestellte Pharmazeutika, die die Sicherheitsprüfungen in den einzelnen Ländern ersetzen soll. Obgleich ein europäisches dezentrales Zulassungsverfahren[69] bereits vor Gründung der 1995 ins Leben gerufenen *European Agency for the Evaluation of Medical Products* (EMEA) möglich war, stand immer eine, von nationalen Behörden erteilte, Bescheinigung am Ende des Verfahrens. Die EMEA, angesiedelt in London, ist für die Organisation des zentralen Zulassungsverfahrens zuständig. Sie verfügt über ein wissenschaftliches Gremium, in das jeder Mitgliedstaat zwei Vertreter entsendet und das die eingereichten Anträge innerhalb von 210 Tagen prüft. Die Entscheidung über die Zulassung eines Mittels liegt jedoch bei den Ständigen Ausschüssen für Human- und Tierarzneimittel der Europäischen Kommission (FAZ v. 15.11.1995). Allerdings schließt sich an diese Prüfung i.d.R. eine nationale Prüfung an, die darüber entscheidet, ob das Mittel erstattungspflichtig sein soll und wenn ja, in welcher Höhe.

Deutlich konträre Anschauungen herrschen auf europäischer Ebene hinsichtlich einer gesetzlich vorzuschreibenden Kennzeichnungspflicht gentechnisch modifizierter Lebensmittel. Hier zeigt sich jedoch nach einer längeren Debatte, dass sich nationale Interessen nicht gegen den Willen anderer Mitgliedstaaten durchsetzen lassen. In der teilweise heftigen Auseinandersetzung stehen industrielle Interessen - vor allem US-amerikanischer Agrofirmen - Konsumentenvorstellungen zum Teil diametral gegenüber. In Großbritannien beispielsweise, einem gegenüber Genfood vergleichsweise aufgeschlossenem Staat (ERNST & YOUNG 1997, S. 23), der sich im übrigen gegen eine Kennzeichnungspflicht ausgesprochen hat, führte die Entscheidung der größten Lebensmittelketten, Produkte, die mit genmanipulierten Futtermitteln in Berührung gekommen sind, aus dem Sortiment zu nehmen dazu, dass

69 Das dezentrale Verfahren kann genutzt werden, wenn ein Pharmaunternehmen die Zulassung eines Medikaments bereits in einem Mitgliedsstaat erworben hat. Der Hersteller kann dann in einem oder mehreren Mitgliedstaaten parallel einen Zulassungsantrag stellen und verlangen, dass die Erstzulassung innerhalb von neunzig Tagen anerkannt wird und das Mittel vertrieben werden kann (FAZ v. 15.11.1995).

Gentechnik-Gegner diese Impulse dankbar aufnehmen. In der US-amerikanischen Industrie wächst die Angst, dass die US-amerikanische Öffentlichkeit von der europäischen Abneigung angesteckt wird (USDIN und MICHAEL 1999)

Käme es zu einer neuerlichen Abstimmung über eine Kennzeichnungspflicht wäre es durchaus denkbar, dass sich auch Großbritannien anders entscheidet. Dieses Beispiel macht deutlich, dass geplante Regulationen auf europäischer Ebene in diesem Bereich einer Dynamik unterliegen, die höchstens noch mit der Diskussion um Atomkraft verglichen werden können.

6.2.4 Einschätzung und Vergleich der genannten Rahmenbedingungen

Während im biotechnologischen Innovationssystem der USA vor allem der vorwärts preschende Finanzmarkt als wichtiger Akteur benannt wurde und rechtliche Rahmenbedingungen aus US-amerikanischer, aber auch aus europäischer Sicht als insgesamt förderlich für die Biotechnologie eingestuft wurden, sind diese Rahmenbedingungen in Deutschland zumindest in den 1980er Jahren kaum bis überhaupt nicht anzutreffen gewesen. Die Unterschiede in der Ausgestaltung des Finanzmarktes können zwischen industrialisierten Staaten wohl kaum größer sein. Eine vollständige Anpassung an das US-amerikanische System kann unter Umständen andere Bereiche des Innovationssystems deutlich negativ beeinflussen. Außerdem erscheint eine solche Anpassung unter Effizienz- und Kostenaspekten nur über einen längeren Zeitraum hinweg vollziehbar. Was wir allerdings in der Bundesrepublik beobachten können, sind Adaptierungen bestehender Finanzelemente sowie die Einführung neuer Elemente US-amerikanischer Herkunft, die entweder mit bestehenden Mitteln, oder durch leichte Veränderungen eingeführt werden können. Dem Risikokapital deutscher Prägung (besser bezeichnet als Wagniskapital) fehlt die unternehmerische personelle Verzahnung und Banken sind i.d.R. nicht bereit, echte Risiken allein zu finanzieren. Die Adaptierung erfolgt i.d.R. über den Staat, der in Form von staatlichen oder ländereigenen Beteiligungskapitalgesellschaften Risikokapital zur Verfügung stellt. Ein Beispiel der Einführung neuer Elemente spiegelt sich in Form der Business Angels wider: Es gibt in ausreichendem Maße Privatiers, die ihr Know-how und ihre Finanzkraft in ein neues Unternehmen einbringen können. Allerdings ist dieses Vorgehen in Deutschland relativ neu. Da es in den USA vor allem in innovativen Branchen anzutreffen ist, wird es zumindest von den Gründern in Deutschland übernommen, die entweder mit den herkömmlichen Wegen unzufrieden sind bzw. die eine differenzierte Einstellung zur unternehmerischen Selbstständigkeit haben. Gerade letzteres wird häufig als ein 'kultureller Faktor' bezeichnet, dessen Übertragung auf andere Kulturkreise aus institutioneller Sicht schwierig erscheint (vgl. Kapitel 2.1.1). Risikobereitschaft und die Fokussierung auf *shareholder value* z. B. sind nur zwei Faktoren, die bereits über einen längeren Zeitraum in den USA ausgeprägt wurden, und die nun im Rahmen einer stärkeren

Internationalisierung begonnen haben, auch das eher behäbige europäische System zu beeinflussen.

Hinsichtlich der Patentgesetzgebung und Zulassungsverfahren wurden auch in den USA Schwächen genannt: unterschiedliche Sicherheitsanforderungen in den Bundesstaaten und eine anfänglich zögerliche FDA brachten auch in den USA leichte Verzögerungen mit sich. Diese waren aber ohne große Konsequenzen, so lange es keine weltweite Konkurrenz gab. Für die Bundesrepublik, die bis in die 1980er Jahre über ein erfolgreiches Innovationssytem verfügte, bedeutete die neue wissensbasierte Technologie jedoch eine notwendige Anpassung, die im Verlauf der Jahre in einigen Bereichen bereits stattgefunden hat. In einzelnen Bereichen ist es dagegen schwierig, Systemelemente zu ändern, da z. B. EU-Vorgaben beachtet werden müssen. Dies gilt vor allem für das Patentgesetz, aber auch Zulassungsverfahren biotechnologisch hergestellter Arzneien, Nutzpflanzen und Lebensmittel.

Die Aufgabe der Förderung der Biotechnologie, eine aktive Politik zur Veränderung der Rahmenbedingungen und letztendlich auch die Verantwortung der Regulierung übernimmt im Gegensatz zu den USA in Deutschland in erster Linie der Staat. Bevor wir zu einer abschließenden Einschätzung des Innovationssystems kommen können, ist es daher notwendig, den entscheidenden Akteur zu betrachten, der die Rahmenbedingungen maßgeblich (mit)gestaltet. Untersuchen wir daher im folgenden Kapitel den Staat in seiner Ausprägung als forschungspolitischer Akteur.

6.2.5 Technologiepolitik und Entscheidungsbefugnisse in der Biotechnologie

Entwicklung der biotechnologisch relevanten Technologiepolitik

Von den Anfängen biotechnologischer Forschungspolitikin den 1960er Jahren sind bis heute quantitativ und qualitativ große Anstrengungen und Fortschritte erreicht worden, die maßgeblich auf einen technologiepolitischen Paradigmenwechsel Mitte der 1960er Jahre zurückgeführt werden können. Nach einer OECD-Studie aus dem Jahr 1966, die den Staat zu mehr Organisation und Entwicklung neuer Technologien aufrief, folgte Deutschland 1968 mit dem Forschungsprogramm 'Neue Technologien' des Bundesministeriums für wissenschaftliche Forschung (BMwiF). In diesem Programm wurde ein Bereich *Biologische und Medizinische Technik* gegründet, in den vor allem Umwelthygiene und Nahrungsmittelsynthese thematisiert wurden. Nach Einschätzung von BUCHHOLZ sind die damalig geförderten Industrieprojekte sehr stark durch ausländische Entwicklungen und deren Imitation geprägt (BUCHHOLZ 1979, S. 74). Neben dem Förderprogramm wurde die bereits bestehende Gesellschaft für molekularbiologische Forschung (GMBF, heute GBF, vgl. Kapitel 6.1.2) technisch aufgerüstet; bis 1970 flossen in ihre Ausstattung 6 Mio. DM. 1971 richtete das Bundesministerium für Bildung und Wissenschaft (BMBW) einen

Forschungsschwerpunkt *Biologie, Medizin und Technik* ein und legte ein 130 Mio. DM schweres Ad-hoc-Programm auf, im dem unterschiedlichste, biologisch relevante Forschungsthemen gefördert wurden. 1972 wurde im Bundesministerium für Forschung und Technologie (BMFT) eine Gruppe *Biologie, Ökologie und Medizin* eingerichtet, die bereits 1974 über 27 Ausschüsse und zwei Sachverständigenkreise verfügte. Dieser sichtbare Zuwachs wird mit dem zunehmenden wissenschaftlich-technischen Gewicht der Thematik verbunden (BUCHHOLZ 1979, S. 75).

Die Förderung der Biotechnologie wurde bereits Anfang der 1970er Jahre durch die Auflegung eines Forschungsprogramms geplant, dessen detaillierte Ausarbeitung und Schwerpunktlegung der Deutschen Gesellschaft für chemisches Apparatewesen (DECHEMA) übertragen wurde. Der 1971 gegründete Ausschuss für *Technische Biochemie* übernahm die Ausarbeitung und legte 1974 die Studie *Biotechnologie* vor, die als Grundlage der damals zukünftigen Förderprogramme gilt. Personell war dieser Ausschuss mit vier Personen aus Hochschulen, elf Personen der chemischen und pharmazeutischen Großindustrie, sowie drei Personen staatlicher Forschungseinrichtungen bestückt. Nicht vertreten waren dagegen Apparatebauer, Lebensmittel- und Brauindustrie sowie die biochemische Grundlagenforschung. Die Studie umschrieb den jeweiligen Entwicklungsstand und Potenziale für die Gebiete biologische Grundlagen, Verfahrenstechnik biologischer Prozesse, biologische Verfahren, spezielle Verfahren sowie Beseitigung von Rückständen aus biotechnologischen Prozessen und empfahl bestimmte Forschungsschwerpunkte, die durch die Auswahl der vertretenen Branchen vorgezeichnet erscheinen. Insgesamt wurden die geschätzten Projektförderkosten mit 200 Mio. DM veranschlagt, von denen 40 % auf produktorientierte Projekte entfallen sollten. In der Studie wurden auch Aussagen über die Ausbildung und den Mangel an fachlich ausgebildeten Mikrobiologen und Genetikern gemacht, der bei steigenden Fördermitteln zu erwarten wäre. Die Studie hatte einen maßgeblichen Einfluss auf die kommende Forschungsplanung; insbesondere in den Instituten der Ressortforschung und in bestehenden Großforschungs- und Hochschulinstituten wurden neue biotechnologische Schwerpunkte eingerichtet und deren Ausstattung erweitert (BUCHHOLZ 1979, S. 83ff).

In den 1960er und 1970er Jahren überrascht vor allem die Zurückhaltung der Industrie. Die konservativ eingeschätzten Lebensmittel- und Brauereiindustrien haben weder ein Interesse an den technischen Entwicklungen gezeigt, noch versuchten sie, Einfluss auf die Forschungsförderung zu nehmen. Auch die kleinen, wenig F&E-treibenden Unternehmen der Pharma- und Chemieindustrie hatten keinen Einfluss auf die Ausgestaltung der ersten Forschungsprogramme. Die fachliche Ausrichtung übernahmen die Ausschussmitglieder *Technische Biochemie* vollständig, die damit vor allem Industrie geleitete Interessen berücksichtigen konnten. Wichtige Neuentwicklungen aus dem Ausland blieben dagegen schlichtweg unberücksichtigt (BUCHHOLZ 1979, S. 84).

Förderprogramme der Europäischen Union

Die EU und ihre Vorläuferorganisation hat vor allem in den 1980er Jahren ihren Förderschwerpunkt auf die Entwicklung einer biotechnologischen Infrastruktur gelegt. Bereits 1983 wurde das Programm *Molekularbiologische Technik* aufgelegt, das zwischen 1985 und 1989 im ersten Rahmenprogramm der EU durch eine Aktionslinie *Forschung und Ausbildung auf dem Gebiet der Biotechnologie* abgelöst wurde. Diese Aktionslinie wurde mit 55 Mio. ECU unterstützt. 1990 folgte im zweiten Rahmenprogramm das dreijährige Folgeprogramm *BRIDGE*, im dem vor allem der Transfer zwischen Wissenschaft und Industrie angestrebt wurde. Aus Deutschland beteiligten sich insgesamt 42 Universitäten, 42 Forschungseinrichtungen und elf Unternehmen (STAT. BUNDESAMT 1995, S. 146). Zeitlich überlappend wurde die Aktionslinie in der Landwirtschaft *ECLAIR* zwischen 1988 und 1993 mit dem Ziel gefördert, technologische Nutzungsmöglichkeiten für Agrarrohstoffe und die mit ihrer Gewinnung verbundenen Umwelteinflüsse zu untersuchen (BMBF 1988, S. 163f). Zwischen 1992 und 1994 wurde im dritten Rahmenprogramm das Förderprogramm BIOTECH aufgelegt und in Höhe von ca. 170 Mio. ECU gefördert. Im vierten Rahmenprogramm zwischen 1994 und 1998 wurden die Ausgaben für Biotechnologie deutlich in die Höhe geschraubt: in drei spezifischen Programmen wurden über 450 Projekte mit durchschnittlich 1,17 Mio. ECU in den Lebenswissenschaften gefördert. Die Fördersumme betrug insgesamt 595 Mio. ECU (CORDIS 1999). Im fünften Rahmenprogramm zwischen 1999 und 2003 sind insgesamt Ausgaben von fast 600 Mio. ECU in diesem Bereich geplant. Da die von der EU bereitgestellten Mittel nicht nach dem Sitzland der durchführenden Einrichtung publiziert werden, ist es nicht möglich anzugeben, in welcher Höhe sich die EU an den biotechnologischen F&E-Ausgaben in Deutschland beteiligt (STAT. BUNDESAMT 1995, S. 147).

Förderprogramme des BMBF

Aus dem vormals einfachen Förderschwerpunkt wurde 1979 das erste Förderprogramm des BMBF im Bereich der Biotechnologie. Zwischen 1985 bis 1988 förderte das BMBF unter dem Programmtitel *Angewandte Biologie und Biotechnologie.* Im Zusammenwirken mit einigen Bundesressorts war die Förderung der "Grundlagenforschung als auch die wirtschaftliche und technologische Entwicklung auf breiter Front" (BMBF 1988, S. 159) das Ziel. Seit 1990 erfolgt die Förderung der Technologie unter dem Förderprogramm *Biotechnologie 2000.*

Bis 1995 unterschied sich die bundesrepublikanische Biotechnologieförderung nicht von anderen Förderschwerpunkten. Schwerpunktförderung, Projekt- und institutionelle Förderung waren die etablierten Förderinstrumente. Bis zu diesem Zeitpunkt war die allgemeine Stimmung im Lande, vor allem der Gentechnik gegenüber, verhalten bis feindlich. Unternehmensgründungen wie in den USA blieben aus, ein Teil der Pharmaunternehmen verlagerte F&E-Stätten, die Konsumentenängste vor

'Genfood' bestanden unvermindert. Alles in allem keine aussichtsreiche Lage, die Schlüsseltechnologie am Standort Deutschland zu fördern. Ein bis dato radikal neues Förderinstrument gilt als Schlüssel dafür, dass sich die Situation der Biotechnologie in Deutschland nun Ende der 1990er Jahre merklich verbessert hat. Während in den Analysen der 1980er Jahre auf der Haben-Seite des biotechnologischen Innovationssystems der wissenschaftliche Standard und die industrielle Basis der Bundesrepublik gewürdigt wurden, mangelte es an der direkten Zusammenarbeit zwischen diesen Systemelementen; zum Teil, weil vormals nicht die Notwendigkeit der Zusammenarbeit offen zu Tage trat, zum Teil aber auch durch unterschiedliche Erwartungen.

Veränderungen in der Technologiepolitik, z. B. die Einführung so genannter Leitprojekte, hat sich auch auf die Struktur der Biotechnologieförderung ausgewirkt. Unterschiedliche Strategien werden nun mit unterschiedlichen Förderinstrumenten verbunden (DECHEMA 1999):

- *BioMethoden*, ein mit ca. 73 Mio. gefördertes Programm, das Grundlagen der Biotechnologie, Ersatzmethoden zu Tierversuchen und biologische Sicherheitsforschung fördert
- *BioMaterie*, mit 189 Mio. DM wird die Entschlüsselung und Nutzung biologischer Baupläne, Proteomforschung, Glycobiotechnologie und Bioinformatik gefördert
- *BioSysteme*, mit 108 Mio. DM werden Neurobiologie, Umweltbiotechnologie und biologische Systeme gefördert
- *BioProduktion*, der mit 219 Mio. DM größte Förderarm fördert die Katalyse, Stoffwandlung, Zellfabriken, Pflanzenzüchtung, biologischen Pflanzenschutz sowie Naturstoffforschung
- *BioRegio*, mit 230 Mio. DM werden Projekte in Modellregionen gefördert
- *BioFuture*, mit 150 Mio. DM soll interdisziplinäre Forschung von Nachwuchswissenschaftlern der Biotechnologie gefördert werden.

Der 1995 ins Leben gerufene *BioRegio*-Wettbewerb des BMBF versuchte die Lücke zwischen Wissenschaftsbasis und Industrie zu schließen. Die Zielsetzung ging mit der Programmformulierung einher: gefördert werden sollte der Entwurf für die erfolgsversprechende Verknüpfung biotechnologischer Forschung mit der Umsetzung ihrer Ergebnisse. Im Unterschied zur allgemeinen Projektförderung wurde mit *BioRegio* eine Kommerzialisierung durch die Förderung auf regionaler Basis angestrebt. Die zu entwerfenden Konzepte sollten auf einer regionalen Bündelung vorhandener wissenschaftlicher, industrieller und nicht zuletzt Kompetenzen der öffentlichen Verwaltung aufbauend, zur Formulierung einer wirtschaftliche Strategie führen. Im Gegensatz zu anderen forschungspolitischen Initiativen verzichtete das BMBF hierbei auf die Formulierung bestimmter Anwendungen oder wissenschaftlicher Disziplinen. Für die Sieger des Wettbewerbs winkte eine fünfjährige prioritäre Förderung durch das nationale Biotechnologie-Förderprogramm und bevorzugten Zugang zu speziellen Fördermitteln. Insgesamt ging es um ca. 200 Mio. DM – eine Summe, um die sich 37 Regionen bewarben. In einer Vorbereitungsphase legten diese auf Grund der regionalen Kompetenzen Konzepte vor. Folgende Kriterien waren für die letztendliche Auswahl der Gewinner entscheidend:

- das Leistungsprofil der ansässigen wissenschaftlichen Einrichtungen
- vorhandene interdisziplinäre Verbindungen der biotechnologischen Forschung
- vorhandene Industrieunternehmen
- Dienstleistungsangebote, z. B. Patentbüros, Datennetze, Beratung bei Antragstellung bei Banken oder Behörden
- Wissenschaftliche Unterstützung und regionale Forschungskapazitäten, sichtbar anhand von Labors bzw. messbar an Hand von Patenten
- Ergriffene Maßnahmen zur Ansiedlung bzw. Neugründung biotechnologischer Unternehmen
- Finanzierungsbereitschaft von Banken und privaten Anlegern in biotechnologische startups
- Kooperation von Forschungseinrichtungen und Kliniken in der Region
- Genehmigungspraxis für biotechnologische Anlagen sowie Freisetzungsversuche in der Region (BIOREGIO 1999, Kapitel 'Kriterien').

Es gewannen die Regionen München, Rheinland (Köln) und das Rhein-Neckar-Dreieck (Heidelberg, Mannheim, Ludwigshafen). Ein Sondervotum erhielt die Bio-Region Jena. Zwischen 1997 und 2001 bekommen die drei siegreichen Regionen jeweils 50 Millionen, Jena bekommt 30 Mio. DM an Fördermitteln, die für den Unterhalt von Geschäftsstellen, Informationsprojekten sowie F&E-Projekten und Demonstrationsvorhaben eingesetzt werden. Die durch dieses Programm ausgelöste Dynamik in der Gründerszene lässt sich anschaulich nachzeichnen (vgl. Kapitel 6.3). Der Erfolg des Wettbewerbs insgesamt und des neuen Instruments Wettbewerb um öffentliche Fördermittel wird nicht nur in anderen technologiepolitischen Initiativen des Bundes übernommen, auch unterstützende Programme wie *BioFuture* und *BioChance* (letzteres besteht seit Juni 1999) unterliegen sehr viel stärker kompetitiven Faktoren und werden im Wettbewerb ausgeschrieben.

6.3 Der industrielle Komplex

Die Anwendungsfelder der modernen Biotechnologie allein oder in Kombination mit anderen Technologien reichen in eine Reihe von Branchen und Sektoren hinein, von denen die Pharmaindustrie weltweit bisher am weitesten tangiert ist. Ob und in welcher Form die deutschen Industrien, allen voran Pharma- und zum Teil engstens damit verbunden die Chemieindustrie auf die biotechnologische Revolution reagiert haben, wird nun untersucht. Da auch der Lebensmittelsektor große Anwendungspotenziale hat, werden diese drei Industrien auf ihre Entwicklungen und gegenwärtige Lage hin untersucht. Motivation dieser Vorgehensweise liefert der Ansatz der kumulierten Verursachung und der daraus abgeleiteten Hypothese, dass 'History matters'. Die Geschichte beeinflusst auf mehreren Ebenen: zum Einen, was die national eingeschlagenen technologischen Entwicklungspfade betrifft, die sich in bestimmten technologischen Stärken bzw. Schwächen manifestieren, zum Anderen werden diese Stärken i.d.R. durch eine Wissensbasis begleitet; die Interaktionen zwischen beiden sind weitgehend institutionalisiert.

Wie wir bereits eingangs gesehen haben, lassen sich für die technologische Spezialisierung Deutschlands und das Wissenssystem eine zum Teil hohe Kompatibilität und Synergieeffekte bescheinigen. So entspricht der Ausrichtung auf ingenieurlastiges, produzierendes Gewerbe und höherwertige Technik in hohem Maße die Ausbildungs- und Forschungslandschaft. Doch was, wenn ein externer Schock in Form einer revolutionären Technologie das System aus der Balance zu werfen droht? Veränderungen im Wissenschaftssystem werden nur langsam vollzogen und auch FuT-politisch motivierte Anpassungen benötigen Zeit. Welche Anpassungsstrategien haben unterschiedliche Industrien? Diesen Fragen wollen wir im Folgenden nachgehen.

6.3.1 Pharmaindustrie

Entwicklungen

Die deutsche Pharmaindustrie spielt seit den 1960er Jahren international eine wichtige Rolle. Sie wird als innovativ, investitionsstark und Weltmarkt orientiert charakterisiert. Ihr Erfolg wird maßgeblich auf die Entwicklungsstrategien der synthetischen organischen Chemie zurückgeführt. Bis Ende der 1960er Jahre waren die Spitzenpositionen in den unternehmenseigenen F&E-Labors der Großunternehmen mit Chemikern besetzt. Die dadurch vorherrschende molekulare, 'chemische Denkweise' erschwerte die rechtzeitige Wahrnehmung der modernen Biotechnologie erheblich (BUCHHOLZ 1979, S. 70).

Obwohl es einige große, reine Pharmakonzerne gibt, werden häufig die traditionellen Chemiekonzerne Hoechst und Bayer mit der Entwicklung biotechnologischer Anwendungen in der Pharmazie in Deutschland verbunden. Diese Unternehmen gehörten auch zu den ersten, die biotechnologische Forschungseinheiten gründeten und damit die allgemein abwartende und reaktive Haltung der Industrie ablösten. Bayer gründete 1972 ein Biotechnikum; Hoechst arbeitete etwa zur gleichen Zeit mit zwei weiteren Unternehmen an einem staatlich unterstützten Großprojekt (BUCHHOLZ 1979, S. 69f). Ins Licht der 'biotechnologischen Öffentlichkeit' sind diese Unternehmen aber erst wieder Anfang der 1980er Jahre getreten, als bereits die ersten Erfolge in der Biotechnologie in den USA errungen wurden und die deutschen Unternehmen feststellen mussten, dass eine entscheidende Revolution an ihnen vorbei gegangen war. Diese zugegebenermaßen pauschalisierende Beschreibung trifft zwar auf vereinzelte Unternehmen nicht so drastisch zu, aber auf die Branche insgesamt. Das technologische lock-in in eine chemielastige Denk- und Innovationsweise, die mehr als zwanzig Jahre weltweit hohe Umsätze zu generieren verhalf, hat gleichzeitig dazu geführt, das andere Entwicklungen unberücksichtigt blieben. Die Aussicht, dass die neue Technologie mittel- bis langfristig die existierende wissenschaftliche Basis in den Unternehmen obsolet machen würde, machte Strategien der Wissensakquisition notwendig, wenn sich die Unternehmen nicht der wirtschaftlichen Belanglosigkeit ausgesetzt sehen und im Schumpeter'schen Sinne vom Markt verdrängt werden wollten.

Welche Anpassungsstrategien blieben den Pharmaunternehmen tatsächlich? Ihren eigenen F&E-Einrichtungen fehlten die neuen Kompetenzen, und die wissenschaftliche Basis an Universitäten und Einrichtungen der Grundlagenforschung in Deutschland erschien entweder zu weit weg von der wissenschaftlichen Spitze oder schlichtweg kaum erreichbar für Kooperationen. Anfang der 1980er Jahre begann die deutsche Pharmaindustrie mit Aufholstrategien, die sie zunächst in die wissenschaftlich führenden USA führte. Über Kooperationen mit richtungsweisenden Forschungseinrichtungen, Universitäten, Hochschulkliniken und nicht zuletzt den ständig zunehmenden spinoffs und startups wurde versucht, das neue Wissen aufzunehmen. Die Hinwendung zu den USA erschien durchaus nahe liegend, da deren wissenschaftliche Dominanz ausgeprägt schien. Allerdings wurde dies nur selten von den Unternehmen als Hauptgrund genannt. Die Gründung von F&E-Einrichtungen in den USA wurde vielmehr als Reaktion auf 'miserable rechtliche Rahmenbedingungen' und ein 'biotechnologisch feindliches Klima' in Deutschland bezeichnet.

Die Abwanderung von F&E-Kapazitäten ins Ausland und die Androhung weiterer Verlagerungen haben die politischen Entscheidungsträger aufgeschreckt und zu Anpassungen rechtlicher Rahmenbedingungen geführt (vgl. Kapitel 6.2.3). Obgleich die Gründung von F&E-Kapazitäten im Ausland mittlerweile als Teil einer Globalisierungsstrategie von Pharmaunternehmen weltweit auszumachen ist, haben die Entwicklungen in den 1980er Jahren einen Anpassungsdruck an das institutionelle System erzeugt, der sich wiederum deutlich positiv in den 1990er Jahren niederschlägt.

Industriestruktur

In der Bundesrepublik gibt es etwa 1.100 Arzneimittelhersteller, darunter Apotheken, die Arzneimittel unter eigenem Namen verkaufen und etwa zwanzig multinationale Konzerne. Nach Größenklassen dominieren die Hersteller mit bis zu 99 Mitarbeitern (45,5 %) vor der Gruppe zwischen ein Hundert und 499 Mitarbeitern (38,7 %). Nur 15,8 % beschäftigen mehr als 500 Mitarbeiter. Insgesamt beschäftigte die Branche 1998 etwa 114.000 Mitarbeiter. In der deutschen Pharmaindustrie sind kleine und mittelständische Unternehmen deutlich häufiger anzutreffen als Großunternehmen (BPI 1999).

1998 machte die Industrie auf dem heimischen Markt Umsätze in Höhe von gut 27 Mrd. DM und exportierte im Wert von weiteren 26 Mrd. DM (BPI 1999). Der Verband der forschenden Arzneimittelhersteller (VFA) vertritt eine Gruppe von 37 Unternehmen, die laut Verbandsangaben zwei Drittel des deutschen Arzneimittelmarktes repräsentieren und die 1998 insgesamt 5,4 Mrd. DM in F&E investieren, davon 1,8 Mrd. DM am Standort Deutschland (VFA 1999). Laut Stifterverband investierte die gesamte Industrie zwischen 2,88 Mrd. (1991) und 2,79 Mrd. DM (1995) in F&E. Gemessen am Umsatz liegt die F&E-Quote der Industrie bei ca. 15 %. Die Industrie liegt in den Summen ihrer F&E-Ausgaben nicht nur weit hinter den USA zurück, sondern folgt auch nicht dem Aufwärtstrend der britischen und französischen Pharmaindustrie im gleichen Zeitraum. Mit dem deutschen Stand ist einzig noch die japanische Industrie vergleichbar, die zwischen Ende der 1980er und Mitte der 1990er Jahre zwar deutliche F&E-Ausgabensteigerungen verzeichnete, aber seit 1993 auf gleichem Niveau wie die deutsche Pharmaindustrie verharrt (OECD 1997a). Im Vergleich zu wichtigen Konkurrenten wie Japan, Großbritannien und USA sind die Forschungsaufwendungen seit Anfang der 1980er Jahre nur unterdurchschnittlich angestiegen, zeitweise waren sie sogar rückläufig. Dementsprechend hat der Anteil an Innovationen, insbesondere im Bereich der Wirkstoffe, gegenüber den Konkurrenten bis 1993 abgenommen (BMBF 1999, S. 125f).

Die pharmazeutische Industrie unterliegt seit Mitte der 1980er Jahre einer Welle von Unternehmenszusammenschlüssen, die auch vor deutschen Unternehmen nicht halt macht. Das führt dazu, dass führende Unternehmen und altbekannte Namen wie z. B. Boehringer Mannheim, das 1998 von Hoffmann-LaRoche erworben wurde und nun unter dem Namen 'Roche Diagnostics' geführt wird, aus der Liste der größten deutschen Unternehmen verschwinden und neue Namen auftauchen (vgl. Anhang, Tabelle A-6-1). Ein weiterer, struktureller Effekt ist das verstärkte Engagement der großen, traditionellen Chemiekonzerne, die in den letzten Jahren ihre Pharmasparten konsequent ausgebaut haben bzw. wie die Hoechst AG versuchen, durch Zukäufe zu einem 'integrierten life-science Konzern' zu werden. Aus Hoechst

Marion Roussel (HMR) wurde nach der Zusammenführung mit Rhône-Poulenc Ende 1999 das Unternehmen 'Aventis'.[70]

Neben dem strukturellen Effekt der Industriekonzentration ist aber auch in Deutschland eine Zunahme an biotechnologischen startups festzustellen, die eine wichtige Rolle in der Industriestruktur einnehmen können. Diese Entwicklung spiegelt sich aber erst seit Mitte der 1990er Jahre in entsprechenden Zahlen wider.

Unterscheiden lässt sich der deutsche Entwicklungspfad der Biotechnologie in eine längere Durststrecke 'vor-BioRegio' und eine prosperierende 'nach-BioRegio'. In den 1980er Jahren blieb die Entwicklung von neuen Biotechnologieunternehmen "auch nach einer kleinen Welle von Gründungen gegen Mitte der achtziger Jahre ... von rückständiger Bedeutung". (DOLATA 1994, S. 14). Zwischen 1981 und 1988 entstanden zwischen 40 und 50 Unternehmen zum Teil als Unternehmensgründung (z. B. *Biosyntech*, gegründet 1981 von einem Wissenschaftler), als Ausgründungen bestehender Pharmaunternehmen (*Bioferon*, 1981, Auslagerung von Dr. Rentschler Arzneimittel), oder Gründungen aus dem Hochschulbereich. Diese Gründungen waren bzw. sind i.d.R. sehr klein und beschäftigen zwischen drei und fünfzehn Mitarbeitern, nur wenige beschäftigen bis zu 100 Mitarbeiter. Auch der Umsatz lag häufig nur bei einigen Hunderttausend Mark. Eigentümer sind häufig die Gründer. Sie werden um Beteiligungen von Banken, Kapitalbeteiligungsgesellschaften und Industrieunternehmen ergänzt. Das ein oder andere Unternehmen wurde auch von einem Großunternehmen aufgekauft, das Gros ist aber selbstständig und forscht und entwickelt für Kunden wie Max-Planck-Institute, Krankenhäuser, Universitäten, Großlabors und die Privatwirtschaft (DOLATA 1994, S. 15f). Im Gegensatz zu ihren US-amerikanischen Pendants wuchsen die westeuropäischen Biotechnologieunternehmen weder auf eine Größe wie Amgen oder Genentech heran, noch haben sie auch nur annähernd so hohe Gründungszahlen realisieren können.

Bis 1996 wurde im europäischen biotechnologischen Industriesegment noch zwischen großen, mittleren und kleinen Firmen unterschieden. Deutschland verfügte nach dieser Aufteilung über ca. 85 kleine, 15 mittlere und 4 große Unternehmen und lag in der Summe (104) kurz vor Frankreich (100), aber deutlich hinter Großbritannien (ca. 185) (ERNST & YOUNG 1997, S. 17). In diesem Segment werden weiterhin sogenannte Core-Biotech-Firmen bzw. ELISCOs (*Entrepreneurial Life Science Companies*) unterschieden, die per Definition kleine und mittelgroße Firmen mit bis zu 500 Mitarbeitern sind. Wurden 1988 gerade mal zwischen 40 und 50 solcher kleiner Unternehmen gezählt (DOLATA 1994, S. 15), stieg deren Anzahl bis 1995 auf 75. Die Wachstumsraten änderten sich schlagartig seit 1995: 1996 wurden bereits 104, 1997 insgesamt 173 und 1998 222 ELISCOs in Deutschland gezählt (ERNST & YOUNG 1999). Damit wurden zwischen 1996 und 1998 insgesamt 147

---

70 Eine Reihe von Untersuchungen beschäftigen sich mit den Anpassungsstrategien der größten Konzerne und geben einen zum Teil detaillierten Einblick wie DOLATA 1994.

ELISCOs in Deutschland gegründet, was im europäischen Vergleich die höchste Zuwachsrate an Biotechnologie-Unternehmen ist. Allerdings hinken die deutschen Unternehmen in ihrer Größe, Marktkapitalisierung und in ihrem Reifegrad vor allem den britischen Unternehmen hinterher.

Tabelle 6-4 Überblick über die zehn umsatzstärksten deutschen Pharmaunternehmen (1998, Angaben in Millionen DM)

Name	Gründung	Pharmaumsatz	F&E Ausgaben	F&E zu Umsatz (in %)	Mitarbeiter (weltweit)	Eigentümer/ Haupaktionär (Anteil in %)
HMR	1995	13.737	2.510	18.3	38.109	Hoechst (100)
BASF/Knoll	1886	9.970	1.241	12.4	13.139	BASF (100)
Bayer Pharm	1863/ 1951	8.500	1.500	17.6	21.500	Bayer (100)
Boehringer Ingelheim	1885	8.216	1.508	18.3	24.860	Familie
Fresenius	1912	8.444	123	1.6	39.923	Stiftung (55,96);
Schering	1871	6.425	1.229	19.1	22.043	Streubesitz (52)
Merck KGaA	1827	4.676	666	14.2	28.911	E. Merck (74)
B. Braun Melsungen	1839	4.254			27.371	Familie
Boehringer Mannheim[1]		2.562			8.744	Corange Hldg (100)
ASTA Medica	1923	1.670	242	14.5	6.004	Degussa (100)

Quelle: HOPPENSTEDT Firmendatenbank, Unternehmensberichte; eigene Zusammenstellung
Anmerkungen: Mit Fresenius und B. Braun Melsungen befinden sich zwei Unternehmen unter den zehn größten, die in 'reinen' Pharma-Rankings i.d.R. nicht auftauchen.
[1] Angaben 1996.

Vergleicht man die Branchengrößten der Pharmaindustrie und die bereits börsennotierten Biotechnologieunternehmen (vgl. Tabellen 6-4 und 6-5), zeigen sich noch stärkere Diskrepanzen als im US-amerikanischen Markt (vgl. Kapitel 4.4.3). Dass es in Deutschland überhaupt börsennotierte Biotechnologieunternehmen gibt, ist zum Einen dem Umstand der Gründung des Marktsegments des Neuen Markts zu verdanken, zum Anderen profitieren Biotechnologiegründungen und –börsengänge vom relativ neuen und veränderten Biotechnologie-Bewusstsein in Deutschland.

Tabelle 6-5 Überblick über die börsennotierten deutschen Biotechnologieunternehmen (1. Halbjahr 1999, Angaben in Millionen DM)

Name	Gründung	IPO	Umsatz	F&E Ausgaben	F&E zu Umsatz (in %)	Mitarbeiter
Biotest	1949	1987	198	16,2	8,2	1.161
Qiagen	1984	1996	124	13,8	11,1	620
MGW-Biotech	1990	1999	27,5	9,0	32,7	205
MorphoSys	1992	1999	2,57	4,28	166,0	63
Rhein Biotech	1985	1999	1,65	1,28	77,5	53

Quelle: Unternehmensangaben; eigene Zusammenstellung

Patente und Publikationen

Untersucht man die zehn größten Unternehmen auf ihre biotechnologisch relevanten Patent- und Publikationsleistungen, das heißt, die Patente und Publikationen des Unternehmens, die der biotechnologischen Klassifizierung zuzuordnen sind, zeigt sich zwischen 1980 und 1998 ein stetiges Wachstum (vgl. Abbildung 6-1). Im genannten Zeitraum lag zwar die Anmelderate für Patente der Unternehmen zum Teil deutlich höher als die ihrer Publikationen, insgesamt kann aber ein positiver Zusammenhang festgestellt werden (Pearson's r = 0.84). Für 1997/98 kann das Zahlenmaterial auf Grund der Unvollständigkeit der Eingaben in die Datenbank nicht abschließend interpretiert werden. Berücksichtigt man aber, dass allgemein der Verlauf der Patentkurve zeitverzögert zum Verlauf der Entwicklung der Publikationen stattfindet, lässt die Zunahme an Publikationen eine Zunahme an Patenten zumindest erwarten. Ob dieser Anstieg jedoch mit dem steilen Anstieg der Publikationen mit halten kann, oder ob sich die Kurven schneiden, kann erst mit einer Verzögerung von mindestens 18 Monaten überprüft werden.

Abbildung 6-1 Verlauf der biotechnologisch relevanten Patente- und Publikationen in den größten deutschen Pharmaunternehmen (kumuliert, 1980-1996)

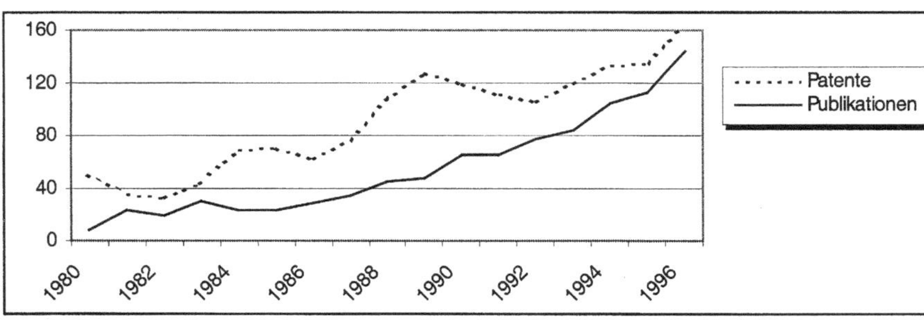

Quelle: SCISearch, WPI; eigene Berechnungen.
Hinweis: Die Aktivitäten von Bayer blieben hier unberücksichtigt, sie finden sich in der Chemiebranche wieder.

Allerdings sind die Schwankungen zwischen den einzelnen Unternehmen, gemessen an Hand der beiden Indikatoren, zum Teil erheblich (vgl. Abbildung 6-2); nicht nur was die Anzahl der biotechnologisch relevanten Patente und Publikationen, sondern auch was diese Leistungen insgesamt betrifft. Nutzt man Publikationen als Indikator für eine Wissenschaftsorientierung und Patente als Indikator für Technologie- i.S.v. Anwendungsorientierung, lassen sich bereits unter den größten Unternehmen deutliche Unterschiede ausmachen. Insgesamt erzielen die Unternehmen durchschnittliche Werte von 14,8 % im Bereich biotechnologisch relevante Patente und 12,5 % im Bereich der Publikationen.

Abbildung 6-2 Publikationen und Patente der größten deutschen Pharmaunternehmen (kumuliert 1981-1998)

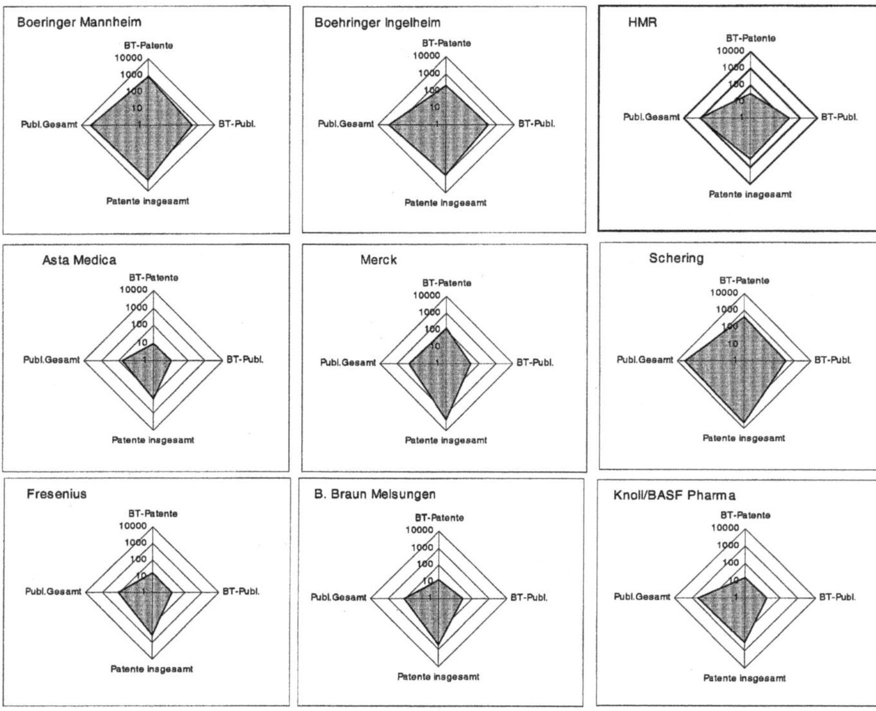

Quelle: SCISearch, WPI, eigene Berechnungen

Vom Profil her lassen sich Boehringer Mannheim und Boehringer Ingelheim vergleichen. Beide weisen überdurchschnittliche Aktivitäten hinsichtlich biotechnologisch relevanter Patente und Publikationen auf. Alle anderen Unternehmen patentieren unterdurchschnittlich. Im Bereich der Publikationen ist der Anteil der Unternehmen, der überdurchschnittlich publiziert, deutlich höher. Bis auf Schering und BASF/Knoll trifft dies auf alle Unternehmen zu.[71]

---

71 Angaben für HMR sind nicht kohärent, da die Trennung von Patenten und Publikationen zwischen Pharma und Chemie erst dann möglich wird, wenn die Pharmasparten unter einem anderen Namen anmelden bzw. publizieren als das Stammunternehmen. Weiterhin behindert die häufige Namensänderung der Pharmasparte der Hoechst AG (Hoechst-Roussel, HMR, Aventis) die Recherche. Aus diesem Grunde wurde auch nicht Bayer in dieser Pharmauntersuchung miteinbezogen, da in diesem Falle festzustellen ist, dass die Pharmasparte unter dem Namen Bayer Pharm nur vereinzelt in Erscheinung tritt. Obwohl im Falle von Knoll und Asta Medica getrennte Pharmasparten existieren, ist der nur geringe Anteil an Patenten auf den ersten Blick hin überraschend. Berücksichtigt man aber, dass das Stammunternehmen immer dazu berechtigt ist, in ei-

6.3.2 Chemieindustrie

Die chemische Industrie zählte 1998 ca. 1.300 Unternehmen, über drei Viertel der Unternehmen waren mittelständige Betriebe mit weniger als Dreihundert Mitarbeitern. 1998 erreichte der Umsatz der Branche 187 Mrd. DM. Im Inland wurden 96,3 und im Ausland 90,7 Milliarden Mark umgesetzt. 1996 und 1997 belegte die deutsche Chemie im weltweiten Vergleich gemessen am Chemieumsatz den dritten Platz hinter den USA und Japan. Die gesamte deutsche Branche wendete 1997 rund 11,3 Mrd. DM für F&E auf. Bezogen auf den Umsatz erreichte die Forschungsquote sechs Prozent (VCI 1999, CEFIC 1999). Die deutsche Chemieindustrie verfügte 1997 mit BASF, Bayer und Hoechst noch über die drei weltweit größten Chemiekonzerne. Nach den zum Teil internationalen Fusionen, die auch in dieser Branche 1998 und 1999 durchgeführt wurden, hat sich das weltweite Ranking etwas verändert. Die Strategie der 'Elefantenhochzeiten' begründen die Unternehmen vor allem mit der Notwendigkeit internationaler Aktivitäten und der weltweiten Wettbewerbsfähigkeit. Gleichzeitig findet ein weiterer struktureller Effekt statt, nämlich eine weitgehende Änderung der Konzernstruktur, die dazu führt, dass Chemie- und Pharmasparten weitgehend getrennt werden und einzelne Chemieunternehmen dazu übergehen, deutliches Gewicht auf den sogenannten Life-science Bereich zu legen. Diese Strategie kann als Reaktion auf den veränderten Stellenwert und Einfluss biomedizinischer Entwicklungen auf chemische Prozesse erachtet werden, aber auch als wirtschaftliche Umorientierung von der Chemie zum noch forschungs- und wissensintensiveren Pharmabereich.

Betrachten wir das 1999 bereits 'historisch' zu nennende Bild der zehn umsatzstärksten deutschen Chemieunternehmen 1998, zeigt sich eine klare Zweiteilung (vgl. Tabelle 6-6). BASF, Bayer, Henkel und Hoechst sind anhand von Umsatz- und Beschäftigtenzahlen die größten Unternehmen, die sich von den übrigen deutlich unterscheiden lassen. Die anderen Chemieunternehmen sind nicht nur deutlich kleiner, sie verfügen auch nicht über Pharmasparten.[72] In ihrer Eigentümerstruktur sind die Unternehmen sehr heterogen. Einige werden durch Mischkonzerne beherrscht wie Hüls, SKW Trostberg und Rütgers, in anderen wiederum verfügen Familien über größere Anteilspakete (Henkel, Wacker, Beiersdorf).

Interessant sind vor allem die F&E-Ausgaben. Werden die Aufwendungen im Pharmabereich berücksichtigt, so lässt sich eine relative Verschiebung der Prioritäten bei Hoechst, aber auch bei Bayer erkennen: Hoechst hat in den letzten Jahren konsequent seine Life-science Geschäftsfelder ausgebaut und 1998 und 1999 seine

---

genem Namen auch Patente der Töchter anzumelden, ist dieser Befund weniger überraschend. Hier zeigt sich, dass mögliche Abschreibungen von Lizenzeinnahmen dazu führen können, dass ein Patent nicht unter der Pharmasparte angemeldet wird, sondern unter der Konzernmutter.

72 Mit der Fusion von Hüls und Degussa 1999 verfügt Degusssa-Hüls über die Pharmasparte Asta Medica. Für die 1998er Betrachtung bleibt dies hier allerdings unberücksichtigt.

Beteiligungen an den Chemieunternehmen deutlich verringert oder sie ganz veräußert. Das führt dazu, dass die F&E-Aufwendungen in diesen 'Industriebereichen' deutlich niedrig ausfallen, so dass sich der F&E-Anteil am Umsatz dieses Geschäftsfeldes auf unter zwei Prozent beschränkt. Im Pharmabereich liegt dieser Anteil dagegen bei über 17 %.

Tabelle 6-6 Überblick über die zehn umsatzstärksten deutschen Chemieunternehmen (1998, Angaben in Millionen DM)

Name	Gründung	Umsatz	F&E Ausgaben	F&E zu Umsatz (in %)	Mitarbeiter (weltweit)	Eigentümer/ Haupaktionär (Anteil in %)
BASF AG[1]	1865	21.045	1.320	6.3	105.945	Allianz (10.7)
Bayer AG[1]	1863/ 1951	41.184	1.370	3.3	120.400	Allianz (4), Mitarbeiter (3)
Henkel KGaA	1876	21.336	489	2.3	56.300	Kommanditisten
Hoechst AG[2]	1863/ 1951	19.653	345	1.7	33.069	Kuwait Petroleum Corp. (24.5), Frankfurter GfC (10.2)
Hüls AG	1898	8.329	251	3.0	26.739	VEBA AG (99.8)
Beiersdorf AG	1882	6.547	139	2.1	16.933	Allianz (36.6); TCHIBO Holding (25.9), Familie
SKW Trostberg AG	1908	5.307	128	2.4	14.117	VIAG AG (63.7)
RÜTGERS AG	1849	5.160			14.133	RAG AG, (100)->VEBA (37.1)
Joh. A. Benckiser GmbH[3]	1823	4.760			9.529[2]	Benckiser Holding (100)
Wacker Chemie GmbH	1914	4.760	278	6	15.919	Dr. A. Wacker (50), Hoechst (50)

Quelle: HOPPENSTEDT Firmendatenbank, Unternehmensberichte; eigene Zusammenstellung
Erklärungen: [1] Ohne Life-science/Pharma Sparte(n). [2] Nur Industriebereich [3] Angaben 1995

Auch bei Bayer ist eine Fokussierung auf die Lebenswissenschaften festzustellen, allerdings sind die F&E-Aufwendungen im Chemiebereich fast so hoch wie im Pharmabereich, machen jedoch auch hier nur 3,3 % vom Umsatz aus. Wenig überraschend ist dagegen die Situation bei der BASF. Wie wir im Pharmabereich gesehen haben, ist ihr Anteil an FuE im Vergleich zu den anderen Großen relativ gering. Betrachtet man dagegen die Aufwendungen im Chemiebereich, so wendet die BASF mit gut sechs Prozent überdurchschnittlich viel F&E-Ausgaben in der Chemie auf. Die biotechnologisch relevanten Publikations- und Patentaktivitäten liegen in der Chemie im Durchschnitt bei 7,3 % bzw. 1,7 %. Hier macht sich also durchaus bemerkbar, dass die Chemieunternehmen deutlich mehr patentieren; die Anteile von Biotechnologie-Patenten fallen daher nur sehr gering aus.

Die Biotechnologie hat ihren Einzug auch in der Chemie – ihr Einfluss ist jedoch in der traditionellen Chemie noch deutlich geringer als in der Pharmaindustrie. Die im Gegensatz zur Anwendungsorientierung niedrigere Wissenschaftsorientierung ist in der Chemieindustrie durch eine Fokussierung auf Patente deutlich, die sich aber auch zwischen den Unternehmen unterscheidet (vgl. Abbildung 6-4).

Abbildung 6-3 Verlauf der biotechnologisch relevanten Patente- und Publikationen in den größten deutschen Chemieunternehmen insgesamt (kumuliert, 1980-1996)

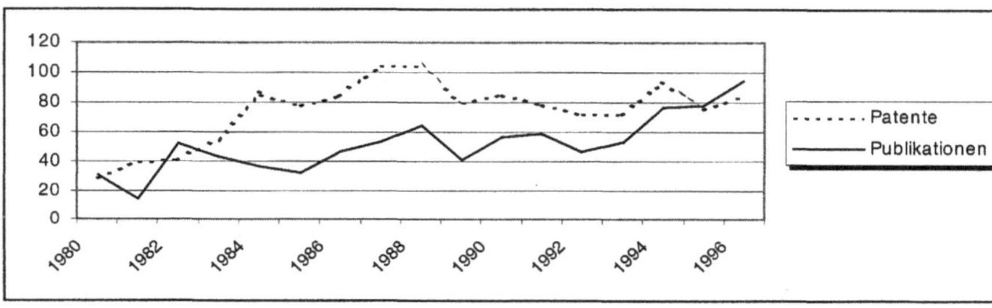

Quelle: SCISearch, WPI; eigene Berechnungen

Unterschiede zwischen den Unternehmen führen dazu, dass nur Hoechst (ohne HMR) und die SKW Trostberg überdurchschnittliche Publikations- und Patentaktivitäten im Bereich der Biotechnologie aufweisen, allerdings sind die Größenunterschiede zwischen den beiden Unternehmen enorm. Bayer, Henkel und Baiersdorf weisen im Bereich der Publikationen überdurchschnittliche Werte aus, die übrigen Unternehmen liegen bei biotechnologisch relevanten Publikationen und Patenten unter dem Durchschnitt.

Abbildung 6-4 Publikationen und Patente der größten deutschen Chemieunternehmen (kumuliert 1981-1998)

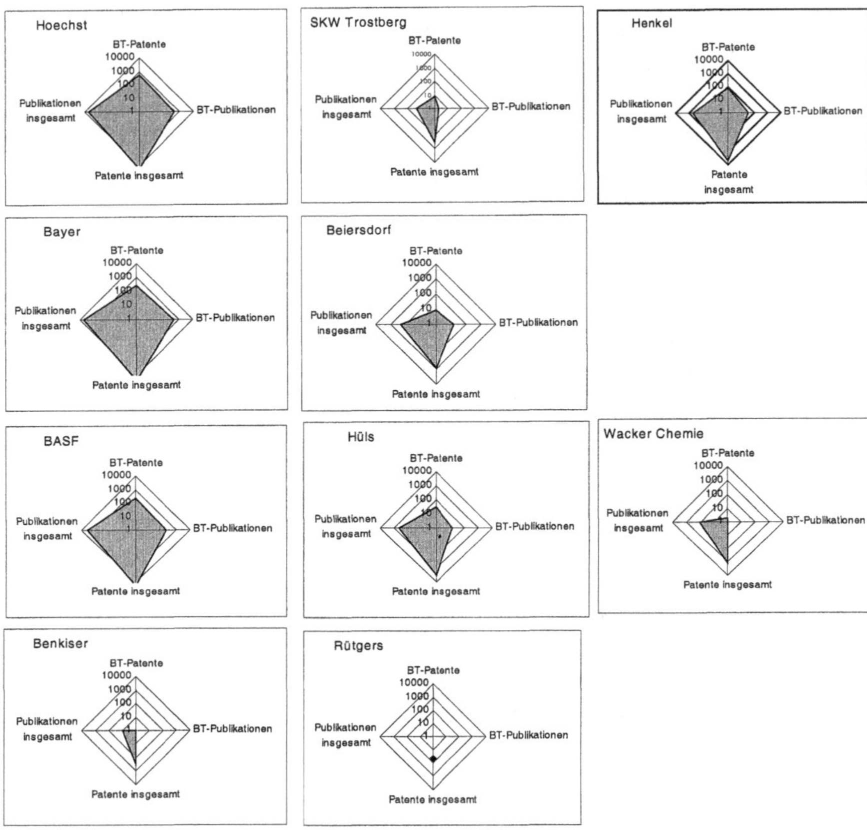

Quelle: SCISearch, WPI, eigene Berechnungen

6.3.3 Ernährungsindustrie

Am Umsatz gemessen ist die Ernährungs- oder auch Nahrungs- und Genussmittelindustrie der viertgrößte Industriezweig in Deutschland und damit auch umsatzstärker als die Chemie. Hinter dieser Bezeichnung sind 17 produzierende und verarbeitende Branchen vereinigt, die diverse Nahrungs- und Genussmittel repräsentieren. 1998 verbuchte die Branche einen Umsatz von 228 Mrd. DM, darunter wurden 190 Mrd. DM im Inland erzielt. Die Industrie zählte 1998 ca. 5.900 vor allem kleine und mittelständige Unternehmen, der Umsatz pro Unternehmen liegt im Durchschnitt bei 39 Mio. DM. Der Konzentrationsgrad ist im Vergleich zum Lebensmitteleinzelhandel sehr gering: die zehn größten Unternehmen verbuchten 1996 nur etwa 11 % des Branchenumsatzes auf sich (BVE 1999, S. 22). Die überwiegend mittelständige Struktur spiegelt sich auch in der Eigentümerstruktur wider: Selbst unter den größten deutschen Unternehmen befindet sich die Mehrzahl in den Händen von Familien (vgl. Tabelle 6-7).

Tabelle 6-7 Überblick über die zehn umsatzstärksten deutschen Nahrungsmittelunternehmen[1] (1997, Angaben in Millionen DM)

Name	Gründung	Konzernumsatz	Mitarbeiter (weltweit)	Eigentümer/ Haupaktionär (Anteil in %)
Südzucker AG	1926	7.597	19.239	Zuckerrübenverwertungs-Genossenschaft (>50), Deutsche Bank (10)
H. F. & Ph. F. Reemtsma GmbH		6.408	2.499	
Oetker-Gruppe	1891	4.998	12.340	Familie
Schwartauer Werke GmbH & Co		3.090	6.682	Oetker-Gruppe
Union Deutsche Lebensmittelwerke		2.400	5.200	Deutsche Unilever
Eckes AG	1857	2.088	2.591	Familie
HARIBO GmbH & Co. KG	1920	2.000	5.000	Familie
Bahlsen KG[1]	1889	1.974	3.967	Familie
Binding-Brauerei AG	1870	1.913	3.706	
Intersnack Knabber-Gebäck GmbH		1.800	1.300	Familien Büttel und Wolf

Quelle: HOPPENSTEDT Firmendatenbank, Unternehmensberichte; eigene Zusammenstellung.
[1]Die umsatzstärksten Unternehmen sind i.d.R. ausländische Konzerne oder Konzerntöchter wie Philip Morris, Coca Cola und Nestlé. Diese blieben ebenso wie die Raiffeisen Genossenschaften unberücksichtigt.

Die F&E-Quote der Industrie ist im Vergleich zu anderen Zweigen des verarbeitenden Gewerbes mit ca. 1,7 % niedrig. 1998 wurden insgesamt 397 Mio. DM für F&E ausgegeben, darunter 363 Mio. DM unternehmensintern. Über ihre F&E-Ausgaben schweigen die meisten Unternehmen: weder in ihren Geschäftsberichten – soweit diese notwendig sind – noch auf ihren Internetseiten wird diese Kennzahl genannt. Berücksichtig man die bekannten Kennzahlen der Industrie, liegt der F&E-Aufwand pro Unternehmen im Mittel bei ca. 67.000 DM. Während die F&E-Aufwendungen gegenüber 1995 wieder leicht angestiegen sind, nahm die Zahl der Beschäftigten im F&E-Bereich ab: 1998 waren es noch 2.560 Personen; gegenüber 1995 ein Minus von 11 %. Ein Kennzeichen der F&E-Forschungsaktivitäten der Nahrungsmittelindustrie ist ihr relativ starkes Engagement in der vorwettbewerblichen, industriellen Gemeinschaftsforschung, die über den Dachverband *Forschungskreis der Ernährungsindustrie* (FEI) organisiert wird. Der Verband integriert etwa 90 % der Unternehmen des Wirtschaftszweigs. 1998 wurden rund 30 Mio. DM in die Gemeinschaftsforschung investiert. Ziel und gleichsam Förderung ist eine praxisorientierte lebensmittelwissenschaftliche Forschung.[73] Dabei greift der Verband auf ca. 110

73 Die anwendungsorientierten Projekte reichen – je nach Bereiche – von der "Untersuchung der Farbstabilität von Gewürzpaprika" (Gewürze) über "Untersuchung des Trocknungsverhaltens

Forschungseinrichtungen an Universitäten, Fachhochschulen, Bundes- und Landesforschungsanstalten und industrieeigene Institute zurück. Etwa 180 Projekte wurden zwischen 1999 und 1998 gefördert, davon allerdings nur drei die Biotechnologie betreffend.[74]

In der Branche erfolgen Innovationen deutlich seltener in der Endstufe – betrachten wir die Forschungsprojekte der Gemeinschaftsforschung, werden vor allem Verbesserungen der Produkteffizienz, der Umweltverträglichkeit von Prozessen und Produkten und nicht zuletzt der Produktqualität erforscht. Themen und Fragestellungen der Forschungsprojekte ergeben sich nach eigenen Angaben direkt aus der industriellen Praxis, wobei Verbraucherbedürfnisse ebenfalls einbezogen werden (FEI 1999). Biotechnologie spielt in der deutschen Ernährungsindustrie vor allem auf der Erzeugerstufe eine Rolle, da immer mehr gentechnisch veränderte Sojabohnen, Raps und Mais in den deutschen Ölmühlen zur Verarbeitung kommen. Ebenfalls auf der Ebene der Lebensmittelherstellung spielen Enzyme eine Rolle, die aus gentechnisch veränderten Mikroorganismen gewonnen werden. Sie dienen bei der Herstellung als Prozessbeschleuniger und sind im Endprodukt i.d.R. nicht mehr vorhanden.[75]

Mit diesem Hintergrund überraschen die Ergebnisse des Patent- und Publikationsverhaltens der Industriegrößten kaum (vgl. Abbildung 6-5). Bei diesen werden weder besonders viele Patente oder Publikationen insgesamt, noch signifikante Anteile biotechnologisch relevanter Patente und Publikationen angemeldet bzw. hervorgebracht. Zwischen 1980 und 1998 wurden zwischen null und drei Patente in den Biotechnologie relevanten Patentklassen angemeldet, bei den Publikationen wurden insgesamt acht Publikationen ausgemacht. Für diesen eher zufälligen Verlauf stehen Unternehmen, die in ihrem Patent- und Publikationsverhalten sehr heterogen sind – Gruppen lassen sich dadurch nicht bilden. Es lassen sich lediglich Unternehmen unterscheiden, die biotechnologische relevante Patente angemeldet bzw. publiziert haben. Dazu gehören Binding und Eckes, sowie Südzucker und Oetker. Bei diesen Summen handelt es sich kumuliert um bis zu elf Patente und maximal drei Publikationen pro Unternehmen im betrachteten Zeitraum. Diese marginalen Zahlen verdeutlichen noch einmal, dass die eigentlichen Innovationen auf vorgelagerten Produktionsstufen und von Zulieferern durchgeführt werden.

---

von Zuckerrübenpressschnitzeln in überhitztem Dampf" (Zucker) bis zu "Ermittlung der optimalen Klimabedingungen für Rohwürste" (Fisch und Fleisch). Siehe auch http://www.bn.shuttle.de/fei-bonn/projekte.htm

[74] Ob es sich hierbei um moderne Verfahren handelt, ist anhand der FEI-Angaben nicht zu erkennen.

[75] Ein Beispiel ist das Enzym Amylase, das zur Herstellung von Glukosesirup aus Stärke verwendet wird. Glukosesirup ist insbesondere im Süßwarenbereich eine häufig verwendete Lebensmittelzutat (BLL 1999).

Abbildung 6-5 Verteilung von Patenten und Publikationen in den größten deutschen Ernährungsunternehmen (kumuliert 1981-1998)

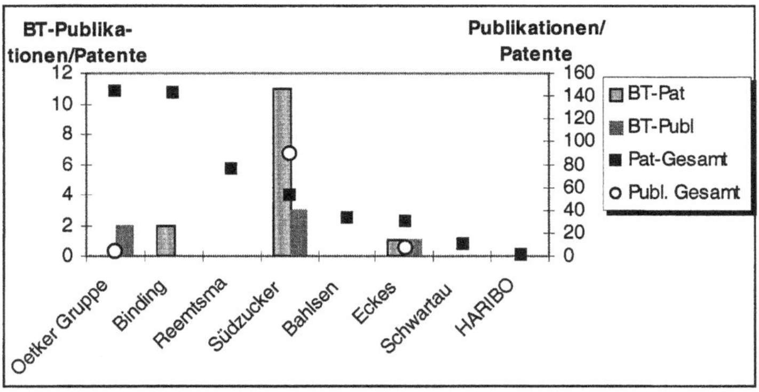

Quelle: SCISearch, WPI; eigene Berechnungen

6.4 Zusammenfassung und Einschätzung

In diesem Kapitel haben wir die Struktur des biotechnologischen Innovationssystems herausgehoben und in seinem Verhalten und seiner Wirkung beschrieben. Im Unterschied zum Referenzmodell des US-amerikanischen Systems konnten wir feststellen, dass zu Anfang des Betrachtungszeitraums strukturelle Unterschiede hinsichtlich mehrerer Faktoren bestanden.

Auf der Ebene des *Wissenschaftssystems* lag erstens eine Diskrepanz zwischen den beiden Ländern hinsichtlich der Anzahl der Forscher und der F&E-Aufwendungen vor; zweitens war die Ausrichtung auch innerhalb der Grundlagenforschung differenziert: In den US-amerikanischen Universitäten, insbesondere in den forschungsintensiven, staatlichen, waren Forschung und kommerzielle Interessen bis Anfang der 1980er Jahre zwei separate Dinge, so dass die Forschung dort eindeutig grundlagenorientiert war, während in Deutschland die anwendungsbezogenere Seite dominierte.

Die *Rahmenbedingungen* sind in beiden Ländern mit recht unterschiedlichen Politiklogiken verbunden: während die USA marktlich orientiert sind und einem unmittelbaren Gestaltungsanspruch staatlicher Akteure skeptisch gegenüber stehen, sind in Deutschland FuT-politische Eingriffe legitimiert. Dies führt dazu, dass auf der Ebene der Rahmenbedingungen der größte Unterschied zwischen einem risikoaversen deutschen und einem risikofreudigen US-amerikanischen Finanzmarkt bestand, der technologieorientierte Gründungen förderte. Weitere Rahmenbedingungen wie das Patentsystem, Zulassungsbestimmungen und Möglichkeiten zum Technologietransfer unterscheiden sich zwar in den beiden Ländern, die formalen Unterschiede sind aber nicht gravierend. Insbesondere in den Möglichkeiten zum Technologietransfer zwischen Universitäten und Industrie sind auf beiden Seiden verschiedene Wege angelegt, wenn auch in den USA erst seit Anfang der 1980er Jahre.

Auf der *Industrieebene* haben zumindest Anfang der 1980er Jahre die deutschen Chemie- und Pharmaunternehmen eine technologisch führende Position innegehabt, dagegen spielte die deutsche Ernährungsindustrie technologisch keine entscheidende Rolle.

Diese drei Komplexe, die die wichtigsten Elemente des biotechnologischen Innovationssystems ausmachen, entwickelten zum Einen gesondert und zum Anderen im Zusammenspiel bestimmte Vorgehensweisen und Wirkungen. Hinsichtlich der Biotechnologie zeigten sie zusammengefasst folgende Verhaltensweisen:

Das deutsche *Wissenschaftssystem* hat sich im untersuchten Zeitraum den Bedürfnissen der Industrie zum Teil angepasst: In den Universitäten haben sich die Wissenschaftler intensiv mit anwendungsorientierter Forschung befasst, ohne gleichzeitig die Grundlagenfelder wie Zellbiologie oder Molekulargenetik sonderlich zu intensivieren. Ein notwendiges interdisziplinäres Forschen blieb durch das disziplinär geprägte Wissenschaftssystem weitgehend aus. In den Max-Planck-Instituten wurde zwar Grundlagenforschung betrieben, sie blieb von der Industrie jedoch weitgehend unbemerkt. Ausgründungen von jungen Wissenschaftlern waren aufgrund der Restriktionen des Finanzmarkts eher selten, die Gründung von An-Instituten mühsam, das Anmelden von Patenten erschien komplex und mit Kosten verbunden. Während aber in Deutschland die Beziehungen zwischen Universitäten und Industrie zumindest in einzelnen Disziplinen etabliert waren, wurde dies den staatlichen US-amerikanischen Universitäten erst Anfang der 1980er Jahre ermöglicht. In Deutschland intensivierte die öffentliche Hand etwa ab Mitte der 1990er Jahre (bereits existierende) Bemühungen, den Technologietransfer zwischen Universitäten und Industrie zu fördern. Allerdings wurden keine grundsätzlichen strukturellen Reformen durchgeführt, so dass weder die Erleichterung von Ausgründungen, noch eine Lösung für Hochschulpatente realisiert wurde, die den Wissenschaftlern und den Universitäten ein gleiches Interesse an Patenten, ihren Kosten und Einkünften vermittelt hätte. Als Fazit lässt sich hier feststellen, das zwar viel angedacht und diskutiert wurde, aber keine einschneidenden Veränderungen stattfanden. Wo gute Kontakte mit der Industrie bestanden, wurden sie sicherlich auch vielfach intensiviert, von einem generellen Wandel kann jedoch keine Rede sein.

Im Komplex der *Rahmenbedingungen* sind sehr weit reichende Veränderungen festzustellen: Während im deutschen Patentsystem und seiner Ausgestaltung keine zentralen Änderungen notwendig wurden, haben sich, wie bereits oben erwähnt, zwischen Universitäten und Industrie die Rahmenbedingungen für den Technologietransfer partiell, aber nicht grundlegend verändert. Eine einschneidende Änderung brachten sie dagegen in den USA mit sich, allerdings nicht als allein stehendes Element, sondern aktiv genutzt von Finanzintermediären, die universitäre spinouts finanziell förderten. Auf der deutschen Seite hat eine wichtige Veränderung hinsichtlich der 'aktiven' Akteure stattgefunden: während in den USA auch in den 1990er Jahren weiterhin die Impulse vom Finanzmarkt ausgingen, hat in Deutschland vor allem das BMBF eine aktive, fokussierende und zunehmend strategisch ausgerichtete Förderung der Biotechnologie in die Wege geleitet. Entscheidender Impuls war dabei der BioRegio-Wettbewerb 1996, der auf den wissenschaftlichen, wirtschaftlichen und den diesbezüglich verbindenden Kompetenzen auf regionaler Ebene basierte, und strategische Konzepte in innovativen Biotechnologieregionen zu fördern versprach. Der dadurch initiierte Deutschland weite Wettbewerb hat bis dato schlummernde Potenziale geweckt und eine anhaltende Dynamik in Wissenschaft und Wirtschaft angestoßen.

Im *industriellen Komplex* lässt sich feststellen, dass die großen deutschen Konzerne auf die neue Technologie verhalten bis schleppend reagierten und erst, als neue US-amerikanische startups Mitte der 1980er Jahre Erfolge aufwiesen, geballt versuchten, die neue Technologie und das notwendige Wissen zu akquirieren. Zu diesem Zeitpunkt hatten die großen US-amerikanischen Konzerne schon Verträge mit den startups der ersten Stunde abgeschlossen. Während die US-Industrie einen räumlichen Vorteil hatte und schnell Kooperationen mit den Neugründungen einging, war der Aufbau eigener Forschungslabors in den USA und Kooperationen mit US-amerikanischen wissenschaftlichen Einrichtungen und startups bis Mitte der 1990er Jahre die dominante Aufholstrategie der deutschen Unternehmen (dazu ausführlicher in Kapitel 8).

Im deutschen biotechnologischen Innovationssystem haben wichtige Elemente der institutionellen Struktur, die vorher weniger eng miteinander verflochten waren, erst einmal zueinander finden müssen. Das war bis Mitte der 1990er Jahre ein relativ unkoordinierter Suchprozess, der sich allein auf das erfolgreiche Modell in den USA stützte. Als koordinierender Akteur hat sich in den letzten Jahren verstärkt die öffentliche Hand in Form des BMBF heraus kristallisiert. Das Ministerium versucht nicht nur mittels technologiepolitischer Instrumente Suchprozesse zu erleichtern, sondern auch strukturelle Veränderungen der Elemente, wie z. B. Interdisziplinarität, gesteigerte Risikobereitschaft und den Gedanken des Wettbewerbs, zu fördern.

7 Das biotechnologische Innovationssystem Japans

In diesem Kapitel erfolgt eine Beschreibung des biotechnologischen Innovationssystems Japans, so weit es sich seit Anfang der 1980er Jahre herauskristallisiert hat. Es wird bei der Darstellung wiederum die gleiche Struktur wie in Kapitel 4.4 bzw. Kapitel 6 übernommen. In einem zweiten Schritt schließen sich die Analysen der Kooperationen, Publikationen und Patente an. Abschließende Einschätzungen beenden dieses Kapitel.

7.1 Der wissenschaftliche Komplex

Anhand der Typisierung von Innovationssystemen (vgl. Kapitel 3.4.4) wurde Japan als deutlich F&E-intensiv und anwendungsorientiert im wissenschaftlich-technischen Bereich eingestuft. Japan zeigt bezüglich der Finanzierung und Durchführung von F&E ein ausgeprägtes Profil, das vor allem die Entwicklung betont. Daher verwundern auch nicht die hohen Ausgaben der Industrie für anwendungsorientierte Forschung. Dagegen sind die Ausgaben für das Spektrum von der reinen Grundlagenforschung zur anwendungsorientierten Forschung und deren Finanzierung durch den Staat deutlich weniger ausgeprägt. Diese über viele Jahre stabile Arbeitsteilung und Ausgangslage wurde und wird für die zukünftige Wettbewerbsfähigkeit Japans jedoch im eigenen Lande als bedenklich eingestuft. 1995 wurde das so genannte *Science and Technology Basic Law* mit dem Ziel verabschiedet, für die staatlichen F&E-Ausgaben zwischen 1996 und 2001 insgesamt 1.700 Mrd. Yen (ca. 255 Mrd. DM) auszugeben, und damit den Stand von 1992 zu verdoppeln. Der relativ plötzlich erfolgte, finanzielle Segen bereitet allerdings den Ministerien Schwierigkeiten, die Gelder adäquat einzusetzen (NAGATA 1997). Während seit Anfang bis Mitte der 1990er Jahre in fast allen OECD Staaten sinkende Bruttoinlandsausgaben für F&E zu verzeichnen sind, ist in Japan seit Verabschiedung des Gesetzes ein kontinuierlicher Anstieg zu verzeichnen. 1997 betrugen die Ausgaben 157 Mrd. Yen bzw. lag der prozentuale Anteil am BIP bei 3,12 % (STATISTICS BUREAU 1999).

Japans traditionelle Stärken bzw. technologische Spezialisierung liegen gemessen an den Exportanteilen deutlich in anwendungsorientierten Bereichen wie Maschinenbau und Elektrotechnik. Aufgrund des geringen Rohstoffaufkommens wird darüber hinaus in der Grundlagenforschung traditionell der Energiebereich durch die öffentliche Förderung stark unterstützt (NSB 1998, 4-43). Bereits 1984 bescheinigte das US-amerikanische OTA Japan jedoch auch gute wirtschaftliche Aussichten in der Biotechnologie und sah Japan als engste Kandidatin im globalen Biotechnologie-Wettbewerb. Diese Prognose stützte sich vor allem auf das vorhandene Know-how im Bereich der Biotechnologie der ersten und zweiten Generation (OTA 1984, S. 7).

Laut einer schriftlichen Umfrage unter japanischen Forschern zur Einschätzung der Grundlagenforschung im eigenen Land, u.a. im Bereich der Lebenswissenschaften, stellten die Befragten gegenüber den USA wie auch gegenüber Europa eine deutliche Unterlegenheit fest (STA TODAY 1997, S. 4). Während sich dieses Verhältnis zwischen den USA und Japan zwischen 1993 und 1996 kaum verbessert habe, hätte sich Japan gegenüber Europa in diesem Zeitraum sogar verschlechtert. Woher stammt diese Einschätzung?

Untersucht man den Indikator der Finanzierung im Bereich der Lebenswissenschaften, zeigt sich, dass der öffentliche Sektor (Universitäten und staatliche Forschungsinstitute) und der private Sektor die Finanzierung zu gleichen Teilen tragen (vgl. Abbildung 7-1). Dies ist gegenüber der eben erwähnten sonstigen F&E-Arbeitsteilung für Japan eher ungewöhnlich. Die hohe Beteiligung des öffentlichen Sektors geht auf die 5. Empfehlung des *Council for Science and Technology* (CST), einem Beratungskomitee der *Science and Technology Agency* (STA), aus dem Jahre 1971 zurück, in der bereits auf die Bedeutung der Lebenswissenschaften hingewiesen wurde. Im Jahr 1984 stellte das Komitee für Lebenswissenschaften des CST ein *Basic program for the R&D on leading and fundamental technology life sciences* auf, das in den 1980er Jahren die Förderleitlinie der Ministerien für die Biotechnologie bildete (STA 1997, S. 241f).

Abbildung 7-1 Verlauf der F&E-Ausgaben im Bereich der Lebenswissenschaften nach öffentlichem und privatem Sektor (1981-1996, in Millionen Yen)

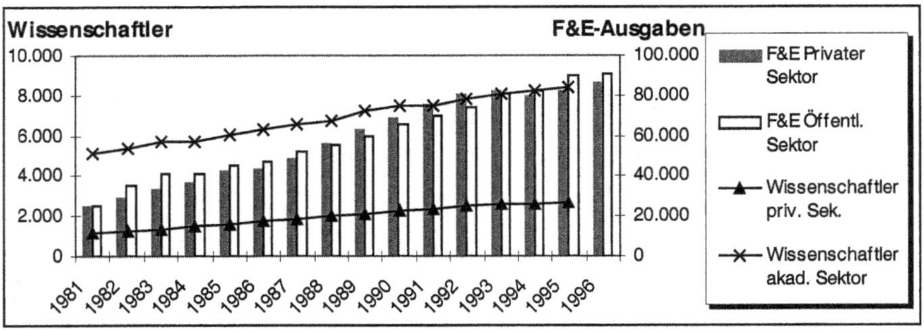

Quelle: STA 1996a, S. 415; STA 1998a, S. 458; STATISTICS BUREAU, MANAGEMENT AND COORDINATION AGENCY 1996; IFTECH 1996.

Während die F&E-Ausgaben im Bereich der Lebenswissenschaften 1981 9,5 % der gesamten F&E-Ausgaben betrugen, vergrößerte sich deren Anteil bis 1993 auf 13 % (IFTECH 1996). Innerhalb der drei F&E-treibenden Bereiche Universitäten, Forschungseinrichtungen und Industrie bestehen größere Unterschiede bzw. Differenzierungskriterien in den Lebenswissenschaften (vgl. Tabelle 7-1). Die Ausgaben sind in der Gruppe der Unternehmen deutlich schief verteilt: Während die Gruppe der großen Unternehmen mit über 100 Mio. Yen Umsatz, 42 % der Unternehmen insgesamt ausmachen, tragen sie rund 72 % der Aufwendungen und beschäftigen 66 % der Forschern.

Tabelle 7-1 Überblick über Anzahl der Wissenschaftler, Durchführung und Finanzierung in den Lebenswissenschaften 1995 (Angaben in 100 Millionen Yen)

	Anzahl der Einrichtungen	Wissenschaftler	F&E-Aufwendungen Extramural	intramural[1]	davon Drittmittel
(1) Unternehmen (Umsatz nach Größenklassen)					
1-10 Mio.	121	2.508	9.030	56.937	1.834
10-100 Mio.	139	6.490	21.421	165.487	5.393
Über 100 Mio.	192	17.959	80.389	572.616	10.112
Bes. Einrichtungen[2]	3	28	184	925	492
Σ (1)	455	26.985	111.024	795.965	17.831
(2) Forschungsinstitute (nach Status[3])					
National	72	4.181	4.529	73.782	4.714
Öffentlich	322	4.261	215	82.654	2.918
Privat	130	4.148	8.395	67.716	45.253
Bes. Einrichtungen	7	638	22.123	18.063	14.847
Σ (2)	531	13.228	35.262	242.215	67.732
(3) Universitäten (nach Status)					
National	88	9.117	20	52.984	4.475
Öffentlich	402	36.371	1.525	276.752	45.415
Privat	326	38.511	100	269.649	32.724
Σ (3)	816	83.999	1.645	599.385	82.614
Σ (1-3)	1.802	124.212	147.661	1637.565	168.177

Quelle: MANAGEMENT AND COORDINATION AGENCY 1995, S. 222f; eigene Zusammenstellung.

Erläuterungen: [1] Darunter fallen alle F&E-Ausgaben in einer bestimmten Einrichtung, auch wenn sie von dritter Seite finanziert werden wie Gehälter, Materialkosten, abschreibungsfähige Güter und Investitionen sowie sonstige Overhead Kosten.

[2] Darunter werden halbstaatliche oder private Forschungsinitiativen zusammengefasst, die einen bestimmten juristischen Status besitzen (*tokushu hojin*).

[3] Als Status wird unterschiedlichen zwischen privat, öffentlich und staatlich. Als national gelten die Universitäten und Forschungsinstitute, die direkt einem staatlichen Ministerium unterstellt sind. Als 'öffentlich' gelten sie dagegen bei stättischen oder präfekturalen, öffentlichen Trägern.

Überraschend ist die Verteilung innerhalb der Gruppe der Universitäten. Im Gegensatz zu den staatlichen Universitäten sind private und öffentliche Universitäten personell besser ausgestattet, aber wenig forschungsintensiv. Stellen wir die Forschungsindikatoren F&E-Ausgaben, die Anzahl der Forscher und die eingeworbenen Drittmittel gegenüber, erhalten wir folgendes Bild: Die staatlichen, nationalen Universitäten verfügen gegenüber den öffentlichen und privaten über ein niedrigeres Gesamtbudget pro Wissenschaftler.[76] Auch der Drittmittelfaktor fällt deutlich zu Gunsten der öffentlichen und privaten Universitäten aus. Wissenschaftler an öffentlichen Universitäten werben pro Person gegenüber den staatlichen Universitäten das Zweieinhalbfache ein. Auch unter den Forschungsinstituten besteht der deutlichste Unterschied im Bereich der Drittmittel. Gegenüber den grundfinanzierten staatlichen Forschungsinstituten betreiben die privaten Auftragsforschung; der Anteil an eingeworbenen Drittmitteln ist fast neunmal so hoch wie der Anteil der staatlichen Institute.

Analysiert man dagegen Universitäten, Forschungsinstitute und Industrien nach Themenfeldern – die in den japanischen Statistiken und Umfragen nach acht größeren Gebieten gegliedert werden -, zeigt sich eine klare Dominanz der allgemeinen Medizin und Gesundheitsforschung (vgl. Abbildung 7-2). In diesem Gebiet haben sich die F&E-Ausgaben zwischen 1986 und 1996 von insgesamt 6.3 Mrd. Yen auf 11.7 Mrd. Yen fast verdoppelt. Die weiteren Gebiete werden dagegen auf deutlich niedrigerem Niveau finanziell unterstützt, aber auch hier sind interessante Veränderungen festzustellen. Überdurchschnittlich gestiegen sind die Ausgaben in den Bereichen 'biologische Funktionen' und 'Umweltschutz'. Unter dem ersten Bereich verbirgt sich F&E auf zell- und mikromolekularer Ebene sowie Zellkulturen, im zweitem werden verschiedene Aspekte des Ökosystems untersucht. Auch der Bereich der Nahrungsmittel verzeichnete insgesamt einen deutlichen Anstieg.

Abbildung 7-2 Verlauf der F&E-Aufwendungen in Japan nach Themengebieten (1986-1996, in Mio Yen)

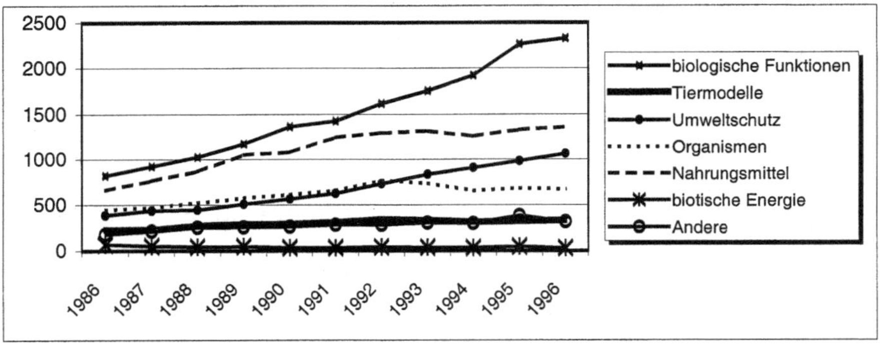

Quelle: STA 1996a, S. 415; STA 1998a, S. 458; eigene Zusammenstellung

Wie hoch die tatsächlichen Aufwendungen in den Lebenswissenschaften für biotechnologische Forschung sind, ist nur schwer zu quantifizieren. Ein Indikator ist

---

76 Nimmt man die Anzahl der Wissenschaftler und die Ausgaben der intramuralen Förderung, ergibt sich ein Verhältnis von Infrastruktur/Verfügungsmasse pro Wissenschaftler von 5,8 Mio. Yen an nationalen, 7,6 an öffentlichen und 7,0 an privaten Universitäten (vgl. Tabelle 7-1).

jedoch der extra ausgewiesene Anteil für Gentechnik an den Gesamtausgaben. Nicht gänzlich unerwartet bildet er nur einen geringen Prozentsatz, der zwischen 1986 und 1996 von 4,7 % auf 7,2 % anstieg. Fragt man wiederum, welche Einrichtung dabei dominiert, ist im Zeitverlauf eine Veränderung zu Gunsten der Universitäten festzustellen (vgl. Abbildung 7-3). Während noch Mitte der 1980er Jahre die Industrie deutlich mehr F&E-Ausgaben für Biotechnologie zur Verfügung stellte, stieg der Anteil der Universitäten kontinuierlich und überholte die Industrie Mitte der 1990er Jahre. Dagegen stagnieren die Ausgaben der Forschungsinstitute seit 1993 bzw. fallen sogar leicht.

Abbildung 7-3 Verlauf der F&E-Aufwendungen im Bereich der Gentechnik nach Einrichtungen (1986-1996, in 100 Mio. Yen)

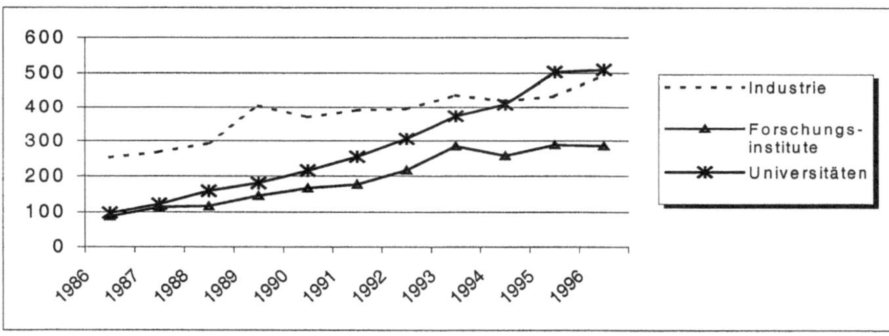

Quelle: STA 1996a, S. 415; STA 1998, S. 458; eigene Zusammenstellung

Es lässt sich zusammenfassend feststellen, dass der hohe und kontinuierlich steigende Anteil der öffentlichen Förderung im Bereich der Lebenswissenschaften von der üblichen Arbeitsteilung zwischen privater und öffentlicher F&E in Japan abweicht. Wie bereits in Kapitel 4.4.1 gezeigt wurde, hat Japan seit Anfang der 1980er Jahre deutlich zunehmend im Bereich biotechnologisch relevanter Wissensgebiete publiziert. Einen besonders hohen "Sprung" konnte Japan im Gebiet "Biotechnologie" erreichen.

Abbildung 7-4 Verteilung der Publikationen im Bereich Biotechnologie 1998

Quelle: SCISearch; eigene Erhebung

Die positiven Wachstumsraten sind vor allem den Universitäten zu verdanken. Untersuchen wir die (Ko-)Publikationen des Jahres 1998 im Bereich Biotechnologie, zeigt sich, dass die Universitäten mit 68 % den größten Anteil ausmachen (vgl. Abbildung 7-4). Insgesamt haben 204 Universitäten publiziert, darunter 70 nationale Universitäten, die gut 76 % der Publikationen für sich verzeichnen können. Die Top 10 der 204 vereinen insgesamt 44 % der gesamten Publikationen (siehe Tabelle 7-2). Das zeigt also, dass trotz der insgesamt finanziell niedrigeren Grundausstattung, die nationalen Universitäten deutlich mehr publizieren. Damit lässt sich die allgemein geäußerte These bekräftigen, dass Forschung weitestgehend an den nationalen, und deutlich weniger an den öffentlichen und privaten Universitäten stattfindet. Die erste private Universität befindet sich in der Rangfolge auf Platz 20.

Tabelle 7-2 Publikationsleistungen japanischer Einrichtungen 1998

	Universität		Unternehmen		Nationale Forschungsinstitute	
1	Tokyo	313	Ajinomoto	25	Inst. of Physical & Chemical Research (RIKEN)	79
2	Kyoto	159	Kyowa Hakko	21	Food Research Institute	41
3	Osaka	146	Fujisawa	21	Institute of Bioscience & Human-Technology	32
4	Kyushu	113	Kirin	18	Institute of Infectious Disease	19
5	Hokkaido	98	Sankyo	16	Institute of Agrobiological Resources	16
6	Nagoya	80	Shionogi	13	Institute of Health Sciences	16
7	Tsukuba	76	Eisai	13	Japan Science and Technology Corp. (CREST)	17
8	Okayama	62	Snow Brand Milk	10	Agricultural Research Center	14
9	Hiroshima	57	Asahi Chemical	10	Institute of Fruit Tree Science	13
10	Tohoku	56	Kikkoman	9	Institute of Radiological Science	8
10					Research Institute of Brewing	8

Quelle: SCISearch, eigene Erhebung

Bezüglich der Zitationen internationaler Publikationen nach Ländern und Feldern ist für Japan festzuhalten, dass es neben den USA das einzige Land ist, das eigene Publikationen über alle Felder hinweg häufiger zitiert als andere. Zwischen 1991 und 1993 liegt die Rate mit ca. 39 % deutlich höher als in den nicht Englisch sprechenden Ländern, in denen sie zwischen 20 % und 30 % liegt. In den Lebenswissenschaften ist die hohe Eigenzitierung Japans auf etwas niedrigerem Niveau ebenfalls festzustellen (vgl. Tabelle 7-3).

Tabelle 7-3 Zitationsrate Japans in den Lebenswissenschaften nach den wichtigsten Herkunftsländern (1991-1993, Angaben in Prozent)

Gebiet	Japan	USA	UK	Deutschland
Klinische Medizin	35,6	36,9	6,9	3,2
Biomedizin	30,5	45,3	5,8	4,2
Biologie	52,9	32,4	4,0	3,5

Datenquelle: NSB 1996; eigene Zusammenstellung

Ob japanische Wissenschaftler ein internationales Publikationsverhalten zeigen, ob also internationales Wissen gebunden wird und nationales Wissen nach außen diffundiert, lässt sich anhand der internationalen Ko-Publikationen messen. Zwischen 1981 und 1987 waren japanische Wissenschaftler an gut 200.000 Ko-Publikationen beteiligt, von denen 48 % mit amerikanischen Wissenschaftern verfasst wurden. Weit abgeschlagen liegen Ko-Publikationen mit britischen (6 %) und deutschen Verfassern (9 %). Zwischen 1988 und 1993 ist ein leichter Rückgang des amerikanischen Anteils auf 43 % und des deutschen auf 8 % bei gleich bleibendem Anteil Großbritanniens zu verzeichnen (NSB 1996, Anhang 5-35).

Es lässt sich somit zusammenfassend feststellen, dass die kontinuierlich steigenden Forschungsausgaben im öffentlichen Sektor mit einem Anstieg anwendungsorientierter wissenschaftlicher Publikationen zusammentreffen. Im Vergleich zu den USA ist jedoch die Ausgangsbasis an F&E-Aufwendungen und Anzahl von Wissenschaftlern in Japan auf einem geringeren Niveau.

7.2 Institutionelle Rahmenbedingungen

Im Gegensatz zu den USA wurde Japan als ein in hohem Maße regulierter Staat eingeschätzt (vgl. Kapitel 3.3.5). Diese Einschätzung wird auch aus politikwissenschaftlicher Sicht uneingeschränkt geteilt und auf den weitest gehend staatlich gelenkten Industrialisierungsprozess zurückgeführt (WADE 1990; YAMAMURA 1993). Für den technologischen und wirtschaftlichen Aufholprozess, den Japan seit der Öffnung des Landes 1868 bis weit in die 1950er Jahre gegenüber dem Westen führte, waren industriepolitische Entscheidungen von maßgeblichem Einfluss.

Weiterhin sind bestimmte Ausprägungen des Arbeitsmarktes - wie Senioritätsprinzip, dauerhafte Beschäftigung, geringe Mobilität und eine klare Segmentation (DEMES 1998) -, Industriestrukturen, die durch enge Beziehungen zwischen Produzenten und Zulieferern in einem *just-in-time*-System und durch die vertikale Integration zwischen Unternehmen, Banken und Versicherungen in einem *keiretsu*-System geprägt sind (GERLACH 1993) sowie ein Finanzsystem, das vor allem dem

Wirtschaftswachstum des Staates diente und an dem internationale Deregulierungstrends lange vorbeigelaufen sind (DIETL 1998; WALDENBERGER 1998) wichtige institutionelle Formen eines von Bürokraten gelenkten Kapitalismus 'japanischer Art' (JOHNSON 1983).

Viele dieser Ausprägungen sind tief in der japanischen Tradition verwurzelt; diese kumulativ entwickelte institutionelle Struktur hat sich vor allem seit den 1950er Jahren bewährt; Regulation und staatliche Lenkung auf einer Konsensbasis mit der Industrie haben Japan rasant zu einem wirtschaftlich erfolgreichen System gemacht. Die Übererfüllung wirtschaftlicher Ziele, eine teilweise Verselbständigung institutioneller Formen, internationaler Anpassungsdruck und ein zunehmender Druck aus der japanischen Gesellschaft - die wiederum mit einer raschen Überalterung konfrontiert wird und einem Wertewandel unterliegt - haben Anfang der 1990er Jahre zu einer institutionellen Krise geführt. Aus dem 'Modell Japan' (DEUBNER 1990) wurde 'The sytem that soured' (KATZ 1998). Die Notwendigkeit, dieses zu reformieren, wird zwar von niemandem in Japan grundlegend angezweifelt, allein mit der Durchsetzung von Reformen tut man sich in fast allen Bereichen, wie z. B. in der Liberalisierung und Modernisierung der Finanzmärkte ('Big Bang'), überaus schwer. Viele der Reformbemühungen sind mittel- bis langfristig angelegt. Eine Zerschlagung der Macht der bürokratischen Eliten in den Ministerien und deren Verringerung ihrer Anzahl wurde in einem zähen Kampf der politischen Köpfe durchgesetzt und soll ab dem Jahr 2001 in Kraft treten.[77] Eine große Hoffnung zum wirtschaftlichen und politischen Überleben wird auf die neuen Technologien gesetzt, für deren Förderung 1995 das *Science and Technology Basic Law* verabschiedet wurde, das eine breitere Förderung der Grundlagenforschung und die Stärkung der technologischen Infrastruktur vorsieht. Der institutionelle Umbruch trifft die führenden Ministerien und konfrontiert sie mit der Frage, welche technologiepolitisch relevanten Aufgaben sie (noch) erfüllen können.

Die Biotechnologie traf Anfang der 1980er Jahre auf ein Japan, in dem das eigene institutionelle Modell auf anwendungsorientierte Industrien und Technologien fixiert war und Industriepolitik vor allem von einem Ministerium, dem Ministerium für internationalen Handel und Industrie (MITI), bestimmt wurde. Anhand dieser Querschnittstechnologie und ihres Entwicklungsverlaufs lässt sich nicht nur der Wirrwarr aufzeigen, den sie verschiedenen institutionellen Strukturen, ihren Behar-

---

77 Japan wird nur in geringem Maße durch eine gewählte politische Elite geführt, vielmehr bestimmt die bürokratische Elite das wirtschaftliche Geschehen und lässt das politische Geschehen deutlich in den Hintergrund treten. Die Bemühungen der Abgeordneten, dieses Machtgefälle zu verringern, sind erst in den letzten Jahren intensiviert worden. Die Reform der Ministerien sieht nicht nur eine Zusammenlegung bestimmter Ministerien vor (z. B. fusionieren das Erziehungsministerium Monbusho und die Wissenschaft- und Forschungsagentur STA), sondern auch eine Verringerung von Kompetenzen bzw. deren Ausgliederung in unabhängige Einrichtungen. So soll die Bankenaufsicht aus dem Finanzministerium ausgegliedert werden und zu einer eigenständigen, dem Premierminister unterstellten Einheit werden (WALDENBERGER 1998, S. 132).

rungs- bzw. Anpassungsmustern in Japan bereitet, sondern auch gleichzeitig Stärken und Schwächen des sich herausbildenden biotechnologischen Innovationssystems verdeutlichen.

7.2.1 Wissenstransfer zwischen akademischer Forschung und Industrie

Ein ausgeprägter Wissenstransfer zwischen Industrie, Universitäten und Forschungsinstituten gehört nicht zu den herausragenden Eigenschaften des japanischen Innovationssystems. Die Gründe dafür sind vor allem in einer starren Struktur und Ideologie zu finden. Die starre Struktur manifestiert sich zum Einen auf der Universitätsebene. In Japan betreiben wie bereits erwähnt, vor allem die nationalen Universitäten Forschung. Dort bilden die Fakultäten relativ abgeschlossene Einheiten, in denen ein generatives Lehrstuhlsystem (*koza)* besteht, in dem der Lehrstuhlinhaber seinen Lehrstuhl an einen Mitarbeiter vererbt. Berufungen von außen sind so gut wie nicht existent (INTERVIEW IFTECH, Dez. 1996). Jeder Professor an einer staatlichen Universität bekommt die gleichen Forschungsflächen und Forschungsgelder nach Alter und Rang zugewiesen, allerdings stechen die Universitäten von Tokyo (Todai) und Kyoto (Kyodai) als *primus inter pari* aus diesem Feld heraus (KINOSHITA 1996a, S. 47). Wettbewerb ist so gut wie unbekannt im Universitätssystem, ebenso wie Mobilität und interdisziplinäre Zusammenarbeit. Nachwuchswissenschaftler haben keine Möglichkeit, Forschungsgelder selbst einzuwerben, die i.d.R. nach Rang und Namen und guten Verbindungen an die Lehrstuhlinhaber verteilt werden (INTERVIEW IFTECH, Dez. 1996). Die Transformation des Systems zu Wettbewerbs- und Qualitätsmerkmalen wird ansatzweise zwar versucht (wie z. B. im CREST-Programm der STA), doch gehört deutlich mehr als guter Wille des Ministeriums dazu, peer-review Verfahren und Evaluationen durchzusetzen.

Dieser qualitätsmindernde Umstand wird zum Anderen durch starre Vorschriften verschärft, die einen transparenten Wissenstransfer in Form von Patenten deutlich behindern. Die nationalen Universitäten unterliegen einer Regulierung des Mombusho aus dem Jahr 1978, das die Patente aus Hochschulen regelt. Diese Vorschrift besagt zwar, dass eine Erfindung dem innovierenden Hochschullehrer gehört, weist aber auf die Ausnahme hin, dass die Resultate aus Forschungshaben, die mit öffentlichen Mitteln gefördert werden, als "nationale Erfindungen" klassifiziert werden (KNELLER 1999, S. 115). Da über 80 % der Forschungsmittel an den nationalen Universitäten öffentlich sind, unterliegt ein Großteil der Hochschulforschung der grundsätzlichen Möglichkeit, einer Einstufung der Erfindung als "national". Die Feststellung, ob "national" oder doch privat, unterliegt einer genauen Prüfung durch administrative Einheiten auf universitärer und ministerieller Ebene, was komplizierte Berechnungen des öffentlichen Teils mit einbezieht (KNELLER 1999, S. 116f). Diese Regelung führte dazu, dass die Anmeldungsrate von Patenten aus Universitäten im internationalen Vergleich sehr gering ist - 1994 wurden weniger als 120

Patente aus nationalen Universitäten angemeldet (USA: ca. 2.000) (NSF 1998). Die Industrie zeigt sich daher auch nicht daran interessiert, gemeinsame Forschung mit Universitäten einzugehen. Erforderliche Genehmigungen durch das Ministerium und Restriktionen bezüglich des Projektstarts sind deutliche Hemmnisse.

Da der Industrie die direkte Kooperation mit der Universität erschwert ist, werden Verbindungen vor allem durch Spenden an einen Lehrstuhl oder einen Fachbereich aufrecht erhalten. Im Gegensatz zu den Einnahmen aus Forschungskooperationen mit der Industrie, die 1996 gerade mal 2 % ausmachten, erreichten deren Spenden bereits 16 % der Forschungsaufwendungen der nationalen Universitäten (KNELLER 1999, S. 115). Des Weiteren finanziert die Industrie seit 1987 Stiftungsprofessuren und fördert Forschungsgruppen an den Universitäten. 1994 gab es davon insgesamt 57 an 23 Universitäten (MONBUSHO 1995, S. 48). Ein Transfer von den Universitäten zur Industrie wird in erster Linie informell vollzogen. Wichtige Kanäle sind der Transfer von Absolventen und Diskussionen zwischen Hochschullehrer und Industrie. Während viele Unternehmen Forscher für eine gewisse Zeit in universitäre Labors abordnen, findet ein Transfer von akademischen Forschern in die Industrie nicht statt: Starre administrative Barrieren, insbesondere das *Gesetz für Angestellte in öffentlichen Einrichtungen*, hindern Wissenschaftler staatlicher Universitäten daran, Nebentätigkeiten auszuüben. Sie dürfen seit der Verabschiedung des Technologietransfergesetzes von 1998 zwar beratend tätig werden, dürfen dafür aber selbst keine Entschädigungen annehmen, sondern müssen sie in Form von Spenden an den Lehrstuhl weitergeben. Für diese Tätigkeiten müssen darüber hinaus Ausnahmegenehmigungen erteilt werden (NIKKEI WEEKLY 1999). Auch der Personaltransfer zwischen Universitäten und Forschungsinstituten war bis Mitte der 1990er Jahre völlig undenkbar – Universitätsangehörige hatten keine Möglichkeit, in den Forschungsprojekten der STA oder anderer Ministerien mitzuarbeiten. Diese Restriktion ist aber gelockert worden, so dass die Universitäten über Umwege in kooperativen Forschungsprojekten der Ministerien beteiligt werden können (FRANSMAN und TANAKA 1995; NSF 1998). Das 1998 verabschiedete Technologietransfergesetz hat zwar den administrativen Umgang mit Patenten an Universitäten nicht verbessert (KNELLER 1999), hat aber zur Gründung einzelner Transferstellen an Universitäten geführt (KANNO 1996), deren Performanz allerdings noch in Frage steht.

Die starren Strukturen im Hochschulsystem haben dazu geführt, dass viele japanische Wissenschaftler aus privater und öffentlicher Forschung seit Mitte der 1980er Jahre international sehr mobil sind. Häufig gewählte Ziele sind die USA, gefolgt von Europa. 1996 wurden knapp 350 japanische Gastwissenschaftlern an den Instituten der NIH gezählt. Damit stellten sie auch dort die größte nationale Gruppe (HALL 1998, S. 126). Gerade die Grundlagenforschung an den NIH oder Max-Planck-Instituten ist für viele junge japanische Wissenschaftler interessant, da sie im Gegensatz zu den Gepflogenheiten in heimatlichen Einrichtungen eigene Forschungsansätze durchführen können.

Zu den größten Hemmnissen für einen effektiven Wissenstransfer gehören zusammenfassend die konservative, autoritäre Universitätsstruktur, die ebenfalls konservative Einstellung des Ministeriums und dessen rigide Verwaltungsvorschriften, die veralterte Ausstattung vieler Universitätslabors, der Mangel an interdisziplinärer Forschung, eine elitäre Einstellung vieler Universitätsprofessoren sowie ein Mangel an koordinierten Forschungsprogrammen, die eine notwendige kritische Masse von Forschern hervorzubringen vermögen (YUAN und DIBNER 1990; TANAKA 1991, S. 123). Wichtigstes regulatorisches Hindernis ist die Möglichkeit der Klassifizierung einer Erfindung aus der Hochschule als "national": "...the possibility that inventions will be classified as national inventions hangs like a sword of Damocles over university-industry technology transfers. [This] has discouraged inventors and companies from entering into transparent contractural agreements. This contributes to a culture of informal, undocumented transfers under which inventors are in a weak bargaining position" (KNELLER 1999, S. 120). Die Aufgabe dieser ideologischen Komponente und eine Richtungsänderung hin zu formalen Verträgen zwischen Industrie und Hochschulforschern ist zur Reform ebenso notwendig wie eine Anreizsetzung auf beiden Seiten. Es besteht ansonsten die Gefahr, dass die Industrie mehr oder weniger autonom eigene Grundlagenforschung durchführt oder sie im Ausland einkauft und Technologien entwickelt. Das japanische Hochschulsystem würde dadurch aber weiter deutlich an wissenschaftlichem Input verlieren.

Im Transfer zwischen Universitäten und der Industrie spielen kooperative Forschungszentren (*Kyodo kenkyu senta*, *Cooperative Research Centers* (CRC), die seit 1987 an staatlichen Universitäten aufgebaut werden, eine zunehmend wichtigere Rolle. Während die ersten als regionale Zentren (*chiiki kyodo kenkyu senta*) zur Stärkung der regionalen Industrie konzipiert waren (INTERVIEW PROF. GONDA, Nov. 1996), widmen sich die neueren Gründungen dezidiert der Spitzenforschung (*sentan kagaku jigutsu*) bzw. Zukunftstechnologien (*shorai kagaku gijutsu*). Bis 1998 wurden insgesamt 56 solcher Einheiten geschaffen, von denen 22 biotechnologische Forschung als ein Forschungsthema angeben.[78] Obwohl nach und nach die Regelungen für nationale Universitäten gelockert werden und es der Industrie erlaubt wird, Universitätssponsoring zu betreiben, sind die Gelder, die für kooperative Forschung vom Ministerium direkt aufgewendet werden, relativ bescheiden. 1993 lag dieser Betrag bei 650 Mio. US-Dollar und machte 3,4 % der Ausgaben nationaler Universitäten aus (NSF 1998, S. 7). Auch die CRC bekommen i.d.R. nur einen jährlichen Zuschuss des Monbusho von ca. 35.000 US-Dollar pro Zentrum.

Anders verhält es sich dagegen mit dem Transfer zwischen Forschungsinstituten und der Industrie; in den von den Ministerien initiierten Forschungsprojekten (vgl. Kapitel 7.2.4) betreiben sie ebenso anwendungsorientierte wie grundlagenorientierte Forschung. Als eine herausragende Kooperation wird z. B. das 1986 unter der

78 Ein Überblick über die Zentren und ihre thematische Ausrichtung findet sich unter http://www.crcenter.crc.kitami-it.ac.jp/link/centerlink.htm (auf japanisch).

Leitung des Japan Key Technology Center (KeyTech) gegründete Konsortium PERI (*Protein Engineering Research Institute*) bezeichnet, das alle organisatorischen Charakteristika aufweist, die für exzellente Forschung notwendig sind (FRANSMAN und TANAKA 1995, S. 28ff).[79]

7.2.2 Regulation: Patentgesetzgebung und Zulassungsverfahren

Das japanische Patentsystem ist dem deutschen nachempfunden (RUTCHEK 1995) und folgt dem *First-to-File* System. Bis 1976 schützte das japanische Patentrecht bei pharmazeutischen Produkten ausschließlich Prozesse (*seiho tokkyo*). Eine Umstellung auf den Schutz von Produkten (*busshitsu tokkyo*) wurde erst in den 1970er Jahren "notwendig", als einzelne F&E-intensive japanische Unternehmen Produkte entwickelten, die nun selbst Schutz benötigten (REICH 1990, S. 134). Japan hat insbesondere nach dem GATT-TRIPS Abkommen einige signifikante Änderungen an der Ausgestaltung seines Patentsystems durchgeführt, die für internationale Wettbewerber wichtig sind und für Patenanmeldungen ab dem 1.7.1995 gelten. Im Folgenden werden nur die wichtigsten Eigenschaften, auch im Vergleich zur vorherigen Ausgestaltung, skizziert.

Die Patentdauer vom Zeitpunkt der Anmeldung an wurde von 15 auf 20 Jahre angehoben. Der Vorgang der Anmeldung erfolgt nach einem bestimmten Schema: Eine juristische Person meldet ein Patent zum Zeitpunkt x an. Die anmeldende Person hat nun sieben Jahre Zeit, eine Prüfung der angemeldeten Patentschrift zu fordern. 18 Monate nach dem Zeitpunkt x wird das angemeldete Patent veröffentlicht. Wurde es bereits während dieser Zeit vom Prüfer untersucht (was höchst unwahrscheinlich ist), werden diese Kommentare nicht publiziert. Nach der Veröffentlichung der Erteilung besteht eine drei Monate Einspruchsfrist, bevor die Patent-

---

79 Ca. 15 Unternehmen führten dabei anwendungsorientierte Grundlagenforschung in einer gemeinsamen Forschungseinrichtung und die angewandte Forschung in den Forschungsabteilungen der beteiligten Unternehmen durch. In fünf Abteilungen arbeiteten ca. 60 in- und ausländische Forscher; auch Professoren staatlicher Universitäten war die Teilnahme an PERI gestattet. Ein weltweiter Austausch mit anderen Forschungseinrichtungen und individuellen Forschern wurde gepflegt. Die Forschungsergebnisse von PERI waren leicht zugänglich, Besucher gern gesehen und Forscher wurden in andere Institute entsendet. I.d.R. verbrachten Industrieforscher der beteiligten Unternehmen etwa drei Jahre bei PERI, bevor sie in ihr Unternehmen zurückgingen und durch neue Forscher ersetzt wurden. Gleichzeitig wurden in den Unternehmen Forschergruppen aufgebaut. Die Gemeinschaftsforschung im Rahmen von PERI hatte ideale Züge: *Vermeidung von Forschungsüberlappung*, *Forschungssynergien* durch die Verbindung von Industrie- und Universitätsforschern sowie Forschern aus staatlichen Forschungseinrichtungen mit jeweiligen ideosynkratischen Fähigkeiten, *Kostensenkung* für die einzelnen Beteiligten durch eine gemeinsame Ausstattung und die gemeinsame Entwicklung neuer Software, vereinfachter Wissens- und Technologietransfers durch die *interdisziplinäre Zusammensetzung* der Forschergruppen und durch die Rückkehr der einzelnen Forscher in ihre Unternehmen. PERI wurde 1996 beendet und in *Biomolecular Engineering Research Institute* (BERI) umbenannt. Außer einer veränderten Zielsetzung - molekularbiologische Forschung -, hat sich an der Struktur des Instituts kaum etwas geändert (FRANSMAN und TANAKA 1995, S. 28ff).

schrift registriert und mit einer neuen Patentnummer publiziert wird. Seit dem 1.1.1996 wurde die drei Monate währende Einspruchsfrist *vor* der Zulassung, in eine Einspruchsfrist von sechs Monaten *nach* Zulassung des Patents geändert. Was bewirkte die vorherige Praxis? In dieser dreimonatigen Frist konnte jeder Einspruch erheben, was zu Verzögerungen in der Prüfung und Zulassung führte. Wettbewerber konnten somit wichtige Patentlaufzeiten deutlich verkürzen (SHOMADE 1996, S. 3): Genentech hatte mit 28 aufeinander folgenden und jeweils einzeln abzuhandelnden Einsprüchen zu kämpfen, bevor ein Patent zugelassen wurde, ein amerikanisches Unternehmen musste sich elf Jahre mit Einsprüchen auseinander setzen und verlor dadurch den Patentschutz, einige ausländische Unternehmen berichten von der Unsitte japanischer Unternehmen, viele Patente um ein ausländisches 'Kern-Patent' anzumelden, um gemeinsame Lizenzen zu erzwingen (GIROUARD 1996, S. 3).

I.d.R. dauert der Prozess der Prüfung zwischen drei und vier Jahre, was auf die hohe Anmelderate von Patenten und Gebrauchsmustern einerseits und geringe Zahl von Prüfern andererseits zurückgeführt wird. 1991 fielen auf jeden der 955 Prüfer knapp 390 Anmeldungen. Dieses Verhältnis lag in den USA dagegen bei 94 Anmeldungen pro Prüfer (GIROUARD 1996, S. 10). Ein Großteil der angemeldeten Patente wird niemals oder erst sehr spät geprüft. Die Anmelder haben offiziell sieben Jahre Zeit, die Prüfung zu fordern. Während sie in dieser Zeit technologische Entwicklungen beobachten können, bedeutet diese Masse an schwebenden Verfahren eine deutliche Marktzugangsbeschränkung für Wettbewerber. Selbst wenn die Prüfung innerhalb der sieben Jahre beginnt, kann sie deutlich darüber hinaus währen und somit die Wettbewerber vor eigenen Anmeldungen abhalten (SHOMADE 1996, S. 5).

In der japanischen Patentgesetzgebung sind weitere Aspekte relevant, die dem amerikanischen System nachempfunden wurden (vgl. Kapitel 4.4.2.2). Neben den USA verfügt Japan über eine Schonfrist, die in Japan sechs Monate lang gewährt wird und seit 1993 auch über ein *Orphan Drug System*. In Japan kann der Orphan Drug-Status für Arzneimittelentwicklungen bei einer Anzahl von unter 50.000 Patienten beantragt werden. Bis zu 50 % der Entwicklungskosten können von der Drug Organization (OADR) getragen werden. Die Organisation leistet Hilfestellung im Forschungsprozess und bei den Vorbereitungen zur Anmeldung der neuen Arznei. Neben der Hilfestellung sind drei weitere Anreize zu nennen: Das forschende Unternehmen kann 6 % seiner eigenen F&E-Kosten steuerlich geltend machen, Orphan Drugs genießen darüber hinaus Priorität in der Zulassungsprüfung und ihr effektiver Patentschutz ist gegenüber sechs Jahren bei gewöhnlichen Medikamenten auf zehn Jahre ausgedehnt (DRUG ORGANIZATION 1996a). 1993 wurden insgesamt 40 Orphan Drugs angemeldet, von denen bereits 1994 die ersten zehn zugelassen wurden. 1994 erfolgten weitere 29 Anmeldungen und fünf Mittel wurden zugelassen. Während unter den ersten geprüften und zugelassenen Mitteln trotz ihrer Prominenz bei der Anmeldung kaum ausländische Unternehmen anzutreffen waren, erhalten mittlerweile auch zunehmend Anmeldungen von ausländischen Unternehmen eine Zulassung. Mit dem System der Förderung von Orphan Drugs verfolgt auch das japanische Gesundheitsministerium eine industriepolitische Förderung, da die weltweiten Märkte der erforschten Mittel den beteiligten japanischen Pharmaunternehmen bessere Absatz- und Umsatzzahlen ermöglichen.

Von Bedeutung sind des Weiteren Zulassungsverfahren und klinische Studien. Hervorzuheben ist das Gesetz für 'Medikamente, Kosmetika und Medizintechnik' (*yakuji ho*), das 1961 überarbeitet wurde und demzufolge neue Medikamente eine staatliche Zulassung benötigen (ODAGIRI und GOTO 1996, S. 242). Bis 1967 verlangte das Gesundheitsministerium keine klinischen Studien für Sicherheit oder Wirksamkeit ausländischer Arzneimittel in Japan, wenn diese in einer offiziellen Pharmakopoeia aufgeführt waren. Diese Mittel wurden ausdrücklich nicht als neue Medikamente deklariert und wurden rasch zugelassen. Ausländischen Unternehmen war es dagegen verboten, die erste Phase der Zulassung (*shonin*), die Darlegung von Wirksamkeit und Sicherheit, selbst durchzuführen. Darüber hinaus hatten klinische Studien an Japanerinnen und Japanern durchgeführt zu werden. Die Ergebnisse klinischer Studien der Phase I-IV aus dem Ausland wurden dagegen nicht anerkannt, da die japanische Bevölkerung grundsätzlich anders sei.[80] Das heißt, dass die Einführung eines neuen Mittels in Japan nur in Verbindung mit einem japanischen Unternehmen möglich war. Diese formale Regulierung bestand bis Mitte der 1980er Jahre, bis sie auf Druck der USA gelockert und es den ausländischen Unternehmen gleichzeitig ermöglicht wurde, die Ergebnisse der im Ausland durchgeführten klinischen Studien der Phasen I und II in Japan zumindest teilweise zu übernehmen (REICH 1990, S. 129). Erst seit August 1998 lässt das MHW auch die im Ausland erhobene Daten für Phase III zu, allerdings müssen diese Daten für die Vermarktung in Japan noch durch zusätzliche Nachweise überbrückt werden.

7.2.3 Finanzmärkte und Unternehmensgründungen

Im Gegensatz zum stark durch den Kapitalmarkt bestimmten US-amerikanischen Finanzsystem spielen im japanischen System *keiretsu* eine dominierende Rolle. Obwohl Banken nur direkte Unternehmensbeteiligungen in Höhe von 5 % erlaubt sind, stehen sie durch personelle und finanzielle Überkreuzverflechtungen, kurzfristige Kreditvergaben und langfristige Verpflichtungen im Zentrum von Unternehmensnetzwerken (GERLACH 1993, DIETL 1998).

Dieses System, und dabei insbesondere der japanische Finanzmarkt, befindet sich seit dem Zusammenbruch der *bubble economy* Anfang der 1990er Jahre in einem

---

80 Die "Anders-" bzw. "Einzigartigkeit" der japanischen Bevölkerung (*'nihonjinron'*) war in den 1980er Jahren Gegenstand einer lebhaften Debatte zwischen Japan auf der einen, den USA und Europa auf der anderen Seite. Während man industriepolitische Entscheidungen auf japanischer Seite auf Japans Anders- bzw. Einzigartigkeit berief, wurde das auf US-amerikanischer und europäischer Seite schlicht als informelle Handelshemmnisse bewertet und angeprangert.

Umbruch. Die Deregulierung und Modernisierung des Finanzmarktes, in Japan als *big bang* tituliert, hat seit Mitte der 1990er Jahre zu Veränderungen geführt, deren Einfluss und Reichweite allerdings noch nicht vollständig abzuschätzen sind.[81] Im Folgenden soll daher nur kurz auf einzelne strukturelle Faktoren hingewiesen werden, die einer Finanzierungsstruktur à la USA deutlich im Wege stehen. Wie bereits am US-amerikanischen Modell ersichtlich, wird die Dynamik des biotechnologischen Innovationssystem dort vor allem auf einen aggressiven und risikofreudigen Risikokapitalmarkt zurückgeführt. Auch in Japan gibt es Bestrebungen, den US-amerikanischen Erfolg zu imitieren und die Voraussetzungen dafür zu schaffen. Die Ausgangslage, einen ähnlich ausgestalteten Finanzmarkt zu etablieren, ist jedoch denkbar ungünstig.

Der moderne Finanzmarkt und dessen Ordnungsrahmen haben eine relativ kurze, aber wechselvolle Geschichte, in der vor allem die rasche Industrialisierung der Wirtschaft im Mittelpunkt stand. Der heutige Markt für Unternehmensfinanzierung ist vor allem durch Kredite von Finanzintermediären geprägt. Eine herausragende Bedeutung haben dabei Banken, die wiederum nach Geschäftsbereichen im Sinne eines Trennbankensystems unterschieden werden (WALDENBERGER 1998, S. 109f). Die Anstrengungen der letzten Jahre, die vor allem für junge Unternehmen von Bedeutung sind, betreffen vor allem die Liberalisierung des *over-the-counter* (OTC) Marktsegments des Aktienmarktes, das etwa mit dem deutschen Neuen Markt verglichen werden kann und das eine *exit*-Möglichkeit für Beteiligungen bzw. ein Instrument der Kapitalbeschaffung insbesondere für junge Unternehmen ist.

Bestimmte Ausprägungen des Marktes, wie das Verbot von Holdings und Regularien gegen feindliche Übernahmen (DIETL 1998, S. 138f), haben einen ganz eigenen Finanzmarkt geschaffen, der das kompetitive Element des US-amerikanischen Marktes in Japan deutlich verringert. Ähnlich wie in Deutschland hat sich in Japan kein Risikokapitalmarkt herausgebildet; Unternehmensgründungen aus Universitäten waren lange Zeit völlig tabu und auch die Gründungsrate neuer technologieorientierter Unternehmen eher gering. Gründe für ein geringes unternehmerisches Verhalten werden mittlerweile auch in Japan thematisiert, sie ähneln denen in Deutschland:

- Mangel an sophistizierten Finanzmärkten, darunter ein Mangel an Risikokapital und ein Mangel am öffentlichen Kapitalmarktsegment für junge Technologiewerte
- geringe Risikobereitschaft auf Seiten der Banken, die Unternehmensgründungen i.d.AR. erst kurz vor dem Börsengang an unterstützen

[81] *Best practices* bzw. Visionen über die Zukunft der Unternehmensstruktur und ihren Verflechtungen mit der Finanzwelt wurden z. B. durch das Corporate Governance Forum of Japan 1998 geäußert. Siehe *Corporate Governance Principles: A Japanese View (Final Report)* http://papers.ssrn.com/paper.taf?abstract_id=157308

- nicht ausreichende staatliche Unterstützung bzw. nur kleinvolumige Startkredite von Seiten des Staats
- keine Vermittlung von "Unternehmensgründungskultur" an den Universitäten
- administrative Hemmnisse bei Ausgründungen
- niedrige Mobilität von Arbeitnehmern

Die angeführten Hemmnisse reichen weit über das Finanzsystem hinaus. So ist das Ausbildungssystem tangiert und nicht zuletzt das Arbeitssystem. Ein Ausweg aus diesem Dilemma wird daher auch von mehreren Seiten angestrebt. Mittlerweile finanzieren einige Unternehmen eigenen Forschern Projekte bzw. deren Ausgründungen. Ein Basisproblem besteht jedoch auf Seiten der Banken, die die notwendige finanzielle und beraterische Begleitung einer Unternehmensgründung nicht ausführen können und wollen, wie es amerikanische Risikokapitalgeber vorführen. Die Lücke des Risikokapitalmarktes wird zum Teil durch regionale Investitionen verringert. Die regionalen Autoritäten fördern zum Teil neue Unternehmen direkt über eigene Stiftungen oder über Risikokapitalgesellschaften, die ebenfalls auf den Vormarsch sind. Dabei werden vor allem lokal technologieorientierte Ausgründungen aus den Universitäten unterstützt (FURUTA 1999). Das Ausmaß, mit dem staatliche Stellen Risikokapital für technologieorientierte Gründungen bereit stellen, nimmt zwar zu, wird aber von vielen Stellen als nicht ausreichend betrachtet. Für das Haushaltsjahr 1999 wurden insgesamt 11 Mrd. Yen (ca. 165 Mio. DM) als Kapital für kleine, neue Technologien entwickelnde Unternehmen im Etat ausgewiesen (NIKKEI WEEKLY 1999).

Die ca. 120 japanischen Risikokapitalgesellschaften haben es bisher tendenziell vermieden, biotechnologische Gründungen aus dem eigenen Lande zu finanzieren. Vielmehr treten sie als Investoren amerikanischer und europäischer Technologieunternehmen auf. Sie nutzen ihre Verbindungen ins Ausland jedoch häufig, um Kooperationen japanischer Unternehmen mit ausländischen Technologiegebern zu initiieren (GASSEL 1998, S. 117). Im Bereich der Biotechnologie gibt es vor allem zwei potenzielle Risikokapitalgeber, darunter *Nihon Godo Finansu* (Japan Associated Finance Corporation (JAFCO)), einem Zweig der Wertpapierhauses Nomura, und das Unternehmen *Techno Venture*. Diese beiden VC-Gesellschaften vereinen nicht nur den größten Teil aller japanischen Risikokapitalbeteiligungen ins Ausland auf sich; Godo Finansu ist darüber hinaus auf Beteiligungen im Pharma- und Agrobereich spezialisiert. Staatliche Risikokapitalgesellschaften wie die MITI-zugehörige VEC (Venture Enterprise Capital) oder die VC-Gesellschaft der Long-Term Credit Bank NED (Nippon Enterprise Development) gehören zu den zögerlichen Gesellschaften, die häufig nur die Gebäude finanzieren (INTERVIEW PROF. GONDA, Nov. 1996). Die Zahl der Unternehmensgründungen im Bereich der Biotechnologie ist daher überschaubar. Bis 1996 verfügte Japan nach Ansicht eines Interviewpartners über keine fünf biotechnologischen Startups (INTERVIEW MITI, Nov. 1996). Ähnliche Angaben wird auch von Kneller 1999 gemacht: von den seit

1955 gegründeten ca. 89 japanischen Unternehmen, die sich mit biotechnologischer Forschung im Bereich der Pharmazeutika befassten, sind nur vier keine Ausgründungen aus der Industrie oder aus staatlich initiierten Forschungskonsortien (KNELLER 1999, S. 122).

7.2.4 Einschätzung und Vergleich der genannten Rahmenbedingungen

Weder die Wissenskanäle, noch die rechtlichen und finanziellen Rahmenbedingungen erscheinen nach dieser Darstellung sonderlich Biotechnologie förderlich ausgestaltet - die Unterschiede zum erfolgreichen US-Modell sind zum Teil gravierend. Diese zum Teil wenig wettbewerblich ausgestalteten Rahmenbedingungen werden allerdings von staatlichen Institutionen komplementär ausgefüllt, die, wie bereits geschildert, die technologische Aufholjagd Japans in den letzten Jahrzehnten maßgeblich geprägt haben. Hinter der Bezeichnung Industriepolitik verbirgt sich eine Reihe von Regularien, die zur Förderung bestimmter Technologien geschaffen werden und bis zur Schaffung eines dafür notwendigen innovationsfreudigen Klimas reichen. Betrachten wir uns im Folgenden die Rahmenbedingungen, die die technologische Aufholjagd in der Biotechnologie maßgeblich beeinflussen.

7.2.5 Technologiepolitik und Entscheidungsbefugnisse in der Biotechnologie

Wie bereits erwähnt, gilt die Empfehlung des CST als Aufforderung an und Leitlinie für die Ministerien, aktiv die Lebenswissenschaften zu fördern. Auf nationaler Ebene fördern eine Reihe von Ministerien und eine staatliche Agentur die Biotechnologie. Sie haben jeweils eigenständige Aufgabenbereiche und Verfügungsrechte. Im Einzelnen sind das:

- das Ministerium für internationalen Handel und Industrie (MITI), das die Jurisdiktion über die Chemieindustrie besitzt und insgesamt für Patentanmeldungen zuständig ist
- das Ministerium für Gesundheit und Wohlfahrt (MHW), das für die Pharmaindustrie und für Sicherheitsprüfungen und Zulassung von Nahrungsmitteln und Arzneimitteln zuständig ist
- das Ministerium für Landwirtschaft, Fischerei und Forstwirtschaft (MAFF), dessen Zuständigkeitsbereich die Ernährungsindustrie betrifft, und das für Freisetzungen in Feldversuchen zuständig ist
- die Agentur für Wissenschaft und Technologie (STA), die für Planung, Koordination und Durchführung der Grundlagenforschung zuständig ist;

- das Ministerium für Erziehung, Bildung und Kultur (Monbusho), das für die Grundlagenforschung an staatlichen Universitäten zuständig ist. Im Bereich der biotechnologischen Forschung dehnt sich der Einflussbereich auch auf private Universitäten und Forschungsinstitute aus.

Die Aufwendungen der Ministerien im Bereich der Lebenswissenschaften sind seit Mitte der 1990er Jahre kontinuierlich gestiegen. Da es keine Kategorie für biotechnologische Aufwendungen gibt, variieren Abgrenzungen und Berechnungen dieser Aufwendungen aus dem Bereich der Lebenswissenschaften und anderen Fördergruppen je nach Quelle. Während das MHW zwar mit 36 % den größten Anteil des Etats für Lebenswissenschaften innehat, verändert sich im Bereich der biotechnologischen Förderung der Anteil der finanzierenden Ministerien mit knapp 48 % zu Gunsten der STA (vgl. Abbildung 7-5).

Abbildung 7-5 Verteilung des Budgets für Lebenswissenschaften und der Fördergelder für biotechnologische Grundlagenforschung nach ausgesuchten Ministerien (1996)

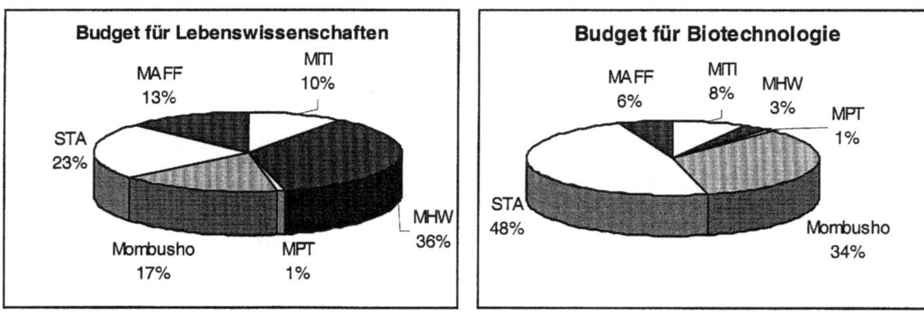

Quelle: STA 1998a, S. 190; persönliche Mitteilung des MHW;
Anmerkungen: Das Ministerium für Post and Telekommunikation (MPT) leitet und finanziert zusammen mit dem MITI das KeyTech (vgl. Kapitel 7.2.5.1.) und tritt daher als finanzierendes Ministerium in der Biotechnologie auf.

Betrachten wir uns im Folgenden Funktion und Einflussbereiche der nichtindustriellen Ministerien Mombusho und STA; MITI, MHW und MAFF werden in Kapitel 7.3 behandelt.

7.2.5.1 Forschungsförderung der STA

Die STA ist eine direkt dem Premierminister unterstellte Einheit, die für die Planung und Durchführung der Grundlagenforschung in Japan zuständig ist. Diese Behörde hat sich mit Fragen der Biotechnologie bereits seit den frühen 1970er Jahren beschäftigt. 1973 wurde ihr *Life Science Office* gegründet. Aktiv wurde die STA dagegen erst Anfang der 1980er Jahre, als sie 1981 das Programm *Exploratory Research for Advanced Technology* (ERATO) auflegte, das über den Projektträger JST

(*Japan Science and Technology Corporation*) administriert wird (JST 1996). Das ERATO Programm ist für die japanische Grundlagenforschung zu einem Eckpfeiler geworden. Ziele des Programms sind die engere Verbindung von akademischer Forschung und Industrie und die Förderung von hoch risikobehafteten Forschungsprojekten. Jedes ERATO-Projekt hat eine Förderperiode von fünf Jahren und ein Gesamtbudget von 1,5 – 2 Mrd. Yen. Jedes Jahr werden bis zu vier neue Projekte gefördert. 1996 betrug das ERATO-Budget 7,8 Mrd. Yen für 20 laufende Projekte. Aus der Forschung resultierendes geistiges Eigentum wird zwischen dem Projektträger und den beteiligten Wissenschaftlern geteilt (JST 1996, S. 7). In regelmäßigen Abständen werden Teilergebnisse auf Symposien publik gemacht.

Der Erfolg von ERATO hat eine Reihe weiterer Grundlagenforschungsprogramme inspiriert, darunter das 1991 initiierte Programm *Precursury Research for Embryonic Science and Technology* (PRESTO) und das 1995 gestartete *Core Research for Evolutional Science and Technology* (CREST), die 1996 zusammen ein Budget von 15 Mrd. Yen umfassten. Unter PRESTO erhalten individuelle Forscher für drei Jahre neben Gehalt, Laborkosten und Verwaltungskosten zwischen 30 und 40 Mio. Yen für ihre Forschung. In gegenwärtig drei Forschungsgebieten, darunter einem biologischen namens *Inheritance and Variation* werden jeweils jährlich zehn Wissenschaftler neu unterstützt (JST 1996, S. 6). CREST-Projekte unterliegen einer öffentlichen Ausschreibung und einem (in Japan seltenen) *peer-review* Auswahlverfahren. Die Gutachter werden durch die JST und die strategischen Forschungsthemen durch die STA vorgelegt. Die ausgewählten Projektleiter bauen ein Forschungsteam mit bis zu zwanzig Mitarbeitern auf. Die Forschung wird i.d.R. in Labors des Projektleiters durchgeführt. Die Projekte haben eine fünfjährige Laufzeit und ein Gesamtbudget von einer Milliarde Yen. Die Projektleiter sind verpflichtet, Forschungsergebnisse auf in- und ausländischen Kongressen zu veröffentlichen; eventuell resultierende Patente werden gemeinsam von JST und den Forschern gehalten. Die medizinisch und biotechnologisch relevanten Forschungsthemen 'Hirnfunktion', 'genetische Algorithmen' und 'Abwehrmechanismen von Wirten' gliedern sich unter dem Oberthema 'Phänomene des Lebens'. In den Gebieten werden jeweils zwischen sieben oder acht Projekte gefördert (Stand: 1996) (JST 1996, S. 12f).

Das vierte und letzte Grundlagenforschungsprogramm ist das 1989 initiierte *International Cooperative Research Project* (ICORP), das 1996 über ein Budget von 1,5 Mrd. Yen verfügte. In diesem Programm werden japanische Forschergruppen mit einem ausländischen Partner für fünf Jahre gefördert. Ein Projekt umfasst etwa 20 Personen aus Universitäten, nationalen Forschungsinstituten und Unternehmen und verfügt über ein Gesamtbudget von 2-3 Mrd. Yen, wobei die Kosten zwischen JST und den ausländischen Partnern geteilt werden. Jedes Jahr wird ein weiteres Projekt neu gefördert. Die Themen sind großteils molekularbiologisch oder physikalisch ausgerichtet, darunter 'Supermoleküle', 'Neurogene' und 'Mikrobiale Evolution' (JST 1996, S. 10f).

7.2.5.2 Forschungsförderung des Monbusho

Die öffentliche Forschung wird zu einem großen Teil in nationalen Forschungseinrichtungen und in staatlichen Universitäten erbracht. Für die Letzteren ist allgemein das Erziehungsministerium (Monbusho) zuständig, darunter für die Finanzierung und Durchführung von Lehre und Forschung an den staatlichen Universitäten. Darüber hinaus hat es aufgrund von Richtlinien über gentechnische Forschung in wissenschaftlichen Einrichtungen Kompetenzen über biotechnologische Forschung an privaten Universitäten. Aufgrund der Finanzierung der medizinischen und biologischen Fakultäten an fast 100 nationalen Universitäten kommt das Ministerium zwangsläufig zu einem hohen Aufwendungsbetrag in den Lebenswissenschaften. Nichtsdestotrotz sind die Universitäten in erster Linie Ausbildungsstätten (MONBUSHO 1995).

Mangelware: Wissenschaftler

Die Universitäten bilden eine konservative, stabile Einheit im japanischen Innovationssystem (vgl. Kapitel 7.2.1). Sie unterliegen aber auch der Kritik: Insbesondere der Mangel an Grundlagenforschung und ausgebildeten Wissenschaftlern wird seit Anfang der 1990er Jahre als Problem erkannt. Im Zuge der anhaltenden Reformen geht es vor allem um die 'Produktion' von Wissenschaftlern; Reformen hinsichtlich der Forschung werden dagegen kaum thematisiert (MONBUSHO 1995). Im Vergleich zu westlichen Industrienationen weist Japan ein extrem niedriges Niveau an Absolventen mit Master und Ph.D.-Graden auf - bisher waren diese höheren Abschlüsse in der Industrie schlichtweg nicht von Nutzen und mit der US-amerikanischen naturwissenschaftlichen Doktorandenausbildung qualitativ nicht vergleichbar. Die Gruppe der japanischen Ph.D.-Studenten ist auch in den USA nur sehr gering (HALL 1998, S. 126; KINOSHITA 1996; NORMILE 1996b). Trotz der massiven finanziellen Zufuhr seit Verabschiedung des *Basic Law* wird die Produktion von Absolventen mit höheren Abschlüssen mittelfristig nicht nach oben schnellen, es sei denn, die Industrie ändert ihre Haltung und stellt mehr promovierte Mitarbeiter ein und die Forschungsbedingungen an den Universitäten werden zu Gunsten der Promovierenden verbessert (NORMILE 1996b).

Forschungskooperationen

Das Monbusho hat 1983 seine Bestimmungen zur Kooperationsforschung gelockert. Die formalen Forschungskooperationen, die seitdem den staatlichen Universitäten möglich sind, sind quantitativ relativ bescheiden. Einem Status-Report zur kooperativen Forschung zwischen Universitäten und dem privaten Sektor zufolge konnten bis 1994 883 private Unternehmen in insgesamt 1.488 formellen Kooperationen gezählt werden. Der größte Teil der insgesamt 162 laufenden Kooperationen im Jahre 1994 wurde mit Unternehmen eingegangen, darunter nur vereinzelt ausländischen Firmen. Weitere Partner der Universitäten sind Forschungseinrichtungen auf der Ebene der Präfekturen, private Institute, sowie kleinere, nicht-börsennotierte Unternehmen (MONBUSHO 1995a). Für Kooperationen im Bereich der Biotechnologie ergeben sich die folgenden Zahlen (vgl. Tabelle 7-4):

Tabelle 7-4 Anzahl von biotechnologischen Kooperationen und gemeinsamen Patenten zwischen staatlichen Universitäten und dem privaten Sektor 1983-1994

	'83	'84	'85	'86	'87	'88	'89	'90	'91	'92	'93	'94
Kooperationen	7	21	31	48	70	64	70	85	106	121	145	162
gem. Patente	0	2	3	1	1	1	5	5	8	3	6	2

Quelle: MONBUSHO 1995a, o.S.

In den unterschiedlichen Bereichen[82] wurden 1983 knapp 13 % der Kooperationen im Bereich der Biotechnologie eingegangen - gegenüber knapp 34 % im Bereich Materialforschung ein schwach ausgeprägter Bereich. Die Anzahl der Kooperationen nahm 1986 und 1987 einen Anteil von ca. 18 % ein und stabilisierte sich nach einem Einbruch bei einen Anteil von 11 % seit Anfang der 1990er Jahre. Im Vergleich zu den Zahlen in den USA ist auch die Anzahl der gemeinsam angemeldeten Patente verschwindend gering.

7.2.5.3 Neue Entwicklungen in der Forschungspolitik

Mittlerweile ist auch die Regierung davon überzeugt, dass der bisher eingeschlagene Weg der autonomen Förderung verschiedener Ministerien und einer breiten akademischen Forschungsförderung nicht zielführend ist und US-amerikanische und europäische Unternehmen die japanische Konkurrenz in der Genomanalyse und Patentanmeldungen deutlich übertrumpfen (NIKKEI WEEKLY 1999c).

1997 wurde vom *Council for Science and Technology* (CST) eine Leitlinie zur F&E in den Lebenswissenschaften verabschiedet (CST 1997), die die zukünftige FuT-Politik der Ministerien direkt beeinflussen dürfte. Dabei wird die Priorität der Förderung der Lebenswissenschaften von den Zielen (1) medizinischer Schutz der Gesellschaft; (2) nachhaltige Entwicklung und (3) Schaffung neuen Industrien im Pharma-, Nahrungsmittel- und Informationsbereich abgeleitet.
Die wissenschaftlich führende Position der USA wird zwar anerkannt, aber gleichzeitig wird darauf hingewiesen, "[that] we must create research strategies which reflect our unique way of thinking rather than simply imitating the way of research and development conducted in the other countries" (CST 1997, Kapitel 1.3.a). Ziel

82 Das sind Materialforschung, Maschinenbau, Bauingenieurwesen und Architektur, Elektrotechnik, Software, Energietechnik und Biotechnologie (MONBUSHO 1995a)

ist weiterhin die Identifizierung spezifischer F&E-Bereiche, in denen Japan echter Weltmarktführer werden kann (CST 1997, Kapitel 1.3.a). Als F&E-Bereich wurde - trotz des intensiven internationalen Wettbewerbs - die Genomanalyse als strategisch identifiziert, mit deren Hilfe die oben genannten Industrien prosperieren sollen. Interessanterweise wird die Förderung der Chemieindustrie in dem Bericht mit keinem Wort erwähnt. Mit der Förderung der Grundlagenforschung im Bereich der Genomforschung verbindet man die Schaffung einer 'DNA Informationsgesellschaft' (CST 1997, Kapitel 2.2.c). Förderpolitische Ziele gelten u. a. dem Aufbau von Datenbanken, dem Ausbau von Wissenschaftlernetzwerken sowie der Kooperation zwischen Industrie, Wissenschaft und Staat. Als Instrument für Letzteres empfiehlt der Rat weiterhin Forschungskonsortien, in denen die drei Gruppen vertreten sind.[83] Mit dem Festhalten an traditionellen Förderinstrumenten wird aus der Not eine Tugend gemacht: solange kein rein privatwirtschaftliches Engagement erfolgt bzw. aus Finanzmarktrestriktionen nur ungenügend erfolgen kann, bleiben die staatlich initiierten Konsortien zumindest eine Alternative. Da die Ausgestaltung zu Gunsten der teilnehmenden Unternehmen verändert wird, können sie bei deutlicher Erhöhung der Forschungsmittel zumindest für einige Unternehmen interessant werden. Immerhin bieten diese halbstaatlichen Gebilde gegenüber risikokapitalgestützten Forschungsunternehmen einen deutlichen Vorteil: eine gesicherte langfristige Finanzierung und ein deutlich geringerer, kurzfristiger Erfolgs- und Erwartungsdruck.

Gegenüber diesem Vorteil bleibt es allerdings dahingestellt, ob die Ziele der neuen Leitlinie trotz der bestehenden Nachteile und der fragmentierten Forschungsförderlandschaft erreicht werden können. Erwähnt wird zwar die Notwendigkeit, dass "industry, academia and concerned ministries and agencies of the government must work closely together to ensure a coordinated and harmonious effort" (CST 1997, Kapitel 4.2). Wie eine enge Zusammenarbeit zwischen den involvierten Ministerien aussehen könnte, wird nicht spezifiziert. Allerdings wurde Ende 1999 eine neue Biotechnologieoffensive gestartet, an der alle relevanten Ministerien beteiligt sind. Über einen Zeitraum von sechs Jahren sollen zwischen 2000 und 2005 zwischen einer und zwei Trillionen Yen für die Biotechnologie investiert werden. Unter dem Namen Tri-Helix-Programm werden Gesundheit (Sun-Helix), Umwelt (Eco-Helix) und die Infrastruktur (Info-Helix) gefördert (SCIENCE AND TECHNOLOGY IN JAPAN 1999; 1999a). Geld und Forschungsziele allein sind allerdings nur die eine Seite. Was in Japan erst einmal aufgebaut werden muss, ist eine breite Basis an Grundlagenwissenschaftlern, die in den ausgewählten Gebieten eine kritische Masse erreichen müssen, um in interdisziplinären Teams wissenschaftlich zu arbeiten. Ein Manko ist sicherlich auch die technische Infrastruktur und technische Assistenz. All

83 In der englischen Übersetzung wird von "the support of new projects from venture companies" gesprochen, was gleichbedeutend der Wagnisfinanzierung der Ministerien durch ihre Projektträger ist (BRAIN im Falle von MAFF bzw. die Drug Organisation für das MHW). Die zu Stande kommenden Konsortien werden im japanischen Kontext auch als 'Venture' verstanden.

dies wird auch in der Leitlinie des CST angesprochen. Da die Stärkung der wissenschaftlichen Basis mindestens eine Forschergeneration dauern wird, ist mit bahnbrechenden Veränderungen nur langfristig zu rechnen.

Die Umsetzung der Leitlinie zeigt sich in den Budgeterhöhungen für biotechnologische Forschung, auch gegen den Trend der ministeriellen Etatkürzung. Zwischen 1997 und 1998 hat insbesondere das MHW sein biotechnologisches Budget um fast 20 % erhöht, so dass das MHW 1998 mit 37 % aller biotechnologisch relevanten Fördergelder eine wichtigere Förderfunktion als das Monbusho mit 29 % oder die STA mit 21 % innehatte (SAEGUSA 1998). Welche Angaben man auch letztendlich der Kategorie Biotechnologie im Einzelnen zu Grunde legt, in der Forschungsförderung ist gegenüber anderen Forschungsfeldern ein insgesamt positiver Trend festzustellen, der vor allem der Genomforschung zu Gute kommt: Allein das MHW-Budget beinhaltet einen 40 prozentigen Anstieg für Gentherapie (SAEGUSA 1998).

Dass diese Offensive eine Trendwende von der grundlagen- zur anwendungsorientierten Förderung ist, wird nicht nur durch die Zunahme der Gelder für Kooperationsforschungsprojekte dokumentiert, sondern auch von der Regierung angekündigt. Zwischen 70.000 und 80.000 neue Arbeitsplätze sollen in der Biotechnologie geschaffen werden, die vor allem auf der Genomanalyse basieren (NIKKEI WEEKLY 1999b). Diese Zahl ist utopisch für Grundlagenforschung, aber angesichts der US-amerikanischen Entwicklungen durchaus realistisch in der anwendungsorientierten F&E.

7.2.5.4 Einschätzung der Forschungspolitik

Die Bemühungen einer aktiven Forschungspolitik durch die STA wurden über viele Jahre durch das konservative Erziehungsministerium konterkariert. Während die STA 'Forschungsinseln' hervor bringen konnte, ist die Forschungsstruktur an den zahlenmäßig dominierenden Universitäten bis auf prominente Ausnahmen desolat. Administrative Hemmnisse des Wissenstransfers, die zwar gesetzlich seit Ende der 1990er Jahre abgebaut werden, bestehen vielerorts weiter. Mit einer grundlegenden Änderung ist auch nicht mit der Zusammenlegung von STA und Mombusho zu rechnen, da die bestehenden systemimmanenten Kräfte über Personen und Strukturen nicht von heute auf morgen zu überkommen sind. Sicherlich werden positive Beispiele erfolgreicher Ausgründungen Schule machen, ob dies allerdings Flächen deckend erfolgt, bleibt abzuwarten.

7.3 Der industrielle Komplex

Für einige Industrien bietet die moderne Biotechnologie enorme Potenziale. Wie wir gesehen haben, konzentrierte sich die japanische Forschungsförderung sehr stark auf die Bereiche Nahrungsmittel, Chemieindustrie und Pharmaindustrie. Erst seit neuestem wird die Elektronikbranche verstärkt miteinbezogen, da man sich ein größeres Potenzial in der Kombination von Biotechnologie und IuK-Technologien verspricht (z. B. im Bereich Biochips). Einige Gründe sprechen für ein hohes Anwendungspotenzial der modernen Biotechnologie in Japan. Für die Wettbewerbsfähigkeit wird vor allem das technologische Wissen mit der traditionellen Biotechnologie angeführt, die immer noch ein hohes Marktvolumen in Japan für sich beanspruchen kann. 1994 lag es bei ca. 7.720 Mrd. Yen. Das Marktvolumen moderner biotechnologisch hergestellter Produkte lag dagegen mit insgesamt 910 Mrd. Yen deutlich darunter (vgl. Tabelle 7-5). Das Wachstum der modernen Biotechnologie liegt in Japan nicht nur im hohen Substitutionspotenzial traditioneller Produkte, sondern auch in realen Wachstumsbranchen. Wichtige Faktoren sind zum Einen die rapide Alterung der japanischen Gesellschaft, die vor allem im Pharma- und im Ernährungssektor Auswirkungen zeigen, zum Anderen fördert das Ziel der Nachhaltigkeit Entwicklungen im Umweltschutz. Diese Potenziale bieten Unternehmen aus unterschiedlichen Branchen einen Anreiz, mit Hilfe der modernen Biotechnologie bestehende Technologien zu ersetzen, bzw. in für sie neue Gebiete einzusteigen.

Tabelle 7-5 Marktvolumen für biotechnologische Produkte in Japan (1995)

Produkt	Marktvolumen (in Mrd. Yen)
Pharmazeutika & Diagnostika	534.3
Chemikalien	172.1
Nahrungsmittel (incl. Fisch)	144.2
Sonstiges	59.9
Gesamt	910.3

Quelle: TSUGAWA 1996, S. 47

Allerdings stehen den hoffnungsfrohen Erwartungen veränderte Realitäten gegenüber: seit 1996 wurden sieben genetisch veränderte Getreidesorten für den Import zugelassen. Nach Ansicht von japanischen Saatgutproduzenten würden diese von der Bevölkerung sicherlich angenommen, da dadurch die nationale Versorgung gesichert werde (TANAKA 1997). Doch auch in Japan, das als Biotechnologie-freundlich auch im Bereich der Nahrungsmittel gilt (INTERVIEW PROF. GONDA, Nov. 1996), regen sich seit den ersten Zulassungen kritische Verbrauchergruppen und fordern eine Kennzeichnungspflicht (NIKKEI WEEKLY 1996). Während das MAFF und die Nahrungsmittel produzierende Industrie zunächst nicht auf die Kritik reagierte, wurde 1997 eine Beratungskommission eingerichtet (DOI 1997) - ein verbindliches Ergebnis lag auch Ende 1999 noch nicht vor. Allerdings sind einige Nahrungsmittelproduzenten dazu übergegangen, die Lebensmittel zu kennzeichnen, die mit konventionellen Methoden hergestellt werden (NIKKEI WEEKLY 1999a) und die großen Handelsunternehmen ordern im Hauptimportland USA im Jahr 2000 vermehrt konventionell angebaute Soja.

Da die gegenwärtige Situation industrieller Strukturen nach Ansicht der Vertreter der NIS-Ansätze von vergangen Vorgängen abhängen, lassen sich zukünftige Entwicklungen zumindest teilweise eruieren. Das heißt: dramatische Fehler der Vergangenheit können, wenn überhaupt, nur mit viel Aufwand und hohen Kosten behoben werden. Das Verlassen eines durch kumulative Verursachung eingeschlagenen technologischen Entwicklungspfades zu Gunsten eines alternativen Pfades kann auf Grund der hohen wirtschaftlichen und/oder sozialen Anpassungskosten unattraktiv sein. Die nationale Hinwendungen auf Chemie-, Pharma- und Nahrungsmittelbranchen kann sich also durchaus als falsch erweisen, wenn die Entwicklung der jeweiligen Branche in der Vergangenheit gravierende Mängel aufwies. Betrachten wir daher im folgenden kurz die vergangene Entwicklung und die gegenwärtige Ausgangssituationen der Pharma-, Chemie- und Nahrungsmittelindustrien, bevor wir deren Anpassungsstrategien und Ergebnisse empirisch untersuchen.

7.3.1 Pharmaindustrie

Entwicklung und gegenwärtige Situation

Die Pharmaindustrie hat zwar auch in Japan eine lange Tradition, bis zur Meiji-Restauration 1868 dominierte jedoch die traditionelle chinesische Medizin. Moderne medizinische Methoden, die ab Mitte des 19. Jahrhunderts in Europa entwickelt wurden, fanden auch in Japan mit wenigen Jahrzehnten Verspätung Verbreitung. (ODAGIRI und GOTO 1996). Die Entwicklung der Pharmaindustrie zu einer nationalen Industrie unterscheidet sich kaum von anderen Industrien. Ähnlich wie die erfolgreichen Elektronik-, Automobil-, und die weniger erfolgreiche Chemiebranche folgte sie dem Muster, Produkte für einen großen nationalen Markt zu entwickeln (Antibiotika) und - mit Hilfe staatlicher Protektion vor ausländischen Wettbewerbern -, am hinteren Ende ausländischer Märkte anzuknüpfen (REICH 1990, S. 125). Die Strategie der meisten japanischen Unternehmen, erfolgreiche Auslandsprodukte zu identifizieren, zu lizenzieren und diese in Japan zu verkaufen führte dazu, dass gegen Ende der 1960er Jahre die Importquote neuer Pharmazeutika zwischen 35-40 % betrug (REICH 1990 S. 129).

Japan gehört zu dem kleinen Kreis der Länder, die den größten Anteil neuer Pharmazeutika produzieren.[84] Seit Beginn der 1980er Jahre haben die japanischen Unternehmen mehr neue Produkte auf den Weltmarkt gebracht als jedes andere Land.

---

[84] Dazu gehören noch die U.S.A., Großbritannien, Schweiz, Deutschland und Frankreich.

Allerdings war darunter weder ein 'blockbuster', noch haben sich viele Produkte auf den Auslandsmärkten überhaupt verkauft (HOWELLS und NEARY 1991, S. 85). Nach den USA bildet Japan den zweitgrößten nationalen Markt. Etwa die Hälfte aller verkauften Pharmaka in Japan werden auch dort entwickelt. Im Gegensatz zu US-amerikanischen und europäischen Pharmakonzernen nehmen die japanischen im internationalen Handel keine Spitzenpositionen ein. Auffällig ist ihre Exportschwäche: die Exporte belaufen sich kontinuierlich auf ca. 3 % der Pharmaproduktion, während etwa das Zweieinhalbfache importiert wird (REICH 1990, S. 126f.; STA 1996a, S. 151).

Die Pharmaunternehmen Japans sind unterschiedlich klein, isoliert und einfallslos. Diese Einschätzung, wie sie der ECONOMIST 1996 formulierte (ECONOMIST 1996, S. 79), ist weder neu noch haltlos. Bezüglich der Größe und Anzahl, führt das japanische Gesundheitsministerium insgesamt 1.556 der pharmazeutischen Industrie zuzurechnenden Unternehmen auf (vgl. Tabelle 7-6). Von den japanischen Unternehmen produzieren etwa 450 Firmen Pharmazeutika, für die das System des Preisstandards gilt. Während in den westlichen Ländern i.d.R. nur eine Hand voll Unternehmen in der Lage sind, weltweit Forschungseinrichtungen zu unterhalten und im globalen Wettbewerb mitzumischen, sind es in Japan etwa 20 Unternehmen, deren Forschungskapazitäten eine Produktentwicklung erlauben; ihre internationale Präsenz ist dagegen nur beschränkt (HOWELLS und NEARY 1991, S. 86).

Tabelle 7-6 Übersicht über Anzahl und Umsatz der japanischen Pharmaindustrie (Angaben in 100 Millionen Yen)

Unternehmen			Umsatz von Arzneimitteln			
Größe	Anzahl		verschreibungspflichtig		frei verkäuflich	
Stammkapital	*Absolut*	*Relativ*	*Absolut*	*Relativ*	*Absolut*	*Relativ*
< 1	1.155	74,2	5.295	9,5	1.750	4,3
1 - 50	277	17,8	14.507	25,9	9.236	22,4
> 50	124	8,0	36.177	64,6	30.204	73,3
Gesamt	1.556	100,0	55.979	100,0	41.190	100,0

Quelle: KOSEISHO 1995, S. 308

Die japanischen Pharmaunternehmen sind dadurch gekennzeichnet, dass sie i.d.R. nicht in *keiretsu* integriert sind. Von den 46 börsengelisteten Pharmaunternehmen sind acht familiengeführt, bei weiteren 18 halten andere Unternehmen den größten Anteil am Aktienkapital, zwanzig werden durch institutionelle Eigentümer dominiert. Unter den zehn größten Unternehmen ist allerdings nur ein Familien geführtes, alle anderen werden durch Versicherungen beherrscht (vgl. Tabelle 7-7). Ein großer Unterschied besteht zwischen den zehn größten und dem Rest der börsennotierten Unternehmen. Die zehn Größten sind nicht nur durchschnittlich zehn Jahre älter, sie sind auch etwa sechs mal so umsatz- und F&E-stark. Die F&E-Stärke ist allerdings nur volumenbedingt. Der F&E-Anteil am Umsatz liegt bei den restlichen börsennotierten Unternehmen kaum unter dem der zehn Größten. Bezüglich der

Zahl der Mitarbeiter beschäftigen die großen etwa vier mal so viele und ihre Exportquote ist mit 7 % mehr als doppelt so hoch wie die des Rests (2,6 %). Die japanischen Pharmaunternehmen werden seit den 1970er Jahren kontinuierlich durch internationale Wettbewerber und zunehmend durch diversifizierende, japanische Unternehmen unter Druck gesetzt. In den letzten Jahren hat sich ihr F&E-Aufkommen am Umsatz internationalen Standards zwar prozentual angepasst, der Durchschnitt der börsennotierten Unternehmen lag 1996 bei 10.08 %, real liegen sie aber mit durchschnittlichen 1,2 Mrd. Yen (ca. 177 Mio. DM) weit hinter westlichen Konkurrenten zurück.

Tabelle 7-7 Überblick über die zehn umsatzstärksten japanischen Pharmaunternehmen und Durchschnittsergebnisse von weiteren 36 börsennotierten Unternehmen (1996, Angaben in 100 Mio Yen)

	Name	Gründung	Umsatz	F&E Ausgaben	F&E zu Umsatz (in %)	Mitarbeiter	Exportquote (in %)	Eigentümer/ Hauptaktionär (Anteil in %)
1	Takeda	1925	601,960	62,900	10,44	10,676	13	Nippon Life (9.1)
2	Sankyo	1913	410,001	49,504	12,07	6,837	9	Nippon Life (7.1)
3	Yamanouchi	1939	295,149	35,522	12,03	3,955	6	Nippon Life (5.9)
4	Eisai	1941	253,643	36,146	14,25	4,441	4	Nippon Life (6.0)
5	Shionogi	1919	225,528	25,334	11,23	6,713	2	Sumitomo Life (8.4)
6	Taisho	1928	220,930	18,940	8,57	4,803	1	Familie Uehara (33.3)
7	Fujisawa	1930	219,277	30,775	14,03	5,387	9	Nippon Life (8.7)
8	Daiichi	1918	217,302	28,600	13,16	3,863	9	Nippon Life (6.8)
9	Tanabe	1933	175,239	19,960	11,39	4,496	14	Nippon Life (9.1)
10	Chugai	1943	168,973	26,600	15,74	3,923	3	Chiyoda Life (5.6)
	∅ (1-10)	1929	278,800	33,428	11,98	5,509	7	
	∅ (11-46)	1939	46,989	5,258	11,18	1,344	2,6	

Quelle: TOYO KEIZAI 1996; eigene Zusammenstellung

Untersucht man die zehn größten Unternehmen hinsichtlich ihrer Aktivitäten in der Biotechnologie an Hand von Patenten und Publikationen seit Anfang der 1980er Jahre, zeigt sich eine interessante Entwicklungen (vgl. Abbildung 7-6). Zwischen 1980 und 1998 ist die Zahl der Publikationen kontinuierlich gestiegen. Diese Entwicklung wird aber von der Patentierneigung weder begleitet noch mit Zeitverzögerungen erfüllt. Im Gegenteil: insgesamt hat die Patentierneigung seit Anfang der 1990er Jahre deutlich abgenommen.

Abbildung 7-6 Biotechnologisch relevantes Patent- und Publikationsaufkommen der zehn größten japanischen Pharmaunternehmen (kumuliert, 1980-1998)

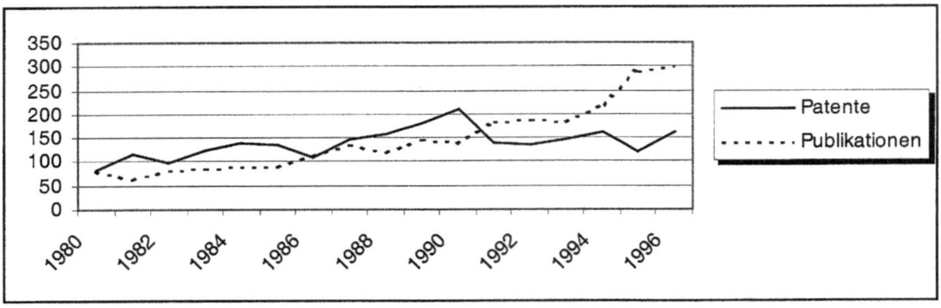

Quelle: SCISearch, WPI; eigene Berechnungen

Ungeachtet dieser absoluten Größenunterschiede, liegt der Anteil der biotechnologisch relevanten Publikationen am Gesamtoutput der Unternehmen bei 15,1 % und bei den Patentanteilen bei 6,7 %. Zwischen den Unternehmen liegen zum Teil größere Unterschiede hinsichtlich der absoluten Zahlen an Publikationen und Patenten vor (vgl. Abbildung 7-7).

Zwischen den Unternehmen lassen sich Gruppen auf Grund der unterschiedlichen Patent- und Publikationshäufigkeit bilden. Ein Drittel aller Publikationen erfolgt durch Takeda und Yamanouchi, über ein Drittel aller biotechnologisch relevanten Patente verfügt Takeda. Damit lässt sich Takeda klar als aktivstes Unternehmen klassifizieren, Yamanouchi folgt im Abstand. Eine zweite Gruppe bilden die Unternehmen Eisai und Shionogi, deren Neigung biotechnologisch Relevantes zu publizieren bzw. zu patentieren ebenfalls überdurchschnittlich ist. Chugai und Sankyo publizieren und Taisho und Fujizawa patentieren überdurchschnittlich. Den Abschluss bilden Tanabe und Daiichi, die in beiden Kategorien unterdurchschnittlich abschneiden, die aber auch insgesamt die Unternehmen mit dem geringsten wissenschaftlich-technischen Output sind.

Abbildung 7-7 Publikations- und Patentaktivitäten der größten japanischen Pharmaunternehmen (kumuliert 1981-1998)

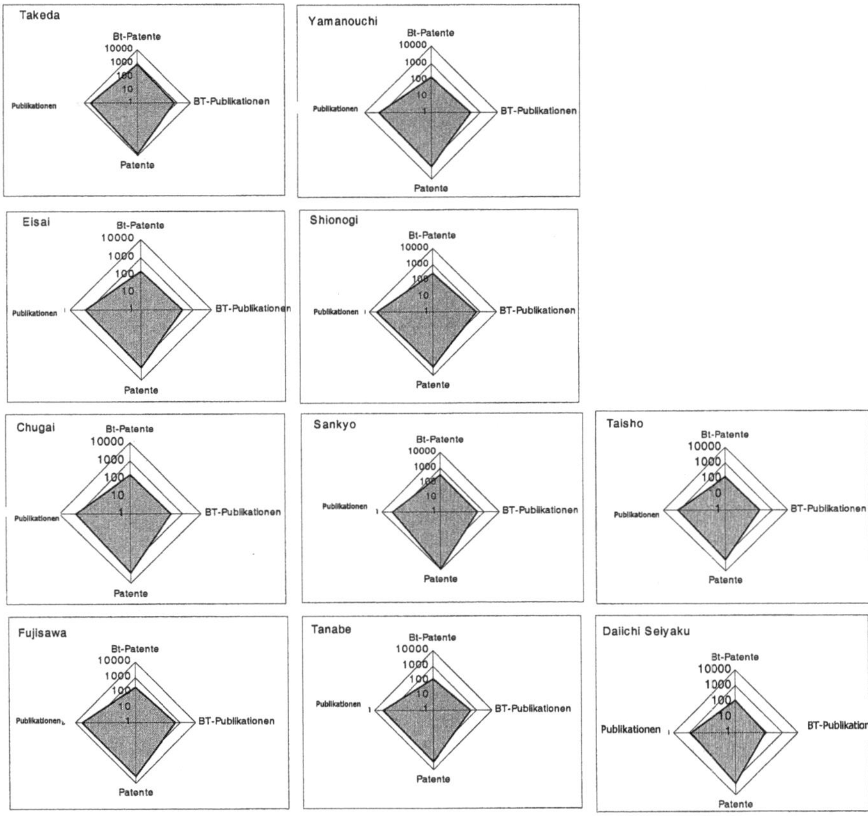

Quelle: SCISearch, WPI; eigene Berechnungen

Industrielle Einflussnahme durch das MHW

Das Gesundheitsministerium (MHW) versteht sich zwar nicht der Industrie verpflichtet, in der Realität hat es jedoch die Jurisdiktion über die Pharmaindustrie und durch regularorische Befugnisse eine direkte und indirekte Macht über die Industrie. Hinsichtlich des biotechnologischen Innovationssystem hat das Ministerium die zentrale Funktion der Zulassung von Arznei- und Nahrungsmitteln. Es ist darüber hinaus für die Sicherheit der Produkte zuständig. Das Ministerium zieht so genannte Richtlinien (*shishin*) Gesetzen vor, die auch im Umgang mit biotechnologischen Methoden vorherrschen. Das MHW versucht seit Anfang der 1980er Jahre in Anlehnung an die FuT-Politik des MITI, Innovationen in der Pharmaindustrie zu fördern. Die wichtigsten Einflussmöglichkeiten des Ministeriums sind Eingriffe in die Kosten- und Preisstruktur auf dem Gesundheitsmarkt, die Schaffung von Richtlinien sowie die Etablierung von Forschungsprogrammen und –konsortien. Die Entscheidungen des MHW sind in einen Kreis von Akteuren eingebettet, die es verstehen, ihren Einfluss auf das Ministerium zum Wohle der nationalen Industrie deutlich zu machen (vgl. Anhang, Abbildung A-7-1). Einer aktiven Forschungsförderung geht eine Jahrzehnte lange Tradition der Regulierung des Gesundheitssystems voraus, die für die nationale starke Präsenz der japanischen Pharmahersteller, aber auch für ihre internationale Schwäche verantwortlich gemacht wird (REICH 1990, ODAGIRI und GOTO 1996). Neben den allgemeinen rechtlichen Rahmenbedingungen und industriepolitischen Maßnahmen sind die wichtigsten Eckpunkte dieses Systems:

- Eine *staatliche Krankenversicherung*, durch die die Nachfrage nach medizinischen Leistungen dramatisch zunimmt und die zu einer großen Belastung des Gesundheitswesen führt (REICH 1990, S. 130).
- *Staatlich gesetztes Preissystem.* Das Ministerium setzt die Preise für neue Pharmazeutika in einem 'Preissystem für Pharmazeutika' (*yakka*) fest. Ärzte verschreiben nur diese Medikamente, da sie von der Kasse ersetzt werden. Da Ärzte nicht nur Medikamente verschreiben sondern auch verkaufen und beim Einkauf größere Rabatte ('Arzneimittel-Marge', *yakka saeki*) erzielen, haben sie einen Anreiz, möglichst viel umzusetzen und so ihr persönliches Einkommen zu verbessern. Auch die Abrechnungspraxis nach einem Punktesytem führt dazu, dass in Japan exzessiv diagnostische Verfahren durchgeführt und Medikamente verschrieben werden (REICH 1990, S. 131f, HOWELLS und NEARY 1991, S. 90f). Mit dieser Preispolitik hat das Ministerium für eine große Inlandsnachfrage an Pharmazeutika gesorgt, die die Industrie nicht vor die Notwendigkeit stellte, international tätig zu werden.

Reformbemühungen des Gesundheitssystems werden vom MHW bis heute insgesamt nur zögerlich durchgeführt. Eine Konsolidierung der Pharmaindustrie wird, wie sie ökonomisch geboten scheint, vordergründig nicht aktiv durch industriepolitische Eingriffe vorgenommen. Im Ministerium herrscht die Hoffnung, dass sich die Industrie selbst bereinigen wird (INTERVIEW MHW, Nov. 1996). Die Anpassung bzw. Konsolidierung geschieht durch Wettbewerbsdruck, der vor allem im nachlassenden Schutz der nationalen Pharmaindustrie besteht und der durch einheimische, diversifizierende und große Nicht-Pharmaunternehmen, ausländische Pharmaunternehmen, deren Zugang zum japanischen Markt in den letzten Jahren deutlich vereinfacht wurde, sowie durch Anpassungen an internationale Standards (GCP, GLP, GMP) und Zulassung von Ergebnissen klinischer Tests aus dem Ausland hervorgerufen wird. Nach Ansicht von Experten haben sich zumindest einige Unternehmen recht früh auf den intensiven Wettbewerb eingestellt, indem sie versuchen, Originalpräparate zu entwickeln, die sie auch auf Auslandsmärkten vermarkten können. Die vielen Unternehmen jedoch, die nur Generika vermarkten, werden teilweise vom Markt verdrängt werden (INTERVIEW MHW, Nov. 1996).

Eine forschungspolitische Einflussnahme wird seit 1987 in Form von Konsortien betrieben (vgl. Anhang, Tabelle A-7-1). Sie werden in Form von Stiftungen bewilligt und betreiben risikoreiche Grundlagenforschungsprojekte, die nach Ansicht des Ministeriums für die Unternehmen allein zu teuer wären und für die daher kein Anreiz zur privaten Forschung bestünde. Die Konsortien bestehen aus Unternehmen und privaten Forschungsinstituten, ihre Größe variiert zwischen zwei und 13 Beteiligten. Das Ministerium bzw. der Projektträger *Drug Organization* (OADR) trägt zwischen 30 % und 70 % der Mittel, der Rest wird durch die beteiligten Unternehmen getragen. Die Konsortien sind auf eine Dauer von sieben Jahre ausgelegt, in ihrer finanziellen Ausstattung variieren sie. Während die ersten Konsortien gerade 100 Mio. Yen umfassten (GASSEL 1998, S. 158), verfügen die letzten Neugründungen über Summen um die 4,5 Mrd. Yen. Während Mitte bis Ende der 1980er Jahre i.d.R. zwei Konsortien pro Jahr initiiert wurden, die in ihrer Mittelhöhe recht bescheiden waren und deren Verwertungsrechte nur bruchteilig den beteiligten Unternehmen zugesprochen wurden, ist in den 1990er Jahren eine Fokussierung eingetreten. Zum Einen wird i.d.R. alljährlich nur noch ein finanziell deutlich besser ausgestattetes Konsortium begonnen, zum Anderen verschieben sich die Eigentumsrechte zu Gunsten der Unternehmen: war das Ministerium noch anfänglich mit ca. 70 % beteiligt, hat sich der Anteil auf 30 % reduziert. Trotz der Verschiebung der Eigentumsrechte sind für viele Pharmaunternehmen die Konsortien schlichtweg uninteressant. Ähnlich den Chemieunternehmen verweigern auch hier Unternehmen ihre Teilnahme und finden andere Strategien der Wissensakquisition (OBERLÄNDER 1996, S. 267).

Ein forschungspolitisch bedeutender Schritt ist aber auch hinsichtlich der thematischen Auswahl festzustellen. Dabei spielen gesellschaftliche und wissenschaftliche Aspekte eine zentrale Rolle. Aufgrund der zunehmenden Überalterung der Gesellschaft wurde 1993 das Konsortium 'Agene' gegründet, in dem genetische Grundlagen des Alterungsprozesses untersucht werden. Aus japanischer Sicht ist es ein wissenschaftliches Manko, dass man in der Gentechnik ausschließlich auf US-amerikanisches Know-how angewiesen ist und die notwendigen Vektoren ('Gentaxis') von amerikanischen Unternehmen teuer lizenzieren muss. Daher wurde es zum Ziel des eigens gegründeten Konsortiums 'DNAVEC', einen geeigneten Vektor zum Gentransfer zu finden (DNAVEC 1998). Neu ist bei diesen Konsortien auch die Teilnahme ausländischer Unternehmen. Bei 'Agene' wurde zum ersten Mal mit Roche ein ausländisches Unternehmen Konsortialführer. Auch dies zeugt davon, dass sich Forschungsförderer wie auch die japanischen Unternehmen klar darüber sind, dass sie wissenschaftlichen Fortschritt nur mit Hilfe ausländischen Know-hows erreichen können.

7.3.2 Chemieindustrie

Entwicklungen und gegenwärtige Situation

Die Chemieindustrie in Japan übernahm, ähnlich wie die Pharmaindustrie, die grundlegenden Erkenntnisse aus Europa. Für die Textilindustrie, der ersten Industrie, die westliche Technologien importierte (ODAGIRI und GOTO 1996, S. 109), bildeten natürliche und später synthetische Farbstoffe ein wichtiges Bindeglied für die weitere Aufnahme chemischer Prozesse aus dem Ausland. Die Industrie, die zuvor das Monopol auf Seide hatte, widmete nach der Entwicklung von Rayon ('künstliche Seide') und den enormen Importen der neuen Faser, große Anstrengungen darauf, diese ebenfalls zu produzieren. Das gleiche geschah nach der Entwicklung von Nylon 1935 (ODAGIRI und GOTO 1996, S. 126f). Der 2. Weltkrieg hatte empfindliche Auswirkungen auf die Industrie, von denen sie sich mittels industriepolitischer Entscheidungen erholte (Unternehmenskonzentration), und durch unternehmerische Entscheidungen wie das Abspalten chemischer Divisionen. Einen Aufschwung erlebte sie nicht zuletzt durch der koreanisch-japanischen Krieg (ODAGIRI und GOTO 1996, S. 129).

Aufgrund einer historisch bedingten Regulierung wird zwischen einer petrochemischen Industrie und einer produzierenden Chemieindustrie unterschieden. Letztere umfasst wiederum chemische Materialien wie Dünger, organische und anorganische Chemikalien, Kunststoffe, synthetischen Kautschuk und synthetische Textilien, sowie Feinchemikalien, die u.a. für die Produktion von Pharmazeutika, Kosmetika und Detergenzien Verwendung finden.

Japan produziert etwa 15 % der Weltproduktion an Chemikalien und liegt damit an zweiter Stelle hinter den USA (28 %), in der Profitabilität hinkt die Industrie jedoch westlichen Wettbewerbern nach. Mitsubishi Chemical, das umsatzmäßig größte Chemieunternehmen (vgl. Tabelle 7-8) war 1997 weltweit das zehntgrößte (CEFIC 1998). Während die chemische Industrie 1995 Waren im Wert von 125 Mrd. US-Dollar exportierte, importierte Japan chemische Produkte im Wert von 120,6 Mrd. US-Dollar (OECD 1997). Gegenüber den 1980er Jahren hat die Industrie in den 1990er Jahren deutlich ihre Abhängigkeit vom inländischen Markt verringert: noch 1987 betrug beispielweise die Exportquote von Mitsubishi Chemical 2,7 %, 1996 lag sie bereits bei 18 %. Den größten Anteil an den positiven Entwicklungen haben die zehn großen Unternehmen der Branche, die sich vom Rest der börsennotierten Chemieunternehmen[85] deutlich unterscheiden (vgl. Tabelle 7-8).

---

85 Im Gegensatz zu den Pharmaunternehmen fielen aus der Grundgesamtheit einige börsengelistete Chemieunternehmen heraus, da sie dem Kriterium 'über 10 Mrd. Yen Umsatz' nicht genügten.

Tabelle 7-8 Überblick über die umsatzstärksten japanischen Chemieunternehmen und Durchschnittsergebnisse von weiteren 139 börsennotierten Unternehmen (1996, Angaben in 100 Mio Yen)

Name	Gründung	Umsatz	F&E	F&E zu Umsatz	Mitarbeiter	Export (in %)	Eigentümer/ Hauptaktionär (Anteil in %)
Mitsubishi Chemical	1950	1086,668	57,800	5,32	13,326	18	Meiji Life (6.8)
Asahi Chemical	1931	1019,358	52,600	5,16	15,962	10	Nippon Life (4.7)
Fuji Photo Film	1934	780,552	69,900	8,95	11,088	30	Nippon Life (6.6)
Sekisui Chemical	1947	740,692	29,100	3,93	5,923	2	Asahi Chemical (10.3)
Kao	1940	674,051	35,505	5,26	7,106	2	Sumitomo Trust (4.7)
Sumitomo Chemical	1925	597,818	30,600	5,12	6,659	15	Sumitomo Life (7.9)
Toray	1926	543,269	33,800	6,22	10,050	19	Dai-Ichi Life (5.5)
Dainippon Ink	1937	474,424	27,273	5,75	6,988	8	Nissei Real Estate (6.5)
Showa Denko	1939	415,001	17,600	4,24	4,338	16	Fukoku Life (5.7)
Mitsui Toatsu	1933	393,254	22,800	5,80	4,981	15	Sakura Bank (4.9)
∅ (1-10)	1936	461,906	37,698	8,16	8,642	14	
∅ (11-149)	1938	85,572	3,460	4,04	1,456	9	

Quelle: TOYO KEIZAI 1996; eigene Zusammenstellung
Quelle: Unternehmensangaben; eigene Berechnungen

Vom Alter her unterscheiden sich die Unternehmen durchschnittlich nur um zwei Jahre, die meisten wurden zwischen 1936 und 1938 gegründet. Erheblicher sind die Unterschiede im Umsatz, der bei den ersten zehn um mehr als das fünffache höher ist. Fast elf mal so hoch ist der Unterschied im F&E-Anteil, der auch relativ zum Umsatz betrachtet noch mit gut 8 % doppelt so hoch ist. Mit durchschnittlich 8.600 Mitarbeitern beschäftigen die großen zehn knapp viereinhalb mal so viele Mitarbeiter und bei der letzten Kennzahl, der Exportquote, sind sie mit 14 % immerhin noch eineinhalb mal so erfolgreich wie der Rest. Ein größerer Unterschied besteht in der Eigentümerstruktur: während allein bei neun der ersten zehn Unternehmen institutionelle Anleger jeweils die Hauptaktionäre sind, entspricht diese Verteilung keineswegs dem Durchschnitt: dort werden insgesamt 47 % der Unternehmen von anderen Unternehmen beherrscht. Die Beteiligungen reichen dabei von 6 % bis zu 65 %, durchschnittlich werden 26,1 % am Aktienkapital gehalten. Bei dreizehn als personen- bzw. familiengeführten Unternehmen schwankt der Anteil der Hauptaktionäre zwischen 6 % und 37 %, der Durchschnitt liegt bei 15 %. Bis auf vier Ausnahmen halten die Versicherungen in 39 Unternehmen zwischen 4 % und 9,9 %, die Banken halten durchweg zwischen 3,7 % und 4,9 %.

Im Vergleich zu den westlichen Wettbewerbern sind die japanischen Chemieunternehmen sehr viel kleiner und vor allem durch einen niedrigen, absoluten F&E-Aufwand und durch eine geringe Zahl von Mitarbeitern und Forschern gekennzeichnet. Während Asahi Chemical mit ca. 16.000 Mitarbeitern den größten Mitarbeiterpool eines Chemieunternehmens verzeichnet, entspricht das etwa dem F&E-Personal von Du Pont oder Bayer. In Japan selbst geben über 2.800 Unternehmen in den oben genannten produzierenden chemischen Bereichen an, F&E zu betreiben, darunter 419 Pharmazeutika produzierende Unternehmen. Nach den mit Abstand F&E-intensivsten Pharmaunternehmen folgen Industriechemikalien und chemische Fasern produzierende Unternehmen. Den geringsten Anteil weisen die textilverarbeitenden Unternehmen auf (STA 1998, S. 58). Was die Zahl der Forscher betrifft, so sind in fast allen Bereichen zwischen 1993 und 1997 nur leichte Zunahmen zu verzeichnen; im Bereich der textilverarbeitenden Unternehmen ist dagegen ein realer Rückgang festzustellen (STA 1998, S. 68).

Verschiedene Gründe werden für die Schwäche der japanischen Chemieindustrie angeführt, beginnend mit der falschen Industriestrategie des MITI, das nach dem 2. Weltkrieg die Chemieindustrie auf die Produktion von Düngemitteln drängte und mit dem Aufkommen der Petrochemie eine Kehrtwende einging. Die Ölschocks der 1970er Jahre taten ein Übriges, so dass die Chemieindustrie auch weiterhin von den Regulationen des MITI abhängig war (FRANSMAN und TANAKA 1995, S. 17). Die international wenig wettbewerbsfähige und stark auf Grobchemikalien ausgerichtete Industrie leidet an weiteren, institutionellen Faktoren: Unternehmenszusammenschlüsse gibt es so gut wie keine, da die großen, in *keiretsu* integrierten Unternehmen, finanzielle Schwierigkeiten i.d.R. durch die *keiretsu*-interne Bank regeln. Übernahmen sind gleichfalls unüblich, so dass sehr viele kleine Unternehmen am Markt existieren. Die Industrie wird durch eine konservative Spitze älterer Herren geführt, die vor allem risikoavers sind (INTERVIEW MITI, INTERVIEW JBA, jeweils Nov 1996).

Abbildung 7-8 Biotechnologisch relevantes Patent- und Publikationsaufkommen der zehn größten japanischen Chemieunternehmen (kumuliert, 1980-1996)

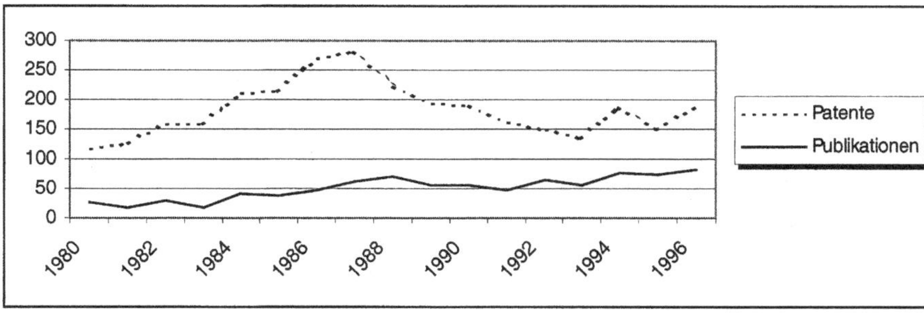

Quelle: SCISearch, WPI; eigene Berechnungen

Betrachtet man die zehn größten Chemieunternehmen hinsichtlich ihrer Patent- und Publikationsaktivitäten im Bereich der modernen Biotechnologie, zeigt sich ein recht unausgewogenes Bild (vgl. Abbildungen 7-8 und 7-9).

Während im Zeitverlauf das Publikationsverhalten von einem niedrigen Niveau konstant steigt, unterliegt das Patentverhalten größeren Schwankungen. Der starke Anstieg zwischen 1985 und 1987 fällt fast zeitlich mit den Anstrengungen der staatlichen Forschungskonsortien zusammen. Wird berücksichtigt, dass in diesen Konsortien vor allem die großen Unternehmen partizipierten, lässt sich dieser Anstieg durchaus mit den staatlichen Aktivitäten in Verbindung bringen.[86] Aber auch die staatlichen F&E-Aufwendungen erfolgten in diesem Zeitraum vergleichsweise großzügig, so dass auch die konjunkturelle Situation mit eine Rolle gespielt haben mag.

In ihren Patent- und Publikationsaktivitäten zeigen sich zwischen den Unternehmen größere Schwankungen (vgl. Abbildung 7-9). Im Durchschnitt liegt der Anteil biotechnologisch relevanten Outputs am jeweiligen Gesamtoutput bei 12,4 % bei Publikationen und 1,7 % bei Patenten. Gruppieren lassen sich auf Grund der überdurchschnittlichen biotechnologisch relevanten Patent- und Publikationsaktivitäten Mitsubishi Chemical, Mitsui Toatsu, Kao und Sumitomo Chemical. Überdurchschnittliche Patentaktivitäten weisen darüber hinaus Showa Denko und Sekisui auf, während Asahi Chemical und Toray überdurchschnittliche Publikationsaktivitäten aufweisen. Fuji Photo und Dainippon Ink offenbaren dagegen Schwächen in beiden Klassen; ihre Anteile liegen jeweils weit unter dem Durchschnitt.

86 Zur tatsächlichen Klärung dieser Hypothese wäre es allerdings notwendig, die Patentschriften auf Inhalte, Anmelder bzw. Inventoren hin zu überprüfen. Da in den 1980er Jahren allerdings das MITI i.d.R. die Patente innehatte, kann nur die Überprüfung der Inhalte eine Klärung bringen. Da dies aber nicht ursprüngliches Interesse dieser Arbeit ist, erfolgt diese Untersuchung nicht.

Abbildung 7-9 Publikations- und Patentaktivitäten der größten japanischen Chemieunternehmen (kumuliert 1981-1998)

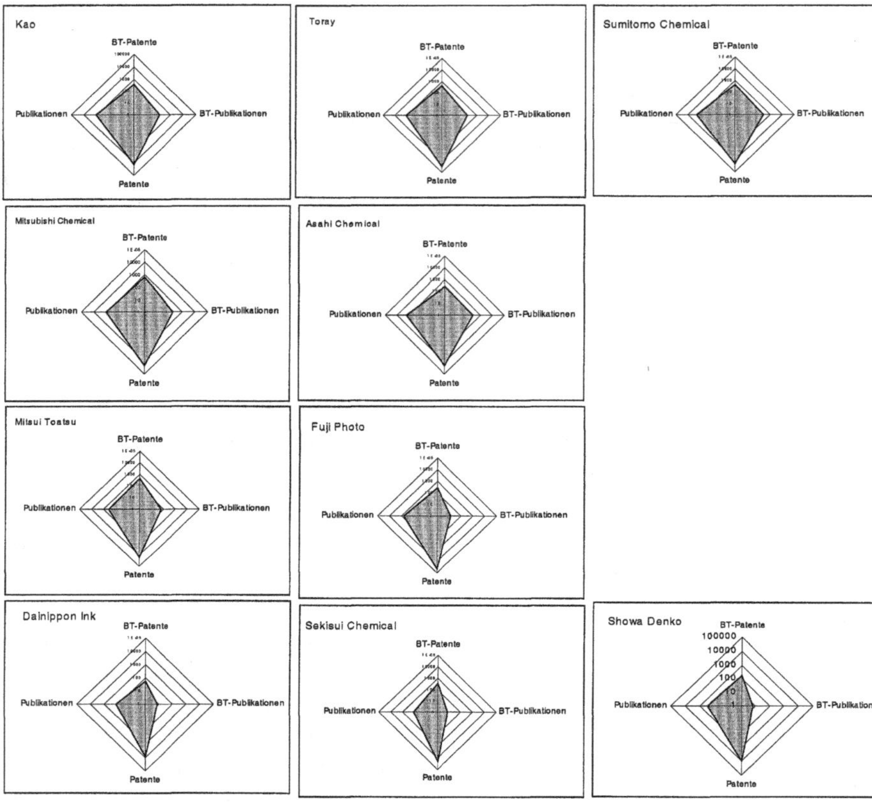

Quelle: SCISearch, WPI; eigene Berechnungen
Anmerkung: Die Reihenfolge entspricht der der F&E-Aufwendungen 1996, vgl. Tabelle 7-8

Industrielle Einflussnahme durch das MITI

Die Beteiligung des MITI an der Forschungsförderung in der Biotechnologie konzentriert sich auf Unternehmen der Chemieindustrie. Darüber hinaus erlässt es Richtlinien für den Einsatz von rDNA-Technologien zur Herstellung von Enzymen und Feinchemikalien und genießt daher auch eine indirekte Einflussnahme auf die Pharmaindustrie. Das Ministerium betreibt im Rahmen seiner Industriepolitik ein großes Stück biotechnologisch relevanter Technologiepolitik, die sich durch drei Formen manifestiert, nämlich durch die Schaffung und Unterstützung von Intermediären, Forschungsprogrammen und Forschungskonsortien. Gerade Letzteres hat sich in den 1980er Jahren als dominante Form der Forschungsförderung des MITI manifestiert, obwohl ihr Erfolg in den 1980er Jahren in nur einigen wenigen Fällen durchgreifend war (CALLON 1995, S. 115ff)[87]; allerdings wird der Erfahrungswert von vielen Unternehmen als hoch eingeschätzt (SAKAKIBARA 1997, S. 11f).

Die biotechnologischen Aktivitäten des Ministeriums plant und führt es i.d.R. in Abstimmung mit einem weiteren Kreis von Akteuren aus (vgl. Anhang, Abbildung A-7-2). Die Aktivitäten in der Biotechnologie des MITI gehen auf Anfang der 1980er Jahre zurück. Das Ministerium sah in der modernen Biotechnologie Chancen, die lang unterstützte, relativ erfolglose und konservative Chemieindustrie durch Umorientierungen zum Erfolg zu führen (FRANSMAN und TANAKA 1995, S. 17). Die Chemische Industrie wurde auf die Potenziale der Biotechnologie erst durch den Erfolg von Genentech aufmerksam (INTERVIEW JBA, Nov. 1996). Das MITI reagierte 1981, indem es einige Unternehmen einlud, in den biotechnologischen Teil des F&E-Programms *Basic Technologies of Future Industries* (JISEDAI Program) einzusteigen. Die ausgewählten Unternehmen stammten aus unterschiedlichen Branchen, darunter dem Lebensmittelbereich, der Chemiebranche, dem Kosmetik- und Pharmabereich – also auch 'Ministeriums-fremden'-Branchen. Die Forschungsthemen der Konsortien waren recht diffus; Bioreaktoren, Massenzellkultur-Techniken, rDNA-Technologie und Proteintechniken waren die ersten Themen der Konsortien, denen im Verlauf der Zeit weitere folgten. Das Ministerium versuchte anwendungsorientierte, industrienahe Forschung in Form von kleineren oder mittelgroßen Konsortien durchzusetzen und zum Erfolg zu bringen. Nach Ablauf der zehnjährigen Förderung dieser ersten Konsortien war der messbare Erfolg gering. Bis auf einzelne Patente bzw. Ko-Patente waren die Konsortien relativ erfolglos (FRANSMAN und TANAKA 1995, S. 25f).

Als Ursachen für den Misserfolg galten erstens der Verlauf der wissenschaftlichen Ergebnisse der 1980er Jahre, die sich technologisch nur in geringem Maße umsetzen ließen und den Chemieunternehmen keinen direkten Nutzen brachten. Zweitens waren primär nur inländische Unternehmen in den Konsortien involviert. Da deren Wissensstand über die modernen Technologien eher beschränkt war, konnte neues Wissen weder aufgebaut noch diffundiert werden. Einige Unternehmen folgten den anhaltenden Beteiligungsaufforderungen des Ministeriums an neuen Konsortien daher nicht – der Widerstand aus der Chemieindustrie wuchs. Gleichzeitig beteiligten sich immer mehr Chemie fremde Branchen. Im Nachhinein werden die ge-

---

[87] Als ein Hindernis für den Erfolg von staatlichen Konsortien entwickelte sich zunehmend die Patent- und Lizenzvorgaben des Ministeriums. Allein unter MITI-Programmen wurden bis 1992 über 15.000 Patente, eingetragene Warenzeichen und Gebrauchsmuster hervorgebracht. Mehr als 660 Patente wurden davon lizenziert, die wiederum dem Ministerium zu einem jährlichen Gewinn von 20 Mio. Dollar verhalfen (RUTCHIK 1995, S. 30). Das MITI verbindet damit eine verbesserte Diffusion der Ergebnisse für nicht-teilnehmende Unternehmen (INTERVIEW MITI, Nov. 1996) und umgeht die wettbewerbsrechtlich durchaus umstrittene private Appropriierung öffentlich geförderter Forschung. Damit ist allerdings auch ein negativer Anreiz für Unternehmen verbunden, wenn die vorwettbewerbliche Forschung in den Konsortien später in den Unternehmen nicht zu vielen Anwendungen führt – wie z. B. in der Pharmaindustrie.

machten Erfahrungen der teilnehmenden Chemieunternehmen bereits als Erfolg gewertet (INTERVIEW MITI, Nov. 1996).

Abbildung 7-10 Biotechnologische Forschungsprojekte unter dem JISEDAI bzw. ISTF-Programm

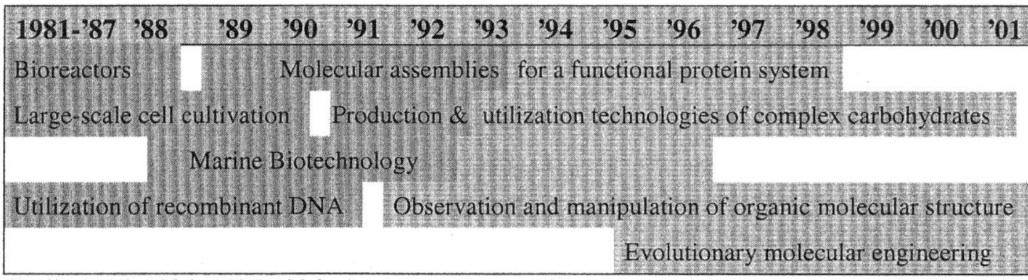

Quelle: RAB 1996; AIST 1996; eigene Zusammenstellung
Erläuterung: JISEDAI ISTF

Im Anschlussprogramm an JISEDAI, dem *Industrial Science and Technology Frontier Program* (ISTF) aus dem Jahr 1993, setzte sich eine zielgerichtetere Forschungslinie durch (vgl. Abbildung 7-10). Das Ministerium fördert vor allem in den Bereichen marine Biotechnologie, Umweltschutz, Proteinfunktion, komplexe Kohlenhydrate, DNA-Analyse, Biodiversität sowie das internationale *Human Frontier Science Program* (HFSP).

1996 wurde in einer Runden-Tisch Konferenz mit Vertretern des MITI, Universitäten und Unternehmen die Relevanz von Biotechnologie für unterschiedliche Industrien herausgestellt und die notwendigen industrie- und technologiepolitischen Aspekte diskutiert. Aufgrund der in dieser Runde festgestellten Mängel im japanischen Innovationssystem und den Anforderungen des biotechnologischen Systems, wie es in den USA besteht, wurden zwei übergreifende Ziele identifiziert und in Unter-Ziele weiter heruntergebrochen. Diese Ziele, die das MITI für seine Förderpolitik übernommen hat beinhalten (INTERVIEW MITI, Nov. 1996):

(1) Die *Etablierung einer wissenschaftlichen Infrastruktur.* Darunter fällt die Herstellung einer technologischen Infrastruktur für den Umgang mit DNA (Etablierung von Datenbanken, Förderung der DNA-Analyse, Forschungsförderung von Proteinen und biologischen Informationssystemen). Weiterhin wird die Forderung nach qualifizierten Wissenschaftlern und der Förderung der Biowissenschaften in den Schulen ausgesprochen.

(2) Die *Etablierung einer industriellen Infrastruktur.* Darunter wird die Stärkung von Risikokapitalgebern ebenso verstanden wie die Zusammenarbeit mit ausländischen Unternehmen und verbesserte Rahmenbedingungen für Entrepreneure. Weiterhin werden u. a. die öffentliche Meinung, geistiges Eigentum und der Schutz der Privatsphäre in das System integriert (INTERVIEW MITI, Nov. 1996).

7.3.3 Ernährungsindustrie

Die Ernährungsindustrie ist im Gegensatz zu den vorher beschriebenen Industrien in Japan traditionell etabliert. Die Jahrhunderte lange Erfahrung mit biotechnologischen Prozessmethoden galt mit als ausschlaggebendes Argument für eine zukünftig erwartete Stärke Japans in der Biotechnologie. Die Situation der Ernährungsindustrie erklärt sich durch die geomorphe Struktur Japans und der daraus resultierenden Knappheit agrartechnisch nutzbarer Flächen. Die traditionelle Ernährung, die Fisch, Reis, Sojaerzeugnisse und Gemüse favorisiert, hat vor allem im 20. Jahrhundert eine Erweiterung gefunden, die eine Abhängigkeit von Importen mit sich bringt. Japan hat dementsprechend in kaum einer anderen Warengruppe eine so hohe Importquote wie im Nahrungsmittelbereich. Das MAFF, unter dessen Ägide ein hoch subventionierter Agrarsektor steht, hat vor allem die Interessen der Kleinbauern im Auge. Daneben existiert aber auch ein großer und dynamischer Industriesektor, der von produzierenden und verarbeitenden Industrien gekennzeichnet ist, die einen rein nationalen Markt bedienen. Da die japanische Bevölkerung einen sehr hohen Anspruch an die Qualität von Nahrungsmitteln stellt und dafür auch eine hohe Zahlungsbereitschaft besteht, herrscht ein reger Wettbewerb zwischen den Unternehmen.

Die Industriestruktur ist unausgeglichen (vgl. Tabelle 7-9). Der größte Unterschied zwischen den größten zehn und den restlichen börsengelisteten Unternehmen liegt in den Umsatz-, F&E- und Mitarbeiterzahlen. Die Umsatz- und absoluten F&E-Aufwendungen sind mit gut 820 Mio. Yen fast zehn bzw. mit 13 Mio. Yen fast 14 mal so hoch. Rund 7.000 Mitarbeiter werden durchschnittlich von den ersten Zehn beschäftigt, etwa fünf mal so viele wie von den restlichen Unternehmen. In den Kategorien Gründungsjahr, F&E zu Umsatz und Exportquote sind die bestehenden Unterschiede weniger drastisch. Die durchschnittlichen Umsatzzahlen in der Ernährungsindustrie liegen sowohl in der Spitzengruppe als auch in der Gruppe der restlichen Unternehmen im Vergleich zur Chemie- und Pharmaindustrie deutlich höher.

Tabelle 7-9 Überblick über die Top 10 japanischen Nahrungs- und Genussmittelunternehmen und Durchschnittsergebnisse von weiteren 91 börsennotierten Unternehmen (1996, Angaben in 100 Mio Yen)

Name	Gründung	Umsatz	F&E	F&E zu Umsatz	Mitarbeiter	Export (in %)	Eigentümer/ Hauptaktionär (Anteil in %)
Japan Tobacco	1985	2.660,824	34.290	1.29	22.625	k.A.	MoF (80.8)
Kirin Beer	1907	1.379,769	16.501	1.20	8.497	0	Meiji Life (5.0)
Asahi Beer	1949	870,463	k.A.	k.A.	4.372	0	Dai-Ichi Life (6.7)
Sapporo Beer	1949	620,150	k.A.	k.A.	3.896	0	Nippon Life (5.4)
Ajinomoto	1925	580,260	21.200	3.65	5.591	4	Dai-Ichi Life (8.0)
Snow Brand Milk	1950	539,706	7.001	1.30	7.508	0	Norinchukin Bank (6.9)
Meiji Milk	1917	452,298	6.410	1.42	5.814	0	DKB (4.9)
Nichirei Corp.	1942	424,770	1.980	0.466	2.842	0	Sumitomo Trust (6.5)
Morinaga Milk	1949	405,903	4.730	1.165	4.206	1	Morinaga & Co. (12.3)
Meiji Seika	1916	249,100	13.080	5.251	5.265	3	DKB 4.9%
∅ (1-10)	1939	818,324	13.149	1.967	7.062	0.889	
∅ (11-101)	1942	89,041	0.953	1.241	1.307	0.326	

Quelle: TOYO KEIZAI 1996; eigene Zusammenstellung
Quelle: Unternehmensangaben; eigene Berechnungen

Betrachtet man die biotechnologisch relevanten Anteile am gesamten Patent- und Publikationsaufkommen, verzeichnen die Unternehmen Durchschnittswerte von 20,2 % bei den Patenten und sogar 32,8 % bei den Publikationen. Damit werden in der Ernährungsbranche deutlich höhere Anteile erzielt als in der Pharma- und Chemieindustrie (vgl. Abbildung 7-11).

Abbildung 7-11 Biotechnologisch relevantes Patent- und Publikationsaufkommen der zehn größten japanischen Unternehmen der Ernährungsindustrie (kumuliert, 1980-1996)

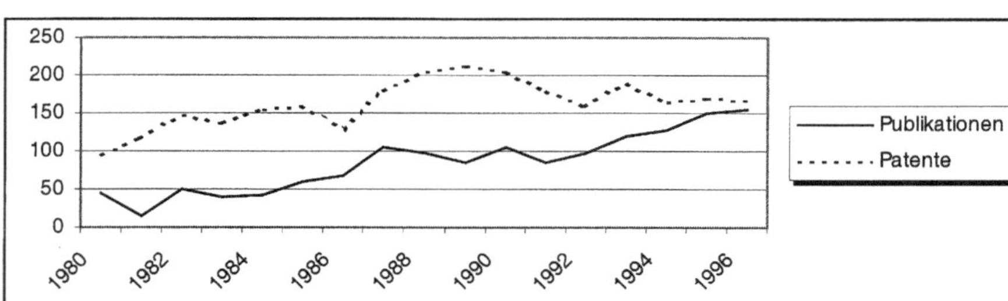

Quelle: SCISearch, WPI; eigene Berechnungen

Überdurchschnittlich patentieren und publizieren Kirin, Snow Brand Milk, Meiji Milk und Sapporo Breweries. Überdurchschnittlich publizieren Japan Tobacco und Ajinomoto und überdurchschnittlich patentieren Asahi Beer und Nichirei. Eine unterdurchschnittliche Leistung zeigen dagegen in beiden Bereichen Morinaga und Meiji Seika (vgl. Abbildung 7-12).

Abbildung 7-12 Publikationen und Patente der größten japanischen Ernährungsunternehmen (kumuliert 1981-1998)

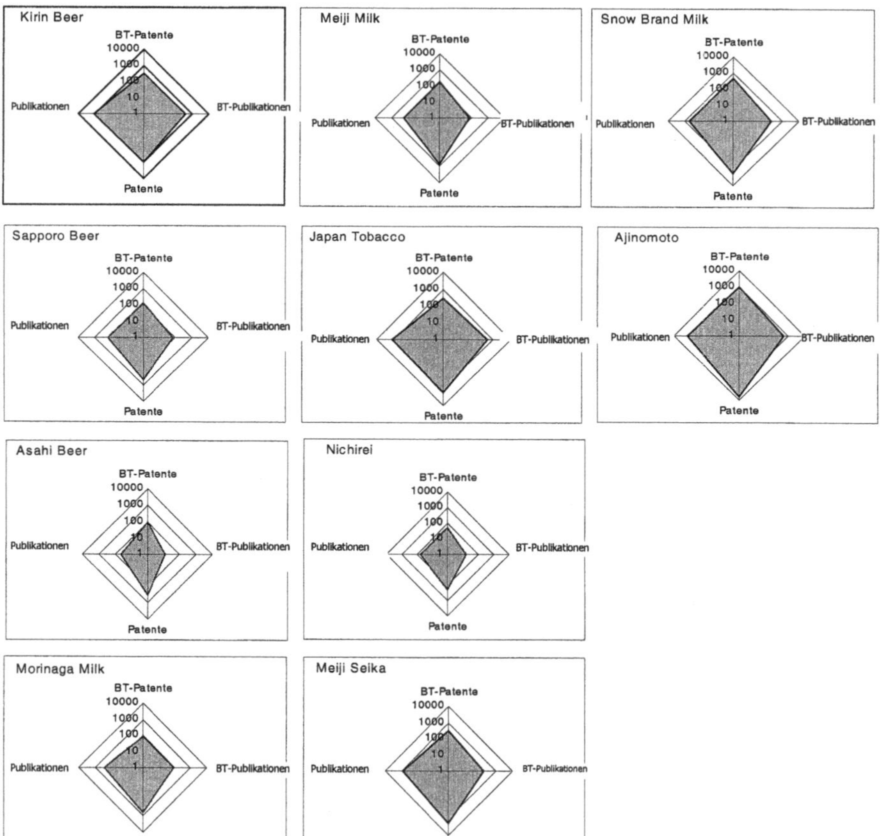

Quelle: SCISearch, WPI; eigene Berechnungen

Industrielle Einflussnahme durch das MAFF

Das Landwirtschaftsministerium MAFF begreift sich in erster Linie als Garant und Fürsprecher der landwirtschaftlichen Erzeuger. Dazu gehören Nahrungsmittel produzierende und verarbeitende Unternehmen, Produzenten von Schnaps wie Shochu und Sake, Land- und Forstwirtschaft sowie Vieh- und Fischzucht treibende Betriebe. Weiterhin ist das MAFF für die Zulassung von und Sicherheit bei Freilandversuchen und industriellen Produktionsprozessen von Nahrungsmitteln, Düngemitteln, Futterzusätzen, tiermedizinischen Präparaten und Agrochemikalien zuständig.

Es hat eine Reihe von Richtlinien für die Sicherheit in verschiedenen Versuchsstadien und für unterschiedliche Anwendungen erlassen, darunter die der OECD-Richtlinien angepassten *Guidelines for the Application of Recombinant DNA Organism in Agriculture, Forestry, Fisheries, the Food Industry and other Related Industries* (1989) und die *Guidelines for Foods and Food Additives Produced by rDNA Techniques* (1992). Richtlinien über die Sicherheit bei Freilandversuchen biotechnologischer Pflanzen und Nahrungsmittel, sowie Sicherheitsaspekte von biotechnologisch hergestelltem Tierfutter und Futterzusätzen wurden 1996 auf den Weg gebracht (INTERVIEW MAFF, Nov. 1996).

Das Ministerium folgte der biotechnologischen Förderoffensive mit der Gründung einer Abteilung für Biotechnologie im Jahre 1984 und einem Beratungskomitee, der *Kooperationsgruppe zur F&E- Förderung in der Biotechnologie*. Auch das MAFF nutzt vor allem die Gründung neuer Intermediäre (vgl. Anhang, Abbildung A-7-3), Auflegung von Forschungsprogrammen und die Gründung von Forschungskonsortien zur Förderung der Biotechnologie.

Das MAFF verfügt über eine klare Forschungslinie: da in der Nahrungsmittelproduktion die Selbstversorgungsrate[88] sinkt (NIKKEI WEEKLY 1997), ist ungeachtet der Veränderungen in den Essgewohnheiten der Japanerinnen und Japaner (FOREIGN PRESS CENTER 1996, S. 27ff) das Ziel der Forschungsprogramme und –projekte, die Produktivität und Qualität landwirtschaftlicher Produkte zu verbessern. Das MAFF unterstützt daher Forschung in nationalen Forschungsinstituten, Präfekturen und Unternehmen. Die Forschungsprogramme umfassen das *Reis-Genom Projekt*, *Biomedia- und Biocosmos-Programme* (OTSUKA und SALUSBURY 1993). Als Förderthemen stehen *Nahrungsmittel* (neue Reissorten, Hefen, Bioreaktoren), *Pflanzenzüchtung* (z. B. Erdbeeren, Tabak, Pilze, verschiedene Blumen) und *Tierzucht* (Klonierung von Kälbern, Gynogenese und Triploid-Forschung in der Fischzucht) im Vordergrund (MAFF 1996; INTERVIEW MAFF, Nov. 1996). Darüber hinaus werden DNA- und Gendatenbanken angelegt und Sicherheitsaspekte von rDNA-Techniken vermehrt untersucht. Die strukturelle Modifizierung von Kohlenstoffen zur Entwicklung bestimmter funktionaler Materialien sowie die Entwicklung von Methoden zur Tiergenomanalyse und zur Nutzung wichtiger Gene sind weitere Forschungs- und Förderfelder des MAFF. Nicht zu vernachlässigen ist die Unterstützung durch das MAFF auf regionaler Ebene. MAFF subventioniert Präfekturen für ihr Engagement in der Biotechnologie und zur Verbesserung von Forschungseinrichtungen (INTERVIEW MAFF, Nov. 1996).

---

88 Seit Anfang der 1990er Jahre wird einzig bei Reis eine Selbstversorgungsrate von 120 % erreicht; in allen anderen Nahrungsmittelkategorien schwankt sie zwischen 5 % (Hülsenfrüchte) und 96 % (Eier) (Zahlen für 1994). STATISTICS BUREAU 1996b.

Die Forschungskonsortien des MAFF werden über den Projektträger BRAIN koordiniert und finanziert. Die Fördergelder stammen zu einem großen Teil aus den Dividenden der Anteile am japanischen Tabakmonopol und der *Japan Development Bank*. BRAIN finanziert ähnlich wie die OADR des MHW Forschungskonsortien mit bis zu 70 % der Kosten, die restlichen Gelder werden von den beteiligten Unternehmen und Forschungseinrichtungen getragen. Zwischen 1986 und 1995 wurden 36 solcher Konsortien gefördert. Sie dauern durchschnittlich sechs Jahre und umfassen zwischen vier und dreizehn Teilnehmern, darunter Unternehmen aus diversen Branchen, aber auch Verbände und regionale Genossenschaften (OTSUKA und SALUSBURY 1993, S. 22f). Ihr finanzieller Rahmen schwankt zwischen 1,8 und 3,7 Mrd. Yen (GASSEL 1998, S. 161). Eine weitere Forschungsförderung findet über Kredite für existierende Unternehmen statt. Einzelne Firmen können maximal 130 Mio. Yen über einen Zeitraum von fünf Jahren als Forschungskredit bewilligt bekommen (OTSUKA und SALUSBURY 1993, S. 6). Zwischen 1986 und 1994 wurden insgesamt 127 Unternehmen auf diese Art gefördert (GASSEL 1998, S. 161).

7.4 Zusammenfassung und Einschätzung

In diesem Kapitel konnten mit der Beschreibung und empirischen Untermauerung der Sachverhalte, mehr Gegensätze als Gemeinsamkeiten zwischen dem japanischen und dem US-amerikanischen biotechnologischen Innovationssystems hervorgehoben werden. Hinsichtlich der strukturellen Ausgangslagen in den drei unterschiedenen Komplexen zeigte sich zusammenfassend Folgendes:

Im *Wissenschaftssystem* lagen Diskrepanzen zwischen Japan und den USA hinsichtlich der Anzahl der Forscher, der F&E-Aufwendungen und der Forschungsorientierung vor. Die USA hatten mehr Forscher, wendeten mehr Gelder auf und waren eindeutig grundlagenorientiert, während die öffentlichen Ausgaben für Grundlagenforschung in Japan aufgrund einer anwendungsorientierten F&E, die i.d.R. von den Unternehmen finanziert und in ihnen durchgeführt wurde, quantitativ beschränkt war. Die Grundlagenforschung wurde in Japan vor allem von den Universitäten und nationalen Forschungseinrichtungen durchgeführt, wobei für beide unterschiedliche Ministerien zuständig waren.

Hinsichtlich der wichtigsten *Rahmenbedingungen*, ist Japan zunächst als ein wenig marktlich orientiertes Land einzuschätzen. Die überaus starke Regulierung führte zu einer effektiven Industriepolitik, in die die biotechnologische FuT-Politik eingebettet war. Die notwendige Koordination der FuT-Politik übernahm für die Biotechnologie kein einzelnes Ministerium, vielmehr stritten fünf Ministerien um die Vorherrschaft und Dominanz, was zu einer Fragmentierung der Forschungsförderung führte. Aufgrund industrieller Strukturen hat sich ein wenig effizienter und risikoaverser Kapitalmarkt herausgebildet. Größere Unterschiede bestehen hinsichtlich der Ausgestaltung des Patentsystems, das in Japan u.a. zu einer Anmeldeflut führt. Hinsichtlich der Zulassungsbestimmungen bestanden gravierende Unterschiede, die ausländische Unternehmen benachteiligten. Die Anforderungen entsprachen niedrigeren Standards als in den USA, was zu einzelnen Gesundheitsskandalen führte, in deren Folge die Gesundheitsbehörde geschwächt wurde und die das Vertrauen der Konsumenten in ihre Entscheidungen weiter untergrub. Der Technologietransfer unterschied sich dahin gehend, dass er in den US-amerikanischen Universitäten Anfang der 1980er Jahre erlaubt wurde, während er in den japanischen, staatlichen Universitäten erst ab Ende der 1990er Jahre restriktiv ermöglicht wurde.

Auf der *Industrieebene* bestanden größere Unterschiede. Während die japanische chemische Industrie zumindest volumenbedingt auf dem Weltmarkt zu den Größten gehörte, bedeutet ihre Ausrichtung auf Grobchemikalien keine technologische Spitzenposition der Pharmaindustrie. Diese erzielte vorwiegend auf dem Binnenmarkt ihre Gewinne und war in ihrer Performanz maßgeblich von industriepolitischen Entscheidungen abhängig. Weltweit spielte sie dagegen keine größere Rolle. Die japanische Ernährungsindustrie spielte zwar international auch keine größere Rolle, im Gegensatz zur Pharmaindustrie verfügte sie aber über große, kapitalintensive Konzerne. Trotz der reinen Binnenorientierung war die Industrie polypolistisch und wettbewerblich ausgerichtet. Die Erfahrung mit der traditionellen Biotechnologie im Nahrungsmittelbereich ließ auf eine gleichermaßen hohe Akzeptanz der Verbraucher für die moderne Biotechnologie schließen. Dagegen verfügten einzelne US-amerikanische Nahrungsmittelkonzerne zwar bereits Anfang der 1980er Jahre über internationale Spitzenpositionen, die Größe des heimischen Marktes beließ aber auch viele Konzerne bei nationalen Aktivitäten. Neben den Weltpositionen besteht ein struktureller Unterschied zwischen der US-Industrie und der japanischen. Letztere ist vielfach durch eine vertikale Organisationsform und horizontale Verflechtungen strukturiert, die sich auch auf die Form der Kapitalmärkte auswirkte. Diese strukturellen Merkmale haben im Entwicklungsprozess folgende Verhaltensweisen und Wirkungen gezeigt:

Das *Wissenschaftssystem* hat erst sehr spät, nämlich Mitte der 1990er Jahre leichte Veränderungen erfahren, die sich vor allem in den F&E-Aufwendungen für Grundlagenforschung manifestieren. Eine Vereinfachung des Technologietransfers zwischen Universitäten und Industrie wird vereinzelt getestet; eine flächendeckende Umgestaltung wurde jedoch noch nicht realisiert. Ausgründungen junger Wissenschaftler sind Mangelware, da kaum ausreichende Finanzierungsmittel zur Verfügung stehen. Der Transfer zwischen nationalen Forschungsinstituten und der Industrie hat in Form von Forschungskonsortien zwar weniger formale Hindernisse zu überwinden gehabt, die Form der vorwettbewerblichen Forschung geriet aber aufgrund der Fragmentierung und des einhergehenden Machtverlusts der Ministerien unter Reformdruck. Erst 1999 sind aus Überlegungen, die Fragmentierung zu überkommen, reale Schritte erfolgt und eine konzertierte Aktion in Gang gesetzt worden. Echte Reformen der Hochschulen werden in Japan erst nach der Zusammenlegung des Wissenschafts- (Mombusho) mit dem 'Forschungsministerium' (STA) Anfang 2000 erwartet.

Auch Hinsichtlich der *Rahmenbedingungen* erscheint Japan krisengeschüttelt: Die Schwäche des Gesundheitsministeriums und dessen Stellung in der Gesellschaft sind wenig hilfreich, das Vertrauen der Konsumenten in ministerielle Vorhaben zu stärken: der dramatische Rückgang klinischer Studien und das nachlassende Interesse der Teilnahme an Forschungskonsortien von Seiten der pharmazeutischen Industrie werden auch im MITI und für die Chemieindustrie festgestellt. Eine Harmonisierung von Zulassungsvorschriften und des Patentsystems legen die technologischen Schwächen japanischer Unternehmen offen, die bisher vielfach auf industriepolitische Unterstützung angewiesen waren.

Die Veränderung der Rahmenbedingungen, namentlich die Protektion durch industriepolitische Maßnahmen, haben auf die *Industrie* vor allem Selektionsprozesse in Gang gesetzt, die eine Konzentration der betroffenen Industrien bewirken und Unterschiede einerseits zwischen binnenorientierten und andererseits von global aktiven Unternehmen zum Vorschein bringen.

Insgesamt können wir konstatieren, dass institutionelle Strukturen in Japan weitaus länger dominiert und sich einer Veränderung widersetzt haben, als in Deutschland. Erklären lässt sich dies vor allem durch die sehr stark vernetzte japanische Grundstruktur, die es für einzelne Elemente außerordentlich schwierig werden lässt, zum dominanten Akteur zu werden. In der Vergangenheit hat diese Rolle vielfach das MITI übernommen, im Bereich der Biotechnologie waren aber die Kompetenzen von Beginn an verteilt. Da zwischen den Elementen keineswegs nur Konsens, sondern durchaus Wettbewerb herrscht, hat es fast zwanzig Jahre gedauert, bis Koordinierungsprozesse in Gang gebracht wurden. Diese institutionellen Veränderungen wurden erst durch eine, für japanische Verhältnisse, schwere Wirtschaftskrise ermöglicht, die das Selbstverständnis der herrschenden Eliten in eine Sinnkrise stürzte und die auch dafür verantwortlich ist, dass sich eben nicht das MITI als dominanter Akteur in der Biotechnologie durchsetzten konnte.

8 Strategien der Wissensakquirierung – Kooperationsverhalten auf mikroökonomischer Ebene

Nachdem in den Kapiteln 6 und 7 die makroökonomischen Rahmenbedingungen des biotechnologischen Innovationssystems in Deutschland und Japan beschrieben bzw. mit Datenmaterial unterfüttert wurden, ließen sich zum Teil recht unterschiedliche Ausgangslagen identifizieren und unterschiedliche Verhaltens- und Wirkungsweisen konstatieren. Welche Wirkungen diese Rahmenbedingungen auf Branchenebene haben, wird in diesem Kapitel anhand unternehmerischer Strategien der Wissensakquisitions untersucht. In diesem Kapitel wird die Annahme überprüft, dass die Strategien der Wissensakquirierung auf mikroökonomischer Ebene sowohl von makroökonomischen Rahmenbedingungen - im Sinne der beschriebenen Innovationssysteme - als auch von industriespezifischen Vorgaben abhängen.

Die Überprüfung der These erfolgt anhand einer Untersuchung formaler biotechnologischer Kooperationsbeziehungen von deutschen und japanischen Unternehmen in den ausgewählten Branchen Chemie, Pharma und Ernährung. Die Ergebnisse werden i.d.R. nach Ländern und Branchen spezifiziert und in einer Form aufbereitet, die den direkten Vergleich ermöglicht.

8.1 Empirische Ausgangsbasis

Der folgende Überblick fasst zentrale Ergebnisse der Untersuchung über biotechnologisch relevante Kooperationsbeziehungen zusammen, die für einen Zeitraum zwischen 1980 und 1998 in japanischen und deutschen Unternehmen erhoben und ausgewertet wurden. Insgesamt wurden rund 650 Unternehmen untersucht, von denen 119 kooperierende Unternehmen identifiziert wurden.[89]

Grundsätzlich ist zwischen *Fällen* und *Kooperationen* zu unterscheiden, denn nicht jeder untersuchte Fall ist eine gerichtete Kooperation zwischen zwei Partnern (vgl. Kapitel 5). Die insgesamt 1.552 Fälle lassen sich hinsichtlich der Zahl der Beteiligten und in ihrer Gerichtet- bzw. Ungerichtetheit unterscheiden (vgl. Tabelle 8-1).[90] In den 1.552 Fälle sind insgesamt 631 Kooperationspartner verbunden.

---

89 Die methodische Vorgehensweise und Erhebungsmethode sind im Einzelnen im Anhang als Teil B widergegeben.

90 In der Netzwerkliteratur wird innerhalb von Gruppen nicht zwischen einer Gerichtetheit bzw. Ungerichtetheit unterschieden. Diese Unterscheidung wird hier jedoch vorgenommen, um die staatlichen Konsortien, in denen kein einzelner Partner dominiert, von privaten Forschungsverbünden, in denen ein Initiator identifiziert werden kann, abzugrenzen.

Tabelle 8-1 Vier-Felder Matrix der Kooperationsbeziehungen, Spalten- und Zeilensummen

1.187 Fälle = 1.187 gerichtete Einzelkooperationen (76,5 %) **A→B**	104 Fälle = 39 gerichtete Multikooperationen (6,7 %) **A→B ∪ A→C**	Σ 1.291 Fälle, 1.226 Kooperationen (83,2 %)
30 Fälle = 15 ungerichtete Einzelkooperationen (1,9 %) **A→B ∪ B→A**	231 Fälle = 11 ungerichtete Multikooperationen (14,9 %) **A→B ∪ A→C ∪ B→A ∪ B→C ∪ C→A ∪ C→B**	Σ 261 Fälle, 26 Kooperationen (16,8 %)
Σ 1.217 Fälle, 1202 Kooperationen (78,4 %)	Σ 335 Fälle, 50 Kooperationen (21,6 %)	Σ 1.552 Fälle, 1.252 Kooperationen (100 %)

Quelle: eigene Erhebung

Die Mehrzahl der Fälle, 78,4 %, sind Kooperationen zwischen zwei Partnern. Die restlichen 21,6 % sind Kooperationen mit mehr als einem Partner. Unterschieden werden dabei *gerichtete Multikooperationen*, d.h. privat initiierte Forschungskonsortien, und *ungerichtete*, staatlich initiierte Konsortien.

Tabelle 8-2 Empirische Datenbasis

	Deutschland			**Japan**		
	Pharma	**Chemie**	**Ernährung**	**Pharma**	**Chemie**	**Ernährung**
Σ untersuchte Unternehmen	32	108	209	46	156	92
Σ kooperierende Unternehmen	19	6	-	41	36	17
Anteil kooperierende Unternehmen (in Prozent)	59,4	5,5	-	89,1	23,0	18,5
Σ der Kooperationspartner	322	7	-	284	179	124
Σ der Fälle	508	8	-	571	272	193

Quelle: eigene Erhebung

Berücksichtigen wir die unterschiedlichen Größen der Branchen (vgl. Kapitel 6 und 7) und die im Datensatz untersuchte jeweilige Anzahl von Unternehmen nach Industrien, überrascht vor allem die Tatsache, dass für die deutschen Unternehmen der Ernährungsindustrie keine einzige biotechnologisch relevante Kooperation nachgewiesen werden konnte (vgl. Tabelle 8-2). Es sollte zwar nicht ausgeschlossen werden, dass die ein oder andere Kooperation besteht. Warum sie aber nicht bekannt gemacht wird, kann damit begründet werden, dass ein Teil der Öffentlichkeit auf die Verbindung zwischen der Ernährungsindustrie und Biotechnologie in Deutschland sehr sensibel reagiert. Pressemitteilungen über Kooperationen werden daher wohl deutlich seltener herausgegeben als z. B. in der Pharmaindustrie. Berücksichtigen wir aber die nur geringen F&E-Aufwendungen sowie die marginalen biotechnologisch relevanten Patente und Publikationen der Branchengrößten (vgl. Kapitel 7.3), erscheint das Fehlen von Kooperationen plausibel. Biotechnologisch wichtige Kooperationen werden vermutlich eher in der Nahrungsmittelzuliefererindustrie bzw. direkt bei den Rohstoffproduzenten zu finden sein.

Weitere Verzerrungen bestehen zwischen der deutschen Chemie- und Pharmaindustrie. Das Pharma- und Chemiegeschäft von Unternehmen wie Hoechst, Bayer oder BASF lässt sich zwar in Unternehmenssparten trennen, doch biotechnologisch relevante Kooperationen können sowohl für den Chemie- als auch für den Pharmabereich gelten. Die thematische Fokussierung der Kooperationen, sind jedoch überwiegend pharmaspezifisch, so dass ihre Einteilung in die deutsche Pharmaindustrie gerechtfertigt erscheint. Das führt allerdings dazu, dass biotechnologische Kooperationen von Chemieunternehmen, die über keine nennenswerte Pharmasparte verfügen, so gut wie nicht vorkommen. Die geringe Fallzahl erlaubt keine Schlüsse auf industrieweite Tendenzen außer der Feststellung, dass die deutsche Chemieindustrie auf die Biotechnologie anhaltend reserviert reagiert. Die Integration der drei Branchengrößten in die Pharmasparte führt zu einer Verzerrung: Die drei Unternehmen verfügen gemeinsam über 191 Kooperationspartner, die restlichen 16 Pharmaunternehmen verfügen über 185 Partner. Von den insgesamt 322 Partnern sind 54 in beiden 'Gruppen' vertreten. Auch der Anteil der Fälle ist ungleich gewichtig: Bayer, Hoechst (HMR) und BASF vereinen 273 Fälle, wobei allein auf HMR 153 Fälle entfallen. Diese Verzerrungen sind allerdings auch in anderen Industrien anzutreffen. Einen ähnlichen Einfluss hat z.B. in der japanischen Pharmaindustrie das branchengrößte Unternehmen Takeda: während die japanischen Unternehmen im Durchschnitt sieben Kooperationspartner haben, hat Takeda 35.

Insgesamt weisen die japanischen Unternehmen mit durchschnittlich 43,5 % eine höhere Kooperationshäufigkeit auf, als die deutschen mit 21,6 %. Nach Industrien getrennt erreicht die Pharmaindustrie den höchsten Anteil: er liegt in Deutschland bei 60 %, in Japan bei fast 90 %. Was ihr Kooperationsverhalten betriff, bestehen jedoch größere Unterschiede zwischen den nationalen Industrien. Subsumieren wir darunter Ausprägungen wie Häufigkeit, Herkunft und Art der Partner, Anzahl der Partner innerhalb einer Kooperation, Kooperationsinhalte etc. - und dies alles über einen Zeitraum von ca. zwanzig Jahren -, lassen sich interessante Entwicklungen entdecken und Rückschlüsse auf die nationalen biotechnologischen Innovationssysteme machen, die im folgenden ausgeführt werden.

8.2 Kooperationsverhalten

Herkunft der Partner nach Art und institutionellem Hintergrund

Ein wichtiger Unterschied für Kooperationen ist die Herkunft und die Art der Partner. Aufgrund der theoretischen Ausführungen wurde vermutet, dass die Entscheidung eines Unternehmens zu kooperieren, maßgeblich von der nationalen Wissensbasis und von den Möglichkeiten einer Industrie abhängen, nahes (nationales vorhandenes) oder räumlich entferntes Wissen zu akquirieren. Als zweites Unterscheidungsmerkmal lässt sich die Art der Partner untersuchen. Während akademische Partner eher Grundlagenwissen vermitteln, geben industrielle Partner stärker anwendungsorientiertes Wissen weiter. Spezialisierte Biotechnologieunternehmen sind im Vergleich zu etablierten Großunternehmen deutlicher grundlagenorientiert, sie verfügen i.d.R. aber über ein bis zwei marktfähige Patente, die letztendlich ihre Geschäftsgrundlage darstellen.

Abbildung 8-1 Verteilung der Partner nach Herkunft und Art

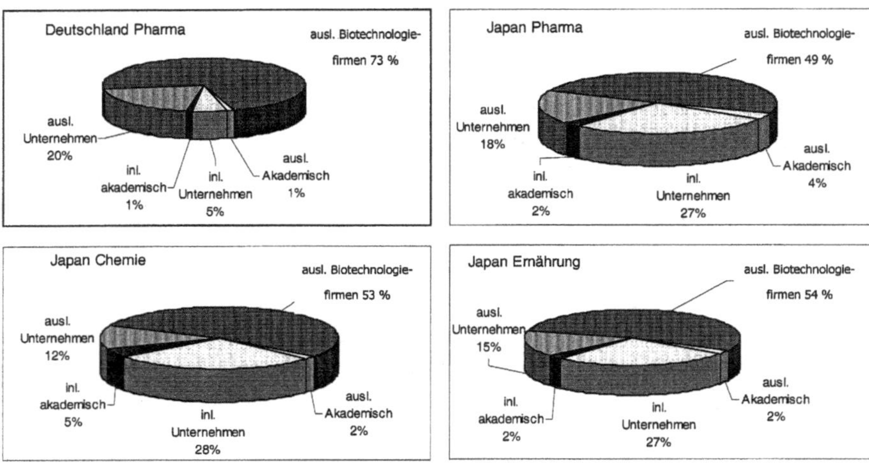

Quelle: eigene Erhebung

Betrachten wir die nationalen Industrien, für die aussagekräftige Daten erhoben werden konnten, ergibt sich folgendes Muster (vgl. Abbildung 8-1). Die Akquirierungsmuster unterscheiden sich nicht nur national, sondern auch zwischen den Industrien. Die deutsche Pharmaindustrie akquiriert zu mehr als neunzig Prozent ihr Wissen im Ausland. Die japanischen Industrien nutzen dagegen zu fast einem Drittel die inländische Wissensbasis. Diese inländische Wissensbasis fällt einseitig aus: nur 2 % der Kooperationen fallen in Japan auf akademische Partner, während gut 27 % der Kooperationen mit industriellen Partnern eingegangen werden. Erinnern wir uns an die Aussagen der Rahmenbedingungen in Japan (vgl. Kapitel 6), lassen sich für diese Diskrepanz die folgenden institutionell geprägten Faktoren heranziehen:

(1) rechtliche Beschränkungen der Kooperationen zwischen Universitäten und Industrie verhindern Forschungskooperationen

(2) die Förderung von Forschungskooperationen zwischen Unternehmen durch den Staat erhöht den Anteil von inter- und intra-industriellen Kooperationen

(3) die anwendungsorientierte Forschungshaltung der japanischen Industrie setzt sich auch in der Biotechnologie fort.

Nachfrage von Kooperationsinhalten

Während der erste Erklärungsansatz auf Grund nicht vorhandener Kooperationen empirisch nicht analysiert werden kann, sind die beiden anderen Erklärungen messbar. Bei der Datenerhebung wurden staatlich initiierte Forschungskonsortien zwischen Unternehmen codiert, so dass sich diese von den privat initiierten trennen lassen. Insbesondere in den japanischen Industrien spielen diese ungerichteten Netze zumindest quantitativ eine Rolle (vgl. Abbildung 8-2).

Abbildung 8-2 Staatlich versus privat initiierte japanische, inländische Unternehmenskooperationen (kumuliert 1980-1998)

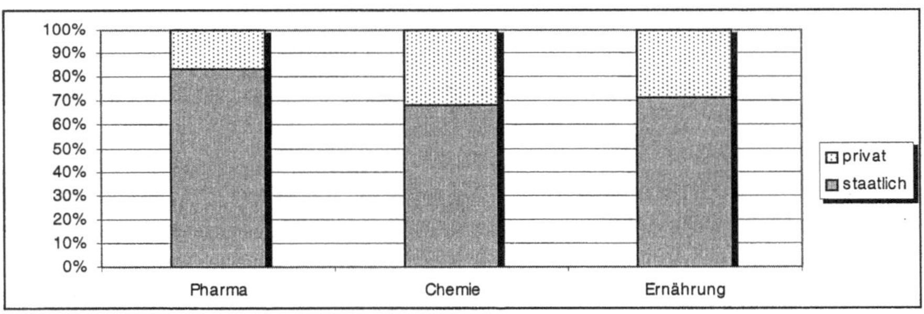

Quelle: eigene Erhebung

Für die Pharmaindustrie z. B. bedeutet das, dass vom Anteil inländischer Unternehmenskooperationen von insgesamt 27 % nur 4,5 % privat, aber 22,4 % staatlich initiiert sind. Damit ist der Anteil an privaten Unternehmenskooperationen vergleichbar mit der Höhe in der deutschen Pharmaindustrie.

Die dritte Feststellung, dass sich die Anwendungsorientierung der japanischen Industrie auch in der Biotechnologie fortsetzt, lässt sich anhand der Kooperationsinhalte ablesen, die sich sowohl nach quantitativen Aspekten, als auch nach inhaltlichen Eigenschaften hin untersuchen lassen. In Kapitel 5 wurden Kooperationsinhalte nach einem zunehmenden Kooperationsaufwand und einem zunehmendem Komplexitätsgrad charakterisiert, der einen betriebswirtschaftlichen Innovationsprozess abbildet (vgl. Tabelle 5-1). Die Auswertungen der Kooperationen zeigen, dass gut 50 % der Beziehungsinhalte einen relativ niedrigen Komplexitätsgrad aufweisen, bzw. in einem frühen Stadium des Innovationsprozesses angesiedelt sind (vgl. Abbildung 8-3). Den größten Anteil verbuchen Lizenzen, gefolgt von Entwicklungs- und Forschungskooperationen. Knapp 20 % weisen komplexere Inhalte wie Kollaborationen, gemeinsame Entwicklung oder gemeinsames Marketing, Joint ventures oder Akquisitionen auf.

Abbildung 8-3 Kooperationsinhalte (Gesamtstichprobe, kumuliert 1980-1998)

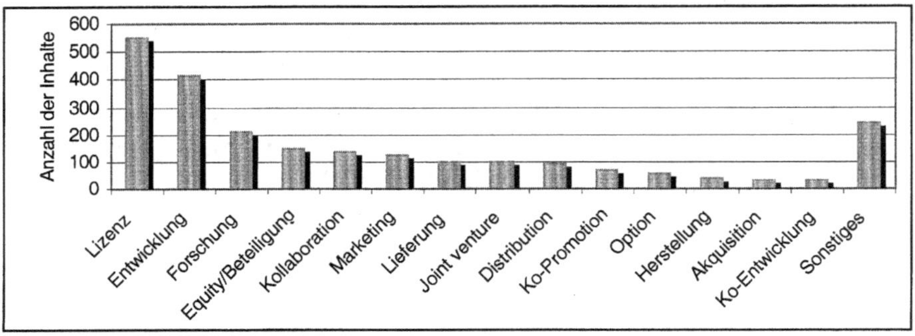

Quelle: eigene Erhebung

Allerdings spielen die Inhalte für die unterschiedlichen Branchen eine unterschiedlich wichtige Rolle. Während Lizenzen, Forschungs- und Entwicklungskooperationen in allen Industrien gleichermaßen an der Spitze stehen, sind Kapitalbeteiligungen zu 85 % in der Pharmaindustrie konzentriert, wobei insgesamt 60 % von der deutschen und 40 % von der japanischen Industrie erfolgen. Akquisitionen sind dagegen eher eine Angelegenheit der deutschen Pharmaindustrie, die gut 80 % aller Akquisitionen tätigt. Darin spiegelt sich eine dominante kulturelle Ausprägung wider: Übernahmen und Fusionen sind in der japanischen Unternehmenswelt eher selten. Auch das 'Einkaufen' von Unternehmen im Ausland ist keine generelle Strategie der japanischen Unternehmen. Dagegen sind Vereinbarungen zur gemeinsamen Entwicklung eine überwiegend japanische Variante. Immerhin 76 % der Nennungen dieses Kooperationsinhalts stammt aus den japanischen Branchen.

Kooperationsinhalte nach Anbietern und Nachfragern

Ein weiterer Indikator zur angenommenen Anwendungsorientierung lässt sich anhand der Nachfrage nach Partnern und anhand der nachgefragten Kooperationsinhalte im Zeitverlauf bilden. Da die inländische Wissensbasis für Kooperationen nur eine kleinere Rolle spielt, werden im Folgenden nur die ausländischen Partner untersucht. Die unterschiedlichen Verläufe sind in Abbildung 8-4 widergegeben. Eine grundsätzliche Orientierung zu Gunsten akademischer Partner ist dabei in keinem Fall festzustellen. Vielmehr nehmen Kooperationen mit Biotechnologieunternehmen zu. In den beiden Pharmaindustrien erfreuen sich ebenfalls die ausländischen (nicht Biotechnologie-)Unternehmen einer steigenden Nachfrage, die allerdings in Japan zeitlich früher eingesetzt hat. Der überraschend geringe Anteil ausländischer akademischer Partner ist besonders gering in den japanischen Chemie- und Ernährungsbranchen. Dies kann als Indikator für eine geringere Wissensbindung der beiden Industrien gewertet werden – für Anwendungen in den beiden Industrien scheinen die Universitäten nicht die ersten Ansprechpartner zu sein. In der Pharmaindustrie haben spektakuläre Verbindungen[91] in den 1980er Jahren den Eindruck erweckt, dass die ausländischen Pharmaunternehmen sehr intensiv mit US-amerikanischen Universitäten zusammenarbeiten. Es muss aber berücksichtigt werden, dass auf Grund der öffentlichen Fördergelder, US-amerikanische Universitäten unter Druck stehen, keine Kooperationen mit ausländischen Unternehmen einzugehen.

Abbildung 8-4 Ausländische Partner nach Typ (1980-1998)

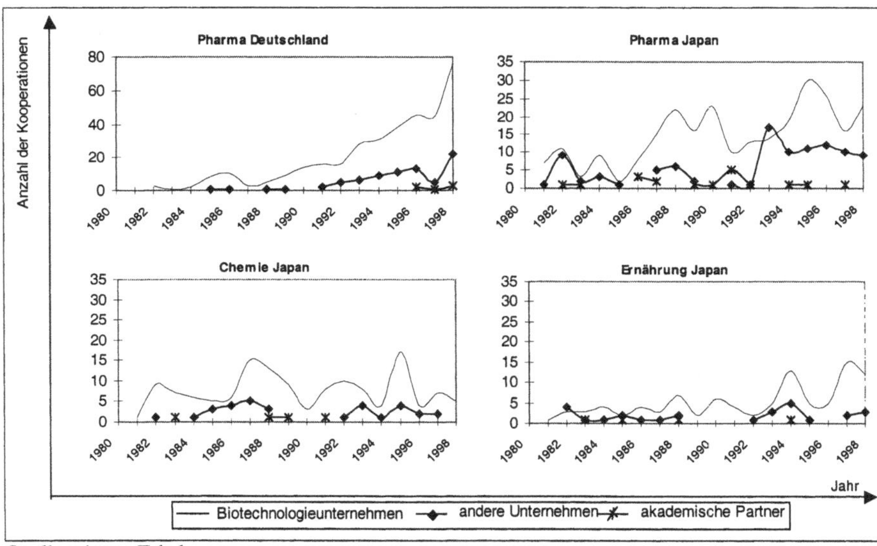

Quelle: eigene Erhebung

Welche Kompetenzen verbinden die Unternehmen mit ihren Partnern? Die zunehmende Bedeutung, die die deutschen Unternehmen ausländischen Biotechnologieunternehmen beimessen, geht vor allem auf Lizenzgebung (198 Fälle) und auf Entwicklungskooperationen (145 Fälle) zurück. Sie investieren auch gerne in ausländische Biotechnologieunternehmen (66 Fälle) (vgl. Abbildung 8-5).

Ein nennenswerter Unterschiede zwischen der deutschen und japanischen industriellen Nachfragerseite besteht in der relativ verhaltenen Nachfrage von Forschungskooperationen mit ausländischen Biotechnologieunternehmen auf Seiten der japanischen Industrien. Allerdings wird diese quantitativ geringe Nachfrage durch

91 So z. B. zwischen dem Kosmetikkonzern Shiseido und dem Klinikum der Universität Harvard, Massachusetts General Hospital. 1989 hat das Unternehmen 85 Mio. Dollar zur Etablierung eines dermatologischen Zentrums an der Universität gezahlt.

Qualität kompensiert: in der japanischen Ernährungsindustrie ist der Anteil von Top-Biotechnologiefirmen[92] unter den Partnern im Vergleich zu den anderen nationalen Industrien am höchsten (vgl. Anhang, Tabelle A-8-1).

Abbildung 8-5 Nachfrage bestimmter Kooperationsinhalte an Unternehmen bzw. Biotechnologieunternehmen aus deutscher bzw. japanischer Sicht (Gesamtstichprobe, kumuliert 1980-1998)

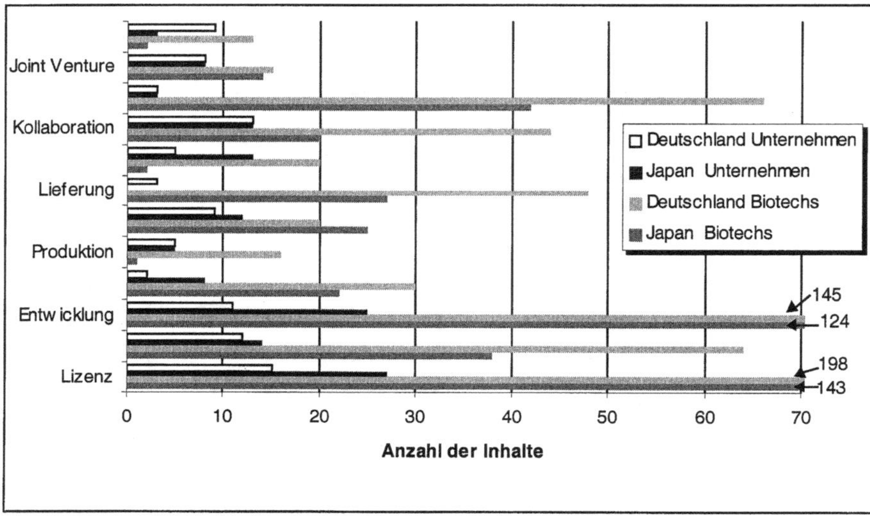

Quelle: eigene Erhebung

Für die Auswertungen wurde auch die Qualität der Biotechnologiepartner berücksichtigt. Dabei wurde zwischen börsengelisteten Biotechnologieunternehmen mit einer gewissen Größe (Top-Biotech) und ungelisteten, zum Teil kleineren, jungen Unternehmen unterschieden und untersucht, ob bestimmte Vorlieben in der Partnerwahl feststellbar sind. Dahinter steht die Vermutung, dass je jünger, kleiner und geschichtsloser ein Biotechnologieunternehmen ist, desto einfacher wird es für ein Partner-suchendes Unternehmen sein, eine Kooperation einzugehen. Je älter, größer und wissenschaftlich renommierter ein Biotechnologieunternehmen dagegen ist, desto eher kann es sich die Partner selbst aussuchen und Wert darauf legen, aus der Kooperation mehr als finanzielle Gewinne zu erzielen. Unternehmen mit nachgelagerten Kompetenzen, z. B. eigenen Vertriebskanälen, könnten daher für diese Biotechs attraktivere Partner sein.

Im Gegensatz zu den deutschen Unternehmen weisen die japanischen Unternehmen in sechs der zwölf unterschiedenen Kooperationsinhalte eine leichte bis deutliche

92 Die Liste der größten Biotechnologieunternehmen (Top-BT) entstammt *Nature Biotechnology*, Mai 1999.

Kooperationsneigung zu Gunsten von Unternehmen auf. Während Kooperationsinhalte mit F&E-Inhalten zwar unangefochten dominieren, überrascht der Anteil einiger Inhalte nachgelagerter Prozessstufen. In der japanischen Pharmaindustrie liegt der Anteil von Marketing- und/oder Vertriebsvereinbarungen bereits bei 11 % und damit deutlich höher als in der deutschen Pharmaindustrie (7 %) (vgl. Anhang, Tabelle A-8-2). Dies kann als ein Hinweis auf einen relativ schwierigen Zugang zum japanischen Markt dienen, der viele ausländische Unternehmen bzw. Biotechnologiepartner dazu veranlasst, einen japanischen Partner für diese Bereiche zu suchen.

Die Nachfrage nach akademischen Partnern hat auf Grund der geringen Fallzahl nur eingeschränkten Erklärungswert. Die Unternehmen gehen mit ihnen vor allem Forschungskollaborationen ein, an zweiter Stelle stehen Lizenzen.

Lizenzen, Forschungs- und Entwicklungskooperationen

Lizenzen haben in der Vergangenheit entscheidend für die technologische Produktion in den biotechnologisch aktiven Industrien gesorgt. Sie spielen auch in der Gegenwart eine entscheidende Rolle (vgl. Abbildung 8-6).

Abbildung 8-6 Entwicklung von Lizenzen, Forschungs- und Entwicklungskooperationen im Zeitverlauf (Gesamtstichprobe)

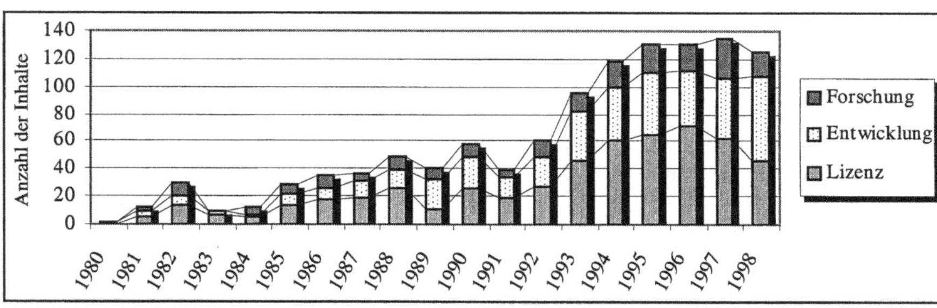

Quelle: eigene Erhebung

Allerdings ist eine leicht abnehmende Tendenz der Lizenzen festzustellen, die sich mit zwei Faktoren in Verbindung setzen lässt: Zum Einen gehen die Biotechnologieunternehmen immer mehr dazu über, so genannte exklusive Lizenzen zu vergeben; wurde vormals eine Technologie mehrfach lizensiert und stieg auch dadurch die Summe der Lizenzen als Kooperationsinhalt, liegt nunmehr ein gegenläufiger Trend vor. Zum Anderen geraten immer mehr Techniken zur Produkt- und damit auch zur Patent- und Lizenzreife, so dass nicht davon auszugehen ist, dass die Summe der lizenzierbaren Techniken insgesamt stark zurückgeht. Die Entwicklung der Lizenzen wird in der Zukunft die Ausdehnung der Unternehmensnetze entscheidend mitprägen, da auf der einen Seite die Vergabe von Exklusivlizenzen mögliche Partnerschaften limitiert, auf der anderen Seite aber die Zunahme von Techniken neue Möglichkeiten eröffnet. Welcher Effekt sich als entscheidender für die Ausdehnung erweisen wird, bleibt abzuwarten.

Anhand der Entwicklung von Lizenzen, Forschungs- und Entwicklungskooperationen, lässt sich auch der Reifegrad der Industrie erahnen. Die anhaltende Nachfrage nach Lizenzen macht deutlich, dass sich die Biotechnologie auch nach gut zwanzig Jahren, immer noch in einem relativ frühen Entwicklungsstadium befindet. Im Modell der Marktentstehung wurden die intensiven Interaktionen zwischen Wissenschaft und Industrie als experimentelle Phase bezeichnet, in der durchaus zielgerichtet Entwicklungen vorangetrieben werden. Allerdings ist mit immer noch neu aufkommenden Methoden bzw. Forschungsplattformen biotechnologischer Forschung kein Abschied aus dieser Phase erkennbar. Die Wissenschaft und die biotechnologischen startups entwickeln permanent neue Methoden und Techniken, die für bestehende Techniken vielfach ergänzenden Charakter haben, für die etablierten Konzerne aber eine andauernde Wissensakquirierung notwendig machen. Im Gegensatz zum Schumpeter II-Modell, in dem die etablierten Unternehmen zu einem bestimmten Zeitpunkt auf eine eigene, neue Wissensbasis wieder zurückgreifen können, zeichnet sich dies in der Welt der Biotechnologie nicht ab. Vielmehr pendeln sich Wissenschaft und Industrie in einer experimentellen Phase ein, die dann wiederum auch die relativ gleichbleibende Machtposition der biotechnologischen startups zu erklären vermag.

Insbesondere Forschungs- und Entwicklungskooperationen können als Indikatoren für wissenschaftlichen bzw. technologischen Output fungieren. Auch hier finden sich spezielle Nachfragemuster (vgl. Tabelle 8-3). Grundlegendes Wissen wird in absoluten Größen vor allem in den Pharmaunternehmen nachgefragt. Außer von der japanischen Chemieindustrie wird es fast ausschließlich von ausländischen Partnern erworben. Biotechnologische Partner bilden darunter wiederum die Hauptquelle. Die deutschen Pharmaunternehmen und die japanischen Unternehmen der Ernährungsbranche legen aber einen höheren Wert auf Biotechnologiepartner und sie verfügen darüber hinaus über die meisten Top-Biotechnologiepartner. Bei Entwicklungskooperationen wird noch intensiver auf ausländische Partner zurück gegriffen; Biotechnologieunternehmen sind dabei ebenfalls die bevorzugten Partner. Akademische Partner, von denen eine wissenschaftliche Orientierung anzunehmen ist, sind fast ausschließlich unter den Pharmakooperationen zu finden.[93]

93 Hier ist allerdings ein Bias zu Ungunsten von Kooperationen mit akademischen Partnern zu vermuten, der für Deutschland und Japan gleichermaßen zutrifft. In der Realität sollte sich diese Schieflage zumindest in Deutschland seit Ende der 1990er Jahre auf Grund aktiver Wissenstransferanstrengungen von Seiten der MPG und Universitäten deutlich verbessert haben.

Tabelle 8-3 Verteilung der Partner von Forschungs- und Entwicklungskooperationen nach Herkunft und Art (kumuliert 1980-1998, Angaben in Prozent)

	Häufigkeiten			Ausland				Inland	
	Σ	Aus-land	In-land	Biotechnologie	davon Top- BT	Unter-neh-men	akade-misch	Unter-neh-men	akade-misch
Forschung									
Pharma-D	86	94,2	5,8	79,0	68,8	16,0	-	80,0	20,0
Pharma-J	64	84,4	15,6	70,1	57,9	26,0	3,7	90,0	10,0
Chemie-J	34	79,4	20,6	70,4	52,6	26,0	-	85,0	15,0
Ernährung-J	23	83,3	16,7	84,0	75,0	16,0	-	50,0	50,0
Entwicklung									
Pharma-D	179	95,0	5,0	85,3	69,6	10,0	1,8	66,0	16,6
Pharma-J	158	97,0	3,0	81,0	55,6	16,3	1,3	60,0	40,0
Chemie-J	39	87,2	12,8	85,3	72,4	14,7	-	100	-
Ernährung-J	34	97,0	3,0	81,8	59,3	15,2	-	100	-

Quelle: eigene Erhebung

Anmerkung: in den Spalten Ausland bzw. Inland werden nicht immer 100 % erzielt. Die Differenzen ergeben sich aus nicht klar zuzuweisenden Kooperationspartnern, die hier nicht aufgeführt sind.

Uni- bzw. Multiplexität von Kooperationsinhalten

Eine Kooperation kann, wie bereits ausgeführt, aus einem oder mehreren Inhalten bestehen und damit als uniplex bzw. multiplex charakterisiert werden. Folgt man der Logik Hagedoorns (vgl. Kapitel 5), ist im Zeitverlauf mit einer zunehmenden Komplexität zu rechnen: Es ist zum Einen zu erwarten, dass Kooperationen mit einem höheren Komplexitätsgrad zunehmen, wie z. B. Joint ventures, zum Anderen ist zu erwarten, dass die Anzahl multiplexer Kooperationen und/oder der Multiplexitätsgrad von Kooperationen zunimmt.

Abbildung 8-7 Entwicklung der Kooperationen nach Anzahl der Inhalte (Gesamtstichprobe)

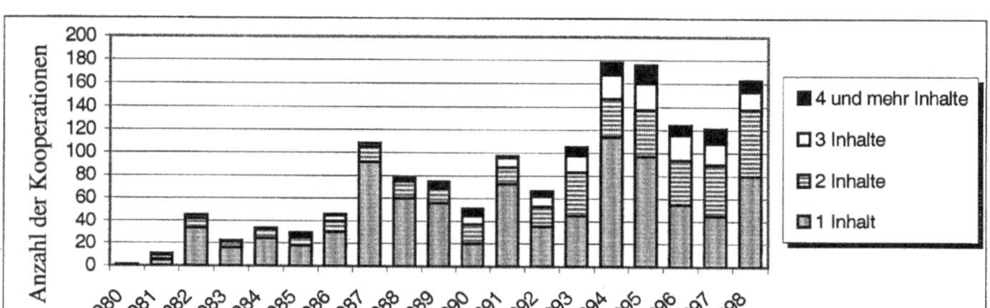

Quelle: eigene Erhebung

Betrachten wir zunächst die Multiplexität der Kooperationen. Aus Abbildung 8-7 ist ersichtlich, dass Kooperationen mit einem bzw. zwei Inhalten im betrachteten Zeitverlauf dominieren. Der Anteil von Kooperationen mit mehr als drei Inhalten hat aber in den 1990er Jahren deutlich zugenommen, wobei zwischen den Industrien und auch zwischen den Ländern größere Unterschiede festzustellen sind: Ein fast linearer Zuwachs ist z. B. in der deutschen Pharmaindustrie festzustellen, während in der japanischen Chemiebranche drei und mehr Inhalte eher selten vorzufinden sind (vgl. Anhang, Abbildungen A-8-1 bis A-8-4).

Abbildung 8-8 Entwicklung der komplexen Kooperationsinhalte im Vergleich zum Gesamtverlauf (1980-1998)

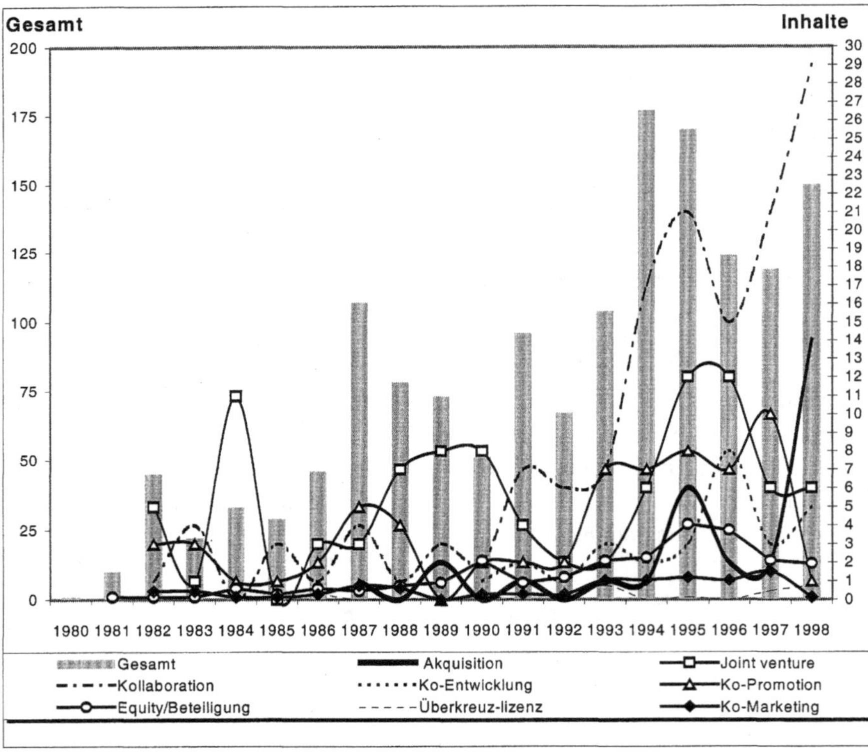

Quelle: eigene Erhebung

Hinsichtlich der im Zeitverlauf zunehmenden Kooperationen mit einem höheren Komplexitätsgrad, also Inhalten wie gemeinsame Entwicklung und Joint ventures bis hin zu Akquisitionen, lässt sich eine relativ verhaltene 'Nachfrage' nach wechselseitigen Lizenzen feststellen (vgl. Abbildung 8-8). Tendenziell zunehmend sind dagegen der gemeinsame Verkauf und gemeinsame Entwicklung. Die rasantesten

Zunahmen sind jedoch bei den ungerichteten (privat initiierten) Kollaborationen und den Akquisitionen festzustellen.

Eine interessante Kooperationsform ist die Kollaboration: Insgesamt 146 Fälle weisen privat initiierte Kollaborationen auf. Fast 40 % dieser Fälle weisen wiederum zwei Inhalte, 21 % weisen drei und 16 % mehr als vier Inhalte auf. Die multiplexen Kooperationen treten verstärkt in den 1990 Jahren auf; nur 12 % wurden bereits in den 1980er Jahren eingegangen. Die Kollaborationen der 1980er Jahre unterscheiden sich wiederum deutlich von denen der 1990er Jahre. Waren sie in den 1980er Jahren häufig alleiniger Inhalt oder in wenigen Fällen begleitet von Marketing-Vereinbarungen, ist ihr Charakter in den 1990er Jahren ein anderer: Kollaborationen umfassen ein Bündel von Inhalten, das von der 'einfachen' anwendungsorientierten Forschung und Entwicklung über Marketing, Vertrieb und sonstige Prozessstufen sehr oft von einer finanziellen Beteiligung begleitet wird. Als Inhalte dominieren Lizenzen (38 %) und Entwicklung (36 %) vor finanziellen Beteiligungen (18 %). Diese Kooperationsform ermöglicht einem Unternehmen, unterschiedliche Kompetenzen mit einem Partner komplementär einzusetzen. Sie kommt vor allem in der Pharmaindustrie vor. Überraschenderweise erfolgt diese Form der Bindung jedoch nicht erst, wenn bereits Kooperationserfahrungen mit den Partnern vorliegen. Diese hinsichtlich eigener Erfahrungen 'blind' eingegangenen Kooperationen sind allerdings in mehrerer Hinsicht abgesichert: i.d.R. sind sie von vornherein auf einen Zeitraum von ca. fünf Jahren beschränkt und die finanzielle Beteiligung steigt mit dem Erfolg, der nach definierten Zeitabständen zu erzielen ist. Bei Erfolg werden meist weitere Prämien bzw. finanzielle Beteiligungen und Ausdehnungen der Kooperation in Aussicht gestellt (*milestone payment*). Diese Kooperationsform scheint nicht erfolglos zu sein: immerhin sind fünf deutsche, ein japanisches Pharma- und drei Ernährungsunternehmen weitere Kooperationen mit Partnern eingegangen, nachdem sie mit ihnen als erstes eine komplexe Kollaboration eingingen.

Die vor allem in der Pharmaindustrie noch zu erwartende Zunahme dieser Kooperationsform widerspricht der theoretisch vermuteten zeitlichen Abfolge komplexer Kooperationen. Als Erklärung können zwei Aspekte dienen: zum Einen kann die insgesamt vorliegende Erfahrung eines kooperierenden Unternehmens zur Entscheidung beitragen, durchaus komplexe Kooperationen mit neuen Kooperationspartnern einzugehen, zum Anderen - und diese Erklärung mag bisweilen dominieren – können es schlicht technologische Erfordernisse notwendig machen, eine komplexe Kooperation einzugehen, die keinerlei zeitliche Testphase erlaubt. Letzteres hat sicherlich für Unternehmen, deren Basis deutlich wissensintensiv ist, einen höheren Erklärungswert.

8.3 Ausdehnung und Dichte der Netze

Die Netzwerkstruktur als Summe unterschiedlicher Kooperationsbeziehungen lässt sich in der Biotechnologie in den analysierten Industrien sowohl für die japanischen als auch für die deutschen Unternehmen unbestritten feststellen. Allerdings ist die Reichweite, Größe und Dichte der Netze aus Sicht der jeweiligen Industrie durchaus unterschiedlich.

Betrachten wir zunächst die Ausdehnung der verschiedenen Netze. In Abbildung 8-9 sind die kooperierenden Unternehmen und die ausländischen Biotechpartner aufgeführt, die jährlich neu hinzukommen. Die Ausdehnung der Netze hängt letztendlich von mehreren Faktoren ab: Zunächst von der Anzahl und der Kooperationsneigung der Unternehmen, die im Verlauf t_{1-n} Kooperationen eingehen, und von der Anzahl der potenziellen Kooperationspartner. Im Zeitverlauf nimmt der Pool der etablierten Unternehmen, die in das Biotechnologienetz eintreten, insgesamt unterproportional zum Pool der Kooperationspartner zu. In den japanischen Industrien sind bereits Anfang der 1980er Jahre mehr Unternehmen in das Netz eingetreten, allerdings haben sie mit relativ wenigen Biotechpartnern kooperiert, was durch die niedrigen Zuwachsraten der Partner gezeigt werden kann.

Abbildung 8-9 Ausdehnung der Netze: Bestand und Anzahl neuer Unternehmen und neuer Biotechnologiepartner nach Jahr

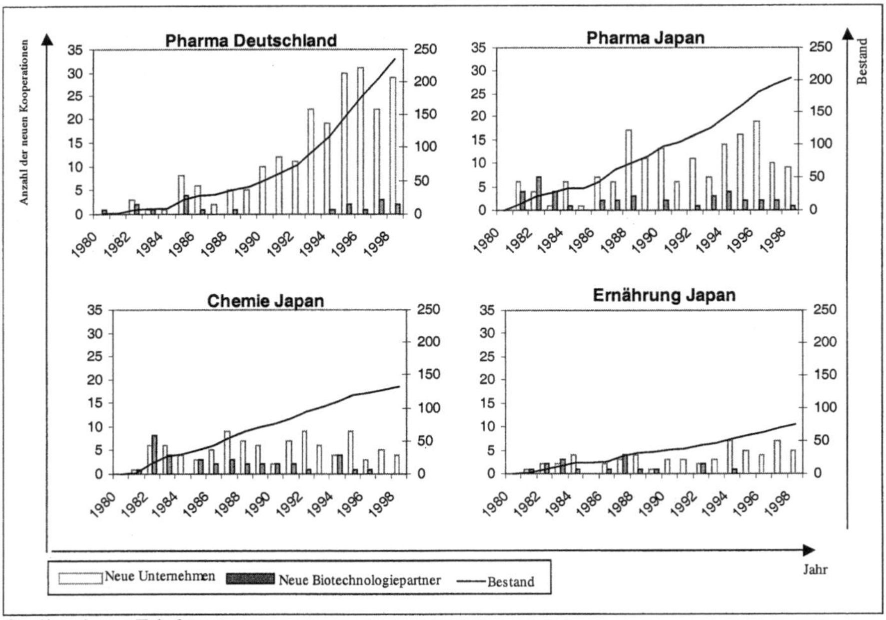

Quelle: eigene Erhebung

In der japanischen und deutschen Pharmaindustrie lassen sich noch weitere Muster unterscheiden. Japanische Unternehmen sind bereits Anfang der 1980er Jahre Kooperationen eingegangen, allerdings blieb die Anzahl der Partner pro Unternehmen gering. Eine vergleichsweise deutliche Zurückhaltung lässt sich dagegen für die deutschen Pharmaunternehmen feststellen. Nur vereinzelt haben Unternehmen in den 1980er Jahren Kooperationen geformt. Allerdings stieg in der deutschen Industrie die Anzahl der Partner massiver, so dass 1996 die Anzahl der Netzteilnehmer im deutschen Netz, die des japanischen Pharmanetzes übertraf (vgl. Abbildung 8-10).

Abbildung 8-10 Zuwächse der Netze (1980-1998)

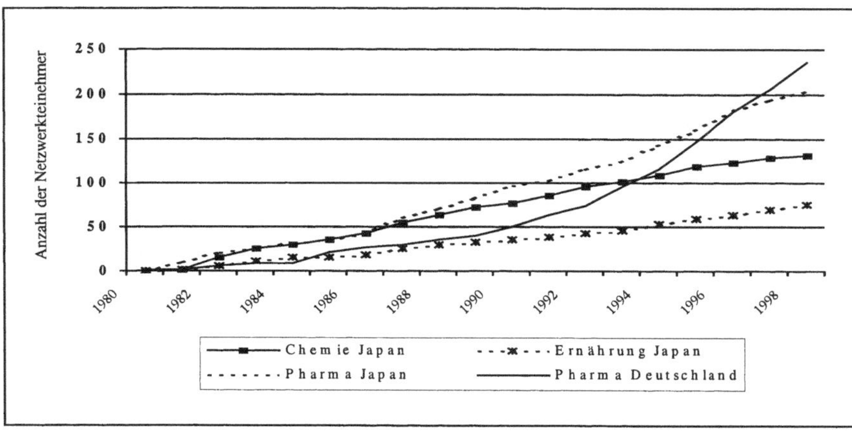

Quelle: eigene Erhebung

Für das Volumen eines Biotechnologienetzes ist aber nicht nur die Anzahl der Teilnehmer insgesamt wichtig, sondern auch die Wachstumsraten der Unternehmen bzw. Partner. Nicht gänzlich überraschend, dominiert hierbei eindeutig das japanische Pharmanetz (vgl. Abbildung 8-11). Die Ausdehnung der Netze geht also vor allem auf die beteiligten Unternehmen, und deutlich weniger auf die beteiligten, kooperierenden Biotechnologieunternehmen zurück.

Abbildung 8-11 Ausdehnung der Netze

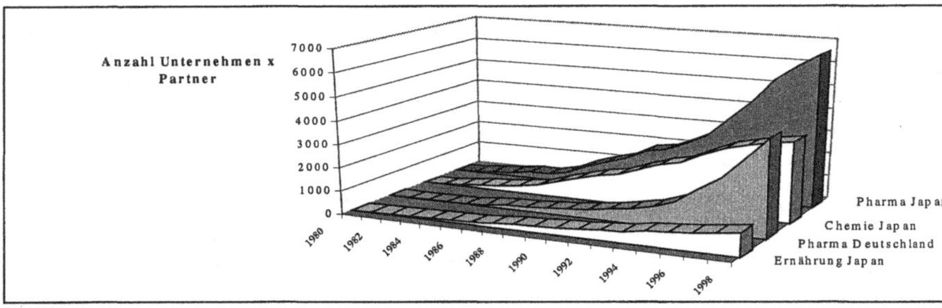

Quelle: eigene Erhebung

Bisher wurden ausschließlich die privat initiierten Kooperationen berücksichtigt - welchen Einfluss haben die staatlich initiierten Kontakte? Immerhin könnten aus den dort geknüpften Kontakten entweder enge Beziehungen werden, oder die kooperierenden Unternehmen könnten jeweils als Brücke zu anderen Unternehmen fungieren. Der Einfluss der staatlich initiierten Kontakte, der in dieser Untersuchung nur bei japanischen Unternehmen ausreichende Fallzahlen erreichte, ist allerdings denkbar gering. Von den 24 Unternehmen, die in einem oder mehreren dieser Konsortien teilgenommen haben und das auch öfters mit den gleichen Partnern, haben nur zwei Unternehmen ihre direkte Kooperation privat weiter intensiviert. Die ungerichteten Netze im Gesamtnetz haben für eine kontinuierliche Ausdehnung der Gesamtstruktur keine direkten Auswirkungen. Die staatlich initiierten Kooperationen haben jedoch in Abhängigkeit ihrer Teilnehmersumme einen größeren Einfluss auf die Anzahl der inter- und intra-industriellen Kooperationen.

Die Anzahl der möglichen Verbindungen zwischen Unternehmen und Biotechpartnern pro Jahr ist in allen Industrien wachsend. Gegenüber dieser möglichen Ausdehnung lässt sich ein Dichtemaß entgegenhalten, das die tatsächliche Nutzung der möglichen Verbindungen abschätzt. Ein niedriger Wert signalisiert dabei eine enge Beziehung zu wenigen Partnern und ein hohes Maß viele, weniger enge Beziehungen. Wie aus Abbildung 8-12 ersichtlich, weisen die drei japanischen Industrien relativ geringe Dichtemaße auf, wobei im Zeitverlauf durchaus eine quantitative Ausdehnung der Partner stattgefunden hat. Diese Diskrepanz zwischen der Ausdehnung der Netze und der Dichtemaße legt eine genauere Analyse der Art der Vernetzung nahe.

Abbildung 8-12 Dichtemaße der Netze

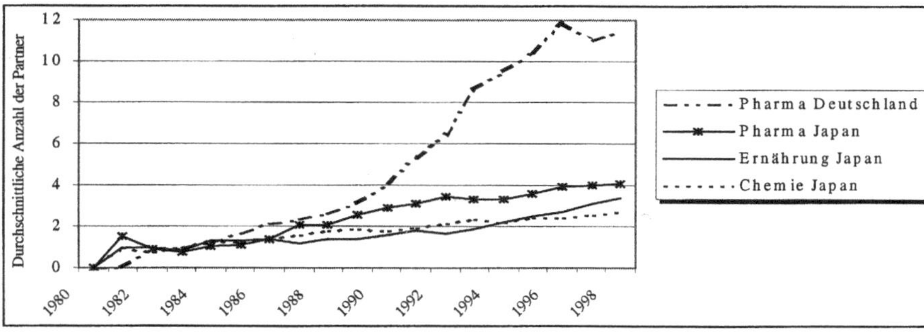

Quelle: eigene Erhebung

8.4 Vernetzungsmuster

Da als Ausgangspunkt bestimmte Unternehmen einer Branche gewählt wurden, liegt es nahe, dass diese im Zeitverlauf ein Netz von Partnern aufbauen, von denen sie, wie bereits beschrieben, unterschiedliche Leistungen akquirieren. In der Netzwerktheorie wird den indirekten Verbindungen eine hohe Aufmerksamkeit zugemessen, da durch sie neue Resssourcenpools mit einem geringeren Aufwand als durch direkte Verbindungen eröffnet werden. Dabei lässt sich z. B. untersuchen, über wie viele Verbindungen ein Unternehmen x das Unternehmen y erreicht, und das dortige Wissen 'anzapfen' kann. Wir wollen hier allerdings den Fragen nachgehen, auf wie viele Partner exklusiv zurückgegriffen werden kann, ob andere Unternehmen oder deren Partner Kooperationsziele sind und schließlich, in welchem Ausmaß die Kooperationspartner Treffpunkt mehrerer Unternehmen sind.

Betrachten wir uns die Vernetzungsmuster in den vier untersuchten Industrien, unterscheiden sie sich vor allem in der Art der Vernetzung. Am zeitlichen Endpunkt der Untersuchung 1998, lassen sich die Merkmale feststellen, die in Tabelle 8-4 zusammengefasst sind.

Da viele Unternehmen mehrfach verflochten sind, wurden in den Spalten drei bis sechs zwei Dichtemaße ermittelt. Die erste Zahl gibt die durchschnittliche Prozentzahl der kooperierenden Unternehmen wider, die über diese direkte, bzw. über Satelliten erfolgende Verbindungsform verfügen. Da damit aber keinerlei Gewichtung integriert ist, bezeichnet die zweite Zahl, in Klammern, die absolute Häufigkeit dieser Verbindungsart, anteilig von der Gesamtsumme der kooperierenden Unternehmen.

Tabelle 8-4 Verbindungsmuster in den Netzen (kumuliert, Stand 1998)

Branche/ Land	Exklusive Satelliten	Verbindungen Zentrum/Zentrum				Verbindungen (in %)	
		direkt	2	3	4	Innen	Außen
Pharma, D	92,8 (18,0)	46,6 (0,73)	80,0 (5,6)	53,3 (2,0)	40,0 (0,53)	65,7	34,3
Pharma, J	76,3 (4,4)	57,9 (2,13)	63,1 (2,97)	39,5 (0,84)	57,9 (1,26)	38,0	62,0
Chemie, J	84,4 (4,0)	21,8 (0,38)	46,8 (1,88)	15,6 (0,19)	56,3 (2,43)	45,3	54,7
Ernährung, J	93,3 (6,9)	12,5 (0,13)	60,0 (1,66)	18,8 (0,37)	25,0 (0,25)	74,6	25,4

Quelle: eigene Erhebung

Ein erster Unterschied besteht in der Exklusivität von Partnern, die als Satelliten ohne weitere Unternehmensverbindungen gekennzeichnet sind. Exklusive Partner vermitteln Wissen, auf das Konkurrenten keinen Zugang haben. Die Exklusivität ist insgesamt zwar abnehmend – was der Verlauf der Vernetzung verdeutlicht –, dennoch kann Exklusivität einen strategischen Vorteil mit sich bringen. Doch nicht jedes Unternehmen verfügt 1998 über exklusive Partner. In der japanischen Pharmaindustrie verfügen 76,3 % der Unternehmen überdurchschnittlich 4,4 exklusive Partner (vgl. Tabelle 8-4, Spalte zwei). Damit erzielt sie den niedrigsten Wert der untersuchten Industrien. Mit rund 93 % verfügen fast alle deutschen Pharmaunternehmen über exklusive Partner; mit durchschnittlich achtzehn exklusiven Partnern dominiert diese Industrie im Vergleich zu den anderen. Eine Ausnahme mit über 70 exklusiven Partnern ist dabei HMR. Diese hohe Zahl ergibt sich vor allem durch die durchgeführten Fusionen, denn einige der Partner gehen auf Roussel und Marion Merrell Dow zurück. Selbst wenn man HMR unberücksichtigt ließe, wird der Durchschnitt dadurch nur gering gesenkt.

In den japanischen Branchen verfügen die Unternehmen dagegen durchschnittlich nur über vier bis sieben exklusive Partner, wobei die japanische Ernährungsindustrie mit durchschnittlich 6,9 die höchste Anzahl verweisen kann. In der deutschen Pharmaindustrie und der japanischen Ernährungsindustrie weisen über 90 % der Unternehmen auch mit die höchste Anzahl exklusiver Partner auf.

Eine zweite Art der Vernetzung stellt die direkte Verbindung zwischen zwei Unternehmen dar. Bei dieser Form dominieren die Pharmaindustrien. Immerhin gut 47 % der deutschen Unternehmen ist direkt miteinander vernetzt, allerdings bestehen durchschnittlich nur 0,73 Verbindungen pro Unternehmen (vgl. Tabelle 8-4, Spalte drei). Das heißt, hier besteht keine flächendeckende Vernetzung. In der japanischen Pharmaindustrie liegt die Rate mit 58 % und einem durchschnittlichen Wert von 2,13 direkten Verbindungen dagegen deutlich höher. Geringer ist dieser Grad in der japanischen Chemie- und Ernährungsindustrie mit 22 % bzw. 13 %, sowie durchschnittlich 0,38 bzw. 0,13 direkten Verbindungen. Dieses Ergebnis spiegelt in gewisser Weise nationale Unterschiede wider; immerhin ist Japan für eine ausgeprägte Unternehmensverflechtung bekannt. Doch auch innerhalb Japans zeigen sich Unterschiede, die zwischen der japanischen Pharma- und Ernährungsindustrie am auffallendsten sind. Während ein Großteil der Pharmaunternehmen über direkte Verbindungen verfügt, ist die direkte Vernetzung zwischen Unternehmen der Ernährungsindustrie eher gering. Auch im Durchschnitt erreichen die Pharmaunternehmen die höchste Vernetzungsrate, die Ernährungsbranche dagegen die niedrigste.

Als zweites trägt die Analyse gemeinsamer Satelliten bzw. Partner zur Differenzierung der Industrien bei. Unterschieden wurde dabei zwischen Satelliten die zwei, drei oder vier Unternehmen verbinden (vgl. Tabelle 8-4, Spalten vier bis sechs). Die höchsten Raten der Verbindungsform zweier Unternehmen über einen Satelliten erreichen die deutschen Pharmaunternehmen mit 80 %. Im Durchschnitt werden 5,6 Partner mit anderen Unternehmen geteilt, wobei sich Unternehmen x und Unternehmen y durchaus mehrere Partner teilen können. Etwas niedriger liegt die japanische Pharmaindustrie. Immerhin 63 % der Unternehmen weisen diese Verbindungsform auf, wobei ein Unternehmen durchschnittlich über 2,9 gemeinsame Verbindungen verfügt. Etwas differenziert verhält sich die Ernährungsindustrie, in der zwar auch fast 63 % über diese Verbindungsform verfügen, die Unternehmen allerdings nur durchschnittlich 1,6 Verbindungen aufweisen. Während die Form der Verbindung von drei Unternehmen in allen Industrien abnimmt, besitzt die Form der Verbindung von vier Unternehmen zumindest in den japanischen Industrien ein höheres Gewicht. Insbesondere in der Chemieindustrie ist diese Form weit verbreitet; ihr verdankt sie rund 50 % ihrer nicht-exklusiven Verbindungen.

Schließlich ist noch auf ein Merkmal hinzuweisen, das die Industrien deutlich unterscheidet: Anhand der prozentualen Verteilung der absoluten Verbindungen zwischen exklusiven Verbindungen (innen) und Verbindungen, die zu anderen Unternehmen oder gemeinsamen Partnern führen (außen), weisen die japanischen Pharma- und Chemieindustrien einen deutlichen Hang zur Außenbindung auf, während die deutsche Pharmaindustrie und die japanische Ernährungsindustrie deutlich stärker auf unternehmenseigene Netze bauen (vgl. Tabelle 8-4, Spalte sieben). Der Hang zur Außenbindung ist allerdings zu differenzieren zwischen direkten Unternehmensverbindungen und der gemeinsamen Nutzung von Ressourcen, i.d.R. in Form von Biotechnologieunternehmen. Unterschieden werden kann dabei eine tendenzielle Machtverschiebung zu Gunsten der Intermediäre: wenn sich viele Unternehmen bei einem Intermediär treffen, ist die Wahrscheinlichkeit hoch, dass es sich um sehr wichtige Informationen und Wissensteile handelt, die dieser Intermediär offeriert, andererseits dient er als Brücke zwischen den Unternehmen, wenn diese keine eigenen direkten Verbindungen haben. Dies trifft am häufigsten auf die japanischen Ernährungsunternehmen zu, die nur durch relativ wenige Intermediäre miteinander verbunden werden. In der deutschen Pharmaindustrie weist zwar fast die Hälfte der Unternehmen direkte Verbindungen auf, deutlich häufiger treffen sich aber zwei Unternehmen bei einem Intermediär. In der japanischen Chemieindustrie dominieren die Intermediäre – allerdings sind dies nicht Biotechnologieunternehmen sondern in- und ausländische Pharma- und Chemieunternehmen. Gerade letzteres lässt darauf schließen, dass die Vernetzung in der Chemieindustrie auf alten Kontakten fußt, die für den Zweck eines biotechnologischen Netzes weitergeführt werden. Neue Netzwerkpartner, i.S.v. neuen Biotechnologieunternehmen, finden sich dort dagegen weder als Intermediäre noch als Wissensgeber in einem auffallenden Maße.

Patente, Publikationen, Kooperationen

Betrachten wir uns zum Abschluss die Profile der zehn größten Unternehmen, in dem ihre biotechnologischen Publikations- und Patentanteile, sowie ihre Kooperationen abgetragen werden.

Die ausgewogensten Verhältnisse zwischen wissenschaftlichem Output - Publikationen – und technischem Output – Patente – weisen die untersuchten Unternehmen der japanischen Ernährungs- und der japanische Pharmaindustrie auf (vgl. Abbildung 8-13). Allerdings besteht auf Industrieebene zwischen den beiden eine Größendifferenz auf Grund industriespezifischer Anwendungspotenziale: Die Ernährungsunternehmen sind aktiver im Patentieren und Publizieren, obgleich ihre F&E-Ausgaben deutlich unter denen der Pharmaindustrie liegen (vgl. Kapitel 7.3), allerdings können in diesem Bereich auch deutlich mehr Patente auf Prozesse und Produkte angemeldet werden als in der Pharmaindustrie.

Abbildung 8-13 Patent-, Publikations- und Kooperationsprofile nach Land und Industrie (kumuliert, 1980-1997)

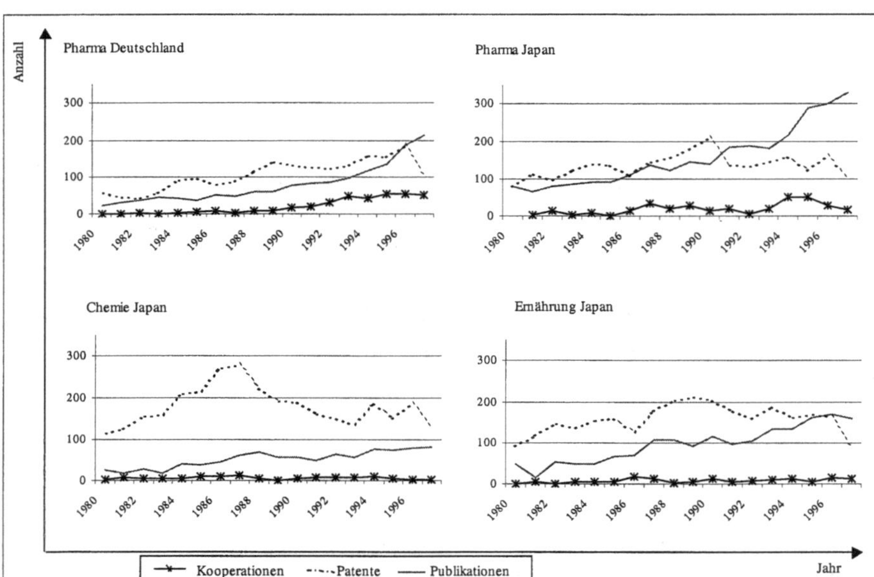

Quelle: eigene Erhebung

Hinsichtlich des Kooperationsverhaltens bestehen zwischen den Industrien und Ländern größere Unterschiede; während zumindest in den beiden Pharmaindustrien ein Großteil der Unternehmen viele Kooperationen einging, liegen die entsprechenden Zahlen in der Ernährungs- und in der Chemieindustrie deutlich niedriger. Die höheren Werte in der Pharmaindustrie lassen sich vor allem von technologieimmanenten Anforderungen ableiten, die im Einzelnen in Kapitel 4.3 aufgeführt wurden. Der Grad der Spezialisierung und eine daraus resultierende, notwendige Vernetzung ist in der Pharmaindustrie deutlich höher als in anderen möglichen Anwenderindustrien.

Nationale Spezifika lassen sich vor allem am Grad der Internationalisierungsstrategien der Unternehmen feststellen: während die japanische Pharmaindustrie lange Zeit eine Strategie der Binnenorientierung vollzog, die durch nationale Rahmenbedingungen nicht in eine andere Richtung gedrängt wurde, ist die internationale Präsenz der großen deutschen Pharmaunternehmen keine neue Situation. Dementsprechend finden F&E-Aktivitäten im internationalen Rahmen statt. Die Intensität dieser Interaktionen, die vor allem ausländische Biotechnologieunternehmen involviert, unterscheidet sich wiederum stark von den Strategien der japanischen Pharmaindustrie, die sich nur schwerlich von institutionellen Rahmenbedingungen lösen kann. Während die deutsche Industrie insgesamt in den 1980er Jahren abwartend bis verhalten reagierte, hat die japanische Industrie bereits Anfang der 1980er Jahre biotechnologisch relevante Patente, aber auch Publikationen hervorgebracht und ist bis 1985 mehr als doppelt so viele Kooperationen eingegangen. Erst seit Anfang der 1990er Jahre verfolgt die deutsche Pharmaindustrie verstärkt die Kooperationsstrategie, die seit Mitte der 1990er Jahre mit einer deutlichen Zunahme der Publikationen korrespondiert.

Tabelle 8-5 Zusammenhang von Kooperationen mit Publikations- bzw. Patentaktivitäten

	Publikationen		**Patente**	
	Pearson	Signifikanz (2-seitig)	Pearson	Signifikanz (2-seitig)
Pharma-D	,937**	,000	,745**	,002
Pharma-J	,508*	,031	,233	,369
Chemie-J	,084	,750	,613**	,009
Ernährung-J	,473*	,048	,015	,952

* signifikant auf Niveau von 0.05
** signifikant auf Niveau von 0.01

Ein statistisch signifikanter Einfluss von Kooperationen auf Patent- und Publikationsaktivitäten wird nur in der deutschen Pharmaindustrie und der japanischen Chemieindustrie ausgeübt (vgl. Tabelle 8-5). Auf die Aktivitäten der deutschen Pharmaindustrie haben sich die Kooperationen deutlich positiv ausgewirkt wie auch auf die Patentaktivitäten der Chemieindustrie. Nicht unerheblich, aber statistisch deutlich weniger signifikant haben sich dagegen die Kooperationen auf die Publikationsaktivitäten der japanischen Pharma- und Ernährungsindustrien ausgewirkt.

Die Verläufe zwischen den Industrien sind jedoch äußerst heterogen und diese Heterogenität setzt sich inter-industriell fort (vgl. Abbildung 8-14).

Abbildung 8-14 Biotechnologisch relevante Patent-, Publikations- und Kooperationsaktivitäten der deutschen Pharmaindustrie (1980-1998)

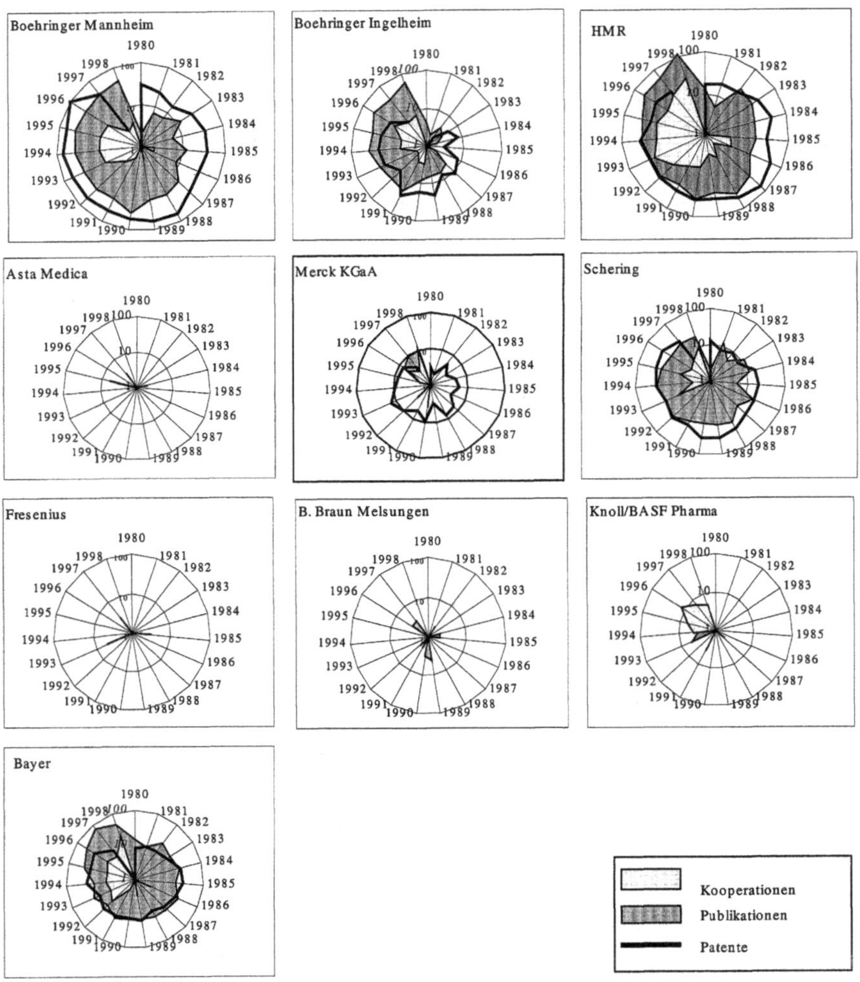

Quelle: SCI, WPI, eigene Erhebung

Für die deutsche Pharmaindustrie gilt, dass es in der Tat nur eine Hand voll dominanter Akteure gibt: bei HMR, Boeringer Ingelheim, Boehringer Mannheim und Schering, Bayer, sowie mit einigem Abstand Merck lassen sich bereits Anfang der

1980er Jahre biotechnologisch relevante Patente feststellen, die quantitativ über den Publikationsaktivitäten liegen. Kooperationen folgen erst Mitte der 1980er Jahre, allerdings stetig zunehmend. Im Zuge dieser Kooperationen nehmen auch die Publikationsaktivitäten deutlich zu, so dass für die aufgeführten Unternehmen gegen Ende der 1990er Jahre diese Aktivitäten quantitativ dominieren.

8.5 Einflussgrößen: Nationale Innovationssysteme oder technologische Imperative?

Welche Aussagen lassen sich nun auf Grund der gemachten Befunde machen? Welche Rolle spielen Nationale Innovationssysteme? Oder lassen sich die Ergebnisse eher auf technologische Imperative zurückführen?

Rekapitulieren wir die Argumente, die auf den Einfluss eines NIS hinweisen. Auf der industriellen Ebene ist zunächst eine Verflechtungsneigung auf Seiten der japanischen Unternehmen zu nennen, die sich seit der Modernisierung des Landes etabliert hat. In Japan wird der Einfluss eines NIS vor allem durch die staatliche einflussnahme deutlich. Regulation zur Exportförderung, Importbarrieren und andere förderliche Politiken haben in Japan zur Dominanz bestimmter Industrien geführt und ein technologisches Profil hervorgerufen, das jedoch auf die breite Anwendung der modernen Biotechnologie nur bedingt eingestellt ist. Förderlich für Anwendungen im Ernährungssektor ist allerdings die breite Kenntnis der traditionellen Biotechnologie, die sich auf Grund geographischer Bedingungen entwickelt hat. Im Vergleich der Branchen Pharma, Chemie und Ernährung verfügt schließlich letztere über einen höheren Konzentrationsgrad. Auch auf der deutschen Seite ist ein gewachsenes technologisches Profil zu nennen, in dem über lange Zeit die Chemie- und Pharmaindustrien gegenüber dem Weltdurchschnitt Stärken aufwiesen. Der Ernährungssektor ist dagegen nur unterproportional ausgeprägt. Auf beiden Seiten haben nationale Spezifika vor allem Unterschiede hinsichtlich der Industriestruktur geprägt. Der Komplex des Wissenschaftssystems ist mehr oder weniger den Anforderungen des industriellen Systems nachempfunden. Deutlich wird dies an der Neigung, die angewandten Ingenieursfächer gegenüber grundlagenorientierten Naturwissenschaften zu fördern; allerdings ist das Ausmaß in beiden Ländern unterschiedlich. Trotz der vielen strukturellen Ähnlichkeiten scheint aber für die Rolle eines NIS zu sprechen, dass bestimmte Ausprägungen für oder gegen biotechnologische Anwendungen möglich sind. Das wird offensichtlich an der Intensität, mit der der japanische Ernährungssektor biotechnologische Anwendungen fördert und dagegen völlig konträr, das Desinteresse der deutschen Branche. Sicherlich spielen kulturelle Fragen gerade im Nahrungsmittelbereich eine große Rolle, aber diese sind kaum wertfrei zu behandeln.

Die Bereitschaft biotechnologischer Anwendungen lässt sich jedoch auf der anderen Seite durch technologieimmanente Faktoren erklären, die bestimmte Strategien auf Industrieebene fördern oder hemmen. In der Untersuchung zeigten die Unternehmen der drei untersuchten Branchen unterschiedliche Muster vor allem in den Fragestellungen wo und welches Wissen sie akquirieren. Dabei wird ersichtlich, dass sie zum Teil unabhängig von der nationalen Wissensbasis agieren und durchaus unterschiedliche Kompetenzen erwerben. Daraus lässt sich nicht nur folgern, dass unterschiedliche Anwendungspotenziale eine Rolle spielen, sondern auch, dass unterschiedliches Wissen – von der Grundlagenforschung bis hin zum Marketing - notwendig ist. In einem Ranking der wissenschaftlichen Basis der angewandten Bio*techniken* rangiert die Pharmaindustrie an erster Stelle. Doch neben anwendungsorientierter F&E in Form von Lizenzen und der Anwendung existierender Methoden, besteht ebenso eine Nachfrage nach grundlagenorientierter Forschung, die zu neuen Methoden und Techniken führt. Es ist für ein international bedeutendes Pharmaunternehmen bei der Vielzahl von Methoden und Techniken zum Teil gar nicht mehr möglich, nur lokale Partner zu nutzen. Das molekularbiologische Paradigma ist zu komplex, um nicht fraktal in verschiedenen Einrichtungen und in verschiedenen Ländern erforscht zu werden. Für die Pharmaunternehmen, die finanziell dazu in der Lage sind oder die bestimmte Kompetenzen anbieten können, sind daher internationale Kooperationen mit den führenden Wissensgebern sinnvoll.

In der Chemieindustrie werden dagegen weitaus weniger sophistizierte Methoden benötigt. Für Anwendungen in dieser Industrie bestehen allerdings mehrere Hemmnisse: Erstens tun sich die Chemiker schwer mit molekularbiologischen Erkenntnissen und Erklärungen, so dass neue Methoden nur sehr langsam Einzug in die Chemie haben. Zweitens ist es deutlich schwieriger, Prozesse in großen Mengen zu kontrollieren und zu beeinflussen; im Gegenteil zur Pharmabranche wird aber in der Chemie fast alles in großen Mengen produziert. Zwar sind weniger grundlagenorientierte Methoden in der Chemie von Nöten, technische Schwierigkeiten haben bisher aber nicht viele Anwendungen erlaubt. Für die biotechnologische nationale wie internationale Wissensbasis bedeutet dies, dass sie deutlich weniger zentral ist - die nur wenigen deutschen und japanischen biotechnologischen Kooperationen im In- und Ausland sind dafür ein Beispiel.

Die Ernährungsindustrie benötigt auf Grund einer eher geringen notwendigen Wissensbasis nur wenig sophistizierte Techniken, bietet aber sehr weit reichende Anwendungspotenziale. Im Unterschied zur Chemieindustrie bestehen auch keine wesentlichen technischen Anwendungsschwierigkeiten. Warum interessieren sich aber deutsche Unternehmen dieser Industrie vordergründig nicht für die neue Technologie? Das NIS mit seinen gewachsenen Strukturen der Nahrungsmittelgewinnung und des Verbrauchs, die Internationalisierung in dieser Branche sowie der gemeinsame europäische Markt lassen eine Verknappung oder Teuerung von Nahrungsmitteln nicht erwarten. Das mag auch mit ein Grund dafür sein, dass europäische Konsumenten nicht nur Chancen, sondern vor allem auch Risiken mit biotechnologisch veränderten Nahrungsmitteln verbinden. In Japan herrscht dagegen eine absolute Importabhängigkeit, so dass es aus politischer Sicht sinnvoll erscheint, technische Möglichkeiten zur Erbringung höherer Erträge zu nutzen. Doch auch aus Sicht der Unternehmen spricht ein höherer Mehrwert für die Anwendung biotechnologischer Methoden, in die sie Dank ihres bestehenden Wissens nur relativ wenig investieren müssen.

Es lässt sich also der Einfluss eines NIS in der Weise feststellen, dass bestimmte Industrien technologischen Entwicklungspfaden folgen und komparative Wettbewerbsvorteile nutzen. Beste Beispiele sind die genutzten Vorteile der deutschen Pharma- sowie der japanischen Ernährungsindustrie.. Technologieimmanente Faktoren können aber den Einfluss eines NIS überlagern. Das wird wiederum in den Pharmaindustrien deutlich, die ihren 'Chemie-lastigen' Entwicklungspfad zu Gunsten der Molekularbiologie und hin zur Biotechnologie aufgegeben haben. Das Verlassen des alten Pfades findet auch dann statt, wenn das NIS nicht die erforderlichen Rahmenbedingungen bietet. Stattdessen werden internationale Kooperationen gesucht, die das wissenschaftliche Manko im eigenen System zu kompensieren helfen.

Ein Ende des internationalen Wissenstransfers ist nicht zu erwarten; auf Grund weiterer Querschnittstechnologien und wissensbasierter Technologien ist eher mit einem Anstieg zu rechnen. Vorausgesetzt, dass sich die Transfermechanismen verbessern bedeutet dies für ein NIS nicht nur Risiken des Verlusts staatlicher Einflussnahme, sondern auch die Chance, sehr viel mehr und schneller internationales Wissen zu absorbieren und den Unternehmen zur Verfügung zu stellen. Hier hat Deutschland entscheidendes Terrain gut gemacht; Unternehmen gehen unter Beibehaltung ihrer internationalen Kooperationen zunehmend Kooperationen mit inländischen Forschungseinrichtungen und startups ein.[94] In Japan ist dieser Trend dagegen noch nicht auszumachen. In Japan bestehen zwar eine Reihe ausgeprägter Kooperationsmuster mit nationalen Einrichtungen, die sich zum Teil aus der lange währenden Abgeschiedenheit Japans und daraus evolvierenden institutionellen

94 Zu nennen sind beispielsweise Kooperationen aus dem Jahr 1997 zwischen Schering / Uni Hamburg im Bereich Hormon- und Fortpflanzungsforschung; Schering, Novartis, Boehringer Mannheim, Asta Medica / Teilfinanzierung der Tumorklinik Freiburg; Schering / FU-Berlin, Humboldt-Universität Berlin, MDC, Forschungsinstitut für molekulare Pharmakologie, Institut für Pflanzengenetik und Kulturpflanzenforschung, Zusammenarbeit im SFB 366; 1999: Bayer / Morphosys, Forschungs- und Lizenzvereinbarung, 2000: BASF / Uni Freiburg, Kooperation im Bereich Functional Food.

Mustern erklären lassen. Allerdings lässt sich auch für die japanischen Einrichtungen eine zunehmende Internationalisierung feststellen.

Bestätigen lässt sich die sich ausbreitende Form der Netzwerkstruktur als dominates Muster, wobei sie sich vor allem in den Industrien ausprägt, in denen eine Reihe von Anwendungspotenzialen bzw. Wissenszuwächse erwartet werden.

9 Zusammenfassung und kritische Würdigung

In der Innovationsforschung existiert eine Reihe unterschiedlicher Erklärungsansätze, die durch ein wichtiges gemeinsames Merkmal charakterisiert werden können: Dynamik. Theoretische Arbeiten haben daher einen eher vorläufigen Charakter und werden durch empirische Arbeiten immer wieder ergänzt. Diese Arbeit gliedert sich in dieses Schema ein; es wurde dabei versucht, einen Beitrag zum Verständnis von Institutionen im Innovationsprozess zu leisten. Die empirische Umsetzung erfolgte anhand der Darstellung der nationalen biotechnologischen Innovationssysteme in Japan und Deutschland und anhand einer empirischen Untersuchung von Wissensflüssen in Form einer Netzwerkanalyse. Die Motivation dieser Aufgabenstellung erfolgte aus der unzureichenden Präzisierung der Funktion und Wirkung von Institutionen im Innovationsprozess, die zwar implizit anerkannt ist, explizit jedoch nur unzureichend untersucht ist.

Aus diesem Grunde wurde zunächst eine Begriffsbestimmung durchgeführt, die vor allem sozialwissenschaftliche Ansätze zu Aufbau, Funktion und Wirkung von Institutionen heranzog, ohne speziell einzelne Institutionen zu definieren. Ersichtlich wird durch eine allgemein gehaltene Erklärung, dass Institutionen in ihrer Entstehung und Wirkung zeit- und raumabhängig sind. Grundsätzlich ist ihnen zwar der Sinn gebende Zweck bzw. der Sicherheit gebende Gestaltungsspielraum gemein, aber eine einzelne Institution ist nicht universell: sie ist weder weltweit exakt gleich gestaltet noch gleich wirkend. Dies gilt für die Ausgestaltung und Verfahrensregeln einzelner wissenschaftlicher Einrichtungen ebenso wie für übergreifende, institutionelle Strukturen, die das gesellschaftliche Miteinander regeln. Entscheidend für die Diffusion von Institutionen ist ihr Erfolg – auch über ihren angestammten Raum hinaus führt Erfolg zu Nachahmungen. Ein weiteres entscheidendes Merkmal von Institutionen ist ein inhärenter Dualismus von Konstruktivität und Widerstand. Konstruktiv sind Institutionen in ihrer Funktion als auswählendes und Neues förderndes Element. Widerstrebend und dadurch häufig auch hemmend sind sie andererseits durch ihre Konservativität und Resistenz gegenüber Neuem. Ein bestehendes institutionelles Gefüge wird zunächst einiges daran setzen, neue, erfolgreiche 'fremde' Institutionen abzublocken.

Die Einschränkung des Innovationsprozesses auf die Biotechnologie und die Ausführungen über Institutionen und des Prozess der Institutionalisierung legen einen Vergleich mit einem erfolgreichen Modell und seinen Nachahmern nahe. In der Biotechnologie sind vor allem die USA sehr erfolgreich und wissenschaftlich wie technologisch führend. In einem aufholenden Prozess befinden sich dagegen quasi alle anderen Staaten, die in die Forschung, Entwicklung und Kommerzialisierung der Biotechnologie investieren. Da neue Lösungsmuster in Form des Hervorbringens neuer Institutionen vielfach von der bestehenden institutionellen Struktur abhängen, unterschiedliche Wege der Umsetzung und des Aufholens aber durchaus vorstellbar sind, erwies sich der Vergleich zweier strukturell ähnlicher Länder reizvoll. Diese Vorgehensweise ermöglicht es der Frage nachzugehen, in wieweit kulturelle Faktoren in den Anpassungsprozessen dominieren. Es kann auch gezeigt werden, in wieweit übergreifende Logiken der Institutionalisierung dominieren – also auch ob technologische Anforderungen Realitäten schaffen. Als technologisch, wissenschaftlich und regulatorisch strukturell ähnliche Länder wurden daher Japan und Deutschland gewählt, die darüber hinaus beide zum Ausdruck brachten, eine Spitzenstellung in der Biotechnologie anzustreben.

Die im theoretischen Teil behandelten Innovationsansätze bzw. Ausführungen bestimmter Begriffe dienten zum Einen als allgemein gehaltener Überblick der Innovationsforschung, zum Anderen aber auch als Fundierung des deskriptiv-empirischen Teils. Wichtige Erkenntnisse der theoretischen Ansätze sind:

- Technischer Wandel wird auf Innovationen zurückgeführt, die zum Teil von den Vorstellungen von Forschern und Ingenieuren geprägt sind und die sich zu wissenschaftlichen und technologischen Entwicklungspfaden ausdehnen, die aber durch die Entscheidungen von Staaten, bestimmte Wissensgebiete zu finanzieren und bestimmte Technologien zu fördern, ebenfalls beeinflusst werden (Dosi, Kuhn).
- Im Zusammenspiel mit bzw. als Gegenspieler von Institutionen erklären Innovationen das Auf und Ab der so genannten Langen Wellen. Die Adaptationsfähigkeit eines bestehenden institutionellen Gefüges entscheidet dabei maßgeblich darüber, wie lange eine Rezession andauert – also eine Phase anhält, in der die Reibung zwischen bestehender Struktur und Anforderung an Veränderungen, die durch technischen Wandel hervorgerufen wurde, sehr groß ist (Perez, Freeman).
- Es bestehen technologieimmanente Imperative, die auch im internationalen Vergleich gelten und die dazu führen, dass technologiespezifische Ausprägungen wie Industriestruktur und F&E-Intensität auch in institutionell unterschiedlichen Staaten relativ gleich sind (Malerba, Orsenigo, Pavitt).

Ausführlich wurde das Konzept der Nationalen Innovationssysteme vorgestellt, das eine ganze Reihe von Erklärungen zur Leistungsfähigkeit von Nationen als ideelle und konzeptionelle Klammer zusammenhält. Zwei wichtige Erkenntnisse seinen aus diesem Ansatz noch einmal erwähnt:

- Das nicht durch Technologie zu erklärende Residuum, das für Unterschiede der Wettbewerbsfähigkeit sorgt, umfasst die Ausgestaltung eines NIS, dessen Grad an Ausgereiftheit und Fähigkeit der Anpassung an neue Technologien.
- Die in einem NIS als wichtig erachteten Institutionen bzw. institutionellen Funktionen sind erstens der Wissenskomplex, der die Aus- und Weiterbildung ebenso beinhaltet wie die forschungspolitisch begründete Auswahl und Finanzierung von wissenschaftlichen Disziplinen. Zweitens wird die historisch gewachsene Industriestruktur mit ihren Stärken und Schwächen fokussiert. Entscheidend für

den Erfolg ist aber schließlich drittens die Vernetzung zwischen diesen beiden Komplexen.

Allerdings erscheint die Analyse Nationaler Innovationssysteme in Zeiten einer zunehmenden Internationalisierung nicht unproblematisch: während der direkte Einfluss eines Staates durch FuT-Politik zurück geht, hängt die Attraktivität von Ländern zunehmend vom Stand ihres Wissensstocks und Vernetzungspotenzialen ab. Die Funktion des Staates ist weniger lenkend, als geeignete Rahmenbedingungen bereitstellend und gegebenenfalls koordinierend. Variieren kann dieser Einflussgrad jedoch nach industriellen Strukturen – immerhin agieren i.d.R. nur multinationale Unternehmen zunehmend autonom. Die Aussagefähigkeit des NIS-Ansatzes gewinnt allein anhand vergleichender Studien, die wiederum nicht zu allgemein gehalten sein dürfen, um zu handlungspolitischen Aussagen zu kommen. Für die Analyse der Wirkung von Institutionen im Innovationsprozess in einem systemischen Rahmen bietet sich daher als Grundgerüst der Ansatz der technologischen Systeme an, der den letztendlich rein deskriptiven NIS-Ansatz substanziell unterstützt. Mit der Auswahl einer Technologie, hier der Biotechnologie, schließt sich also der theoretische Kreis.

Zum besseren Verständnis der Besonderheiten der Biotechnologie und zur Darstellung des erfolgreichen Referenzmodells USA, erfolgte im Anschluss an die theoretischen Ausführungen eine Einführung in die Biotechnologie und die Beschreibung des Verlaufs in den USA. Dies ermöglichte, die relevanten Institutionen und institutionellen Komplexe heraus zu stellen. Das erfolgreiche US-Modell beinhaltete institutionelle Elemente, die in Japan und Deutschland nicht bzw. nicht in der gleichen Form existierten. Das trifft vor allem auf den Finanzmarkt und seine Ausprägung des Risikokapitalsegments zu, das in der Entwicklung des US-Modells ein wichtiger Akteur war und ist. Interessanterweise ist dagegen der direkte Einfluss von FuT-Politik auf die US-amerikanische Entwicklung der Biotechnologie vergleichsweise gering. Dafür ist der indirekte Einfluss sehr hoch und es lässt sich zeigen, dass die politisch motivierten Entscheidungen der Förderung der medizinischen Forschung über einen längeren Zeitraum hinweg, eine Wissensbasis in den USA hervorgebracht haben, die letztendlich Grundlage des technologischen Erfolgs ist. Ebenfalls politisch motiviert ist die Liberalisierung des Technologietransfers zwischen staatlich geförderter Wissenschaft und privater Industrie, der die Vernetzung ermöglichte.

Für die Generierung von Annahmen wurden die theoretischen Erkenntnisse und die Erfahrungen aus dem Referenzmodell zusammengeführt. Insbesondere die Ausführungen zu Institutionen legten die Vermutung nahe, dass die politischen Akteure anderer Länder versuchen, den erfolgreichen Prozess mit all seinen institutionellen Faktoren zu kopieren. Allerdings genügt es nicht, nur die staatlichen Akteure zu berücksichtigen, die zwar Rahmenbedingungen schaffen und verändern und deren Entscheidungen den Wissenschaftskomplex zumindest langfristig beeinflussen, vielmehr muss ein wichtiges Augenmerk den wirtschaftlichen Akteuren gelten. Dabei ist zwischen Industrien zu unterscheiden, was die zweite Hypothese begründete: Die technologische und wissenschaftliche Ausstattung auf der industriespezifischen Ebene bestimmt die Anpassungsstrategien der Unternehmen.

Zur Überprüfung der ersten Hypothese, die der Vermutung der Imitation erfolgreicher Modelle nachgeht, wurden jeweils für Deutschland und Japan der wissenschaftliche Komplex herausgearbeitet und zunächst die, in den USA als entscheidend identifizierten, Rahmenbedingungen angeführt. Die unterschiedlichen Ausgangssituationen waren:

- Auf der Ebene des wissenschaftlichen Komplexes zeigten sich deutliche Größenunterschiede. In den USA beschäftigte sich bereits Anfang der 1980er Jahre nicht nur ein Vielfaches von Wissenschaftlern mit biomedizinischer Forschung, auch wurde ein Vielfaches an Forschungsgeldern aufgewandt. Die Fokussierung auf reine Grundlagenforschung, wie sie die USA kennzeichnete, wurde weder in Japan noch in Deutschland erreicht. Vielmehr zielten die beiden Länder auf anwendungsorientierte Forschung und die Ingenieurswissenschaften ab, die sich am technologischen Profil und in den Strukturen der Forschungsfinanzierung und –durchführung widerspiegelten.
- Hinsichtlich der Rahmenbedingungen lag der größte Unterschied zwischen den USA auf der einen und Deutschland und Japan auf der anderen Seite in einem nur wenig sophistizierten Kapitalmarkt in letzteren Ländern. Weiterhin sind Unterschiede bei Prüf- und Zulassungsverfahren zu nennen, die in den USA einen positiven Einfluss ausübten. Ein weiterer Unterschied lag in den Wissenstransferkanälen: während hier Deutschland und Japan die besten Voraussetzungen gehabt hätten, - in beiden Ländern fehlte die ideologische Komponente -, haben auch hier die USA Maßstäbe gesetzt. Die Liberalisierung des Wissenstransfers in den USA zu Beginn der 1980er Jahre führte zu einer radikalen Kommerzialisierung der wissenschaftlichen Forschung.

Zur Verbesserung dieser ungleichen und vergleichsweise mangelhaften Ausgangssituation schritt in Japan wie auch in Deutschland auf unterschiedliche Weise jeweils der Staat ein. Die Aufholstrategien folgten in den 1980er Jahren zunächst bekannten Mustern: In beiden Ländern wurden forschungspolitische Mittel gewählt, die bereits für andere Technologien bzw. Wissenschaftsgebiete genutzt wurden. Anfang der 1980er Jahre wuchsen in Deutschland vor allem die öffentlichen Mittel deutlich an. Grundsätzliche Nutznießer dieser Förderung waren vor allem öffentliche Forschungseinrichtungen. Auch in Japan wurde der Staat aktiv: neben einer Anhebung der Mittel begann zunächst das MITI, dann aber auch andere Ministerien, das Instrument der staatlich initiierten Forschungskonsortien auch auf die Förderung der Biotechnologie auszudehnen. Diese, eher simplen, institutionellen Logiken folgenden Politiken sind die gängigen Muster in den 1980er Jahren. Nachdem in beiden Ländern die unterschiedlichen institutionellen Strukturen ausgiebig beklagt wurden, fassten beide Länder eine eher grundsätzliche Strukturreform ins Auge, da allein mit dem bisher eingeschlagenen Weg des Ausbaus der biotechnologischen Forschungsförderung, das Ziel des technologischen Aufholens nicht erfüllt wurde.

Vergleicht man die 1980er Jahre mit den 1990er Jahren, erscheinen die ersten zehn Jahre als wenig strategisch. Erst Anfang der 1990er Jahre begann in beiden Ländern die Inangriffnahme der Strukturveränderung. In Deutschland sollte durch den Auf- bzw. Ausbau des Risikokapitalmarktes die Biotechnologie nachhaltig unterstützt werden, in Japan wurde eine Diskussion zur notwendigen Stärkung der Grundlagenforschung geführt, die bewirkte, dass die Aufwendungen des Staates erheblich anstiegen und auch die biomedizinische Grundlagenforschung davon profitierte. Gleichzeitig wurde ersichtlich, dass die Veränderung eines einzelnen institutionellen Elements nicht ausreicht, vielmehr wurden Anpassungen von einigen Elementen notwendig. Eine deutliche Veränderung des biotechnologischen Innovationssystems in Deutschland wurde durch den BioRegio-Wettbewerb hervorgerufen, der, auf bestehenden wissenschaftlichen und technologischen Kernkompetenzen auf regionaler Ebene aufbauend, die Biotechnologie fördert. In Japan wurden dagegen vor allem die staatlichen F&E-Ausgaben stark erhöht. Ein konzertierter Forschungsansatz fand dort nicht statt. Statt dessen förderte jedes Ministerium 'seine' Industrien und das, was es als wichtige Techniken erachtete. Dass allerdings ein Geldsegen allein kurzfristig nicht alle lang aufgebauten administrativen und infrastrukturellen Schwächen beseitigen kann, zeigt sich am Mangel einer kritischen Masse an Wissenschaftlern, die diese Gelder auch effektiv einsetzen könnten. Die Notwendigkeit eines Umbaus des japanischen Wissenschaftssystems, der eine Erneuerung der technischen Infrastruktur und das Aufweichen des konservativen Hochschulsystems beinhaltet, wurde angesichts der (für Japan) desolaten wirtschaftlichen Lage in den 1990er Jahren, vielfach geäußert und ansatzweise initiiert. Die Umbaumaßnahmen der institutionellen Struktur Japans sind jedoch schwierig aus sich selbst heraus zu induzieren, da konservative Kräfte Widerstand leisten. Erst Ende 1999 wurde eine Koordination für die Förderung der Biotechnologie zwischen den involvierten fünf Ministerien initiiert. Hinsichtlich der Einflussnahme durch den Staat kann Deutschland bei der Förderung der Rahmenbedingungen als erfolgreicher bezeichnet werden. Hier hat sich der Vorteil der konzertierten Einflussnahme durch ein Ministerium als förderlich und zielführend erwiesen. Eine Reduzierung der Kompetenzen auf eine notwendige koordinierende Funktion und als Impulsgeber hat sich in Deutschland auf Grund der herrschenden wissenschaftlichen und technologischen Infrastruktur als geeignet erwiesen. Allerdings verlassen sich die politischen Kräfte dabei vor allem auf das wissenschaftliche Potenzial der unterschiedlichen Forschungseinrichtungen. Es kann erwartet werden, dass die deutlich höhere Mittelzufuhr in Japan mittel- bis langfristig das wissenschaftliche Potenzial nachhaltig beeinflusst; es wäre also falsch, in Deutschland an dieser Stelle zu sparen.

In einer institutionellen Struktur agierende und auf Veränderungen dieser Struktur reagierende deutsche und japanische Unternehmen haben auf die wissenschaftlich-technischen, biotechnologischen Möglichkeiten durchaus unterschiedlich reagiert. Die Reaktionen lassen sich zum Teil aus den jeweils zeitlich bestandenen nationalen Rahmenbedingungen erklären, aber auch Internationalisierungstrends und technologiebezogene Argumente werden dabei deutlich. Die vergleichbaren, deutschen und japanischen Pharmaindustrien haben ihre Strategien nationalen Rahmenbedingungen und technologischen Imperativen angepasst. Die deutsche Pharmaindustrie hat aus einer Position der technologischen Stärke heraus in den 1980er Jahren sehr verhalten und zögerlich auf die neue Technologie reagiert. Nachdem allerdings klar wurde, dass sie an ihr nicht vorbei kommt, wurden die Wissensbasis und die Möglichkeiten des Wissenstransfers in den USA genutzt, um die sich weitende wissenschaftliche und technologische Lücke zu begrenzen und um ein Aufholen zu ermöglichen. Dies führte seit den späten 1980er Jahren zu hohen Zuwachsraten an Kooperationen mit US-amerikanischen Biotechnologieunternehmen. Obgleich die Biotechnologie noch größtenteils in einer experimentell-wissenschaftlichen Phase steckte, waren und sind die deutschen Unternehmen weniger an reinen Forschungs- sondern vor allem an Entwicklungskooperationen interessiert. Im Vergleich dazu haben die japanischen Pharmaunternehmen relativ früh auf die neue Technologie reagiert. Die Unternehmen, im weltweiten Wettbewerb eher nur Randfiguren, haben es in den 1980er Jahren geschafft, ein deutlich wissenschaftlicheres Profil aufzubauen – wenn auch am anwendungsorientierten Ende – und so zu gefragten Partnern zu werden. Die eher desolate Lage der Grundlagenforschung in Japan hat zwar zum Teil zu internationalen Wissenssourcingstrategien geführt, die Anwendungsorientierung und die traditionellen inter- und intraindustriellen Verbindungen zwischen Unternehmen haben jedoch auch ihren Einfluss im Kooperationsnetz der modernen Biotechnologie aufrecht erhalten.

Im nationalen Vergleich zwischen Industrien treten zum Teil länderspezifische Faktoren vor technologiespezifische und umgekehrt. Dies zeigt sich z. B. am Grad der (im Land) vorhandenen und (technologisch) notwendigen Wissensbasis. Eine klare Trennung ist nicht immer durchführbar. Deutlich wird dies im Vergleich der japanischen Chemie- und Ernährungsindustrien und deren unterschiedlichen technologischen Anforderungsprofile. Der wissenschaftliche Stand, den die Ernährungsindustrie auf Grund der Erfahrungen mit der länderspezifischen, traditionellen Biotechnologie aufweist, kommt modernen biotechnologischen Anwendungen zu Gute. Einige große japanische Produzenten haben frühzeitig eine Chance in der modernen Biotechnologie erkannt, die sie zur Produktion höherwertiger Güter führt. Die Strategien der Produzenten gehen vor allem dahin, für ihre originären Sparten, also i.d.R. Lebensmittel, Produktverbesserungen durch die Anwendung biotechnologischer Methoden zu erzielen. Das dort erworbene Wissen kann in einem zweiten Schritt zur Diversifizierung genutzt werden – z. B. in einfache pharmazeutische Produkte wie Vitamine bzw. in die Nähe zu 'funktionellen Nahrungsmitteln'. Die Unternehmen drängen weniger in den spezialisierten Pharmamarkt als in Bereiche, vor, die sie mit ihrem Wissen relativ einfach erreichen und die in Japan sehr hohe Umsatzzahlen aufweisen. Neues Wissen, das nur zum Teil auf dem vorhandenen Wissensstock aufbaut, wird primär von ausländischen biotechnologischen startups bezogen. Die Unternehmen der Ernährungsindustrien sind i.d.R. finanzstark, so dass sie sich Kooperationen mit sehr guten Partnern leisten können, wobei anzumerken ist, dass diese Kooperationen deutlich geringere Kosten hervorrufen als in der Pharmaindustrie. Die Ernährungsindustrie bedarf auch deutlich weniger sophistizierter Methoden um zu Anwendungen zu gelangen, so dass die hohen Anteile biotechnologischer Publikationen und Patente (auch gegenüber der Chemie- und der Pharmaindustrie) nicht überraschen.

Dagegen kann die Chemieindustrie nicht auf einen vorhandenen Wissensstock zurückgreifen. Die wissenschaftliche Basis der japanischen Chemieindustrie ist durch ihre Ausrichtung auf Grobchemikalien vergleichsweise bescheiden. Biotechnologisch relevantes Wissen, das deutlich mehr im Bereich der Feinchemikalien entsteht, lag und liegt kaum vor. Darüber hinaus sind entscheidende Faktoren die wider Erwarten nur sehr langsame Entwicklung der Bio*wissenschaft* zur Bio*technologie* und Umsetzungsdefizite, die in der Chemieindustrie schwerer wiegen als in der Ernährungsindustrie, und die eine aktive Wissensakquirierung hemmen. Zwar sind die japanischen Chemieunternehmen internationale Kooperationen mit biotechnologischen startups eingegangen, im Vergleich haben sie aber stark auf nationale Unternehmen als Partner für F&E-Kooperationen gesetzt, wobei auch hier eine deutliche Neigung zu Entwicklungskooperationen feststellbar ist. Hinsichtlich der Anzahl von Patenten und Publikationen haben die nationalen Kooperationspartner einen eher eingeschränkt positiven Einfluss ausgeübt – was auf einen Mangel an notwendigem Wissen hinweist.

Durch die Möglichkeit, Wissen international zu erwerben, verliert die nationale Wissensbasis tendenziell an Relevanz, da vor allem multinationale Unternehmen relativ problemlos Wissen am Ort der Entstehung akquirieren können. Im Falle der Pharmaindustrie zeigt sich in den Vernetzungsmustern am deutlichsten, wie weit die Internationalisierung in der Forschung, aber auch in nachgelagerten Prozessstufen bereits gediehen ist, und demzufolge, wie gering der Einfluss des Nationalen Innovationssystems als Ganzes geworden ist. Die Unternehmen, die weltweit Produktmärkte besetzen wollen, kommen nicht umhin, eine globale Wissenssourcingstrategie zu fahren. Allerdings ist durchaus der Einfluss institutioneller, nationaler Strukturen festzustellen, beispielsweise in Vernetzungsmustern heimischer Unternehmen.

Der Hang zur Wissensakquisition im Ausland ist sicherlich nicht umzukehren. In Deutschland sind allerdings ein veränderter institutioneller Rahmen und veränderte Unternehmensstrategien festzustellen, von denen vor allem der Wissenstransfer profitiert. Die Erwartungshaltungen der Industrie bzw. der wissenschaftlichen Partner an den jeweiligen potenziellen Partner sind zwar häufig verschieden, aber nicht gegenseitig ausschließend. Der Mangel an Verbindungseinrichtungen oder Personen, die die potenziellen Partner zusammen bringen und eine Koordinationsfunktion übernehmen, wurde als solcher erkannt. In vielen Förderprogrammen wird der Koordination und dem aktiven Netzwerkmanagement mittlerweile ein deutlich höheres Gewicht beigemessen, als das noch in den 1980er Jahren der Fall war. Daneben hat die Förderung von startups durch private und öffentliche Initiativen (wie z. B. BayerInnovation, BAND, exist etc.) dazu geführt, dass die Zahl biotechnologischer Gründungen stetig gestiegen ist. Kooperationen von großen Unternehmen mit heimischen biotechnologischen startups bilden zwar quantitativ noch eine marginale, aber zukünftig sicherlich nicht zu vernachlässigende Größe. Ausgründungen aus Universitäten und anderen Einrichtungen der Grundlagenforschung, sowie institutioneller Druck auf das Forschungssystem fördern darüber hinaus den Austausch mit der Industrie nachhaltig, so dass die Biotechnologie zu einem wichtigen Faktor in der deutschen Industrielandschaft werden kann. Es hat sich beim Aufholprozess in Deutschland gezeigt, dass nicht die starre Imitation vorliegender Muster zum Erfolg führt, sondern Anpassungsfähigkeit und Kreativität. Die Förderung der Technologie durch den BioRegio-Wettbewerb und dessen Imitation in anderen Technologiebereichen zeigt, dass auch in einem bestehenden, relativ starren institutionellen System Flexibilisierungspotenziale bereit liegen, deren Umsetzung relativ friktionslos erfolgen kann.

Für die japanische Aufholstrategie lässt sich festhalten, dass einzelne Unternehmen erfolgreich sind, der institutionellen Anpassung insgesamt war aber bisher wenig Erfolg beschieden. Die Imitation des erfolgreichen Modells USA hat trotz der wiederholt geäußerten Bemühungen noch zu keiner weit reichenden Umsetzung geführt. Eine Adaptations- und Innovationsfähigkeit des biotechnologisch relevanten institutionellen Systems Japans bleibt abzuwarten. Immerhin ist ein dafür notwendiger Schritt der gemeinsamen Strategieentwicklung der verschiedenen Ministerien 1999 zumindest auf dem Papier erfüllt worden. Bei einer Umsetzung ist mittelfristig mit einer Verbesserung der Biotechnologie in Japan zu rechnen. Darüber hinaus werden seit Ende der 1990er Jahre wenig förderliche Rahmenbedingungen, insbesondere die Ausgestaltung des Kapitalmarktes betreffend, verändert. Eine Verringerung institutioneller Wissenstransferhemmnisse, wie sie in Japan angestrebt werden, mag ebenso mittelfristig zu einer Veränderung der Strategien des Wissenssourcing zu Gunsten akademischer Partner führen.

Lässt sich zusammenfassend eine Abhängigkeit von der nationalen Wissensbasis für die untersuchten Industrien feststellen? Die wissenschaftlich-technologischen Positionen Deutschlands und Japans haben sich in den 1980er Jahren im Vergleich zu den 1990er Jahren nur wenig verändert. Quantitative Unterschiede zwischen den USA, Japan und Deutschland bestehen auch gegen Ende der 1990er Jahre in der wissenschaftlichen und technologischen Ausgestaltung, die zwangsläufig zu Unterschieden im Output führen. Die Aufholstrategien der Unternehmen erscheinen daher als folgerichtig: da zwar ein institutioneller Aufholprozess in Japan und

Deutschland eingeleitet und partiell auch vollzogen wurde und wird, sind in beiden Ländern Verbesserungen im biotechnologischen Innovationssystem festzustellen. Allerdings treten die USA nicht auf der Stelle, sondern haben durch den Vorteil im Wettbewerb zu führen, die Möglichkeit, Skalenvorteile in Wissenschaft und Technik zu erzielen und Produktmärkte zu gestalten. Diese Ungleichheit zwischen den USA und den aufholenden Ländern nutzen die Unternehmen letzterer vor allem durch eine Strategie der internationalen Wissensakquisition. Allerdings hängt das Ausmaß des internationalen Erwerbs deutlich von industriellen und letztendlich auch von technologiebezogenen Faktoren ab: die Deutlichkeit, mit der der internationale Wissenstransfer in der Pharmaindustrie vonstatten geht, ist auf der einen Seite durch die extreme Fragmentierung biotechnologischer Methoden und der immer noch weitgehend rätselhaften molekularbiologischen Ebene begründet; auf der anderen Seite bietet eine optimale Vernetzung komplementärer Kompetenzen Zeitvorsprünge in der Bestimmung von Produktmärkten. Die wissenschaftlichen und technologischen Voraussetzungen sind für Anwendungen in der Chemie- und in den Ernährungsindustrien unterschiedlich, so dass hier zwar auch eine Vernetzung stattfindet, aber in deutlich geringerem Ausmaß. Ob das national vorhandene Wissen als ausreichend erachtet wird und zur Nutzung kommt oder nicht, entscheiden die Unternehmen für sich – auch dies spiegelt sich in den Vernetzungsmustern wider.

Die Untersuchung hat gezeigt, dass von einer Abhängigkeit von nationalen Wissenspotenzialen zumindest in den untersuchten Branchen und in den innovativen, oberen Größenklassen kaum die Rede sein kann. Zwar bestehen alte Muster weiter, wie sich z. B. in der inter- und intraindustriellen Vernetzung für die japanischen Industrien zeigen ließ, doch auch hier kann nicht von einer Abhängigkeit gesprochen werden. Die Zunahme von internationalen Unternehmenskooperationen insgesamt und die inhaltlich zunehmende Ausdifferenzierung von Kooperationsbeziehungen deutet darauf hin, dass die Unternehmen internationaler handeln, als es politischen Akteuren zum Teil lieb ist.

Weniger deutlich fallen Antworten zur Rolle von Institutionen im Innovationsprozess aus. Wenn Institutionen als der systemische Rahmen innovierender Einheiten betrachtet werden, dann lässt sich als eine Haupterkenntnis der Entwicklungen bzw. Aufholprozesse im biotechnologischen Innovationssystem feststellen, dass die Imitation erfolgreicher Teilelemente, wie z. B. hohe F&E-Ausgaben, nicht ausreichend für einen erfolgreichen Aufholprozess sind. Die Deskription der drei Entwicklungspfade der nationalen biotechnologischen Innovationssysteme und der in der Betrachtung erreichte Stand in 1998 machen deutlich, dass trotz unterschiedlicher Ausgangssituationen zwar Imitationen angestrebt werden, die bestehende institutionelle Struktur jedoch häufig Prozesse beeinflusst und zu verschiedenen Erfolgssituationen führen kann. Im Gegensatz zum linearen Innovationsmodell, das eine zeitlich nacheinander geschaltete Betrachtung weniger Institutionen ermöglichte - i.w.S. nur das Wissenschaftssystem -, sind reale Innovationsprozesse systemisch, komplex und dabei gleichzeitig fraktal. In den USA war und ist die Biotechnologie deshalb erfolgreich, weil verschiedene, förderliche Elemente mehr oder weniger zufällig vorhanden waren und sich in ihrer Wirkung wechselseitig verstärkten. Für aufholende Staaten ist es zwar schwierig, die gleiche, förderliche Struktur und Wechselwirkung zu etablieren, noch schwieriger bzw. mit einem hohen Zeitbedarf dürfte es aber verbunden sein, neue, eigene Strukturen aufzubauen.

Es erscheint durchaus lohnenswert, der Frage nachzugehen, ob die hier beschriebenen Wechselwirkungen und identifizierten Kooperationsmuster nur in der Biotechnologie auftreten, oder ob sie auch in anderen wissensbasierten Technologien wie Nanotechnologie, neue Materialien etc. anzutreffen sind. Es bleibt offen, ob neue Technologien nicht nur vereinzelt industrielle Verhaltensweisen beeinflussen, sondern auch überkommene ökonomische Grundmuster tiefgreifend verändern. Innovationsprozesse sind zeitlich- und räumlich abhängige Prozesse; ob die vernetzte Form die bisher dominierenden Organisationsformen Markt und Hierarchie letztendlich zu überlagern vermag, wird durch zukünftige empirische Untersuchungen zu zeigen sein. Ob die hier beschriebenen institutionellen und organisationellen Interaktionsmuster die Grundlage für ein Modell bildet, das eine Verbindung der Schumpeter Mark-I und Mark-II Modell liefert, bleibt aus sozio-ökonomischer Sicht sicherlich noch für einige Jahre eine spannende Frage.

Literaturverzeichnis

Abramson, Norm; Encarnação, José; Reid, Proctor; Schmoch, Ulrich (eds.) (1997): *Technology transfer in the United States and Germany - Lessons and perspectives.* Washington D.C.: National Academy Press.

— (1997a): *Technologietransfer-Systeme in den USA und Deutschland: Überblick und Vergleich.* Stuttgart: Fraunhofer IRB Verlag.

AIST [Agency of Industrial Science and Technology] (1996): *Industrial Science and Technology Frontier Program (ISTF),* Tokyo, nicht publiziert.

Alchian, Armen (1950): Uncertainty, evolution, and economic theory, in: *Journal of Political Economy,* 58, S. 211-221.

Amable, Bruno; Barré, Rémi; Boyer, Robert (1997): *Diversity, coherence and transformations of innovation systems,* in: Barré *et.al.* (eds.): *Science in tomorrow's Europe.* Paris: Economica, S. 33-49.

Amgen (1999): *Amgen backgrounder.* http://www.amgen.com

Andersen, Esben Sloth (1994): *Evolutionary economics: Post-Schumpeterian contributions.* London: Pinter Publishers.

Archibugi, Daniele, Michie, Jonathan (1996): Technological globalisation or National Systems of Innovation?, in: ders. (eds.): *Technological globalisation: the end of the Nation State?* Cambridge (UK): University Press, S. 1-23.

Arrow, Kenneth (1962): Economic welfare and the allocation of resources for invention, in: NBER: *The rate and direction of inventive activity: Economic and Social Factors.* University microfilms 1962.

— (1962a): The economic implication of learning by doing, in: *Review of Economic Studies,* 29, S. 155-173.

Audretsch, David (1995): *International diffusion of technological knowledge.* Discussion paper FS IV 95-8, Berlin: WZB.

— (1997): Technological regimes, industrial demography and the evolution of industrial structures, in: *Industrial and Corporate Change,* 6/1, S. 49-82.

— und Paula Stephan (1994): *How localized are networks in biotechnology?* Discussion paper FS IV 94-9, Berlin: WZB.

Ayres, Clarence (1944): *The theory of economic progress.* Chapel Hill: University of North Carolina Press.

Barré, Rémi; Gibbons, Michael; Maddox, Sir John; Martin, Ben; Papon, Pierre (eds) (1997): *Science in tomorrow's Europe.* Paris: Economica.

Bartholomew, Susan (1997): National systems of biotechnology innovation: complex interdependence at the global system, in: *Journal of International Business Studies*, 28/2, S. 241-266.

BCG [The Boston Consulting Group] (1995): *Der Wert von Arzneimitteln und die Bedeutung de forschenden Arzneimittelhersteller für den Standort Deutschland.* Studie im Auftrag des Verbands forschender Arzneimittelhersteller (VfA). Düsseldorf: BCG.

bdw [bild der wissenschaft] (1999): *USA und Großbritannien: Keine Patente auf menschliche Gene.* News-Ticker Meldung v. 23.9.1999. http://www.wissenschaft.de/bdw/ticker.hbs?myrid=245759

Berger, Peter; Luckmann, Thomas (1966/1996): *Die gesellschaftliche Konstruktion der Wirklichkeit*, 5. Aufl. von 1977. Frankfurt: Fischer 1996.

Bioregio (1999): *Information zum Bioregio-Wettbewerb.* http://www.bioregio.com

BLL [Bund für Lebensmittelrecht und Lebensmittelkunde] (1999). Homepage der BLL. http://www.bll.de/

BMBF [Bundesministerium für Bildung, Wissenschaft, Forschung und Technologie] (Hrsg) (1984): *Bundesbericht Forschung 1984.* Bundesdrucksache 10/1543.

— (1988): *Bundesbericht Forschung 1988.* Bonn.

— (1998): *Zur technologischen Leistungsfähigkeit Deutschlands. Aktualisierung und Erweiterung 1997.* Bonn.

— (1998a): *Faktenbericht 1998 zum Bundesbericht Forschung.* Bonn.

— (1999): *Zur technologischen Leistungsfähigkeit Deutschlands.* Zusammenfassender Endbericht 1998. Bonn.

Bollmann, Petra (1990): *Technischer Fortschritt und wirtschaftlicher Wandel: eine Gegenüberstellung neoklassischer und evolutorischer Innovationsforschung.* Heidelberg: Physica.

Borrus, Michael; Stowsky, Jay (1997): *Technology Policy and Economic Growth.* BRIE Working Paper 97, April 1997; University of California Berkeley. http://brie.berkeley.edu/~briewww/pubs/wp/wp97.html

Bourdieu, Pierre (1977): *Outline of a theory of practice.* Cambridge, UK: Cambrige University Press.

Boyer, Robert (1988): Technical change and the theory of 'Régulation', in: Dosi *et al* (eds.): *Technical change and economic theory.* London: Pinter, S. 67-94.

— Amable, Bruno; Barré, Rémi; (1997): *Les Systèmes d'Innovation à l'Ére de la Globalisation.* Paris: Economica.

— und J. Rogers Hollingsworth (1997a): The variety of institutional arrangements and their complementarity in modern economics, in: Hollingsworth/Boyer (eds): *Contemporary capitalism, the embeddedness of institutions*. Cambridge (Mass.): University Press, S. 49-54.

— und — (1997b): From national embeddedness to spatial and institutional nestedness, in: Hollingsworth/Boyer (eds): *Contemporary capitalism, the embeddedness of institutions*. Cambridge (Mass.): University Press, S. 433-484.

BPI [Bundesverband der pharmazeutischen Industrie] (1999): *Pharma Daten '98*. http://www.bpi.de/internet/index.htm

Breschi, Stefano; Malerba, Franco (1997): Sectoral innovation systems: technological regimes, Schumpeterian dynamics, and spatial boundaries, in: Edquist, Charles (ed.): *Systems of innovation: technologies, institutions, and organizations*. London: Pinter, S. 130-156.

Brezis, Elise; Krugmann, Paul; Tsiddon, Daniel (1993): Leapfrogging in international competition: a theory of cycles in national technological leadership, in: *American Economic Review*, 83/5, S. 1211-1219.

Buchholz, Klaus (1979): Die gezielte Förderung und Entwicklung der Biotechnologie, in: van den Daele, Wolfgang; Krohn, Wolfgang; Weingart, Peter (Hrsg.): *Geplante Forschung: Vergleichende Studien über den Einfluß politischer Programme auf die Wissenschaftsentwicklung*. Frankfurt: Suhrkamp, S. 64-116.

Burt, Ronald (1992): *Structural holes: the social structure of competition*. Cambridge: University Press.

Bush, Vannevar (1945): *Science, the endless frontier*. A report to the President. Washington D.C.: Government Printing Office. Neu aufgelegt durch die National Science Foundation 1960.

BVE [Bundesvereinigung der deutschen Ernährungsindustrie] (1999): *Jahresbericht 1998/1999*. http://www.bve-online.de/presse/presse.html

Callan, Bénédicte (1995): *Who gains from genes? A study of national innovation strategies in the globalizing biotechnology markets*. Dissertation, University of California, Berkeley, nicht publiziert.

Callon, Scott (1995): *Divided sun. MITI and the breakdown of Japanese high-tech industrial policy*. Stanford: Stanford University Press.

Cantley, Mark; Hoban, Thomas; Sasson, Albert (1999): Regulations and consumer attitudes towards biotechnology, in: *Nature Biotechnology*, Vol. 17, Supplement 1999, S. BV 37-38.

Castells, Manuel (1996): *The rise of the network society*. The information age: economy, society and culture, Vol.1. Oxford: Blackwell Publishers.

CEFIC [European Chemical Industry Council] (1999): *Facts & figures 1998. Profile of the chemical industry. Geographic breakdown of world chemicals production.* http://www.cefic.be/activities/

Central New Jersey Business (1995): *Robert Johnson discusses the difficulty of funding biotechnology*, v. 14.6.1995, S. 15.

Chiron (1999): *Corporate history.* http://www.chiron.com

Christensen, Clayton (1997): *The innovator's dilemma: when new technologies cause great firms to fail.* Boston: Harvard Business School Press.

Commons, John (1967): *A sociological view on sovereignty (1899-1900),* New York: Kelley. (Reprint)

Coombs, Rod; Richards, Albert; Saviotti, Pier Paolo; Walsh, Vivian (1996): Introduction: technological collaboration and networks of alliances in the innovation process, in: Coombs *et al.* (eds): *Technological collaboration: the dynamics of cooperation in industrial innovation.* Cheltenham: Edward Elgar, S. 1-17.

Cordis (1999): *Biotech: Homepage.* http://www.cordis.lu/biotech/home.html

Coriat, Benjamin; Dosi, Giovanni (1995): *Learning how to govern and learning how to solve problems: On the co-evolution of competences, conflicts and organizationale routines.* IIASA working paper 95-06, Laxenburg.

CST [Council for Science and Technology] (1997): *Basic plan for research and development on life sciences.* http://www.sta.go.jp/lifeplan.htm

Dalton, Donald; Serapio, Manuel (1993): *U.S. research facilities of foreign companies.* PB93-134328. Washington: U.S Department of Commerce.

Darwin, Charles (1859/1996) *On the origin of species by means of natural selection, or the preservation of favoured races in the struggle for life.* Oxford: Oxford University Press, 23.Aufl. 1996.

Dasgupta, Partha; Stiglitz, Joseph (1980): Uncertainty, industrial structure, and the speed of R&D, in: *Bell Journal of Economics* 11, S. 1-28.

David, Paul(1985): Clio and the economic of QWERTY, in: *American Economic Review*, 75, S. 332-337.

— (1996): *Science reorganized? Post-modern visions of research and the curse of success.* Paper for the presentation at the Six Countries Program Conference: R&D subsidies at stake: In search of a rationale for public funding of industrial R&D, 18/19. April 1996, Gent.

— Mowery, David; Steinmueller, Ed (1992): Analysing the economics payoffs from basic research, in: *Economics of Innovation and New Technology*, 2/1, S. 73-90.

— und Dominique Foray (1995): Accessing and expanding the science and technology knowledge base, in: *STI Review*, 16, S. 13-68.

Dechema (1999): *Biotechnologie-Highlights 1998.* http://www.dechema.de/deutsch/isb/highligh.htm

de la Mothe, John; Paquet, Gilles (eds.) (1996): *Evolutionary economics and the new international political economy.* London: Pinter.

DeGregory, Thomas; Shepherd, Deborah (1994): Theory of Technology, in: Hodgson, Geoffrey; Samuels, Warren und Marc Tool (eds.): *The Elgar companion to institutional and evoutionary economics.* 2 Vol. Aldershot: Edward Elgar, S. 320-325.

Depew, David (1995): *Darwinism evolving: systems dynamics and the genealogy of natural selection.* Massachusetts: MIT Press.

Deubner, Christoph (1990): *Modell Japan?* Frankfurt: Campus.

DFG [Deutsche Forschungsgesellschaft] (1996): *Entwicklung an Hochschulen.* http:/www.dfg.de/

Dibner, Mark; White, Steven (1989): *Biotechnology Japan.* o.O.: McGraw-Hill.

Dietl, Helmut (1998): *Capital markets and corporate governance in Japan, Germany and the United States: organizational response to market inefficencies.* London: Routledge.

DNAVEC (1998): *DNAVEC Research Inc.* http://www.dnavec.co.jp/HOME/E-Home/dnavec7.html

Doi, Teruyuki (1997): Gene-recombinant food stir up sizable helping of controversy, in: *Nikkey Weekley* v. 24.5.1997, S. 8.

Dolata, Ulrich (1994): *Internationales Innovationsmanagement. Die deutsche Pharmaindustrie und die Gentechnik.* Diskussionspaper 2-94, Hamburger Institut für Sozialforschung.

Dorey, Emma (1998): Biotech-biotech company mergers puzzle investors, in: *Nature Biotechnology,* 16, (Juli), S. 616.

— (1998a): Bayer's diagnostic purchase helps Chiron focus, in: *Nature Biotechnology,* 16, (November), S. 1005.

Dosi, Giovanni (1982): Technological paradigms and technological trajectories, in: *Research Policy,* 11, S. 147-162.

— (1988): Sources, procedures, and microeconomic effects of innovation, in: *Journal of Economic Literature*; 26, S. 1120-1171.

— Freeman, Christopher; Nelson, Richard; Silverberg, Gerald; Soete, Luc (eds.) (1988): *Technical change and economic theory.* London: Pinter.

Drews, Jürgen (1998): Biotechnology's metamorphosis into a drug discovery industry, in: *Nature Biotechnology* 16, Supplement 1998 (Mai), S. 22-24.

Drug Organization (1996a) [The Organization for Drug ADR relief]: *Systems for Promotion of Orphan Drug Development.* Tokyo, nicht publiziert.

— (1996b): *Guide: R&D Promotion and product review.* Tokyo, nicht publiziert.

Economist (1995): *Biotechnology in Japan - Alien culture*, v. 18.11.1995, S. 87.

— (1996): *Japan's sickly drug firms*, v. 19.10.1996, S. 79-80.

— (1997): *Markets go global*; Survey: The future of the state, v. 20.09.1997, S. 26-29.

— (1998): *Beyond the behemots*; Survey: The pharmaceutical industry, v. 21.2.1998, S. 16-18.

Edquist, Charles (1994): Technology policy: the interaction between governments and markets, in: Aichholzer/Schienstock (eds.): *Technology policy: towards an integration of social and ecological concerns.* Berlin, New York: de Gruyter, S. 67-94.

— und Bengt-Åke Lundvall (1993): Comparing Danish and Swedish Systems of Innovation, in: Nelson, Richard (ed.) (1993): *National Innovation Systems: A Comparative Study.* Oxford, New York: Oxford University Press, S. 265-298.

— (ed.) (1997): *Systems of innovation: technologies, institutions, and organizations.* London: Pinter.

— Hommen, Leif; Johnson, Björn; Lemola, Tarmo; Malerba, Franco; Reiss, Thomas; Smith, Keith (1998): *The ISE Policy Statement. The innovation policy implications of the 'Innovation Systems and European Integration'* (ISE) Research project. Linköping: Unitryck.

Edwards, Mark; Hamilton, Joan O' C. (1998): *10 deals that changed biotechnology*, in: Signals v. 17.11.1998. http://www.signalsmag.com/signalsmag.nsf

Eisenberg, Rebecca (1996): Public research and private development: patents and technology transfer in government-sponsored research, in: *Virginia Law Review*, 82, S. 1663-1727.

Ekelund, Robert B., Hébert Jr, Robert F. (1983): *A History of Economic Theory and Method.* 2. Aufl., Auckland (u.a.): McGraw-Hill.

Ernst & Young (1993): *Biotech 1994: Long-term value, short-term hurdles.* The industry annual report, Nr. 8.

— (1994): *Biotech 95: Reform, restructure, renewal.* The industry annual report, Nr. 9.

— (1996): *Biotech 97: Alignment.* The industry annual report, Nr. 11.

— (1997): *European Biotech 97: A new economy*. The fourth annual report on the European biotechnology industry.

— (1998): *European Life Sciences 98: Continental shift*. The fifth report on the European biotechnology industry.

— (1998a): *Aufbruchstimmung 1998*. Stuttgart: Schitag Ernst & Young.

— (1999): *European Life Sciences 1999: Communicating value*. The sixt report on the European biotechnology industry.

Etzkowitz, Henry; Leydesdorff, Loet (eds) (1997): *Universities in the global economy: a triple helix of university-industry-government relations*. London: Cassell Academics.

Europäische Kommission (1996): *Biotechnology R&D in Europe*. National files: Germany. EUR 17459 EN. DG XII, Brüssel.

FAZ [Frankfurter Allgemeine Zeitung] (1995): *Eine europäische Agentur für Arzneimittel* (Klaus Peter Mohrbutter), v. 15.11.1995, Beilage Natur und Wissenschaft.

FDA [Food and Drug Agency] (1999): *Orphan Products: new hope for people with rare disorders.* http://www.fda.gov/fdac/special/newdrug/orphan.html

FEI [Forschungskreis der Ernährungsindustrie] (1999): Homepage der FEI. http://www.bn.shuttle.de/fei-bonn/

Feldman, Maryann; Audretsch, David (1996): *Location, location, location: The geography of innovation and knowledge spillovers*. Discussion paper FS IV 96-28, Berlin: WZB.

Florida, Richard; Kenney, Martin (1994): The globalization of Japanese R&D: the economic geography of Japanese R&D investment in the United States, in: *Economic Geography*, 4, S. 344-369.

Foray, Dominique (1997): Generation and distribution of technological knowledge: incentives, norms, and institutions, in: Edquist, Charles (ed.): *Systems of innovation: technologies, institutions, and organizations.* London: Pinter, S. 64-85.

Foreign Press Center (ed.): *Food and agriculture in Japan.* 'About Japan' series, 18, Tokyo, Foreign Press Center.

Foster, J. Fagg (1981): The effect of technology on institutions, in: *Journal of Economic Issues*, 15/4, S. 907-913.

Fransman, Martin (1994): Biotechnology: generation, diffusion, policy, in: Cooper, Charles (ed): *Technology and innovation in the international economy.* Aldershot: Edward Elgar, S. 41-147.

— (1995): Is national technology policy obsolete in a globalised world? The Japanese response, in: *Research Policy*, 19, S. 95-119.

— und Shoko Tanaka (1995): Government, globalisation, and universities in Japanese biotechnology, in: *Reseach Policy*, 24, S. 13-49.

— ; Junne, Gerd; Roobeek, Annemieke (eds.) (1995): *The biotechnology revolution?* Oxford: Blackwell.

Freeman, Chris (1987): *Technology policy and economic performance: lessons from Japan.* London: Pinter Publishers.

— (1993): Technical change and technological regimes. In Hodgson, Geoff *et al.* (eds.): *The Elgar companion to evolutionary and institutional economics* Vol II, S. 309-315.

— (1995): The 'National System of Innovation' in historical perspective, in: *Cambridge Journal of Economics*, 19, S. 5-24.

— (1995a): Technological revolutions: historical analogies, in: Fransman *et al.* (eds.): *The biotechnology revolution?* Oxford: Blackwell, S. 7-25.

— und Carlota Perez (1988): Structural crisis of adjustment: business cycles and investment behaviour, in: Dosi *et al.* (eds.): *Technical change and economic theory.* London: Pinter, S. 38-66.

Furuta, Aya (1999): Venture companies begin to take root, in: *Nikkei Weekly* v. 15.6.1999, S. 1 und S. 4

Gassel, Katrin (1998): *Kooperationen japanischer Unternehmen in der neuen Biotechnologie: Staatliche Rahmenbedingungen und privatwirtschaftliche Initiative.* Baden-Baden: Nomos.

Genentech (1998): *Chronology.* http.//www.genentech.com/Company/timeline.html

Geogescu-Roegen, Nicholas (1975): Energy and economic myth, in: *Southern Economic Journal*, 41/3, S. 347-381.

Gerlach, Michael (1993): *Alliance Capitalism : The social organization of Japanese business.* San Diego: University of California Press.

Gerybadze, Alexander; Reger, Guido (1997): *Globalisation of R&D: recent changes in the management of innovation in transnational corporations.* Discussion paper 97-01, Stuttgart: Universität Hohenheim.

Giddens, Anthony (1984): *The constitution of society: outline of the theory of structuration.* Cambridge: Polity Press.

Giersch, Herbert (1984): The Age of Schumpeter, in: *American Economic Association, Papers and Proceedings*, S. 103-109.

Girouard, Robert (1996): *U.S. trade policy and the Japanese patent system.* BRIE working paper 89, Haas School, University of California, Berkeley. http://www.berkeley.edu/BRIE/pubs/wp/wp89.html

Gower, James (1998): The evolving role of collaboration in biotechnology, in: *Nature Biotechnology* 16, Supplement 1998 (Mai), S. 31-32.

Grande, Edgar (1995): Regieren in verflochtenen Verhandlungssystemen, in: Mayntz, Renate; Scharpf, Fritz W. (eds.): *Gesellschaftliche Selbstregelung und politische Steuerung*. Frankfurt: Campus , S. 327-368.

Granovetter, Marc (1973): The strength of weak ties. *American Journal of Sociology*, 78, S. 1360-1380.

— (1985): Economic action and social structure: the problem of embeddedness, in: *American Journal of Sociology*, 91, S. 481-510.

Gribbin, John (1985): *In search of the double helix. Quantum physics and life*. London: Penguin Books.

Griffith, Victoria (1996): Orphans' home, in: *Financial Times* (eastern edition), v. 21.11.1996, S. 10.

Griliches, Zvi (1991): *The search for R&D spillovers*. Working paper #3768. Cambrige (MA): National Bureau of Economic Research.

Grupp, Hariolf (1995): *Technologie am Beginn des 21. Jahrhunderts*. 2. Auflage. Heidelberg: Physica.

— (1996): Spillover effects and the science base of innovations reconsidered: an empirical macro-economic approach, in : *Journal of Evolutionary Economics* 6/2, S. 175-197.

— (1997): *Messung und Erklärung des Technischen Wandels*. Berlin u.a: Springer.

— und Ulrich Schmoch (1992): *Wissenschaftsbindung der Technik. Panorama der internationalen Entwicklung und sektoraler Tableaus für Deutschland*. Heidelberg: Physica.

Gulati, Ranjay; Singh, Harbir (1998): The architecture of cooperation: managing coordination costs and appropriation concerns in strategic alliances, in: *Adminstrative Science Quarterly*, 43, S. 781-814.

Hagedoorn, John (1990): Organisational modes of inter-firm co-operation and technology transfer, in: *Technovation*, 10, S. 17-30.

— (1992): *Market hierarchies and networks of strategic technology partnering*. MERIT research Paper No. 92-026. Limburg University Maastricht.

— (1996): Innovation and entrepreneurship: Schumpeter revisited, in: *Industrial and Corporate Change* 5/3, S. 883-896.

— und Jos Schakenraad (1990): Inter-firm partnerships and cooperative strategies in core technologies, in: Freeman, Chris; Soete, Luc (eds.): *New explorations in the economics of technological change*. London: Pinter, S. 3-37.

Hall, Ivan (1998): *Cartels of the mind: Japan's intellectual closed shop*. New York: W.W. Norton & Company.

Harnischfeger, Uta (1999): Germany's Landesbanks set for moment of truth, in: *Financial Times* v. 8.7.1999, S 14.

Haseltine, William (1998): The power of genomics to transform the biotechnology industry, in: *Nature Biotechnology* 16, Supplement 1998 (Mai), S. 25-27.

Hinze, Sybille; Reiß, Thomas (1994): *Analyse von Entwicklungen in der Biotechnologie. Abschlußbericht Teil 2, Biosensorik*. Karlsruhe: FhG-ISI.

— und — und Ulrich Schmoch (1997): *Statistical analysis on the distance between fields of technology*. Beitrag zum TSER Projekt: Innovation systems and European integration, Europäische Kommission (DG XII). http://www.tema.liu.se/SIRP/ISE/

Hodgson, John (1998): Making magnets to global biotechnology people, in: *Nature Biotechnology* 16, (Februar), S. 147-148.

Hohmeyer, Olaf; Hüsing, Bärbel; Massfeller, Sabine; Reiss, Thomas (1994): *Internationale regulierung der Gentechnik. Praktische Erfahrungen in Japan, den USA und Europa*. Heidelberg: Physica.

HÅKANSSON, HÅKAN; JOHANSON, (1993): The network as a governance structure: interfirm cooperation beyond markets and hierarchies, in: Grabher, Gernot (ed): *The embedded firm*. London: Routledge, S. 35-51.

Howells, Jeremy (1990): The location and organization of research and development: new horizons, in: *Research Policy*, 19/1, S. 133-146.

— und Ian Neary (1991): Science and technology policy in Japan: the pharmaceutical industry and new technology, in: Wilks, Stephen; Wright, Maurice (eds.): *The promotion and regulation of industry in Japan*. Houndmills: Macmillan, S. 81-109.

Hüsing, Bärbel; Giessler, Stefanie; Jäckel, Gerhard (1998): *Stand der Möglichkeiten von prozeßintegrierten biotechnischen Präventivtechniken zur Vermeidung oder Verminderung von Umweltbelastungen*. Berlin: Umweltbundesamt.

IFTECH (1996) [Institute for Future Technology]: *Raifusaiensu no genjo to kongo no hoku ni kansuru chosa* [Ergebnissse über die die gegenwärtige Situation der Lebenswissenschaften und die zukünftige Linie]. Tokyo.

Imai, Kenichi; Baba, Yasuo (1991): Systemic innovation and cross-border networks. Transcending markets and hierarchies to create a new techno-economic system, in: OECD 1991 (ed): *Technology and productivity. The challenge for economic policy*. Paris: OECD, S. 389-408.

IMS [Institut für Medizinische Statistik] (1998): *Top20 corporations 1997*. http://www.ims-int.com/ims-int/

ISI [Fraunhofer Institiut für Systemtechnik und Innovationsforschung] (1998): *Berichterstattung zur technologischen Leistungsfähigkeit Deutschlands 1997. Materialien.* Karlsruhe.

— (1998a): *Delphi '98. Zukunft nachgefragt. Studie zur globalen Entwicklung von Wissenschaft und Technik.* 2 Bände, Karlsruhe.

— , NIW [Niedersächsisches Institut für Wirtschaftsforschung] (1995): *Wissensintensive Wirtschaft und ressourcenschonende Technik.* Pilotstudie zu einer regelmäßigen Struktur- und Technologieanalyse. 3 Vol., Hannover, Karlsruhe.

Jaffe, Adam; Trajtenberg, Manuel; Henderson, Rebecca (1993): Geographic localization of knowledge spillovers as evidenced by patent citations, in: *Quarterly Journal of Economics* 63/3, S. 577-598.

Jahn, Ilse (1990): *Grundzüge der Biologiegeschichte.* Jena: Fischer.

Jasanoff, Sheila (1984): Technological innovation in a corporatist state: The case of biotechnology in the Federal Republic of Germany, in: *Research Policy* 14, S. 23-38.

JBA [Japan Bioindustry Association] (1996): *JBA.* Tokyo, nicht publiziert.

Jepperson, Ronald (1991): Institutions, institutional effects, and institutionalism, in: Powell, Walter; DiMaggio, Paul (eds): *The new institutionalism in organizational analysis.* Chicago: University Press, S. 143-182.

JHSF [Japan Health Science Foundation] (1996): *JHSF.* Tokyo, nicht publiziert.

Johnson, Chalmers (1983): *MITI and the Japanese Miracle: The Growth of Industrial Policy, 1925-1975.* Stanford: University Press.

— ; Tyson, Laura; Zysman, John (1989): *Politics and Productivity: The real story of why Japan works.* New York: Ballinger.

JST [Japan Science and Technology Corporation]: *JST 1996-1997.* Tokyo: STA.

Jungmittag, André; Meyer-Krahmer, Frieder; Reger, Guido (1998): *Globalisierung von FuE und Technologiemärkten – Trends, Motive, Konsequenzen.* Beitrag zur Konferenz 'Globalisierung von FuE und Technologiemärkten – Konsequenzen für die nationale Innovationspolitik' 1-2.12.1997, Bonn.

Kaldor, Nicholas (1957): A model of economic growth, in: *Economic Journal*, 67, S. 591-624.

Kanno, Mikio (1996): Let campuses, companies cooperate, in: *Nikkei Weekly* v. 23.12.1996, S. 6.

Kamien, Max; Schwartz, Nancy (1982): *Market structure and Innovation.* Cambridge (Mass): University Press.

Katz, Michael ; Shapiro, Carl (1985): Network externalities, competition, and compatibility, in: *American Economic Review,* 75, S. 424-440.

Katz, Richard (1998): *Japan: the system that soured. The rise and fall of the Japanese economic miracle.* Armonk, (NY): M.E. Sharpe.

Kinoshita, June (1996): System's rigidity reduced lure of science as a career, in: *Science,* Special: Science in Japan: Competition on campus, Vol 274, October, S. 49-52.

— (1996a): Schools scramble for niche to keep up with competition, in: *Science,* Special: Science in Japan: Competition on campus, Vol 274, October, S. 47-48.

Kitch, Edmund (1977): The nature and function of the patent system, in: *Journal of Law and Economics,* 20, S. 265-290.

Klepper, Steven; Graddy, Elizabeth (1990): The evolution of new industries and the determinants of market structure; *RAND Journal of economics* 21/1, S. 27-44.

Kline, Stephen; Rosenberg, Nathan (1988): An overview of innovation, in: Landau, Ralph; Rosenberg, Nathan (eds.) (1988): *The positive sum strategy.* Washington D.C.: National Academy Press, S. 275-305.

Kneller, Robert (1999): Intellectual property rights and university-industry technology transfer in Japan, in: *Science and Public Policy,* April, S. 113-124.

Kneucker, Raoul (1995): Die neue Internationalität für Forschung und Forschungspolitik, in: Martinsen, Renate; Simonis, Georg (Hrsg): *Paradigmenwechsel in der Technologiepolitik?* Opladen: Leske + Budrich, S. 47-56.

Kobrin, Stephen (1997): The architecture of globalization: state sovereignty in a networked global economy, in: Dunning, John (ed): *Governments, globalization, and international business.* Oxford: University Press, S. 146-171.

Kornberg, Arthur (1995): *The golden helix: inside biotech ventures.* Sausalito: University Science Books.

Koschatzky, Knut; Maßfeller, Sabine (1994): *Gentechnik für Lebensmittel?: Möglichkeiten, Risiken und Akzeptanz gentechnischer Entwicklungen.* Köln: TÜV Rheinland.

— und Emmanuel Muller (1997): *Firm innovation and region – theoretical and political conclusions on regional innovation networking.* Beitrag auf dem 37. European Congress, European Regional Science Association, Rom, 26.-29.8.1997.

Koseisho [Ministry of Health and Welfare (1995): *Koseihakusho, heisei 7 nenhan* [Gesundheitsweissbuch 1995). Tokyo: Koseisho.

Krauss, Ellis (1992): Political economy: policymaking and industrial policy in Japan, in: *Political Science and Politics*, 25/1, S. 44-57.

Kuhlmann, Stefan (1998): *Politikmoderation. Evaluationsverfahren in der Forschungs- und Technologiepolitik*. Baden-Baden: Nomos.

— ; Bättig, Christoph; Cuhls, Kerstin; Peter, Viola (1997): *Regulation und künftige Technikentwicklung*. Heidelberg: Physica.

Kulicke, Marianne; Wupperfeld, Udo (1996): *Beteiligungskapital für junge Technologieunternehmen: Ergebnisse eines Modellversuchs*. Heidelberg: Physika.

Kuhn, Thomas (1970/1974): Bemerkungen zu meinen Kritikern, in: Lakatos, Imre; Musgrave, Alan (eds.) (1970/1974): *Kritik und Erkenntnisfortschritt*. Abhandlungen des Internationalen Kolloquiums über die Philosophie der Wissenschaft, London 1965, Band 4, 3. Aufl., Braunschweig: Vieweg & Sohn, 1974, S. 223-269.

— (1962/1996): *Die Struktur wissenschaftlicher Revolutionen*, 13. Aufl., Frankfurt: Suhrkamp 1996.

Landes, Dieter (1973): *Der entfesselte Prometheus*. Köln: Kiepenheuer & Witsch.

Langlois, Richard; Everett, Michael (1994): What is evolutionary economics? in: Magnusson, Lars (ed.): *Evolutionary and neo-Schumpeterian approaches to economics*. Boston u.a.: Kluwer Academic Publishers, S. 11-47.

Laudel, Grit (1999): *Interdisziplinäre Forschungskooperation: Erfolgsbedingungen der Institution "Sonderforschungsbereich"*. Berlin: edition sigma.

Lewis, Jordan (1990): *Strategische Allianzen*. Frankfurt: Campus.

List, Friedrich (1841): *Das nationale System der politischen Ökonomie*. Stuttgart, Tübingen: Cotta.

Liebeskind, Julia Porter; Oliver, Amalya Lumerman; Zucker, Lynne; Brewer, Marilynn (1996): Social networks, learning, and flexibility: sourcing scientific knowledge in new biotechnology firms, in: *Organization Science*, 7/4, S. 428-443.

Littmann, Konrad (1975): *Die Chancen staatlicher Innovationslenkung*. Göttingen: Schwartz.

Lucas, Robert (1988): On the mechanics of economic development, in: *Journal of Monetary Economics*, 22, S. 3-42.

Lundvall, Bengt-Åke (1988): Innovation as an interactive process: from user-producer interaction to the national system of innovation, in: Dosi *et al.* (eds.): *Technical change and economic theory*. London: Pinter, S. 349-369.

— (ed.) (1992): *National Systems of Innovation*. London: Pinter.

Mackenzie, Michael; Keating, Peter (1990): Patents and free scientific information in biotechnology: in: *Science, Technology & Human Values*, 15/1, S. 65-80.

Maddrell, David; Salusbury, Tom (1996): *How Japan is preparing for the aging society.* Science & Technology Section, British Embassy, Tokyo nicht publiziert

MAFF [Ministry of Agriculture, Fisheries and Forestry] (1996*): Kurashi no naka no baiotekunologi* [Biotechnologie im Leben]. Tokyo, nicht publiziert.

Malerba, Franco; Orsenigo, Luigi (1995): Schumpeterian patterns of innovation, in: *Cambridge Journal of economics*, 19, S. 47-65.

— und — (1996): Schumpeterian patterns of innovation are technology-specific, in: *Research Policy,* 25, S. 451-478).

— und — (1996a): The dynamics and evolution of industries, in: *Industrial and Corporate Change,* 5/1, S. 51-87.

— Nelson, Richard; Orsenigo, Luigi und Sidney Winter (1999): "History friendly" models of industry evolution: the case of the computer industry, in: *Industrial Growth and Change* 8/1 1999, S. 31-40.

March, James; Olson, Johan (1989): *Rediscovering institutions: the organizational basis of politics.* New York: Free Press.

Marshall, Alfred (1890): *Principles of Economics.* London

Masterman, Margaret (1970/1974): Die Natur eines Paradigmas, in: Lakatos, Imre; Musgrave, Alan (eds.): *Kritik und Erkenntnisfortschritt.* Abhandlungen des Internationalen Kolloquiums über die Philosophie der Wissenschaft, London 1965, Band 4. 3. Aufl. Braunschweig: Vieweg & Sohn, 1974, S. 59-88.

Mayntz, Renate; Scharpf, Fritz W. (1995): Steuerung und Selbstorganisation in staatsnahen Sektoren, in: ders. (eds.): *Gesellschaftliche Selbstregelung und politische Steuerung.* Frankfurt: Campus, S. 9-38.

McKelvey, Maureen (1991): *How do National Systems of Innovation Differ? A critical analysis of Jamison, Freeman, Porter, Lundvall and Nelson.* LUTEMA Working Paper No. 79, Universität Linköping.

— (1996): *Evolutionary innovations: genetic engineering for human growth hormone and insulin.* Oxford: University Press.

Menrad, Klaus; Kulicke, Marianne; Lohner, Michael; Reiß, Thomas (1999): *Probleme junger, kleiner und mittelständischer Biotechnologieunternehmen.* Stuttgart: Fraunhofer IRB Verlag.

Meyer-Krahmer, Frieder (ed.) (1999): *Globalisation of R&D and technology markets: consequences for national innovation policies.* Heidelberg: Physica.

Mirowski, Philip (1996): Evolution: From hill climbing to information processing. Lecture notes, EAEPE Summer School, Crete 15-25.6.1997, nicht publiziert.

Mitchell, Clyde (1969): The concept and use of social networks, in: ders. (ed.): *Social networks in urban situations*. Manchester: University Press, S. 1-50.

MITI [Ministry of International Trade and Industry]: *A report of round-table conference on the DNA industries*. Tokyo: MITI, Basic Industries Bureau, nicht publiziert.

Monbusho [Ministry of Education, Science, Sports and Culture] (1995): *Japanese government policies in education, science, sports and culture 1995. Remaking universities: continuing reform of higher education*. Tokyo: Printing Bureau, Ministry of Finance.

— (1995a): *Minkan nado tono kyodo no Heisei 6-nendo no jisshi jokyo* [Der Status der kooperativen Forschung zwischen privatem Sektor und japanischen staatlichen Universitäten 1994]. Tokyo: Mombusho.

Moroney, Simon (1998): The startup balancing act: hiring the right talent, in: *Nature Biotechnology* 16, Supplement 1998 (Mai), S. 39-40.

Münt, Gunnar (1997): *Dynamik und Innovation und Außenhandel. Entwicklung technologischer und wirtschaftlicher Spezialisierungsmuster*. Heidelberg: Physica.

— und Hariolf Grupp (1996): *Technologische Position Deutschlands in der Triade: Patente und Außenhandel, Strategische Industrien*. Beitrag im Rahmen der gemeinsamen Berichterstattung zur technologischen Leistungsfähigkeit Deutschlands. Karlsruhe: ISI.

Myrdal, Gunnar (1957): *Economic theory and underdevelopped regions*. London: Gerald Duckworth.

NAE [National Academy of Engineering]; Reid, Procter; Schriesheim, Alan (eds.) (1996): *Foreign participation in U.S. research and development: asset or liability*? Washington D.C.: National Academy Press.

Nagata, Yoshio (1997): Japan backs research plan with money, in: *Nikkei Weekly* v. 19.5.1997, S. 10.

Nelson, Richard (1990): U.S. technological leadership: where did it come from, and where did it go?, in: *Research Policy*, 19, S. 117-132.

— (ed.) (1993): *National Innovation Systems: A Comparative Study*. Oxford, New York: Oxford University Press.

— und Sidney Winter (1974): Neoclassical vs. evolutionary theories of economic growth, in: *The Journal of Economic Literature*, 3, S. 1029-1064.

— und — (1974a): Neoclassical vs. evolutionary theories of economic growth: critique and prospectus, in: *The Economic Journal* 84, S. 886-905.

— und — (1977): In search for a useful theory of innovation, in: *Research Policy* , S. 36-76.

— und — (1982): *Evolutionary theory of economic change,* Massachussetts: Harvard University Press.

— und Nathan Rosenberg (1993): Introduction, in: Nelson, Richard (ed): *National Innovation Systems: A Comparative Study*. Oxford, New York: Oxford University Press, S. 3-21.

Nihon Keizai Shinbun (1995): *Kaisha nenkan, 1996 nenhan,* (joki, jobakaishahan) [Unternehmensjahrbuch (börsengelisteter Unternehmen) 1996], Tokyo.

Nikkei (1994): *Nikkei Bio Nenkan 1995* [Nikkei Biotechnologie Jahresreport 1995]. Tokyo: Nikkei B P.

Nikkei Weekly (1996): *Bioengineered food to sprout in stores*, v. 7.11.1996.

— (1997): *Diet warnings issued as food imports rise*, v. 10.2.1997, S. 2.

— (1999): *Government offers more seed money*, v. 6.1999, S. 1 und S. 4.

— (1999a): *Genetically altered crops face global rules*, v. 22.2.1999, S. 2.

— (1999b): *80.000 new biotech jobs targeted*, v. 22.2.1999, S. 2.

Niosi, Jorge (1996): Strategic technological collaboration in Canadian industry: towards a theory of flexible or collective innovation, in: Coombs, Ron *et al.* (eds.): *Technological collaboration: the dynamics of cooperation in industrial innovation*. Cheltenham: Edward Elgar, S. 98-118.

— und Bertrand Bellon (1996): The globalization of national innovation systems, in: de la Mothe, John; Paquet, Gilles (eds.): *Evolutionary economics and the new international political economy*. London: Pinter, S. 138-159.

— ; Saviotti, Pier Paolo; Bellon, Bertrand; Crow, Michael (1993): National Systems of Innovation: in search of a workable concept, in: *Technology in Society* 15, S. 207-227.

Normile, Dennis (1996a): Universities step up to the challenge, in: *Science*, Special: Science in Japan: Competition on campus, Vol 274, October, S. 44-47.

— (1996b): Corporate concerns and cost clamp down on PH.D. output, in: *Science*, Special: Science in Japan: Competition on campus, Vol 274, October, S. 52-53.

North, Douglas (1992): *Institutionen, institutioneller Wandel und Wirtschaftsleistung*. Tübingen: Mohr.

— (1993): The ultimate sources of economic growth, in: Szirmai, Adam; Van Ark, Bart; Pilat, Dirk (eds.): *Explaining economic growth*. Essays in Honour of Angus Maddison. Amsterdam: Elsevier, S. 65–76.

— (1994): Economic performance through time, in: *American Economic Review* 84/3, 359-368

NSB [National Science Board] (1996): *Science & engineering indicators 1996*. Washington D.C.: Government Printing Office.

— (1998): *Science & engineering indicators 1998*. Washington D.C.: Government Printing Office. http://www.nsf.gov/

NSF [National Science Foundation] (1997): *NSF/Tokyo Report: Japanese government science and technology budget fiscal year 1997*. http://www.nsf.gov/cgi-bin/getpub?int9727

— (1998): *NSF/Tokyo Report: University-industry cooperation for technology innovation in Japan*. Report #98-09. http://www.nsf.gov/cgi-bin/getpub?int9816

Oberländer, Christian (1996): Forschungsförderung für Japans pharmazeutische Industrie. In: *Wissenschaftsmanagement*, 5, S. 262-268.

Odagiri, Hiroyuki; Goto, Akira (1996): *Technology and industrial development in Japan*. Oxford: Clarendon Press.

OECD [Organisation for Economic Co-Operation and Development] (1994): *Frascati Manual 1993*. Paris: OECD

— (1997a): *ANBERD 1973-1995. Analytical business enterprise research and development database*. Business enterprise R&D expenditure. Diskette. Paris: OECD.

— (1997): *Industrial competitiveness. Benchmarking business environments in the global economy*. Paris: OECD

Ogburn, William (1922/1969): Die Theorie der kulturellen Phasenverschiebung (lag), in: ders. (1969): *Kultur und sozialer Wandel. Ausgewählte Schriften*. Neuwied/Berlin: Luchterhand, S. 134-145.

OJA [Office of Japan Affairs] (1992): *U.S.-Japan technology linkages in biotechnology: Challenges for the 1990s*. Washington D.C.: National Academy Press.

OTA [US Congress, Office of Technology Assessment] (1984): *Commercial biotechnology: an international analysis*. OTA-BA-218. Washington D.C.: Government Printing Office.

— (1988): *New developments in biotechnology: US investment in biotechnology*. PB88-246939. Washington D.C.: Government Printing Office.

— (1991): *Biotechnology in a global economy*. OTA-BA-494. Washington D.C.: Government Printing Office.

— (1993): *Pharmaceutical R&D: costs, risks, and rewards*. OTA-H-522. Washington D.C.: Government Printing Office.

— (1995): *Innovation and commercialization of emerging technologies*. OTA-BP-ITC-165. Washington D.C.: Government Printing Office.

Otsuka, Yasuko; Salusbury, Tom (1993): *Biotechnology in the Japanese plant, fisheries, livestock and food industries*. Science & Technology Section, British Embassy, Tokyo, nicht publiziert.

Paci, Raffaele; Usai, Stefano (1997): *Technological enclaves and ndustrial districts. An analysis of the regional distribution of innovative activity in Europe*. Contributi di Ricerca CRENoS 97/8, Universität Cagliari.

Pappi, Franz Urban (1987): Die Netzwerkanalyse aus soziologischer Perspektive, in: ders. (Hrsg.): *Methoden der Netzwerkanalyse*. Techniken der empirischen Sozialforschung Bd. 1. München: Oldenbourg, S. 11-38.

Patel, Parimal; Pavitt, Keith (1991) Europe's technological performance. In: Freeman, Chris *et al.* (eds.): *Technology in Europe's future: Global Competition and the environment in the 1990s*. London: Pinter, S. 37-58.

Pavitt, Keith (1984): Sectoral patterns of technical change: Towards a taxonomy and a theory, in: *Research Policy,* 20, S. 109-119.

— (1988): International patterns of technological accumulation, in: Hood, Neil; Vahlne, Jan-Erik (eds.): *Strategies in Global Competition*. Beckenham: Croom Helm, S. 126-157.

— und Luc Soete, (1982): International differences in economic growth and the international location of innovation, in: Giersch, Herbert (ed.): *Emerging technologies: consequences for economic growth, structural change and emloyment*. Tübingen: Mohr.

Penrose, Edith (1952): Biological analogies in the theory of the firm, in: *American Economic Review* 42, S. 804-819.

Perez, Carlota (1983): Structural change and the assimilation of new technologies in the economic and social system, in: *Futures* 15/4, S. 357-375.

PIF [Pharmaceutical Industry Forum]: *PIF*. Tokyo, nicht publiziert.

Piore, Michael; Sabel, Charles (1984): *The second industrial devide*. New York: Basic Books.

Pisano, Gary (1989): Using equity participation to support exchange: evidence from the biotechnology industry, in: *Journal of Law, Economics, and Organization*, 5, S. 109-126.

— (1991): The governance of innovation: vertical integration and collaborative arrangements in the biotechnology industry, in: *Research Policy,* 20, S. 237-249.

— ; Shan, Weijian und David Teece (1988): Joint ventures and collaboration in the biotechnology industries, in: Mowery, David: *International collaborative ventures in U.S. manufacturing*. o.O: Ballinger, S. 183-222.

PMA [Pharmaceutical Manufacturers Association] (1999): *Industry profile 1998*. http://www.phrma.org/publications/industry/profile98/index.html

Polanyi, Karl (1944): *The great transformation: The political and economic origins of our time*. Boston: Beacon Press.

Polanyi, Michael (1966/1985): *Implizites Wissen*. Frankfurt: Suhrkamp, 1985.

Porter, Michael (1990): *The competitive advantage of nations*. London, Basingstoke: Macmillan.

Powell, Walter (1996): Interorganizational collaboration in the biotechnology industry, in: *Journal of Institutional and Theoretical Economics (JITE)*, 152, S. 197-215.

— (1998): Learning from collaboration: knowledge and networks in the biotechnology and pharmaceutical industries, in: *California Management Review*, 40/3, S. 228-240.

— (1990): Neither market nor hierarchy: network forms of organization, in: Cummings, L.L. ; Shaw, Barry (eds.): *Research in organizational behavior*, Vol 12. Greenwich, CT: JAI Press, S. 295-336.

— und Paul DiMaggio (1991): The iron cage revisited: institutional isomorphism and collective rationality in organizational fields, in: ders. (eds): *The new institutionalism in organizational analysis*. Chicago: University Press, S. 63-82.

— und Laurel Smith-Doerr (1994): Networks and economic life, in: Smelser, Neil; Swedberg, Richard (eds): *The handbook of economic sociology*. Princeton: University Press, S. 368-402.

— ; Koput, Kenneth und Laurel Smith-Doerr (1996): Interorganizational collaboration and the locus of innovation: networks of learning in biotechnology, in: *Administrative Science Quarterly* 41, S. 116-145.

RAB [Research Association for Biotechnology]: *RAB*. Tokyo, nicht publiziert.

Reich, Michael (1990): Why the Japanese don't export more pharmaceuticals: health policy as industrial policy, in: *California Management Review*, 4, S. 124-150.

Reiss, Thomas; Koschatzky, Knut (1997): *Biotechnologie: Unternehmen, Innovationen, Förderinstrumente*. Heidelberg: Physica.

Reuter, Norbert (1994): *Der Institutionalismus: Geschichte und Theorie der evolutionären Theorie*. Marburg: Metropolis.

Ricardo, David (1917): *On the principles of political economy and taxation*. Düsseldorf : Verlag Wirtschaft u. Finanzen.

Rohpohl, Günter (1979): Einführung in die allgemeine Systemtheorie, in: Lenk, Hans; Ropohl, Günter: *Systemtheorie als Wissenschaftsprogramm*. Königstein: Athenäum, S. 9-49

Romer, Paul (1986): Increasing returns, and long-run growth, in: *Journal of Political Economy*, 94, S. 1002-1037.

— (1990): Endogenous technical change, in: *Journal of Political Economy*, 98/55, S. 71-102.

Roobeek, Annemieke (1995): Biotechnology: a core technology in a new techno-economic paradigm, in: Fransman *et al.* (eds.): *The biotechnology revolution?* Oxford: Blackwell, S. 62-84.

Rosenberg, Nathan (1976): *Perspectives on technology.* Cambridge (Mass.): Cambridge University Press.

— (1982): *Inside the black box: technology and eco*nomics. Cambridge (Mass.): University Press.

— und Richard Nelson (1994): American universities and technical advance in industry, in: *Research Policy,* 23, S. 323-348.

Rutchik, Gregory (1995): *Japanese research projects and intellectual property laws.* Washington: Office of Technology Policy, Technology Administration, Department of Commerce.

Sabel, Charles (1989): Flexible specialization and the re-emergence of regional economics, in: Hirst, Paul; Zeitlin, Jonathan (eds): *Reversing industrial decline? Industrial structure and policy in Britain and her competitors.* Oxford: Berg, S. 17-70.

Saegusa, Asako (1998): Japan plans economic growth through biotechnology, in: *Nature Biotechnology* 4/16, S. 329-330.

Sakakibara, Mariko (1995): *Evaluation of government-sponsored R&D consortia in Japan.* Beitrag zur OECD Konferenz 'Policy evaluation in innovation and technology', Paris, Juni 1997.

Salusbury, Tom; Otsuka, Yasuko (1995): *An overview of Japanese biotechnology.* 2 parts. Science & Technology Section, British Embassy, Tokyo, nicht publiziert.

— und — (1994): *Support for innovation in the Japanese bioindustries.* Science & Technology Section, British Embassy, Tokyo, nicht publiziert.

Saviotti, Paolo, Metcalfe, Stan (eds.) (1991): *Evolutionary theories of economic and technological change: present status and future prospects.* Chur: Harwood Academic Publishers.

Saxenian, AnnaLee (1990): Regional networks and the resurgence of Silicon Valley, in: *California Managament Review*, 3, S. 89-112.

Schienstock, Georg (1994): Technology policy in the process of change: changing paradigms in research and technology policy?, in: Aichholzer, Georg; Schienstock, Gerd (eds.): *Technology policy: towards an integration of social and ecological concerns.* Berlin, New York: de Gruyter, S. 1-24.

Schlumberger, H.D.; Brauer, Dieter (1994): Die Bedeutung rechtlicher Rahmenbedingungen für die Anwendung der Gentechnik in der Bundesrepublik Deutschland, in: von Schell, Thomas; Mohr, Hans. (Hrsg.): *Biotechnologie - Gentechnik. Eine Chance für neue Industrien.* Berlin (u.a.): Springer, S. 389-417.

Schmoch, Ulrich; Grupp, Hariolf; Mannsbart, Wilhelm; Schwitalla, Beatrix (1988): *Technikprognosen mit Patentindikatoren.* Köln: TÜF-Rheinland.

Schoemaker, Hubert; Schoemaker, Anne Faulkner (1998): The three pillars of bioentrepreneurship, in: *Nature Biotechnology,* 16, Supplement 1998 (Mai), S. 13-15.

Schumpeter, Joseph (1912/1964): *Theorie der wirtschaftlichen Entwicklung*, 4. Aufl. 1964, Berlin: Duncker & Humblot.

— (1937/1964): *Aus dem Vorwort zur japanischen Ausgabe* [zu: Theorie der wirtschaftlichen Entwicklung], in: Schumpeter (1912/1964), S. XXII - XXVI.

— (1942): *Capitalism, socialism, and democracy*, New York: Harper & Row.

Schwitalla, Beatrix (1993): *Messung und Erklärung industrieller Innovationsaktivitäten.* Heidelberg: Physica.

Science and Technology in Japan (1999): *Basic policies for the creation of biotechnology industry*, 18/71, S. 4-5.

— (1999a): *Revitalization of bioindustry and enhancement of international competitiveness*, 18/71, S. 9-11.

Scott, W. Richard (1991): Unpacking institutional arguments, in: Powell, Walter; Paul DiMaggio (eds): *The new institutionalism in organizational analysis.* Chicago: University Press, S. 164-182.

— (1995): *Institutions and Organisations.* London: Sage.

Seiffert, Helmut (1992): *Einführung in die Wissenschaftstheorie*, Bd. 3., 2. überarbeitete Aufl., München: C.H. Beck.

Shomade, Grayce (1996): *Recent changes to patent law and information availability in Japan.* ACS meeting, Orlando, Florida, 26.8.1996. http://www.derwent.co.uk/articles/gs-japan.html

signalsmag (1999): *Consolidation – is it coming?* http://www.signalsmag.com/signalsmag.nsf/0/035191089F0450C08825670B002923A3.

Simonis, Georg (1995): Ausdifferenzierung der Technologiepolitik, in: Martinsen, Renate; Simonis, Georg (Hrsg.): *Paradigmenwechsel in der Technologiepolitik?* Opladen: Leske + Budrich, S. 381-404.

Smith, Adam (1872): *An inquiry into the nature and causes of the wealth of nations.* Edinburgh: Oliphant, Waugh & Innes.

Soete, Luc; Verspragen, Bart (1993): Technology and growth: the complex dynamics of catching up, falling behind and taking over, in: Szirmai, Adam; Van Ark, Bart; Pilat, Dirk (eds.): *Explaining economic growth.* Essays in Honour of Angus Maddison. Amsterdam: Elsevier, S. 101-127.

Solow, Richard (1956): A contribution to the theory of economic growth, in: *Quarterly Journal of Economics*, 70, S. 65-94.

Sotiriadis, Bob; Coret, Sophie, Lemoine, Jacques (1996): *Patents and technology transfer in a biotechnology context.* Vortrag auf der Biocontact Québec 96, 4.10.1996. http://www.robic.ca/publications/199.htm

Spangenberg, Joachim (1995): Biotechnology and the environment, in: Fransman *et al* (eds): *The biotechnology revolution?* Oxford: Blackwell, S. 274-283.

Spilker, Bernd (1994): *Multinational pharmaceutical companies: principles and practices.* New York: Raven Press.

STA [Science and Technology Agency] (1996): *White paper on science and technology 1995.* Tokyo: The Information Center of Science and Technology.

— (1996a): *Kagakugijutsu Hakusho, Heisei 8 nenhan* [Weissbuch zur Wissenschaft und Technik 1996], Tokyo.

— (1996b): *Japan in figures 1997.* Tokyo

— (1997): *White paper on science and technology 1997.* Tokyo: The Information Center of Science and Technology.

— (1998): *Kagakugijutsu Hakusho, Heisei 10 nenhan* [Weissbuch zur Wissenschaft und Technik 1998], Tokyo: Okurasho.

— (1998a): *Kagakugijutsu yoten (heisei 10 nenhan)* [Handbuch der Wissenschaft und Technik 1998. Tokyo: Okurasho.

STA Today (1997): *Field survey on research activities in Japan*, 9/8, S. 4.

STAFF [Society for Techno-innovation of Agriculture, Forestry and Fisheries] (1995): *STAFF*, nicht publiziert.

Statistics Bureau, Management and Coordination Agency (Somucho) (1996): *Kagakugijutsu chosa hokoku, Heisei 7 nen, raifu siensu kenkyu chosa* [Bericht über die Untersuchung zu F&E, 1995, Untersuchung in den Lebenswissenschaften], Tokyo.

— (1999): *1998 survey on research & development.* http/www.stat.go.jp/1531.htm

Statistisches Bundesamt (1995): *Ausgaben für biotechnologische Forschung.* Stuttgart: Metzler-Poeschl.

Stinchcombe, Arthur (1985): Contracts as hierarchical documents, in: Stinchcombe, Arthur; Heimer, Carol (eds.): *Orgnization theory and project management.* Bergen: University Press, S. 121-171.

Strohman, Richard (1997): The coming Kuhnian revolution in biology, in: *Nature Biotechnology*, 15, März, S. 194-200.

SV-Wissenschaftsstatistik (1995): *Forschung und Entwicklung in der Wirtschaft. Ergebnisse 1993, 1994, Planung 1995*. FuE-Info, Dezember 1995. Essen: SV-Wissenschaftsstatistik.

TAB [Büro für Technikfolgen-Abschätzung des Deutschen Bundestages] (1992): *Beobachtung der technisch-wissenschaftlichen Entwicklung*. Ergebnisse des dritten Technikreports des Fraunhofer-Instituts für Systemtechnik und Innovationsforschung (FhG-ISI). TAB Arbeitsbericht Nr. 12. Karlsruhe.

Tanaka, Hirofumi (1997): Seed company cultivates new businesses, in: *Nikkei Weekly* v. 27.1.1997, S. 10.

Tanaka, Masami (1991): Government policy and biotechnology in Japan: Pattern and impact of rivalry between ministries, in: Wilks, Stephen; Wright, Maurice (eds.): *The promotion and regulation of industry in Japan*. Houndmills: Macmillan, S. 81

Tanaka, Shigeru (1992): *A study on the entry of Japanese non-pharmaceutical companies into the Japanese pharmaceutical industry*. Studie im Auftrag des Pharmaceutical Industry Forum (PIF), Tokyo, nicht publiziert.

Teece, David (1988): Technological change and the nature of the firm, in Dosi *et al.* (eds.): *Technical change and economic theory*. London: Pinter, S. 256-281.

Teitelman, Robert (1989): *Gene dreams. Wall Street, academia, and the rise of biotechnology*. o.O.: Basic Books.

Towalski, Z.; Rothman, Harry (1995): Enzymes in the food and beverages industry, in: Fransman *et al.* (eds): *The biotechnology revolution?* Oxford: Blackwell, S. 252-257.

Tsugawa, Ryuichiro (1996): R&D strategy of biotechnology - a Japanese perspective, in: *Science & Technology in Japan* 15/59, S. 45-52.

Tyson, Laura D'Andrea (1992): *Who's bashing whom? Trade conflict in high-technology industries*. Washington D.C.: Institute for International Economics.

Usdin, Steve; Michael, Adam (1999): Promulgating distrust of food, in: *BioCentury* v. 21.6.1999, S. A12-13.

Utterback, James (1996): *Mastering the dynamics of innovation*. Cambridge (MA): Harvard Business School Press

van den Daele, Wolfgang; Krohn, Wolfgang; Weingart, Peter (1979): Die politische Steuerung der wissenschaftlichen Entwicklung, in: ders. (Hrsg.): *Geplante Forschung: Vergleichende Studien über den Einfluß politischer Programme auf die Wissenschaftsentwicklung*. Frankfurt: Suhrkamp, S. 11-63.

VCI [Verband der Chemischen Industrie]: Homepage. http://www.vci.de/

Veblen, Thorstein (1898/1990): Why is economics not an evolutionary science?, in: ders. (1919/1990): *The place of science in modern civilization*. New Brunswick, NJ: Transaction Publishers 1990, S. 56-81. Nachdruck. Original: New York: Viking Press 1919.

— (1899/1994): *The theory of the leisure class*. New York: Penguin 1994.

— (1909/1990): The limitatons of marginal utility, in: ders. (1919/1990): *The place of science in modern civilization*. New Brunswick, NJ: Transaction Publishers 1990, S. 231-251. Nachdruck. Original: New York: Viking Press 1919.

— (1914/1990): *The Instinct of Workmanship, and the state of the industrial arts*; New Brunswick, NJ: Transcation Books 1990. Nachdruck. Original: New York: Augustus Kelley 1914.

Vernon, Raymond (1966): International investment and international trade in the product cycle, in: *Quarterly Journal of Economics*, 80, S. 190-207.

von Bertalanffy, Ludwig (1972): *Systemtheorie*: Berlin: Colloquium.

von Hippel, Eric (1976): The dominant role of users in the scientific instrument innovation process, in: *Research Policy*, 5, S. 212-239.

von Westphalen, Raban Graf (1995): Informationspflicht der Exekutive in der Technikfolgen-Abschätzung, in: Martinsen, Renate; Simonis, Georg (Hrsg): *Paradigmenwechsel in der Technologiepolitik*? Opladen: Leske + Budrich, S. 237-251.

Vromen, Jack (1995): *Economic evolution: an enquiry into the foundations of new institutional economics*. London and New York: Routledge.

Wade, Robert (1990): *Governing the market*. Princeton: University Press.

Waldenberger, Franz (1998): Finanzsystem, in: Deutsches Institut für Japanstudien (Hrsg.): *Die Wirtschaft Japans. Strukturen zwischen Kontinuität und Wandel*. Berlin (u.a.): Springer, S. 107-134.

Watson, James (1968): *The double helix*. New York: Penguin Books.

Williamsom, Oliver (1975): *Markets and hierarchies: analysis and anti-trust implications*. New York: Free Press.

— (1991): Comparative economic organizations: the analysis of discrete structural alternatives, in: *Administrative Science Quarterly*, 36, S. 269-296.

Winter, Sidney (1984): Schumpeterian competition in altenative technological regimes, in: *Journal of Economic Behavior and Organization*, 5, S. 287-320.

Witt, Ulrich (1987): *Individualistische Grundlagen der evolutorischen Ökonomik*. Tübingen: Mohr.

Yamamura, Kozo (1993): The role of government in Japanese 'catch-up' industrialization: a neoinstitutional perspective, in: Kim, Hyung-Ki *et al.* (eds.): *The Japanese civil service and economic development.* Oxford: Clarendon Press, S. 102-132.

Yamin, Mo (1996): Understanding 'strategic alliances': the limits of transaction cost economics, in: Coombs *et al.* (eds): *Technological collaboration: the dynamics of cooperation in industrial innovation.* Cheltenham: Edward Elgar, S. 165–179.

Young, Margaret (1998): The legacy of Cohen-Boyer. http://www.signalsmag.com/signalsmag.nsf/

Yuan, Robert; Dibner, Mark (1990): *Japanese biotechnology. A comprehensive study of government policy, R&D and industry.* Houndmills: Macmillan.

Ziman, John (1994): *Prometheus bound: science in a dynamic steady state.* Cambridge: University Press.

Zucker, Lynne (1991): The role of institutionalization in cultural persistence, in: Powell, Walter; DiMaggio, Paul (eds.): *The new institutionalism in organizational analysis.* Chicago: University Press, S. 83-107.

Zysman, John (1994): How institutions create historically rooted trajectories of growth, in: *Industrial and Corporate Change*, 3/1, S. 243-283.

Expertengespräche

Gonda, Kinji
Professor, Tokai University; STA-NISTEP, 8.11.1996, Zushi

Kawamoto, Kazuya
Deputy Director, Biochemical Industry Division, Basic Industries Bureau, Ministry of International Trade and Industry (MITI), 25.11.1996, Tokyo

Moriguchi, Hiroshi
Deputy Director, Research and Development Division, Pharmaceutical Affairs Bureau, Ministry of Health and Welfare (MHW), 20.11.1996, Tokyo

Oberländer, Christian, Dr.
Wissenschaftlicher Mitarbeiter, Deutsches Institut für Japanstudien, div. Gespräche, November 1996, Tokyo

Orsenigo, Luigi; PhD
Professor, Università Commerciale 'Luigi Bocconi', Mailand, 10.9.1998, Cargèse

Sharp, Margaret
Professor, University of Sussex, SPRU, 1.6.1998, Brighton

Shiomitsu, Naoko
Researcher, STA, NISTEP div. Gespräche November 1996, Tokyo

Sienko, Tanya; PhD
Researcher, STA, NISTEP div. Gespräche November/Dezember 1996, Tokyo

Sumida, Seizo; PhD
Director, Technology, Safety and Environment, Japan Bioindustry Association, 13.11.1996, Tokyo.

Suzuki, Jun,
Senior Researcher, The Institute for Future Technology, 26.12.1996, Tokyo

Tabata, Makoto
Innovative Technology Division, Agriculture, Forest and Fisheries Research Council (AFFRC) Secretariat, Ministry of Agriculture, Forestry and Fishery (MAFF), 19.11.1996, Tokyo.

Anhang A Abbildungen und Tabellen

Abbildung A-7-1 Das MHW im biotechnologischen Umfeld

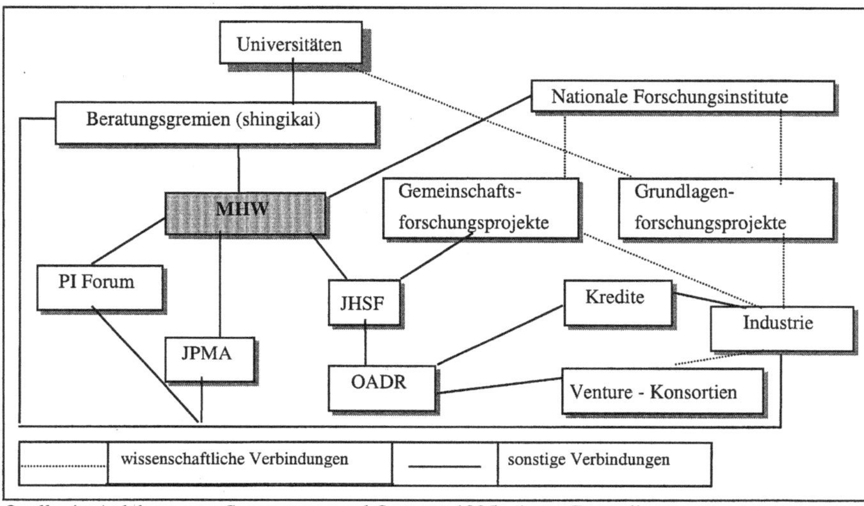

Quelle: in Anlehnung an SALUSBURY und OTSUKA 1995; eigene Darstellung

Erläuterungen: **JHSF** (*Hyuman saiensu shinko zaidan, Japan Health Science Foundation*) ist der Forschungsverband der Pharmaindustrie. Er wurde 1986 vom *Office of Advanced Research and Technoloy* des MHW gegründet und fungiert auch als Projektträger für das MHW. Von den gut 150 Mitgliedern stammt der Großteil aus der Pharmaindustrie. Einige wenige kommen aus anderen Sektoren wie der Chemieindustrie und dem Nahrungsmittelsektor (JHSF 1996). Darüber hinaus sind einige ausländische Pharmaunternehmen Mitglied. Die **OADR** (*Organization for Drug ADR Relief*", i.d.R. "The Drug Organisation" genannt) ist eine 1979 gegründete, halbstaatliche Einrichtung, die u. a. als F&E-Promotor und Projektträger des Ministeriums fungiert. Sie ist auch Beratungsgremium für das *Central Pharmaceutical Affairs Council* des MHW. Seit Mitte der 1980er Jahre fungiert sie darüber hinaus als Kreditgeber für privatwirtschaftliche F&E-Vorhaben im medizinischen Bereich (Venture-Konsortien, vgl. Anhang, Abbildung A-7-3), die auf wissensintensiven Technologien beruhen (DRUG ORGANIZATION 1996b). Das **PI Forum** (*Iyakuhin sangyo joho kenkyukai, Pharmaceutical Industry Forum*) wurde 1991 von 17 Unternehmen gegründet und ist ein Verband von mittlerweile 31 Nicht-Pharmaunternehmen (Stand: 7/1996), die aber pharmazeutische F&E betreiben (PIF 1996). Mit der steigenden Mitgliederzahl lässt sich die Tendenz der Nicht-Pharmaunternehmen ableiten - i.d.R. aus Chemie-, Nahrungsmittel- und textilverarbeitenden Industrien -, die versuchen, in diesen Markt einzudringen. Das Forum agiert als Beratungsgremium für das *Pharmaceutical Affairs Bureau* des MHW und betreibt Lobbying. In der Forschungsförderung hat es bislang noch keine aktive Rolle übernommen. Die Pharmazeutische Industrie ist in einer Reihe von **Verbänden** integriert. Die 'Vereinigung der Pharmazeutischen Produzenten' umfasst zwölf Einzelverbände und ist in 26 regionale Vereinigungen aufgeteilt. Daneben existiert eine 'Vereinigung der Pharmazeutischen Großhandelsverbände', die durchaus eigene Interessen vertritt. Einer der größten Verbände bildet mit 85 Mitgliedsunternehmen die 1968 gegründete **JPMA** (*Nihon seiyaku kogyo kyokai, Japan Pharmaceutical Manufacturers Association*). In diesem Verband sind die forschungsintensivsten japanischen Pharmaunternehmen sowie einige größere Unternehmen aus anderen Industriezweigen und über 20 Tochterunternehmen ausländischer Pharmaunternehmen vereint. Sie dient offiziell als Beratungsgremium und zur Verbreitung von Informationen des Ministeriums an die Mitglieder. Der Verband tritt in der Forschungsförderung nicht direkt auf, sondern ist vor allem an Entscheidungen über die Ausgestaltung rechtlicher Rahmenbedingungen aktiv beteiligt (JPMA 1996, S. 18f).

Abbildung A-7-2 Das MITI im biotechnologisch-relevanten Umfeld

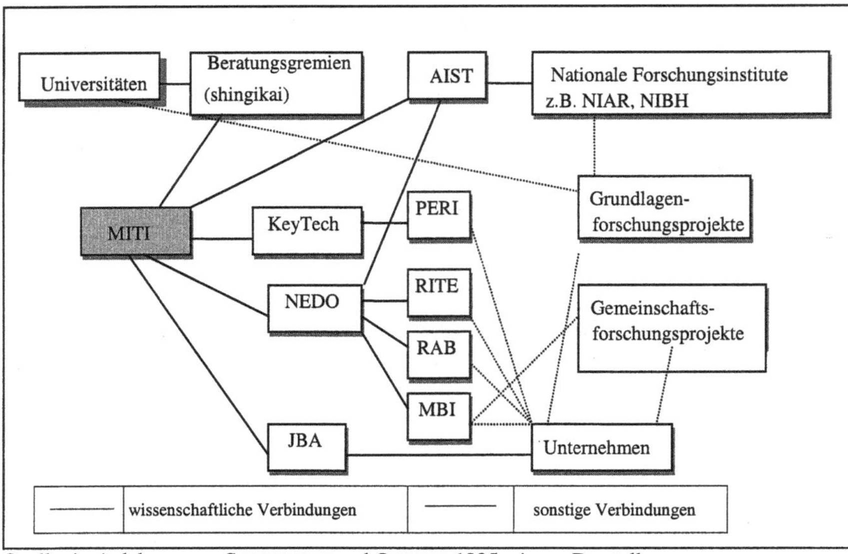

Quelle: in Anlehnung an SALUSBURY und OTSUKA 1995; eigene Darstellung

Erläuterungen: **AIST** (*Kogyo gijutsu, Agency of Industrial Science and Technology*) fungiert als Projektträger für eine Reihe von MITI-Programmen und administriert die 16 Forschungsinstitute des MITI. Das **NEDO** (*Shin energi sangyo gijutsu sogou kaihatsu kiko, New Energy and Industrial Technology Development Organization*) ist eine Sub-Agentur von AIST, die häufig als eigentlicher Projektträger die MITI-Konsortien implementiert. Forschungsverbünde wie die 1981 gegründete *Research Association for Biotechnology* (**RAB**) werden von NEDO benannt, um kooperative Forschungsprojekte administrativ zu managen und durchzuführen. Weitere Verbünde sind das *Marine Biotechnology Institute* (**MBI**) und das *Research Institute for Innovative Technology for the Earth* (**RITE**). In diesen Verbünden sind zwischen 20 und 60 Firmen integriert, aus deren Mitte Grundlagen- oder anwendungsorientierte Gemeinschaftsforschungsprojekte bestückt werden.

Japan Key Technology Promotion Center (**KeyTech**) ist ein Intermediär, der gemeinsam aus den Privatisierungserlösen von NTT und Japan Tobacco 1985 initiiert und finanziert isr und Gemeinschaftsforschung in Hochtechnologiebereichen fördert. Dieser Einrichtung ist das *Protein Engineering Research Institute* (PERI) zugeordnet, das aus einem der ersten MITI-initiierten Forschungskonsortien stammt.

Die **Universitäten** fungieren bei der Initiierung der Forschungsprogramme als Beratungsgremium. Nur in wenigen Ausnahmen ist es ihnen gestattet, an Forschungsprojekten des MITI oder anderer Ministerien teilzunehmen. Dies ist dann der Fall, wenn in Grundlagenforschungsprojekte neben der Industrie auch staatliche Forschungsinstitute beteiligt sind bzw. die Forschung in einem eigens gegründeten Institut durchgeführt wird (wie z. B. PERI).

Office for Bioindustry, ein vom MITI 1982 gegründetes Komitee, das die Aufgabe hat, zwischen Regierung und Industrie zu vermitteln, die Situation in der Industrie zu beobachten und Zukunftsvisionen zu erarbeiten. 1983 wurde aus der *Japanese Association of Industrial Fermentation* (JAIF) die **Industrievereinigung** *Bioindustry Development Center (BIDEC)* gegründet, die sich seit 1990 als *Japan Bioindustry Association* (JBA) bezeichnet. Die JBA vereinigt etwa 300 Unternehmen aus biotechnologischen Industrien. Darüber hinaus sind etwa 60 staatliche bzw. öffentliche Forschungsinstitute und 1.500 einzelne Wissenschaftler Mitglieder (JBA 1996).

Abbildung A-7-3 Das MAFF im biotechnologischen Umfeld

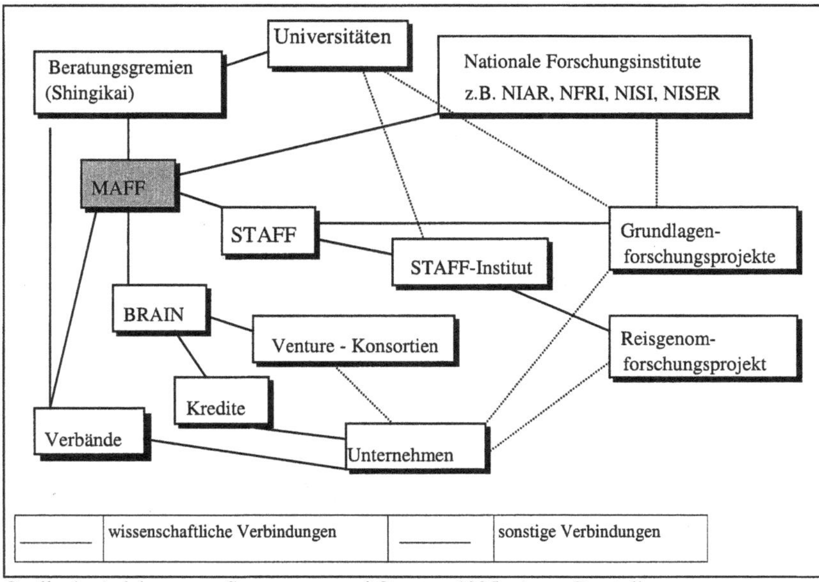

Quelle: in Anlehnung an SALUSBURY und OTSUKA 1995; eigene Darstellung

Erläuterungen: **BRAIN** (*Bio-oriented Technology Research Advancement Institution*), wurde 1986 als eigener Projektträger gegründet.

STAFF (*Norin suisan sentan gijutsu sangyo shinko senta, Society for Techno-innovation of Agriculture, Forestry and Fisheries*) ist die Forschungsvereinigung des MAFF. Sie wurde 1990 gegründet. 1996 bestand sie bereits aus 142 Mitgliedern aus diversen Branchen und aus 47 regionalen Institutionen (STAFF 1995). STAFF ist nur für die administrative Unterstützung nationaler Forschungsprojekte zuständig, hat aber seit 1993 ein eigenes Institut (**STAFF-Institut**), das sich vor allem mit der Erforschung des Reisgenoms befasst. An diesem und anderen Forschungsprojekten sind auch Unternehmen beteiligt.

Das *Agricultural, Forestry and Fisheries Research Council* (AFFRC) ist der MAFF-eigene, siebenköpfige **Beratungskreis**. Das Council fungiert auch als Dachorganisation der 29 Ressort-eigenen Forschungsinstitute. Der größte Teil der Institute ist themenspezifisch organisiert, ein Teil ist jedoch regionalspezifisch orientiert. Fast alle diese Institute führen biotechnologisch relevante Forschung durch. Sehr aktiv sind das *National Institute of Agrobiological Resources* (NIAR) und das *Institute for Sericultural and Entomological Resources* (NISER).

Unter den **Industrieverbänden** ragt kein einzelner gesondert heraus, nichtsdestotrotz stellen Verbände wie die *Japanese Agricultural Cooperative Society* (JA) ein wichtiges Bindeglied zwischen Industrie und Ministerium dar.

Die *Research Association for New Technologies in Breeding*, die *Research Association for Biotechnology of Agricultural Chemicals* und die *Development Association for Bioreactor Systems in the Food Industry* sind **Industrievereinigungen**, die in den Forschungsprojekten des MAFF beteiligt werden.

Abbildung A-8-1 Entwicklung der Kooperationen in der deutschen Pharmaindustrie nach Anzahl der Kooperationsinhalte

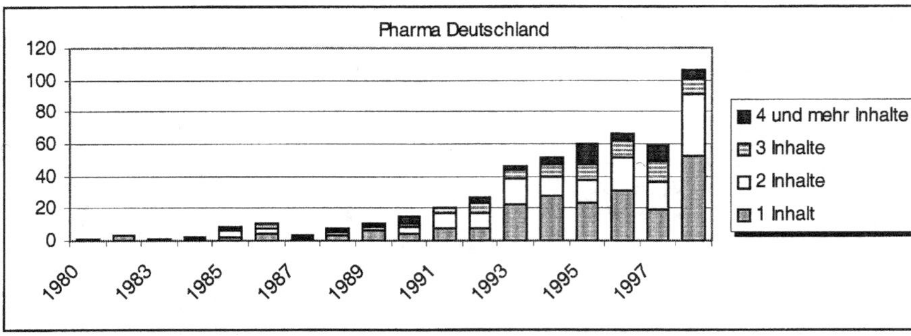

Quelle: eigene Erhebung

Abbildung A-8-2 Entwicklung der Kooperationen in der japanischen Pharmaindustrie nach Anzahl der Kooperationsinhalte

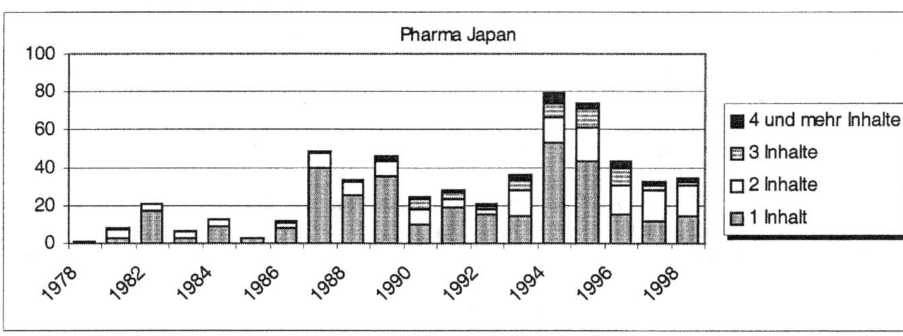

Quelle: eigene Erhebung

Abbildung A-8-3 Entwicklung der Kooperationen in der japanischen Chemieindustrie nach Anzahl der Kooperationsinhalte

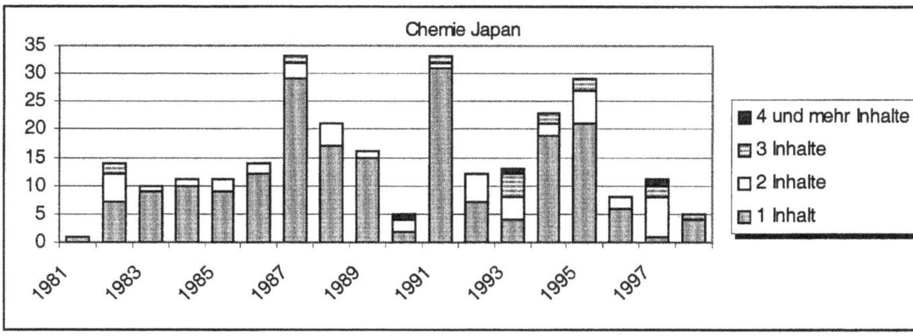

Quelle: eigene Erhebung

Abbildung A-8-4 Entwicklung der Kooperationen in der japanischen Ernährungsindustrie nach Anzahl der Kooperationsinhalte

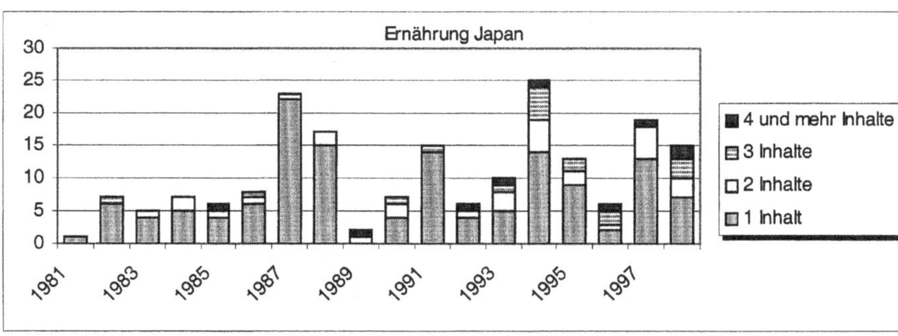

Quelle: eigene Erhebung

Abbildung A-8-5 Patent-, Publikations- und Kooperationsaktivitäten der japanischen Pharmaindustrie (1980-1998)

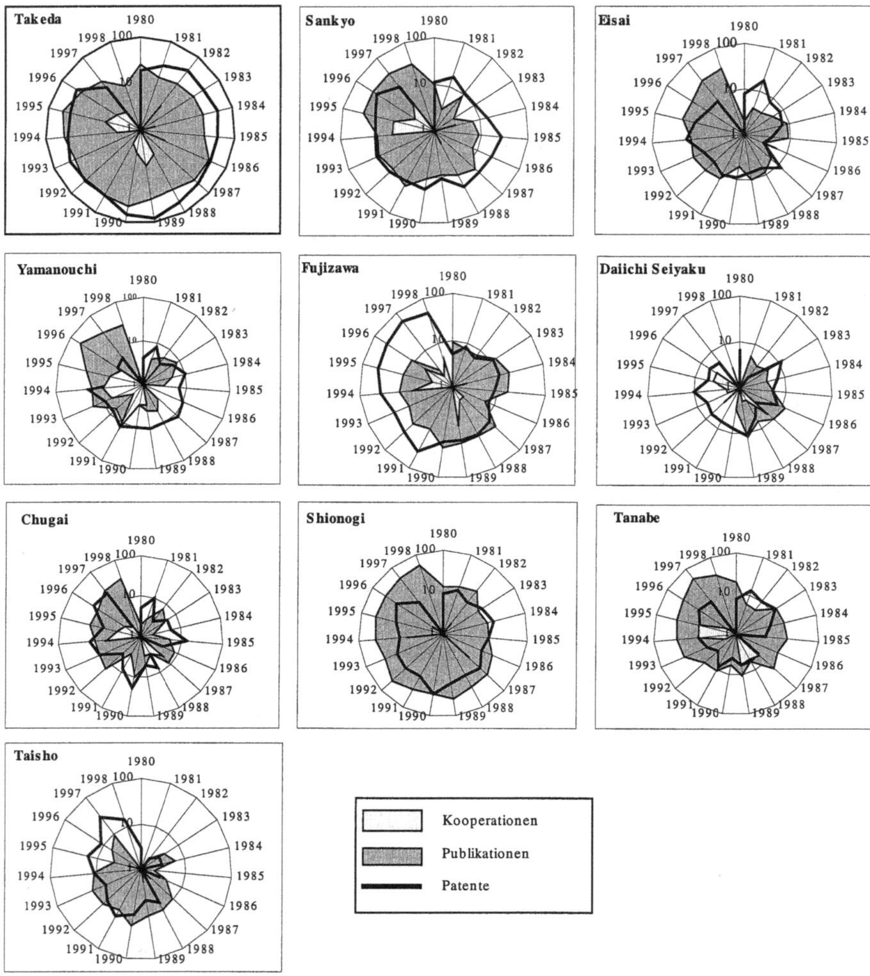

Quelle: SCI, WPI; eigene Erhebung
Anmerkung: Die Reihenfolge entspricht der der F&E-Aufwendungen 1996

Abbildung A-8-6 Patent-, Publikations- und Kooperationsaktivitäten der japanischen Chemieindustrie (1980-1998)

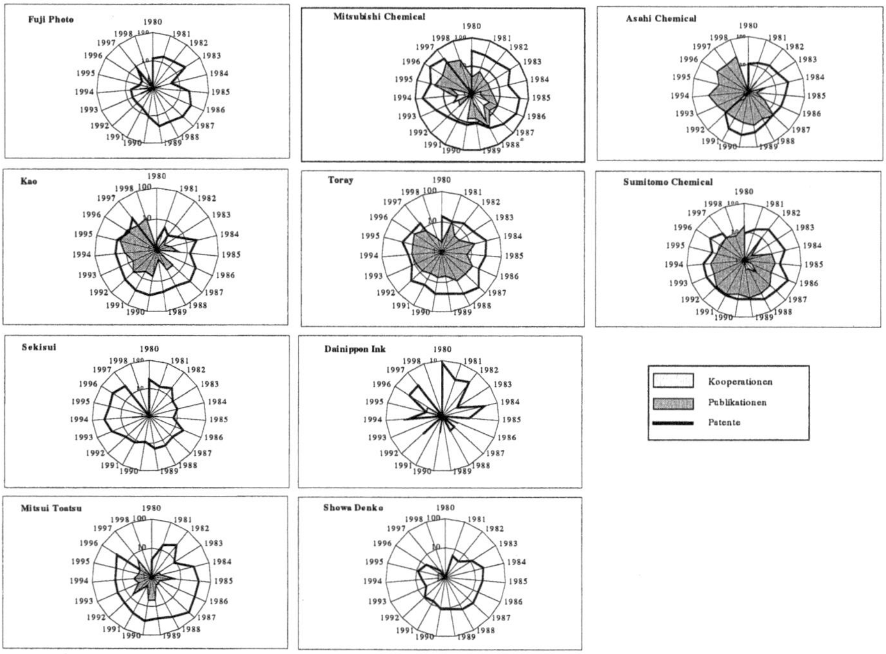

Quelle: SCISearch, WPI; eigene Erhebung

Abbildung A-8-7 Patent-, Publikations- und Kooperationsaktivitäten der japanischen Ernährungsindustrie (1980-1998)

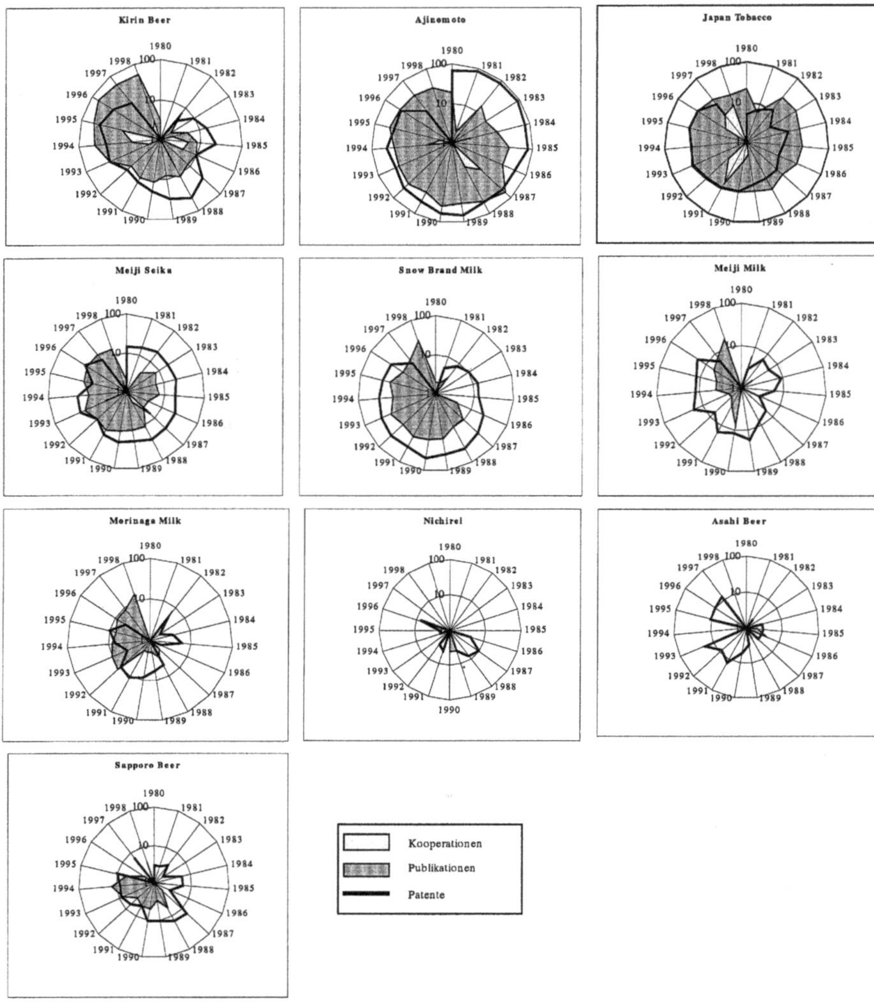

Quelle: SCISearch, WPI; eigene Erhebung

Tabelle A- 4-1 Entwicklungsverlauf der modernen Biotechnologie

	Wissenschaftlicher Komplex	Industrieller Komplex	Rahmenbedingungen
1953	• Watson und Crick bestimmen die DNA-Struktur (Cambridge, UK)		
1961-66	• Entzifferung des vollständigen genetischen Codes		
1969	• Kleppe beschreibt die Grundlagen der Polymerasekettenreaktion (PCR)-Methode		
1973	• Cohen und Boyer führen die rekombinante DNA-Technologie (rDNA) ein, die Universität Stanford und das University of California System melden darauf ein Patent an		
1975	• Köhler und Milstein beschreiben die Produktion monoklonaler Antikörper (D, CH, UK) • Richtlinien für das Verhalten in der rDNA-Forschung (Konferenz von Asilomar)		
1976		• Gründung von Genentech, der ersten 'dedicated biotech firm' (DBF)	
1977	• Entwicklung von Techniken zur Bestimmung der DNA-Sequenz (Sanger, UK)	• Die Anzahl der startups erhöht sich auf drei.	
1978		• Genentech produziert Humaninsulin in E.coli, • Eli Lilly und Genentech kooperieren, um rekombinantes Humaninsulin zu produzieren, • Die Zahl der startups erhöht sich auf sieben	
1979	• Vorschlag, das menschliche Erbgut mittels mapping zu erforschen (Bodmer und Solomon, UK)	• Sechs weitere startups werden gegründet	

Tabelle A-4-1 Entwicklungsverlauf der modernen Biotechnologie (Fortsetzung)

1980		• Die Aktien von Genentech erreichen beim IPO an der NASDAC den schnellsten und höchsten Aktienpreis-Anstieg: in 20 Minuten von $ 35 auf $ 89.	• US-Bundesgericht entscheidet, dass genetisch veränderte Mikroorganismen patentiert werden können (Chakrabarty vs. Diamond) • Cohen und Boyer werden als Erfinder der rDNA-Methode festgehalten, Patenthalter werden zu gleichen Teilen die Universität Stanford und das University of California System.
1981		• Über 80 neue start-ups werden bis Jahresende gegründet. • Verkauf der ersten kommerziellen automatisierten DNA-Synthesemaschine. • Cetus kann $ 115 Mio beim IPO realisieren, die bisher höchste Summe eines IPO.	• Genehmigung des ersten monoklonalen Antikörper-Diagnostiksystems für den Gebrauch in den USA
	Wissenschaftlicher Komplex	**Industrieller Komplex**	**Rahmenbedingungen**
1982		• Genentech lizenziert Humaninsulin an Eli Lilly 22 neue startups werden gegründet	• Das erste gentechnisch hergestellte pharmazeutische Produkt, Humaninsulin, wird in den USA und Großbritannien zugelassen.
1983	• Verwendung von gentechnisch veränderten TI-Plasmiden zur Transformation von Pflanzen (Max-Planck-Institut, D) • Das erste künstliche Chromosom wird synthetisiert	• Die Zahl der startups liegt bei 200. • Humulin, das erste von Genentech entwickelte rekombinante DNA-Produkt, kommt auf den Markt (Vermarktung: Eli Lilly)	
1984	• Die Methode des genetischen Fingerabdrucks (DNA fingerprinting) wird entwickelt • Chiron kloniert und sequenziert das gesamte HIV Genom	• Amgen-Kirin Joint Venture zur Entwicklung von EPO	
1985	• Veröffentlichung der Polymerasekettenreaktions-(PCR-) Methode	• Genentech produziert und vermarktet ein Wachstumshormon selbst (Protropin) • Die Zahl der startups liegt bei über 400.	• Die PCR-Technik wird Cetus als Patent erteilt. • FDA lässt als zweites biotechnologisches Produkt humaneWachstumsfaktoren (HGF) zu
1986	• Der erste Feldversuch einer genetisch veränderter Tabakpflanze wird durchgeführt	• Der Umsatz der startups liegt bei $ 6 Mio • Hybritech wird für $ 500 Mio von Eli Lilly übernommen	• Das Office of Science and Technology Policy publiziert den 'Coordinated Framework for the Regulation of Biotechnology'

Tabelle A-4-1 Entwicklungsverlauf der modernen Biotechnologie (Fortsetzung)

1987		• Der amerikanische Börsencrash zeigt Auswirkungen auf die Biotech-Branche mit einer Stagnation	• Das USPTO lässt künstliche Tiere zum Patentieren zu. • Calgene erhält ein Patent auf Tomaten mit einer höheren Lagerfestigkeit.
1988	• Der Kongress beschließt die Finanzierung des Human Genome Project	• Die Sterblichkeitsrate der startups liegt - auch bedingt durch viele M&A - über der Rate für Neugründungen • Chiba-Geigy zahlt Chiron $ 20 Mio für 1 Mio Aktien	• Zulassung eines U.S.-Patents über eine gentechnisch veränderte Maus, die anfällig gegen Krebs ist (Harvard Patent)
1989		• Gen-Probe ist das erste amerikanische startup, das von einem japanischen Unternehmen gekauft wird (Chugai) • Hoffman-LaRoche erwirbt 3.6 % von Cetus	
	Wissenschaftlicher Komplex	**Industrieller Komplex**	**Rahmenbedingungen**
1990	• Das Human Genome Project zur Erforschung des menschlichen Genoms wird gestartet. • Erste Gentherapie am Menschen	• Hoffmann-LaRoche erwirbt für $ 2.1 Mrd 60% des Aktienkapitals von Genentech. • Glaxo und BioChem kooperieren zur Entwicklung von 3TC.	• Genehmigung für die Erprobung der somatischen Gentherapie beim Menschen in den USA. • FDA lässt den ersten biotechnologisch hergestellten Narungszusatz, rekombinantes Renin, zur Herstellung von Käse zu.
1991			
1992		• Chiron erwirbt für $ 660 Mio Cetus, den bis dato teuersten Merger zwischen zwei Biotechnologiefirmen. • Chiron verkauft das Cetus Patent der PCR-Methode an Hoffmann-LaRoche. • Eli Lilly – Centocor Vertrag um ReoPro.	
1993		• Der Umsatz der startups liegt bei $ 3.4 Mrd • Vereinbarung zwischen SmithKline Beecham und Human Genome Sciences lässt die biotechnologische Basis von der Chemie endgültig zu Genen wechseln. Die Allianz ist Smithkline $ 125 Mio wert.	• Erste Zulassung einer gentechnisch veränderten Pflanze durch die amerikanischen Behörden ('Flavr Savr' von Calgene)

Tabelle A-4-1 Entwicklungsverlauf der modernen Biotechnologie (Fortsetzung)

1994		• Die erste gentechnisch veränderte Tomate, die 'Flavr Savr' von Calgene kommt auf den Markt • Ciba-Geigy kauft für \$ 2.2 Mrd 49.9% von Chiron. Chiron erhält des weiteren einen Kredit in Höhe von \$ 425 Mio	
1995	• Die Rockefeller University erhält für eine exklusive Lizenz über das Gen, das die Fettleibigkeit bestimmt, \$ 20 Mio plus zusätzliche Einnahmen von Amgen.	• Drei weitere gentechnisch hergestellte landwirtschaftliche Produkte erreichen den Markt: Ein virusresistenter Kürbis von Asgrow, sowie Baumwolle (BMX Cotton) und Raps (Laurate Canola) von Calgene. • Der Umsatz der startups liegt bei \$ 8.43 Mrd, der Umsatz der amerikanischen biotechnologischen Industrie (1900 private und öffentliche Unternehmen) wird auf \$ 12.83 Mrd geschätzt. 39 der 230 börsennotierten Unternehmen machen einen Gewinn von rund \$ 1 Mrd.	
	Wissenschaftlicher Komplex	**Industrieller Komplex**	**Rahmenbedingungen**
1996		• Der Umsatz der startups liegt bei \$ 12.4 Mrd	
1997	• Es gelingt Forschern, ein Schaf aus einer ausgereiften Zelle zu klonieren ('Dolly') (Edinburgh, UK)	• Monsanto kooperiert mit Millenium im Agrarbereich und lässt sich diese Allianz \$ 218 Mio kosten. • Der Umsatz der startups liegt bei \$ 16 Mrd	
1998		• Bayer kooperiert mit Millenium. Für \$ 465 Mio erhält Bayer in der bisher teuersten Allianz, einen 14%igen Anteil und Zugang zu 225 neuen "Arzneimittel-Genen". • Der Umsatz mit biotechnologischen Produkten überspringt die Marke von \$ 13 Mrd.	• das erste, mit BT-Mais hergestellte Lebensmittel, der 'Butterfinger von Nestlé wird in Deutschland auf den Markt gebracht.
1999		• Roche erwirbt Genentech vollständig	• In Europa vermehrt sich der Widerstand gegen BT-Lebensmittel, in Großbritannien verzichten die großen Lebensmittelketten auf BT-Produkte in ihren Regalen. • Die EU kann sich hinsichtlich einer Kennzeichnungspflicht für BT-Lebensmittel nicht einigen. • Die Biotechnologie Richtlinie tritt in Europa in Kraft • Europäische Länder wehren sich gegen die Einfuhr US-amerikanischer BT-Pflanzen

Quellen: OTA 1984, OTA 1991; EDWARDS und HAMILTON 1998; KORNBERG 1995; NATURE BIOTECHNOLOGY versch. Ausgaben; ERNST & YOUNG versch. Jahrgänge. Eigene Darstellung

Tabelle A-4-2 Kooperationen aus Sicht biotechnologischer Unternehmen

Prozessphase	Notwendige Ressource Intern oder durch	Externe Partner
Forschungsentwicklung	F&E-Gelder	• Universitäten, • Forschungseinrichtungen • Staat • Pharmakonzerne • Andere biotechnologische Unternehmen
Klinische Entwicklung/rechtliche Abwicklung	Klinische Erfahrung	• Klinische Forschungseinrichtungen (Kliniken) • Pharmakonzerne • Andere biotechnologische Unternehmen
Herstellung	Produktionsanlage(n)	• Spezielle Lohnhersteller • Spezialisierte biotechnologische Intermediäre • Pharmakonzerne mit Überkapazitäten
Vermarktung	Kapazitäten nach nationaler und internationaler Reichweite	• Pharmakonzerne - nach Markt/Indikation - nach geographischer Lage
Verkauf	Entscheidung der Aufsplittung	• Direkt an Kunden • Spezielle Verkäufer
Vertrieb	Lagerungs-, Transport-, Verteilungskapazitäten	• Pharmagroßhändler • Direkt von Kunden • Pharmadistributoren

Quelle: in Anlehnung an ERNST & YOUNG 1994, S. 38, eigene Zusammenstellung

Tabelle A-6-1 Überblick der Fusionen in der Pharmaindustrie

Jahr	Akquirierende und fusionierende Unternehmen
1998	Hoechst AG und Rhône-Poulenc Rorer (Neu: Aventis)
1998	Sanofi und Synthélabo
1998	Bayer und Chiron (nur Diagnostika-Sparte)
1998	Zeneca und Astra (Neu: Astra Zeneca)
1997	Hoffmann-LaRoche und Boehringer Mannheim
1997	Nycomed und Amersham (Neu: Nycomed-Amersham)
1996	CibaGeigy und Sandoz (Novartis)
1996	Elan und Athena Neurosciences
1995	Knoll und Boots
1995	Glaxo und Burroughs Wellcome (Neu: Glaxo Wellcome)
1995	Gynopharma und Ortho-McNeill
1995	Hoechst-Roussel und Marion Merrell Dow (Neu: Hoechst Marion Roussel, HMR)
1995	Pharmacia und Upjohn (Neu: Pharmacia & Upjohn, P&U)
1995	Rhône-Poulenc Rorer und Fisons
1995	Schwarz Pharma und Reed & Carnick
1994	American Home und American Cyanamid (American Home Products, AHP)
1994	Hoffmann-LaRoche und Syntex
1994	Pharmacia und Erbamont
1994	Sanofi und Sterling Winthrop (verschreibungspflichtige Arzneien)
1994	SmithKline Beecham und Sterling (OTC-Sparte)
1991	SmithKline und Beecham (Neu: SmithKline Beecham, SKB)
1990	Boots und Flint
1990	Pharmacia und Kabi
1990	Rhône-Poulenc und Rorer (Neu: Rhône-Poulenc Rorer, RPR)
1989	American Home und A.H. Robins
1989	Bristol-Myers und Squibb (Neu: Bristol-Myers Squibb, BMS)
1989	Dow und Marion
1988	Kodak und Sterling
1986	Schering-Plough und Key
1985	Monsanto und Searle
1985	Rorer und USV/Armour

Quelle: phrma.org 1999

Tabelle A-7-1 Forschungskonsortien des MHW 1987-1995

Start	Name des Konsortiums	Teilnehmende Unternehmen
1987	Drug Delivery Systems Laboratories	Asahi Kasei, Ajinomoto, Eisai, Shionogi, Daiichi, Tanabe, Meiji Seika
1987	Biosensor Research Center	Kuraray, Chugai, Toray, Hamamatsu Photonics
1988	Sight Signal Research Center	Kirin Beer, Sankyo, Mitsubishi Kagaku
1988	Artificial Vector Laboratories	Sumitomo Denki, Daiichi Seiyaku
1989	Organic Function Research Institute	Takeda, Sumitomo Jukikai Kogyo, Fujisawa, Nihon Mediphysics, Tanabe, Wako Junyaku Kogyo, Yoshitomi
1989	Institute for Advanced Skin Research	Shiseido, Chugai Yakuhin, Nihon Yushi
1990	Vessel Research Laboratory	Kyowa Hakko, Terumo
1991	Generic Drug Technics Research Institute	Yamanouchi, Kuraray, Sanwa Kagaku Kenkyocho, Toray, Nihon Doukan, Nihon Tabaco, Yamasa Shouyu, Intelligent Cosmos Kenkyukikou, Taito Ginko, Toho Ginko, Tohoku Denryoku, Fukushima Ginko
1991	Cardio-Pacing Research Laboratories	Terumo, Yuasa, NTT Electronics Technology
1992	H.S.P. Research Institute	Sumitomo Seiyaku, Nihon Tabaco, Hayashibara Seibutsukagaku Kenkyucho, Mochida
1993	Agene Research Institute	Nihon Roche, Eisai, Kissei Yakuhin, Meiji Seika
1994	DNAVEC	Hisamitsu Seiyaku, Kyowa Hakko, Sankyo, Shionogi, Yamanouchi, Sumitomo Seiyaku, Tanabe
1995	Genox Research Institute	Eisai, Yamanouchi, Olympus, Hamamatsu Photonics, Kirin Beer, Tanabe, Kyowa Hakko, Sankyo

Quelle: Pharmaceutical Affairs Bureau, MHW 1996

Anhang B Erläuterungen zu Grundlage und Erhebungsmethoden der Daten

Identifizierung und Auswahl der Unternehmen

Auf Grundlage des *Japan Company Handbook, Winter 1996* (Toyo Keizai 1996), wurden die japanischen Unternehmen identifiziert. In diesem Handbuch sind die an der japanischen Börse notierten Unternehmen aufgeführt. Nicht Börsen notierte Unternehmen unterliegen keiner erweiterten Offenlegungspflicht, so dass detaillierte Unternehmensinformationen i.d.R. nicht zugängig sind. Dem dadurch vorprogrammierten Bias - auch in Japan existieren von Umsatz- und Mitarbeiterzahlen her sehr große, private Unternehmen – wird durch die Aufnahme einiger weniger privater Unternehmen entgegengesteuert, die aufgrund von Interviews und Pressenotizen als aktiv gelten. Die Auswahl der deutschen Unternehmen erfolgte aufgrund einer Recherche in der *Hoppenstedt Firmendatenbank* (Ausgabe 2/1998 (CD-Rom Komplettversion)). Eine Anpassung unterschiedlicher Klassifizierungen erfolgte ebenfalls.

Für die Datensätze wurden die japanischen Unternehmensangaben für den Zeitpunkt Frühjahr 1996 erhoben (das Fiskaljahr endet zum 31.3.), die deutschen Angaben beziehen sich i.d.R. auf das zum 31.12. endende Geschäftsjahr 1997. Für die Auswahl der Unternehmen galten als Selektionskriterien Umsatz (> 10 Mrd. Yen, bzw. 150 Mio. DM) sowie Anzahl von Beschäftigten (> 200). Da in Japan kaum Unternehmen in ausländischem Besitz sind und ausländische Töchter i.d.R. nicht an der Börse notiert sind, blieben zur besseren Vergleichbarkeit auch die ausländischen Tochterunternehmen in Deutschland, die durchaus in der Hoppenstedt-Datenbank geführt werden, unberücksichtigt.

In der Hoppenstedt-Datenbank werden Konzern und Konzerntöchter jeweils einzeln aufgeführt; für die Datenerhebung wurden die jeweiligen Chemie- bzw. Pharmasparten differenziert bzw. zusammengefasst und jeweils als ein Unternehmen aufgeführt. Ein Beispiel: Die Hoechst AG wird grundsätzlich als Chemieunternehmen geführt. Im Pharmabereich taucht Hoechst-Marion-Roussel (HMR) jedoch nicht eigenständig auf. Im Chemiebereich werden jedoch auch Konzerntöchter wie die Messer-Griesheim AG, Celanese etc. als eigenständige Unternehmen aufgeführt.[95] Da mögliche Verbindungen dieser Einzelunternehmen in der Netzwerkanalyse zur

95 Da gerade in der deutschen Chemieindustrie ein Umbruch zu Gunsten der 'life sciences' stattfindet, ist gerade die Hoechst AG bestes Beispiel für diese Transformation: die Chemie-Töchter werden nach und nach abgestoßen, Pharmaunternehmen dagegen akquiriert. Hoechst kaufte zunächst den französischen Pharmakonzern Roussel, dann den amerikanischen Konzern Marion-Merill-Dow (selbst eine Fusion) und der Konzern umbenannt

Konzernmutter zurückführen, bleiben die Konzerntöchter in der Erhebung der Industriestruktur unberücksichtigt. D.h., in diesem Fall wurden die Angaben über die Chemie- und Pharmasparten von der Internetseite von Hoechst genutzt, so dass im Datensatz Chemie die Hoechst AG (incl. Chemie-lastige Konzerntöchter) und im Pharmadatensatz Hoechst-Marion-Roussel (incl. Pharma-lastige Konzerntöchter) aufgeführt sind. Ähnliches gilt für andere große Chemieunternehmen wie BASF und Bayer AG mit einer selbstständigen, großen Pharmasparte.

Tabelle B-1 Anzahl der Unternehmen in den Datensätzen nach Herkunft und Branche

Anzahl der Unternehmen im Datensatz	Deutschland	Japan
... aus der Pharmabranche	32	46
... aus der Chemieindustrie	108	156
... aus Ernährungsindustrie	209	92
Summe	349	294

Quelle: eigene Zusammenstellung

Für die beiden Datensätze, sowie für den 'Kontroll-Datensatz' USA wurden die folgenden Kennzahlen erhoben:

Tabelle B-2 Erhobene Unternehmensdaten

Erhobene Unternehmensdaten	Deutschland	Japan	USA
Name	✓	✓	✓
Branche	✓	✓	✓
Gründungsdatum	✓	✓	✓
Anzahl der Beschäftigten	✓	✓	✓
Umsatz	✓	✓	✓
F&E Ausgaben	(✓)	✓	✓
Exportquote	-	✓	-
Eigentümerstruktur	(✓)	✓	✓

Quelle: eigene Zusammenstellung
(✓) nur für die 10 größten Unternehmen

Hinsichtlich des Wissens-Sourcing wurde die Vermutung geäußert, dass Unternehmen ihre Wissens- bzw. Informationsdefizite durch Kooperationen mit Unternehmen oder Forschungseinrichtungen ausgleichen, die dieses Know-how unabhängig von ihrer geographischen Lage aufweisen. D. h. japanische und deutsche Unternehmen versuchen, vor allem in den biowissenschaftlich führenden USA, Kooperationen einzugehen. Um über diese industriellen Kooperationspartner ein besseres Bild zu bekommen, wurde ein dritter Datensatz aufgebaut:

Die Zeitschrift *Nature Biotechnology* veröffentlicht jährlich eine Liste der börsennotierten Biotechnologieunternehmen in den USA sowie weltweit. Für die Biotechnologieunternehmen mit einem Mindestumsatz von 10 Mio. Dollar wurden ähnliche Daten erhoben, wie für den deutschen und den japanischen Datensatz. Für die insgesamt 130 Unternehmen, die dem Größenkriterium genügten, muss allerdings betont werden, dass es sich dabei nur um überlebende Unternehmen handelt. Durch Fusionen und Akquisitionen 'verschwinden' Unternehmen in dieser Liste hinter anderen, die aber als Kooperationspartner aus der Vergangenheit bestehen. Ein Beispiel ist Cetus, das, 1987 gegründet, zu den ersten 'dedicated' Biotechnologieunternehmen gehörte und eine Reihe von Kooperationen aufwies. 1990 wurde es jedoch von Chiron übernommen, so dass Verbindungen von Cetus nun auf Chiron weisen.

Die Unternehmensangaben wurden ihren Jahresberichten entnommen, die die Exchange and Securities Commission (SEC) auf ihrer Internetseite in Form der Datenbank *EDGAR* öffentlich zugänglich macht (http://www.sec.gov/EDGAR/). In einem zweiten Schritt wurden sie auf Hinweise zu Kooperationen hin untersucht. Diese Angaben wurden entsprechend erfasst und dienen gleichzeitig als Ergänzung bzw. Kontrolle zu anderen Kooperationsquellen.

Identifizierung und Messung der Kooperationen

Für die Unternehmen des deutschen und des japanischen Datensatzes wurde eine Recherche in der öffentlich zugänglichen Datenbank *recap* von Recombinant Capital genutzt (http://www.recap.com), in der Allianzen zwischen Biotechnologieunternehmen, Universitäten und sonstigen Forschungseinrichtungen und Unternehmen aufgelistet sind. Den größten Anteil nehmen zwar US-amerikanische Unternehmen ein, internationale Unternehmen und Forschungseinrichtungen sind jedoch ebenfalls gut vertreten. Ergänzt wurden die Angaben durch Einbeziehung der Datenbank des North Carolina Biotechnology Center. In der Publikation von DIBNER und WHITE (1989) werden die biotechnologischen Kooperationen von japanischen Unternehmen zwischen 1980 und 1988 aufgeführt, die zum Teil nicht in der recap.com Datenbank enthalten sind. Für den Zeitraum 1997-1998 wurde darüber hinaus die wöchentlich erscheinende Fachzeitschrift *BioCentury* genutzt, die die jeweils neuesten Kooperationen auflistet. Als weitere Quelle wurde der Jahresbericht *Nikkei Bio Nenkan 1995* (Nikkei 1996) hinzugezogen. Für die deutschen Unternehmen wurden, wenn vorhanden, ihre Internetseiten konsultiert, sowie Presseberichte, die Jahresberichte von Ernst & Young und andere öffentlich zugänglichen Informationen berücksichtigt. Als Quercheck wurden auch die genannten Kooperationen der amerikanischen Biotechnologieunternehmen herangezogen.

Ein umfassender Überblick über Forschungskooperationen zwischen ausländischen Universitäten, Forschungseinrichtungen und japanischen Unternehmen ist nur schwer zu bekommen – es gibt keine Datenbank, die die Interaktionen komprimiert zusammenfasst (OJA 1992, S. 33). Es wurden daher mehrere Schritte unternommen. In einem ersten Schritt wurden die forschungsintensivsten US-amerikanischen Universitäten in recap.com auf ihre Kooperationen mit japanischen und deutschen

Unternehmen hin untersucht. Allerdings werden nicht alle formellen Kooperationen von Universitäten veröffentlicht, so dass diese Verbindungen dort unterrepräsentiert sind. Weitere Verbindungen zwischen US-amerikanischen Universitäten bzw. Nonprofit Einrichtungen und der japanischen Industrie finden sich in OJA (1992). Da kooperative Verbindungen zwischen Unternehmen und japanischen staatlichen Universitäten erst ab 1983 erlaubt wurden, wurde eine Studie des japanischen Erziehungsministeriums (MOMBUSHO 1995a) herangezogen, in der die insgesamt 162 biotechnologischen Kooperationen von 89 Universitäten, die 1994 bestanden, aufgeführt sind (MOMBUSHO 1995).[96] Kooperationen zwischen Unternehmen und japanischen staatlichen Forschungseinrichtungen wurden ebenfalls berücksichtigt. Auch diese gehen zurück auf den Anfang der 1980er-Jahre. Dafür wurden die Forschungsprogramme der relevanten Ministerien untersucht, in deren Verwaltungsbereich die staatlichen Forschungseinrichtungen fallen. Quellen hierbei waren Interviews in Japan (durchgeführt im November und Dezember 1996), sowie schriftliche Unterlagen der Ministerien, Forschungseinrichtungen und deren Internetseiten, sowie Publikationen der Science and Technology Agency (STA) wie Weißbücher und die monatlichen Mitteilungen *STA Today*. Als wenig hilfreich erwiesen sich die Internetseiten der japanischen Unternehmen. Nur die großen Unternehmen geben zumindest einen Einblick in ihre Kooperationen. Zum Teil sind sie etwas detaillierter auf ihren japanischen Seiten, aber auch die sind nur in wenigen Ausnahmen ergiebig. Zahlreiche Hinweise auf Forschungskooperationen wurden dagegen der Wirtschaftszeitung *Nikkei Weekly* entnommen.

Für die deutschen Unternehmen und ihren Kooperationen gestaltet sich die Suche zumindest partiell einfacher. Zusammen mit der Recherche in recap.com und der Konsultierung der Internetseiten der Unternehmen ergibt sich ein recht detailliertes Bild der Industriekooperationen, die durch einschlägige Biotechnologiepublikationen begleitet wurden. Deutlich eingeschränkt sind die Verbindungen zu Universitäten nachvollziehbar. Zwar betonen viele Unternehmen ihre engen Verbindungen zu Universitäten und nennen auch vereinzelt Namen, aber im Grunde ist dies ein Graubereich, dessen Intensität und Extensität weder auf Seiten der Industrie noch auf Seiten der Universitäten transparent und nachvollziehbar ist. In dieser Hinsicht ist von einer Verzerrung des empirischen Materials auszugehen.

Die bereits in Kapitel fünf, Tabelle 5-1 aufgeführten Kooperationsinhalte nach Hagedoorn bzw. Freeman lassen sich mit Hilfe der recap.com-Datenbank relativ einfach identifizieren. In der Datenbank werden insgesamt 30 Inhalte unterschieden, von denen sich allerdings nur 21 auf die Kooperationsinhalte von Hagedoorn bzw. Freeman beziehen. In den Datensätzen wurden die gefundenen Kooperationen nach Jahr und Kooperationstyp (Beziehungsinhalte) aufgenommen. Eine typische Unter-

---

[96] Die Kooperationen werden allerdings nur kumuliert aufgeführt, so dass über die Dauer der Kooperationen keine Aussagen gemacht werden können. Die Zahl der neuen Kooperationen schwankt im betrachteten Zeitraum zwischen 6 und 22.

nehmensangabe inklusive Kooperationen beinhaltet u.a. Folgendes (vgl. Tabelle B-3):

Tabelle B-3 Kooperationen anhand eines Beispiels (Taisho Pharmaceutical)

Unternehmen	Jahr	Ende	Partner	Inhalte					
				d	di	l	mkt	tec	ter
Taisho	1987		KV Pharmaceuticals	✓		✓			
Taisho	1987	1992	Liposome Company	✓			✓		✓
Taisho	1989		KV Pharmaceuticals	✓					
Taisho	1989		Roberts Pharmaceutical	✓	✓	✓			
Taisho	1995		Tularik	✓		✓			
Taisho	1995		BMS			✓			
Taisho	1997		Lilly			✓		✓	
Taisho	1997		Abbott		✓				

Quelle: eigene Zusammenstellung

Taisho Pharmaceutical Co. Ltd (Taisho Seiyaku); gegründet 1928; Umsatz 220.930 Mrd. Yen; F&E-Ausgaben 18.940 Mrd. Yen; Beschäftigte 4.803; Exportquote: 1 %; Eigentümer: Familie Uehara (33.3 %).

Darüber hinaus sind die Partner genauer klassifiziert in:

- Biotechnologie In-/Ausland
- Universitäten/Forschungseinrichtungen In-/Ausland
- Unternehmen In-/Ausland
- Sonstige

In Tabelle B-4 sind die identifizierten Unternehmen aufgelistet, die zwischen 1980 und 1998 biotechnologische Kooperationen eingegangen sind.

Tabelle B-4 Liste der identifizierten kooperierenden deutschen und japanischen Unternehmen

Pharma Deutschland	Byk Gulden	- Hoechst MMD
Asta Medica	Centeon	- Hoechst Roussel-Uclaf
- Degussa	Dr. Rentschler Arzneimittel	- Hoechst-Ariad Genome
B. Braun Melsungen	Fresenius	Karl Thomae
BASF	Grünenthal	Merck KGaA
Knoll	HMR	Merz + Co GmbH
Bayer	- Behringwerke	Quiagen
- Bayer Diagnostics	- Behring Diagnostics	Rhein Biotec
Biotest	- Celanese	Schering
Boehringer Ingelheim	- Chiron Behring	- Schering Berlex
Boehringer Mannheim	- Hoechst Japan	Schwarz Pharma
- Roche Diagnostics	- Hoechst-Roussel	
Chemie Deutschland	Bayersdorf	Essex Chemie AG
Azko Nobel	Chemie Linz AG	SKW Trostberg
Pharma Japan	Kokusai Shiyaku	Ono Yakuhin Kogyo
Banyu Seiyaku	Midori Juji (Green Cross)	Otsuka Yakuhin
Chugai Seiyaku	Nihon Chemical Research	Rohto Seiyaku
Daiichi Seiyaku	Kaken Seiyaku	Sankyo
Dainippon Seiyaku	Kaketsuken-Mochida	Santen Seiyaku
Eiken Kagaku	Kissei Yakuhin Kogyo	Seikagaku Kogyo
Eisai	Mochida Seiyaku	Shionogi Seiyaku
Fujirebio	Nihon Iyakuhin	SS Seiyaku
Fujisawa Yakuhin Kogyo	Nippon Kemifa	Sumitomo Seiyaku
- Lyphomed	Nippon Shinyaku	Taisho Seiyaku
Fuso Yakuhin Kogyo	Nippon Soda	Takeda Yakuhin Kogyo
Hokuriku Seiyaku	Nissui Seiyaku	Tanabe Seiyaku
Teikoku Zoki Seiyaku	Toyama Kagaku Kogyo	Yamanouchi Seiyaku
Torii Yakuhin	Tsumura	Yoshitomi Seiyaku

Tabelle B-4 Liste der identifizierten kooperierenden deutschen und japanischen Unternehmen (Fortsetzung)

Chemie Japan	Mitsubishi Chemical	Showa Denko
Asahi Kasei	Mitsubishi Kasei	Sumitomo Kagaku Kogyo
Daicel Chemical	Mitsui	Sumitomo Seika
Fuji Film	Mitsui Sekiyu Kagaku Kogyo	Sunstar
Hitachi Chemical	Mitsui Toatsu Kagaku	Teijin
Japan Synthetic Rubber	Nichiban	Terumo
Kanebo	Nippon Kagaku Kogyo	Toagosei
Kaneka	Nippon Kayaku	Tokuyama Corp
Konica	Nippon Zeon	Toray
Kuraray	Nissan Kagaku Kogyo	Toray-Fuji Bionics
Kyowa Hakko Kogyo	Sekisui Kaseihin Kogyo	Tosoh Corp
Lion	Sekisui Kagaku Kogyo	Toyobo
Mitsubishi Kagaku	Sekisui Seiyaku	Ube Kosan
Mitsubishi Corp	Shin-Etsu Kagaku Kogyo	
Ernährung Japan	Meiji Milk	Nisshin Seifun
Ajinomoto	Meiji Seika	Oriental Yeast
Calpis Shokuhin Kogyo	Morinaga Milk	Snowbrand Milk
Japan Tobacco	Morinaga Seika	Suntory
Kikkoman	Nisshin Shokuhin	Takara Shuzo
Kirin Beer	Nisshin Seiyu	Yakult Honsha

Anmerkungen: Unter den mit "- " gekennzeichneten Namen wurden ebenfalls Kooperationen gefunden. Sie wurden jeweils der Mutter zugeordnet.

Patent- und Publikationsrecherche

Technikfelder lassen sich in Wissenschaftsgebiete und in Gebiete der Technik trennen; letztere stimmen häufig mit den Bezeichnungen von Branchen bzw. Industriezweigen überein.[97] Die patentgestützte Indikatorik, die recht genaue Aussagen über die Wissensbasis von Sektoren, Technikgebieten und Produkten ermöglicht, wird allerdings durch die Schwierigkeiten, die unterschiedliche Klassifizierungen mit sich bringen, erschwert. Um beispielsweise von einer Wissenschaftsklassifikation über eine patentgestützte Technikklassifikation zu einer Warenklassifikation und damit auf die Produktebene zu gelangen, gibt es bisher nur einen Umweg über sogenannte Umsteigeschlüssel (GRUPP 1997, S. 187ff). Für die Technikklasse Pharmazeutika ergibt sich die Konkordanz aus Tabelle B-5.

97 Während sich die Zuordnung der Wissenschaftsgebiete auf die 3.500 Zeitschriften des Science Citation Index (SCI) zurückführen lässt, erfolgt die Zuordnung von Technikgebieten in Form der International Patent Classification (IPC) durch Expertenwissen. Für eine detaillierte Analyse der Vorgehensweise vgl. GRUPP und SCHMOCH 1988, S. 26ff.

Tabelle B-5 Gegenüberstellung von Wissenschaft- und Technikgebieten im Technikfeld Biotechnologie

Biotechnologie: **Wissenschaftsgebiete**	**Technikgebiete (incl. IPC-Code)**
Pharmakologie, Mikrobiologie, Bioverfahrenstechnik, Allgemeine Biologie, Toxikologie, Virologie, Biochemie, Molekularbiologie, Genetik, Zoologie, Biophysik, Botanik	Pharmazie & Kosmetik (A61K), Biotechnologie (C07G, C12M,N,P,Q,R,S)

Quelle: GRUPP 1997, S. 185.

Die Wissenschaftsbindung der Technikfelder bzw. der Industriezweige, die mit diesen Feldern verbunden werden, werden in empirischen Untersuchungen häufig in Verbindung mit technologischen Spillover-Potenzialen gebracht (JAFFE *et al.* 1993, GRUPP 1996). Dabei wird festgestellt, dass die Wissenschaftsbindung der Technik und die Spillover-Struktur als innere Merkmale von Wissenschaft und Technik bestehen, die sich zwischen den Ländern nicht unterscheiden (GRUPP und SCHMOCH 1992, S. 59ff). Indikatoren, anhand derer sich die 'Verwandtschaft' aufgrund technologischer Spillover-Effekte[98] zwischen einzelnen technologischen Entwicklungen feststellen lässt, ermöglichen es, die technologische Leistungsfähigkeit von Staaten in einer Art von Soll-Ist-Vergleich festzustellen; ein Vorgehen, das insbesondere für empirische Untersuchungen von Bedeutung ist und das beispielhaft anhand der Biotechnologie im empirischen Teil der Arbeit aufgegriffen wurde.

Obwohl zur Messung der Technologieintensität - auch aus handelstheoretischen Überlegungen - Gütergruppen vorzuziehen wären, erfolgt aus Gründen der Datenverfügbarkeit meistens eine Abgrenzung nach Sektoren (GRUPP 1997, S. 200). Für die Zwecke unserer Untersuchung sind Patent- und Publikationsindikatoren unverzichtbare Hilfsmittel, wollen wir den Wissenstand in einer Industrie oder einem Land abschätzen. Für Patent- und Publikationsrecherchen in Datenbanken sind darüber hinaus Konkordanzen und Technikklassen für möglichst exakte Suchstrategien nötig (vgl. Tabelle B-6).

98 Als Indikator für technologische Spillover eignet sich die Mehrfachklassifikation von Patentsymbolen; ein Großteil der weltweit angemeldeten Patente wird von den Patentprüfern nicht nur einer, sondern mehreren Patentsymbolen zugeordnet, wenn ein technischer Sachverhalt für den der Schutzanspruch geltend gemacht wird und/oder die Entwicklung des Standes der Technik nicht nur ein, sondern mehrere Technikfelder berührt. Anhand der Mehrfachklassifizierung lassen sich inhaltliche Vernetzungen aufzeigen, die aufgrund der Ähnlichkeit der technischen Lösung, des funktionalen Prinzips oder aufgrund seiner Anwendung für die neue Erfindung Relevanz haben. Wenn also ein Code eines Gebiets A häufig in den Patentschriften innerhalb des Gebiets B Verwendung findet, ist die technologische Nähe zwischen den Gebieten A und B relativ hoch.

Tabelle B-6 Gegenüberstellung der Technikklassifikation Pharmazeutika: US-Patentklassen (USPOC), US-Produktgruppen (SIC-Code) und Internationale Warengruppen (SITC)

US-Patentklassen (USPOC rev. 12/1991)	US-Produktgruppen (SIC, rev. 1987)	Internationale Warengruppen (SITC, rev. III)
Arzneien (424) Molekularbiologie (435) Biologische Wirkstoffe (514) Peptide/Proteine (930) Gentechnik (935)	Pharmazeutika, Arzneimittel (283)	Heterozyklische Chemie (515) Neue organische Chemie (516) Pharmazeutische Produkte (541) Medikamente (542)

Quelle: GRUPP 1997, S. 190

Den generierten Annahmen liegt als wichtiger Bestandteil die Vermutung des (inter)nationalen Wissensstocks und dessen Transfer zu Grunde, der für Kooperationsverhalten von Unternehmen verantwortlich gemacht werden kann. Zur Überprüfung der These wurde daher eine Publikationsrecherche im Bereich der modernen Biotechnologie durchgeführt, die Auskunft über das Publikationsverhalten auf nationaler Ebene geben soll (vgl. Tabelle B-7). Auf Basis des erhobenen Datensatzes wurde eine Analyse des Publikationsverhaltens der größten Unternehmen in Deutschland und Japan jeweils in den drei Industriebereichen zwischen 1980 und 1998 für Biotechnologie recherchiert. Zusätzlich wurden die Publikationen für 1998 von japanischen und deutschen Autoren insgesamt untersucht. Das ermöglicht uns einen Überblick über wichtige Akteure und die Verteilung der Publikationen nach Einrichtungen. Die Recherche wurde in der Datenbank *SCISearch* des *Institute for Scientific Information* durchgeführt. Diese Datenbank beinhaltet Publikationen der im Science Citation Index enthaltenen Zeitschriften und deren Zitierungen. Sie deckt die wichtigsten Wissenschaftsgebiete ab, allerdings mit einem Bias zu Gunsten der Lebenswissenschaften.[99]

99 Einige Anmerkungen zur Publikationsrecherche: Die Zeitreihen werden nicht nur durch die Entwicklung der Publikationen der Institutionen beeinflusst, sondern auch durch die Politik der SCI-Hersteller, neue Zeitschriften aufzunehmen oder alte herauszunehmen. Das bedeutet, dass Aussagen über zeitliche Entwicklungen immer in Relation mit der Zeitreihe für alle Biotech-Publikationen zu treffen sind. Festzustellen ist auch eine eindeutig US-lastige Auswahl der Journals. Da dieser Bias für Japan und Deutschland gleichermaßen zutrifft, sind keine großen Verzerrungen für Vergleiche zwischen Deutschland und Japan zu erwarten. Allerdings wird nur ein Teil der Publikationen der deutschen und japanischen Institutionen erfasst, die aber als qualitativ hochwertig angesehen werden können, da sie einerseits die Hürde der Aufnahme in die SCI-Journals übersprungen haben und andererseits auch international eine höhere Beachtung erlangen. Die Recherche unterscheidet nicht zwischen Einzel- und Doppelzählungen bei Ko-Publikationen. Das heisst, jeder beteiligte Publikationspartner erscheint in der Recherche eigenständig und die Anzahl der Publikationen wird somit künstlich erhöht. Diese Vorgehensweise ist durchaus vertretbar, da die positiv zu bewertenden Kooperationen hierdurch zu höheren Publikationszahlen führen.

Tabelle B-7 Recherchierte Patentklassen bzw. Wissensgebiete

Recherchierte Patentklassen in WPI	Recherchierte Wissensgebiete in SCI
C12M, C12N, C12P, C12Q, C12R, C12S, A61K-039, A61K-048, G01N-033/53?, G01N-033/54?, G01N-033/55?, G01N-033/56?, G01N-033/57?, A01N-063	Microbiology, Biochemistry, Biomedical Engineering, Biotechnology, Cell, Biomaterials, Genetics

Ähnlich wurde mit der Recherche der Patente verfahren. Für die Zeitreihe zwischen 1980 und 1997 wurde einerseits für die Biotechnologie insgesamt, sowie für die größten Unternehmen andererseits recherchiert. Als Datenbank wurde *WPI* (World Patent Index) der Firma Derwent genutzt. Sie enthält Patentanmeldungen der Patentämter der wichtigsten 40 Industrieländer weltweit (incl. Europäisches Patentamt (EPA) und internationales Patentamt (PCT)). Da der zu diesem Zeitpunkt aktuelle Rand (1997) der Patentanmeldungen – eine Veröffentlichung erfolgt erst nach 18 Monaten - aufgrund größerer Zeitverzögerungen von etwa drei Monaten bei der Eingabe in die Datenbank unvollständig ist, ist nur die Zeitreihe von 1980 bis 1996 verlässlich; sie wurde entsprechend den Auswertungen zu Grunde gelegt. Japan weist eine insgesamt größere Anmeldeneigung auf, die sich auch in den WPIndex-Anmeldungen widerspiegelt. Vergleiche der absoluten Zahlen zwischen Japan und Deutschland bieten sich daher nicht an. Nicht recherchiert wurde, für welche Bestimmungsländer die Patente angemeldet wurden. Damit wurde grundsätzlich ein wichtiges Qualitätskriterium ausgelassen. Allerdings ist die Bestimmung dieses Kriteriums auf nationaler Ebene wenig hilfreich, dafür aber sehr aufwendig. Sie würde für die Strategieverfolgung einzelner Unternehmen im Ausland einen interessanten Beitrag leisten. Da dies nicht im Zentrum der Untersuchung steht, wurde auf diesen Rechercheschritt jedoch verzichtet.

TECHNIK, WIRTSCHAFT und POLITIK

Schriftenreihe des Fraunhofer-Instituts
für Systemtechnik und Innovationsforschung (ISI)

Band 2: B. Schwitalla
Messung und Erklärung industrieller Innovationsaktivitäten
1993. ISBN 3-7908-0693-4

Band 3: H. Grupp (Hrsg.)
Technologie am Beginn des 21. Jahrhunderts, 2. Aufl.
1995. ISBN 3-7908-0862-8

Band 4: M. Kulicke u. a.
Chancen und Risiken junger Technologieunternehmen
1993. ISBN 3-7908-0732-X

Band 5: H. Wolff, G. Becher, H. Delpho, S. Kuhlmann, U. Kuntze, J. Stock
FuE-Kooperation von kleinen und mittleren Unternehmen
1994. ISBN 3-7908-0746-X

Band 6: R. Walz
Die Elektrizitätswirtschaft in den USA und der BRD
1994. ISBN 3-7908-0769-9

Band 7: P. Zoche (Hrsg.)
Herausforderungen für die Informationstechnik
1994. ISBN 3-7908-0790-7

Band 8: B. Gehrke, H. Grupp
Innovationspotential und Hochtechnologie, 2. Aufl.
1994. ISBN 3-7908-0804-0

Band 9: U. Rachor
Multimedia-Kommunikation im Bürobereich
1994. ISBN 3-7908-0816-4

Band 10: O. Hohmeyer, B. Hüsing, S. Maßfeller, T. Reiß
Internationale Regulierung der Gentechnik
1994. ISBN 3-7908-0817-2

Band 11: G. Reger, S. Kuhlmann
Europäische Technologiepolitik in Deutschland
1995. ISBN 3-7908-0825-3

Band 12: S. Kuhlmann, D. Holland
Evaluation von Technologiepolitik in Deutschland
1995. ISBN 3-7908-0827-X

Band 13: M. Klimmer
Effizienz der computergestützten Fertigung
1995. ISBN 3-7908-0836-9

Band 14: F. Pleschak
Technologiezentren in den neuen Bundesländern
1995. ISBN 3-7908-0844-X

Band 15: S. Kuhlmann, D. Holland
Erfolgsfaktoren der wirtschaftsnahen Forschung
1995. ISBN 3-7908-0845-8

Band 16: D. Holland, S. Kuhlmann (Hrsg.)
Systemwandel und industrielle Innovation
1995. ISBN 3-7908-0851-2

Band 17: G. Lay (Hrsg.)
Strukturwandel in der ostdeutschen Investitionsgüterindustrie
1995. ISBN 3-7908-0869-5

Band 18: C. Dreher, J. Fleig, M. Harnischfeger, M. Klimmer
Neue Produktionskonzepte in der deutschen Industrie
1995. ISBN 3-7908-0886-5

Band 19: S. Chung
Technologiepolitik für neue Produktionstechnologien in Korea und Deutschland
1996. ISBN 3-7908-0893-8

Band 20: G. Angerer u. a.
Einflüsse der Forschungsförderung auf Gesetzgebung und Normenbildung im Umweltschutz
1996. ISBN 3-7908-0904-7

Band 21: G. Münt
Dynamik von Innovation und Außenhandel
1996. ISBN 3-7908-0905-5

Band 22: M. Kulicke, U. Wupperfeld
Beteiligungskapital für junge Technologieunternehmen
1996. ISBN 3-7908-0929-2

Band 23: K. Koschatzky
Technologieunternehmen im Innovationsprozeß
1997. ISBN 3-7908-0977-2

Band 24: T. Reiß, K. Koschatzky
Biotechnologie
1997. ISBN 3-7908-0985-3

Band 25: G. Reger
Koordination und strategisches Management internationaler Innovationsprozesse
1997. ISBN 3-7908-1015-0

Band 26: S. Breiner
Die Sitzung der Zukunft
1997. ISBN 3-7908-1040-1

Band 27: M. Kulicke, U. Broß, U. Gundrum
Innovationsdarlehen als Instrument zur Förderung kleiner und mittlerer Unternehmen
1997. ISBN 3-7908-1046-0

Band 28: G. Angerer, C. Hipp, D. Holland, U. Kuntze
Umwelttechnologie am Standort Deutschland
1997. ISBN 3-7908-1063-0

Band 29: K. Cuhls
Technikvorausschau in Japan
1998. ISBN 3-7908-1079-7

Band 30: J. Fleig
Umweltschutz in der schlanken Produktion
1998. ISBN 3-7908-1080-0

Band 31: S. Kuhlmann, C. Bättig, K. Cuhls, V. Peter
Regulation und künftige Technikentwicklung
1998. ISBN 3-7908-1094-0

Band 32: Umweltbundesamt (Hrsg.)
Innovationspotentiale von Umwelttechnologien
1998. ISBN 3-7908-1125-4

Band 33: F. Pleschak, H. Werner
Technologieorientierte Unternehmensgründungen in den neuen Bundesländern
1998. ISBN 3-7908-1133-5

Band 34: M. Fritsch, F. Meyer-Krahmer, F. Pleschak (Hrsg.)
Innovationen in Ostdeutschland
1998. ISBN 3-7908-1144-0

Band 35: F. Meyer-Krahmer, S. Lange (Hrsg.)
Geisteswissenschaften und Innovationen
1999. ISBN 3-7908-1197-1

Band 36: B. Geiger, E. Gruber, W. Megele
Energieverbrauch und Einsparung in Gewerbe, Handel und Dienstleistung
1999. ISBN 3-7908-1216-1

Band 37: G. Reger, M. Beise, H. Belitz
Innovationsstandorte multinationaler Unternehmen
1999. ISBN 3-7908-1225-0

Band 38: C. Kolo, T. Christaller, E. Pöppel
Bioinformation
1999. ISBN 3-7908-1241-2

Band 39: R. Bierhals et al.
Mikrosystemtechnik – Wann kommt der Marktdurchbruch?
2000. ISBN 3-7908-1250-1

Band 40: Christiane Hipp
Innovationsprozesse im Dienstleistungssektor
2000. ISBN 3-7908-1264-1

Band 41: Ulrike Broß
Innovationsnetzwerke in Transformationsländern
2000. ISBN 3-7908-1287-0

Band 42: F. Pleschak, M. Fritsch, F. Stummer
Industrieforschung in den neuen Bundesländern
2000. ISBN 3-7908-1288-9

Band 43: Katrin Ostertag et al.
Energiesparen – Klimaschutz der sich rechnet
2000. ISBN 3-7908-1294-3

Band 44: U. Böde, E. Gruber
Klimaschutz als sozialer Prozess
2001. ISBN 3-7908-1317-6

Band 45: A. Hullmann
Internationaler Wissenstransfer und technischer Wandel
2001. ISBN 3-7908-1413-X